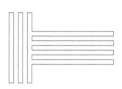

动物源食品安全丛书

牛结核病

主　编

[英] 马克·钱伯斯

[爱] 斯蒂芬·戈登

[美] 弗朗西斯科·奥莱亚－波佩尔卡

[英] 保罗·巴罗

主　译 樊晓旭　张喜悦　刘蒙达

BOVINE TUBERCULOSIS

中国轻工业出版社

图书在版编目（CIP）数据

牛结核病／（英）马克·钱伯斯（Mark Chambers）等
主编；樊晓旭，张喜悦，刘蒙达主译. -- 北京：中国轻工
业出版社，2023.12
　　ISBN 978-7-5184-3432-9

Ⅰ. ①牛⋯　Ⅱ. ①马⋯　②樊⋯　③张⋯　④刘⋯　Ⅲ.
①牛病—结核病—防治　Ⅳ. ①S858. 23

中国版本图书馆 CIP 数据核字（2021）第 044203 号

First Published by CAB International
in the United Kingdom in the year 2018.

责任编辑：江　娟　　责任终审：许春英　　整体设计：锋尚设计
策划编辑：江　娟　　责任校对：宋绿叶　　责任监印：张　可
文字编辑：狄宇航

出版发行：中国轻工业出版社（北京鲁谷东街 5 号，邮编：100040）
印　　刷：三河市万龙印装有限公司
经　　销：各地新华书店
版　　次：2023 年 12 月第 1 版第 1 次印刷
开　　本：787×1092　1/16　印张：20
字　　数：470 千字
书　　号：ISBN 978-7-5184-3432-9　定价：98.00 元
邮购电话：010-85119873
发行电话：010-85119832　010-85119912
网　　址：http://www.chlip.com.cn
Email：club@ chlip.com.cn
如发现图书残缺请与我社邮购联系调换
200665K1X101ZYW

撰稿人

Adrian Allen

Veterinary Sciences Division, Agrifood and Biosciences Institute, Belfast, BT4 3SD, UK. E-mail：adrian. allen@ afbini. gov. uk

农业食品和生物科学研究所 兽医学部，贝尔法斯特，BT4 3SD，英国。E-mail：adrian.allen@ afbini. gov. uk

Lina Awada

World Organisation for Animal Health（OIE），Paris, 12 Rue de Prony, 75017, France. E-mail：L. Awada@ oie. int

世界动物卫生组织（OIE*），巴黎，12 Rue de Prony，75017，法国。E-mail：L.Awada@ oie.int

Paul A. Barrow

School of Veterinary Medicine and Science, University of Nottingham, Sutton Bonington Campus, Sutton Bonington, Loughborough, LE125RD, UK. E-mail：paul. barrow@ nottingham. ac. uk

诺丁汉大学 兽医与科学学院，萨顿博宁顿校区，萨顿博宁顿，拉夫堡，LE125RD，英国。E-mail：paul.barrow@ nottingham.ac.uk

Bryce M. Buddle

AgResearch, Hopkirk Research Institute, Palmerston North, New Zealand. E-mail：bryce. buddle@ agresearch. co. nz

霍普柯克研究所 AgResearch，北帕默斯顿，新西兰。E-mail：bryce. buddle@ agresearch. co.nz

Andrew W. Byrne

School of Biological Sciences, Queens University Belfast, AgriFood and Biosciences Institute, Belfast BT4 3SD, UK. E-mail：andrew. byrne@ afbini. gov. uk

贝尔法斯特皇后大学 生物科学学院 农业食品和生物科学研究所，贝尔法斯特，BT4 3SD，英国。E-mail：andrew.byrne@ afbini.gov.uk

Paula Caceres

World Organisation for Animal Health（OIE），Paris, 12 Rue de Prony, 75017, France. E-mail：p. caceres@ oie. int

世界动物卫生组织（OIE），巴黎，12 Rue de Prony，75017，法国。E-mail：p.caceres @ oie.int

---

＊ 2022 年 5 月 31 日起，世界动物卫生组织的首字母缩写已改为 WOAH，出于尊重原著以及防止表述混乱，本书依旧使用 OIE。

Jacobo Carrisoza-Urbina

Departamento de Microbiología e Inmunología, Facultad de Medicina Veterinaria y Zootecnia, Universidad Nacional Autónoma de México, Mexico City, 04510, Mexico.

墨西哥国立自治大学　兽医学院和动物学系　微生物学和免疫学部，墨西哥城，04510，墨西哥

Mark A. Chambers

Animal and Plant Health Agency, Woodham Lane, Addlestone, KT153NB, UK; School of Veterinary Medicine, Faculty of Health and Medical Sciences, University of Surrey, UK. E-mail：m. chambers@ surrey. ac. uk

动植物卫生署，阿德利斯通，KT153NB，英国；萨里大学　健康与医学系兽医学院，英国。E-mail：m.chambers@ surrey.ac.uk

Andrew J. K. Conlan

Department of Veterinary Medicine, University of Cambridge, Madingley Road, Cambridge, UK. E-mail：ajkc2@ cam. ac. uk

剑桥大学　兽医学系，马丁利路，剑桥市，英国。E-mail：ajkc2@ cam.ac.uk

Anna S. Dean

Global TB Programme, World Health Organization, Geneva, Switzerland. E-mail：deanan@ who. int

全球结核病项目，世界卫生组织，日内瓦，瑞士。E-mail：deanan@ who. int

Elisabeth Erlacher-Vindel

World Organisation for Animal Health (OIE), Paris, 12 Rue de Prony, 75017, France. E-mail：E. Erlacher-Vindel@ oie. int

世界动物卫生组织（OIE），巴黎，12 Rue de Prony，75017，法国。E-mail：E. Erlacher-Vindel@ oie.int

Simona Forcella

World Organisation for Animal Health (OIE), Paris, 12 Rue de Prony, 75017, France. E-mail：S. Forcella@ oie. int

世界动物卫生组织（OIE），巴黎，12 Rue de Prony，75017，法国。E-mail：S. Forcella @ oie.int

Naomi J. Fox

Animal and Veterinary Sciences, SRUC, Roslin Institute Building, Easter Bush, Midlothian, EH25 9RG, UK. E-mail：naomi. fox@ sruc. ac. uk

罗斯林研究所　动物和兽医学部，SRUC，伊斯特布什校区，中洛锡安，EH25 9RG，英国。E-mail：naomi.fox@ sruc.ac.uk

Paula I. Fujiwara

International Union Against Tuberculosis and Lung Disease, Boulevard Saint Michel, 75006, Paris, France. E-mail：pfujiwara @ theunion. org

国际抗结核病和肺病联盟，圣米歇尔大道，巴黎，75006，法国。E-mail：pfujiwara @ theunion.org

Stephen V. Gordon

School of Veterinary Medicine, University College Dublin, Dublin, D04 W6F6, Ireland. E-mail: stephen. gordon@ ucd. ie

都柏林大学 兽医学院, 都柏林, D04 W6F6, 爱尔兰。E-mail: stephen.gordon@ ucd.ie

Christian Gortázar

SaBio-Instituto de Investigación en Recursos Cinegéticos IREC, Universidad de Castilla-La Mancha and CSIC, Ciudad Real, Spain. E-mail: Christian. Gortazar@ uclm. es

SaBio-狩猎资源研究所 IREC, 卡斯蒂利亚拉曼查大学和 CSIC, 雷阿尔城, 西班牙。E-mail: Christian.Gortazar@ uclm.es

José A. Gutiérrez-Pabello

Departamento de Microbiología e Inmunología, Facultad de Medicina Veterinaria y Zootecnia, Universidad Nacional Autónoma de México, Mexico City, 04510, Mexico. E-mail: jagp@ unam. mx

墨西哥国立自治大学 兽医学院和动物学系 微生物学和免疫学部, 墨西哥城, 04510, 墨西哥。E-mail: jagp@ unam.mx

Nick Hancox

OSPRI New Zealand Limited, Level 9, 15 Willeston Street, PO Box 3412, Wellington 6140, New Zealand. E-mail: nick. hancox@ tbfree. org. nz

OSPRI 新西兰有限公司, 威利斯顿街 15 号 9 层, 邮政邮箱 3412, 惠灵顿 6140, 新西兰。E-mail: nick.hancox@ tbfree.org.nz

Jayne Hope

Roslin Institute, University of Edinburgh, Easter Bush, Midlothian, EH25 9RG, UK. E-mail: jayne. hope@ roslin. ed. ac. uk

爱丁堡大学 罗斯林研究所, 伊斯特布什校区, 中洛锡安, EH25 9RG, 英国。E-mail: jayne.hope@ roslin.ed.ac.uk

Michael R. Hutchings

Animal and Veterinary Sciences, SRUC, Roslin Institute Building, Easter Bush, Midlothian, EH25 9RG, UK. E-mail: mike. hutchings@ sruc. ac. uk

爱丁堡大学 罗斯林研究所, 伊斯特布什校区, 中洛锡安, EH25 9RG, 英国。E-mail: mike.hutchings@ sruc.ac.uk

Angela Lahuerta-Marin

Veterinary Sciences Division, Agrifood and Biosciences Institute, Belfast, BT4 3SD, UK. E-mail: angel. marin@ afbini. gov. uk

农业食品和生物科学研究所 兽医学部, 贝尔法斯特, BT4 3SD, 英国。E-mail: angel.marin@ afbini.gov.uk

Paul Livingstone

TB Consultant, Domestic Animals and Wildlife, New Zealand. E-mail: consultantbtb@ gmail. com

家养动物和野生动物结核病顾问, 新西兰。E-mail: consultantbtb@ gmail.com

Anita L. Michel

Department Veterinary Tropical Diseases, Bovine Tuberculosis and Brucellosis Research Programme, Faculty of Veterinary Science, University of Pretoria, Onderstepoort, South Africa. E-mail: Anita. Michel@ up. ac. za

比勒陀利亚大学 兽医学院 兽医热带病、牛结核病和布鲁菌病研究计划系，南非。E-mail：Anita.Michel@ up.ac.za

Adrian Muwonge

Genetics and Genomics, Roslin Institute, Royal (Dick) School of Veterinary Studies, University of Edinburgh, Edinburgh, UK. E-mail: adrian. muwonge@ roslin. ed. ac. uk

爱丁堡大学 罗斯林研究所 遗传学和基因组学，皇家（迪克）兽医学院，爱丁堡，英国。E-mail：adrian. muwonge@ roslin. ed. ac. uk

Francisco Olea-Popelka

College of Veterinary Medicine and Biomedical Sciences, Department of Clinical Sciences and Mycobacteria Research Laboratories, Colorado State University, Fort Collins, Colorado, USA. E-mail: folea@ colostate. edu

科罗拉多州立大学 兽医学院和生物医学科学学院 临床科学系和分枝杆菌研究实验室，柯林斯堡，科罗拉多州，美国。E-mail：folea@ colostate. edu

Natalie A. Parlane

AgResearch, Hopkirk Research Institute, Palmerston North, New Zealand. E-mail: natalie. parlane@ agresearch. co. nz

霍普柯克研究所 AgResearch，北帕默斯顿，新西兰。E-mail：natalie. parlane @ agresearch. co. nz

Alejandro Perera

United States Embassy, Mexico City, US Department of Agriculture, Animal and Plant Health Inspection Service, Mexico City, Mexico. E-mail: Alejandro. Perera@ aphis. usda. gov

美国驻墨西哥城大使馆，美国农业部 动植物卫生检验局，墨西哥城，墨西哥。E-mail：Alejandro. Perera@ aphis. usda. gov

Mario Raviglione

Global TB Programme, World Health Organization, Geneva, Switzerland. E-mail: raviglione@ who. int

世界卫生组织全球结核病计划，日内瓦，瑞士。E-mail：raviglione@ who. int

Francisco J. Salguero

Department of Pathology and Infectious Diseases, School of Veterinary Medicine, University of Surrey, Guildford, GU2 7AL, UK. E-mail: f. salguerobodes@ surrey. ac. uk

萨里大学 兽医学院病理学和传染病系，吉尔福德，GU2 7AL，英国。E-mail：f. salguerobodes@ surrey. ac. uk

Robin A. Skuce

Veterinary Sciences Division, Agrifood and Bioscience Institute, Belfast, BT4 3SD, UK; Queens University Belfast, University Road, Belfast, BT9 1NN, UK. E-mail: robin. skuce@ afbini. gov. uk

农业食品和生物科学研究所 兽医学部，贝尔法斯特，BT4 3SD，英国；贝尔法斯特皇后大学，贝尔法斯特，BT9 1NN，英国。E-mail: robin. skuce@ afbini. gov. uk

Alicia Smyth

School of Veterinary Medicine, University College Dublin, Dublin, D04 W6F6, Ireland. E-mail: alicia. smyth@ ucd. ie

都柏林大学 兽医学院，都柏林，D04 W6F6，爱尔兰。E-mail: alicia. smyth@ ucd. ie

Srinand Sreevatsan

Pathobiology and Diagnostic Investigation, College of Veterinary Medicine, Michigan State University, Michigan, USA. E-mail: sreevats @ msu. edu

密歇根州立大学 兽医学院 病理生物学和诊断调查，密歇根州，美国。E-mail: sreevats@ msu. edu

Paolo Tizzani

World Organisation for Animal Health (OIE), Paris, 12 Rue de Prony, 75017, France. E-mail: P. Tizzani@ oie. int

世界动物卫生组织（OIE），巴黎，12 Rue de Prony，75017，法国。E-mail: P. Tizzani @ oie. int

Martin Vordermeier

Tuberculosis Research Group, Animal and Plant Health Agency, Woodham Lane, Addlestone, KT153NB, UK. E-mail: Martin. Vordermeier@ apha. gsi. gov. uk

动植物卫生署 结核病研究小组，阿德利斯通，KT153NB，英国。E-mail: Martin. Vordermeier@ apha. gsi. gov. uk

Sylvia I. Wanzala

Department of Pathobiology and Diagnostic Investigation, Michigan State University, 784 Wilson Road, F130G, East Lansing, Michigan, 48824 USA. E-mail: wanza003@ umn. edu

密歇根州立大学 病理生物学和诊断调查系，密歇根州，美国。E-mail: wanza003@ umn. edu

Ray Waters

National Animal Disease Center, Agricultural Research Service, United States Department of Agriculture, Ames, Iowa, USA. E-mail: wwaters@ iastate. edu

美国农业部 农业研究局 国家动物疾病中心，艾姆斯，艾奥瓦州，美国。E-mail: wwaters@ iastate. edu

Dirk Werling

Royal Veterinary College, Hawkshead Campus, Hatfield, AL97TA, UK. E-mail: dwerling@ rvc. ac. uk

皇家兽医学院，霍克斯黑德校区，哈特菲尔德，AL97TA，英国。E-mail: dwerling@ rvc. ac. uk

James L. N. Wood

Department of Veterinary Medicine, University of Cambridge, Madingley Road, Cambridge, UK. E-mail: jlnw2@ cam. ac. uk

剑桥大学 兽医学系, 马丁利路, 剑桥市, 英国。E-mail: jlnw2@ cam. ac. uk

Hind Yahyaoui Azami

Institut Agronomique et Vétérinaire Hassan Ⅱ, Rabat, Morocco; Swiss Tropical and Public Health Institute, Basel, Switzerland; University of Basel, Basel, Switzerland. E-mail: yahyaouiazamihind@ gmail. com

哈桑二世农艺和兽医研究所, 拉巴特, 摩洛哥; 瑞士热带和公共卫生研究所, 巴塞尔, 瑞士; 巴塞尔大学, 巴塞尔, 瑞士。E-mail: yahyaouiazamihind@ gmail. com

Xiangmei Zhou

Veterinary Pathology Department, College of Veterinary Medicine, China Agricultural University, Yuanmingyuan West Road No. 2, Haidian District, Beijing 100193, P. R. China. E-mail: zhouxm@ cau. edu. cn

中国农业大学 动物医学院 基础兽医系, 圆明园西路 2 号, 海淀区, 北京, 100193, 中国。E-mail: zhouxm@ cau. edu. cn

Jakob Zinsstag

Swiss Tropical and Public Health Institute, Basel, Switzerland; University of Basel, Basel, Switzerland. E-mail: jakob. zinsstag@ swisstph. ch

瑞士热带和公共卫生研究所, 巴塞尔, 瑞士; 巴塞尔大学, 巴塞尔, 瑞士。E-mail: jakob. zinsstag@ swisstph. ch

本书翻译人员

主　译　樊晓旭　张喜悦　刘蒙达

译　者（按姓氏笔画排列）

亓　菲　毛迎雪　王　娟　付树芳

田莉莉　孙世雄　孙明军　孙淑芳

孙翔翔　曲　瑶　许　芳　宋晓辉

张存瑞　张建东　张皓博　沈叶盛

肖　颖　辛凌翔　屈秀超　苏华彬

邵卫星　陆明哲　南文龙　范伟兴

赵　明　寇占英　焉　鑫　郭　宇

韩梓峰

主　审　孙淑芳　范伟兴　南文龙

副主审　邵卫星　孙明军　孙翔翔　田莉莉

主译简介

樊晓旭

博士，高级兽医师。现任中国动物卫生与流行病学中心人兽共患病监测室副主任，国家动物结核病参考实验室副主任，农业农村部反刍动物重大疫病防控重点实验室（东部）主任。为国家奶牛产业技术体系细菌性传染病防控岗位科学家、联合国粮农组织（FAO）南南合作项目专家、世界动物卫生组织（WOAH）亚洲非洲猪瘟特设专家组专家、WOAH 区域资源人员、中国微生物学会兽医微生物学专业委员会第一届青年学组常务委员兼秘书长。从事动物结核病、动物布鲁氏菌病、非洲猪瘟、小反刍兽疫、牛结节皮肤病、尼帕病等重大人兽共患及外来动物疫病监测与研究。发表文章 50 余篇，获得计算机软件著作权 1 项，申报国家发明专利 20 余项，已授权 6 项，申报新兽药获得生产文号 2 项，参与制定国家标准 3 项，翻译、校对外文专著超过 15 万字，撰写牛结核病、布鲁氏菌病、非洲猪瘟、小反刍兽疫等方面技术性报告、建议、代拟稿、简报 50 余份，参编书 4 部。

张喜悦

博士，副研究员。长期从事动物源性致病菌流行病学调查和研究工作。主持制修订农业行业标准 2 项，发表核心期刊以上文章 30 余篇，获省级成果 4 项，青岛市科技进步一等奖 1 项，山东省科技进步三等奖 1 项。

刘蒙达

博士，兽医师。现为国家动物结核病参考实验室核心成员，国家奶牛产业技术体系细菌性传染病防控岗位科学家团队成员，人兽共患病生物安全三级实验室安全负责人，17025 管理体系质量主管。长期从事兽医公共卫生和动物结核病、布鲁氏菌病等人兽共患病研究工作。先后著有专著 3 部，发表论文 30 余篇。

译者序

牛结核病（Bovine Tuberculosis）是由牛分枝杆菌（*Mycobacterium bovis*）等引起的一种人兽共患慢性传染病，我国将其列为二类动物疫病。世界动物卫生组织将其列为必须通报的动物疫病。牛结核病以组织器官的结节性肉芽肿和干酪样、钙化的坏死病灶为特征。牛结核病严重影响动物生产性能，人通过接触或食用途径感染，造成人兽共患结核病（Zoonotic Tuberculosis），威胁公共卫生安全。

2017年，世界卫生组织、国际防痨和肺部疾病联合会、世界动物卫生组织、联合国粮食及农业组织联合公布了应对人兽共患结核病路线图，以提高对该病所致负担的认识，并提出从动物源头控制该病。结核病防控离不开多学科、多部门的政策支持、技术及资金投入，利益相关方应秉持"同一健康"策略，在防控策略制定、调查监测、科学研究、产品研发等方面开展广泛合作，实现资源共享，构建多维防控体系，提升疫情预警与应对能力。

我国对人兽共患病防治提出明确要求，强调要坚持人病兽防、关口前移，从源头阻断人兽患病的传播途径。通过做好人兽共患病源头防控，保障畜牧业生产安全、公共卫生安全和国家生物安全。我国是畜禽养殖大国，牛只饲养量居世界第三，但动物疫病控制水平相对较低，疫情防控形势依然严峻。全国牛结核病专项调查显示，该病感染率呈现波动上升趋势。奶牛结核病高感染率严重威胁奶业安全和公共卫生安全，控制净化工作任务非常艰巨。

鉴于此，国家动物结核病参考实验室组织翻译了 *Bovine Tuberculosis* 一书，该书涵盖流行病学、病理学、微生物学、基因组学、免疫学、公共卫生学、诊断、疫苗等方面内容，理论性与实用性强，是一本帮助读者快速、全面了解牛结核病的工具书。本书翻译中难免存在纰漏，还请各位读者指正。最后，本书编委会向作者及翻译、校对人员表示衷心的感谢。

全体译者

2023年3月24日

▌前言

牛结核病（bTB）在世界范围内依然是一种重要的牛的地方性传染病，也是一种严重的人兽共患病。牛结核病在许多国家仍造成经济损失，即使在一些几十年前就实行了结核病全面控制和根除计划的国家中也不例外。在那些目前还没有能力实施防控措施的国家，结核病在人与动物间持续感染传播，并引起各年龄段患者的发病和死亡。

尽管出版了许多有关牛结核病方面的书籍，着重介绍了各国牛分枝杆菌的诊断和流行病学知识（Thoen 等，2006；Thoen 等，2014），或介绍结核分枝杆菌和麻风分枝杆菌的知识（Mukundan 等，2015），我们认为仍有必要编写一本包含牛分枝杆菌生物学和感染方面的书籍，应涉及各个方面，如流行病学、病理学、微生物学、基因组学和免疫学，并对不同国家牛结核病控制计划进行比较。尽管众所周知，牛分枝杆菌会对人类健康造成威胁，但长期以来人兽共患结核病一直被忽视。鉴于此，2017 年 10 月，世界卫生组织（WHO）、国际防痨和肺部疾病联合会（the Union）、世界动物卫生组织（OIE）和联合国粮食及农业组织（FAO）联合公布了应对人兽共患结核病路线图，以共同解决高风险地区人兽共患结核病的预防、控制和治疗的问题，该路线图提出"人与动物健康之间相互依赖，采取'同一健康'应对人兽共患结核病，重要的是要发挥多部门和多学科之间的专业和合作优势"。因此，我们认为这本书的出版是很及时的，本书汇集了国际专家的观点和意见，就当前牛结核病控制的难点给予了分析和解答。

过去 100 年，人类在牛结核病控制方面取得了巨大进展。19 世纪末 20 世纪初，通过对患病牛和人进行全面的病理和微生物学分析，发现牛分枝杆菌可引起人的全身性疾病。人兽共患结核病的初步控制，与牛乳的巴氏消毒有关。20 世纪初，许多欧洲国家、北美和澳大利亚提出了国家控制计划。由此，越来越多的地区牛结核病感染水平不断下降。许多发达国家已官方宣布无牛结核病疫情，它们的检测都是通过结核菌素皮肤试验进行的。但是，结核菌素皮肤试验依赖相对原始的抗原制剂，生产中很难做到标准化，今后需要研发更敏感、更特异的诊断方法。

历史上，没有国家通过疫苗免疫控制牛结核病，目前广泛使用结核菌素皮肤试验，采取"检测-扑杀"的防控策略。然而，野生动物（其中一些受法律保护）能够作为储存宿主持续存在，促使人们考虑用疫苗免疫野生动物，开展疫苗开发和应用研究，包括开发配套的诊断方法、鉴别免疫和自然感染牛分枝杆菌或其他分枝杆菌的动物。要求人们深入了解牛以及重要的野生动物如獾、袋貂、白尾鹿和野猪感染牛分枝杆菌后的免疫应答反应。

2003 年，第一个牛分枝杆菌的全基因组序列信息公布，人们同时对基因组进行了转录分析，从而在对病原菌的代谢、毒力以及结核分枝杆菌与牛分枝杆菌弱毒株卡介苗之间的区别上，有了新的认识，取得了巨大进步。现在，通过对牛分枝杆菌分离株的全基因组测序，人们能够更深入地了解全球种群结构组成、菌株分型特点，有助于研究牛分枝杆菌的传播动力学。对牛分枝杆菌毒力基因的进一步了解，还可以帮助确定新一代活疫苗的靶点基因。

本书共分 16 章。第 1 章至第 7 章涵盖了牛、其他物种和野生动物结核病的全球形势、公共卫生、经济意义以及流行病学特征。第 8 章和第 9 章讨论了牛分枝杆菌感染的发病机制，即毒力、发病机制和病理学的分子基础。第 10 章和第 11 章涵盖先天性免疫和适应性免疫。第 12 章至第 15 章包括监测方法（免疫学和分子诊断）和控制方法（疫苗免疫和其他控制方法）。最后，在第 16 章中，编者总结了各章节的主要发现，并展望了未来的发展趋势。

从 Theobald Smith 首次区分结核分枝杆菌（人型）和牛分枝杆菌（牛型），已经过去 110 多年。我们希望这本书帮助读者对牛分枝杆菌和牛结核病的知识可以有全面的了解和更新，更清楚地认识到这种病原菌仍然是人和动物健康的重大挑战。

Paul Barrow

Mark Chambers

Stephen Gordon

Francisco Olea-Popelka

2018 年

目录

1 牛结核病世界状况

2 人兽共患结核病病原体牛分枝杆菌的公共卫生影响

6　其他家畜的牛结核病

7　野生动物在牛分枝杆菌流行病学中的作用

11　适应性免疫

12　免疫学诊断

13　结核分枝杆菌复合群感染的诊断生物标志物

16　全球牛结核病控制展望

1

牛结核病世界状况

Lina Awada，Paolo Tizzani，Elisabeth Erlach-Vindel，Simona Forcella 和 Paula Caceres

OIE，巴黎，法国

1.1 导言

牛分枝杆菌（*Mycobacterium bovis*）引起的牛结核病，是一种感染家畜和野生动物的疫病，在全球造成经济损失，包括因贸易壁垒（OIE，2015）引发的损失。虽然多国采取了广泛的控制措施，但估计每年仍会造成数十亿美元的损失（Schiller 等，2010）。

本章的目的是利用 OIE 数据，对全球的牛结核病状况做一概述。OIE 的世界动物卫生信息系统（WAHIS）可为全球的牛结核病分析提供参考。

世界动物卫生组织和世界动物卫生信息系统

1920 年，欧洲发生的牛瘟疫情，是由一批感染牛瘟的瘤牛从印度运往巴西，过境比利时安特卫普港时引起的，这提示所有国家在实施动物和动物产品贸易前，需要组织通报其卫生状况。在欧洲牛瘟从基本根除到死灰复燃，这一案例凸显了要通过国际合作控制主要动物传染性疫病的必要性。由于各方担心牛瘟在国际范围传播，各国首席兽医官于 1921 年 5 月在巴黎召开了一次国际会议，最终在 1924 年，28 个成员根据 1924 年 1 月 25 日签署的国际协定条款成立了国际兽疫局（OIE）。各成员间交流动物疫病信息，是创建 OIE 的主要原因之一，最终目标是保证世界动物卫生状况的透明度。

2003 年 5 月，国际兽疫局改名为世界动物卫生组织，但保留了其历史首字母缩写"OIE"。OIE 是负责推动全球动物健康的组织，它被世界贸易组织（WTO）认定为动物卫生领域参考组织，2016 年共有 180 个成员。OIE 与其他 71 个国际和区域组织保持着永久的联系，在每个大洲都设有区域和次区域办事处。

OIE 的任务如下所示。

（1）确保全球动物疫病状况透明。

（2）收集、分析和传播兽医科学信息。

（3）鼓励国际社会团结一致控制动物疫病。

（4）通过发布动物和动物产品国际贸易的卫生标准保障世界贸易安全。

（5）改善国家兽医服务的法律框架和资源，以实现良好的动物卫生管理。

（6）通过实施基于科学的方案，更好地保障动物源性食品安全，促进动物福利。

在 OIE 的第一个义务框架内（"确保全球动物疫病情况的透明度"），每个成员均承诺向 OIE 报告在其管辖范围内发生的任何动物疫病，包括可能传播给人类的动物疫病，无论是自然发生还是人为引起的动物疫病均须报告。OIE 随后将信息通报给其他成员，以便随后采取必要的预防措施。根据疫病的严重程度，立即或定期通报相关信息。

2006 年，为了帮助成员履行其报告义务，OIE 启用了 WAHIS，这是一个通过互联网访问的计算机系统，使成员能够以世界动物卫生组织的三种官方工作语言（英语、法语和西班牙语）输入、存储和查看动物疫病（包括人兽共患病）的数据。WAHIS 取代了早期系统，是第一个在线填报的系统，只有授权用户，即成员 OIE 代表及其授权代表才能访问这个安全系统。这些信息经过 OIE 的验证和许可后，将公开发布在 WAHIS 门户网站上（OIE，2016）。

WAHIS 由以下四个相互关联的部分组成（OIE，2015）。

1. 早期预警系统

早期预警系统是动物健康事件的主要组成部分，可以在确认疫情的 24h 启动通报，使其他国家和地区可以采取适当的措施，防止动物疫病的传播产生重大影响。预警系统包括 100 多种 OIE 通报名录中的疫病，可感染其他家畜和野生动物的新发病。

2. 监测系统

各成员每 6 个月通报有无 OIE 名录收录的 100 多种疫病，报告涉及几种类型，包括家养和野生动物中陆生和水生动物疫病。

3. 年度报告

每年总结一次关于国家兽医机构的重要补充信息和其他相关详细信息（传播给人类的人兽共患病、动物数量、兽医人员、疫苗生产等）。

4. 野生动物年度报告

野生动物年度报告包含各成员通报的 OIE 未列入名单的 50 多种野生动物疫病信息，该报告是成员在自愿基础上提交的。

1.2　OIE 成立以来的牛结核病通报情况

初期的 OIE，按其 1924 年 1 月 25 日签署的组织法规规定（OIE，1924），成员有义务向 OIE 报告以下 9 种疫病的存在和分布状况：炭疽、传染性胸膜肺炎、媾疫、鼻疽病、口蹄疫、狂犬病、牛瘟、绵羊痘和猪瘟。虽然当时没有列出动物结核病（包括牛结核病和禽结核病），但该病的病情信息也于 1927 年列入《国际兽疫局公报》（*Bulletin of the Office International des Epizooties*）。这一期的 OIE 公报包含了全球动物健康状况的统计数据（图 1.1），这是 OIE 档案中记录的首个动物结核病通报情况。

牛结核病于 1964 年 5 月被 OIE 国际委员会增补为应报告的动物疫病。这次修增，考虑到成员在过去 40 年动物卫生立法的变化，大量疫病纳入国家卫生立法范围，并应一些国际

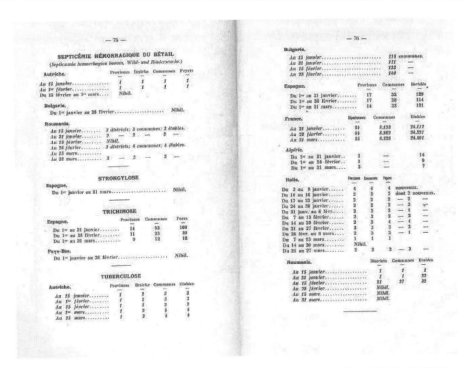

图 1.1　动物结核病的统计数据（发表在 1927 年 7 月至 1928 年 6 月的《国际兽疫局公报》上）

组织如联合国粮农组织（FAO）、经济与合作发展组织（OECD）和欧洲经济共同体的要求，OIE 制定了新的疫病名录。

牛结核病最初被列入 B 类疫病，是每年需要向 OIE 报告的疫病。B 类疫病名录包括所有在当地社会经济或公共卫生方面具有重要影响，并在动物和动物产品的国际贸易中具有重要意义的疫病。

与此不同，A 类疫病，是需要每月或每两周强制性向 OIE 报告的疫病，包括了所有可能迅速跨境传播，并对社会经济或公共卫生造成严重影响的传染性疫病，这些疫病对动物及其产品的国际贸易具有重要意义。

1996 年，OIE 推出了 OIE Handistatus 在线报告系统，成员能够以数字化形式报告信息。

2004 年，OIE 的国际委员会通过决议，与 OIE 的地区委员会联合建议，提出 OIE 总部建立一个法定陆生、水生动物疫病名录，取代之前分别包括 15 种和 93 种疫病的 A、B 类疫病名录。OIE 制定了标准，以确定录入名录的疫病，这些标准于当年 5 月获得批准，并于 2005 年开始生效（OIE，2015），该标准包括传染性微生物在国际间传播的风险，对人类、家畜和野生动物造成的后果，以及可靠的诊断和检测方法。

在执行这一名录的同时，WAHIS 的启用，意味着成员能够以标准格式提交 OIE 名录中疫病的信息。

通过对 WAHIS 进行若干改进，OIE 成员能够提供关于 OIE 名录的疫病，特别是野生动物疫病更加详细的信息。

因此，从 2009 年开始，家养和野生动物疫病的报告实现了分割。从 2012 年开始，可分别提供感染野生动物物种的科学名称和常用名称。

1.3 过去30年牛结核病的发展形势

本章节根据 OIE 收集的数据，对过去 30 年牛结核病感染情况的变化进行了分析。1986 年至 1995 年，OIE 年度出版物《世界动物卫生》汇编了成员每年发生的牛结核病。从

1996 年到 2004 年，信息记录在 Handistatus 信息系统中。从 2005 年开始，通过 WAHIS 收集数据。图 1.2 显示了 1986 至 2015 年，每年报告牛结核病的成员百分比（95% 置信区间）。其间，OIE 成员的数量有所变化，从 1986 年的 103 个增加到 2015 年的 180 个。因此，牛结核病发展形势，受到历年报告成员数量变化的影响。

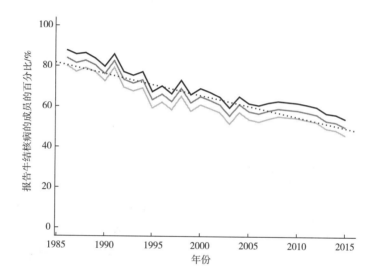

图 1.2　1986—2015 年每年报告牛结核病的成员的百分比及 95% 置信区间
（虚线为简单线性回归趋势线，上下两条实线显示的是置信区间）

从 1986 年到 2015 年，通报牛结核病的成员百分比从 84%［95% 置信区间（CI 95%）= 80%～88%］下降到 50%（CI 95% = 46%～54%）（斯皮尔曼等级相关 = 8764，$p <$ 0.001；rho = −0.95），表明过去 30 年全球形势总体改善，这一趋势遵循了简单线性模型（$R^2 = 0.9$；$p < 0.001$）。

即使数据在不同年份之间差异较大，但总体趋势在回归模型中得到了清晰体现。

所观察到的离散性，原因可能是成员向 OIE 提供信息的准确性和质量存在差异。一年

内，兽医机构的诊断能力和动员力度，可能每个月都存在差异，不同成员之间也存在差异。在评估疫病的历史趋势时应考虑这些差异。

为了分析和比较区域差异，报告按地理区域分类，并按区域计算趋势。区域趋势如图 1.3 所示。所有区域中，通报牛结核的成员的百分比，从 1986 年到 2015 年均显著下降。

大洋洲和欧洲的下降速度最快，30 年间的变化超过 45%。在大洋洲，实际百分比从 75%（CI 95% = 53%～97%）降至 27%（CI 95% = 14%～41%）（斯皮尔曼等级相关 = 7595，$p <$

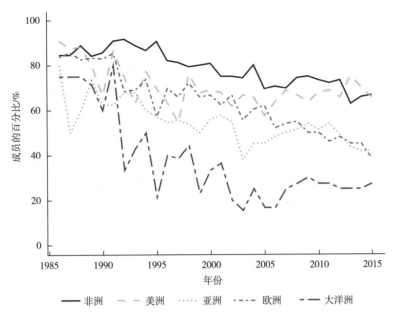

图 1.3 从 1986 年到 2015 年, 每年报告发生牛结核病的成员的百分比

0.001; rho = -0.68), 而欧洲从 84% (CI 95% = 78% ~ 89%) 降至 38% (CI 95% = 31% ~ 45%) (斯皮尔曼等级相关 = 8767, $p < 0.001$; ρ = -0.95)。

亚洲也出现了迅速变化, 30 年间减少了 38%。实际百分比从 80% (CI 95% = 67% ~ 93%) 降至 42% (CI 95% = 33% ~ 51%) (斯皮尔曼等级相关 = 7919, $p < 0.001$; rho = -0.76)。

非洲和美洲疫病通报数的变化较慢, 30 年间, 分别减少了 25% 和 18%。在非洲, 从 85% (CI 95% = 78% ~ 92%) 下降到 67% (CI 95% = 59% ~ 75%) (斯皮尔曼等级相关 = 8514, $p < 0.001$; rho = -0.89), 而美洲则从 91% (CI 95% = 82% ~ 100%) 降至 66% (CI 95% = 57% ~ 74%) (斯皮尔曼等级相关 = 6471, $p = 0.01$; ρ = -0.44)。

以上结果清楚显示了全球牛结核病感染情况得到显著改善。受影响国家的百分比在 30 年内减少了 30% 以上, 这是一个相当大的积极变化。

此外, 虽然比率有所不同, 但所有区域都显示了这种通报数量的减少。虽然如此, 但在提交报告的国家中, 2015 年有超过一半的国家仍然通报了疫情, 这表明仍需继续努力, 以实现全球牛结核病的控制目标。

1.4 2005 年以来牛结核病年发病率详细趋势

前面几节评估了受影响的成员百分比, 并定性分析了过去 30 年的疫病信息。通过分析提交给 OIE 的定量数据, 可以总结得出关于该病历史的发展趋势。除了向 OIE 报告该病存在与否的定性信息外, 成员还可以提供各种详细数字, 如易感动物的数量, 发病动物、死亡动物、被屠宰动物和被销毁动物的数量。本节根据 OIE 收集的数据, 对 2005—2015 年牛结核病的变化进行了分析。

OIE 没有收集群体流行率的信息。因此，为了定量衡量牛结核病的趋势，我们采用了每年新发病例的数量（即每年的发病率）。虽然数量信息非常丰富，但并非所有国家或地区都有能力确保高质量监测该病的流行趋势，并向 OIE 报告相应数据。因此，本节所提供的数据，只包括成员定期向 OIE 提交的资料数据。此外，从 2005 年开始，分析了每年发病率趋势，使用相同标准格式（WAHIS 平台）收集录入信息，以避免在数据收集方法上存在潜在偏差。

在 2005—2015 年，142 个成员报告了关于牛结核病年发病率的完整数据信息。OIE 报告了大约 200 万例牛结核病病例，各成员呈现不同的流行病学情况（流行、地方性流行）。为了更好地评估该病的趋势，根据每年报告的病例数，报告成员被分为四个不同的组：

A 组，由 62 个成员组成，在整个期间都没有出现病例；B 组，由 19 个成员组成，在整个期间报告的病例少于 100 例；C 组，由 22 个成员组成，在整个期间报告了 101~1000 例；D 组，由 39 个成员组成，在整个期间报告了 1000 例以上。

从数量上看，最重要的是 C 组和 D 组，其中 D 组占同期报告病例总数的 99.5%，而 C 组占总病例数的 0.4%。D 组包括 12 个欧洲成员、11 个非洲成员、9 个美洲成员、6 个亚洲成员和 1 个大洋洲成员。

报告的牛结核病平均病例数是按组和年计算的。从组水平的定量数据来看，B 组无明显趋势，而 C、D 组近年来平均报告病例数明显下降（C 组：斯皮尔曼等级相关检验：rho = -0.74，p < 0.01；D 组：rho = -0.8，p < 0.005；图 1.4 和图 1.5）。

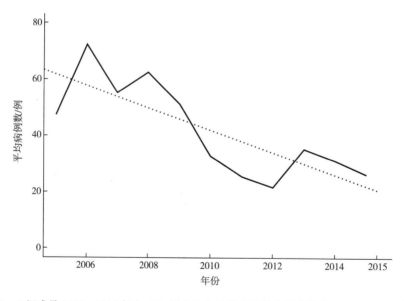

图 1.4　C 组成员 2005—2015 年向 OIE 报告的牛结核病平均病例数趋势（图中呈线性回归）

在 C 组中，牛的平均报告病例数略有下降，从 2006 年的 72 例/年降至 2015 年的 26 例/年。D 组平均报告病例数由 2006 年的峰值 6645 例/年，降至 2015 年的 3903 例/年。

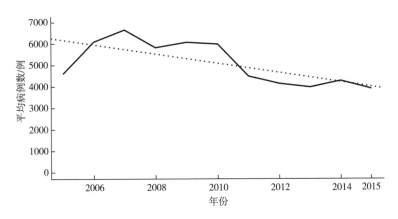

图 1.5　D 组成员 2005—2015 年向 OIE 报告的牛结核病平均病例数趋势

（图中呈线性回归）

美洲和欧洲占报告病例总数的 89%，很可能是由于这些区域提供的信息质量比其他区域更好。

区域一级报告的平均病例数的趋势变化相同，美洲和欧洲近年来出现了显著下降（rho 分别为 -0.75 和 -0.72；$p<0.05$）。美洲病例减少最多，其年平均病例数从 2007 年的峰值 15381 例，下降到 2015 年的 6093 例（8 年内减少了 60%；图 1.6）。

在大洋洲也观察到了类似的趋势，报告的病例数显著减少（斯皮尔曼等级相关检验：rho = -0.72，$p<0.05$）。最后，在其他地区观察到完全不同的情况，报告的病例数显著增加［rho = 0.55（非洲）和 0.71（亚洲）；$p<0.1$

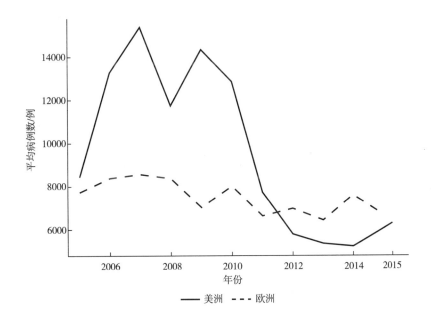

图 1.6　2005—2015 年美洲和欧洲向 OIE 报告的牛结核病平均病例数的趋势

（非洲）和 p<0.05（亚洲）；图 1.7]。

在世界许多地区，牛结核病是一个主要的动物卫生问题。WAHIS 数据库中定量数据的分析，为根除计划成功实施提供了相关信息（Knobler 等，2005）。从每年的发病率变化可以明显看出，2005 年到 2015 年，全球牛结核病的感染例数显著下降（从 2005 年平均每年报告的 1276 例，下降到 2015 年平均每年报

告的 1082 例）。这些定量结果进一步支持了定性分析的结果，表明从 2018 年之前的 30 年里，报告牛结核病成员的百分比呈下降趋势。

然而，趋势下降方面显示出明显的地区差异。美洲、欧洲和大洋洲，基本有效执行了根除计划，从而控制了牛结核病。相比之下，在其他地区，该病一直传播流行，对动物种群（报告的病例数）仍然造成非常大的影响。

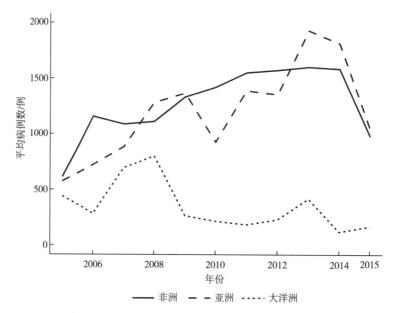

图 1.7　2005—2015 年大洋洲、非洲、亚洲向世界卫生组织报告的牛结核病平均病例数趋势

1.5　2015 年情况：家畜及野生动物结核病的全球分布

根据 OIE WAHIS 收集的数据，分析了 2015 年全球牛结核病的分布情况，首先是家畜结核病，其次是野生动物结核病。截至 2016 年 5 月 4 日，已有 165 个成员提供了 2015 年家畜牛结核病信息，其中 50% 的成员报告了该病的存在。共有 108 个成员提供了关

于野生动物牛结核病的信息，其中 25% 的成员报告了该病的存在。在所有病例中，向 OIE 报告的情况都是稳定可控的。在 2015 年，没有就涉及牛结核病的特殊流行病学事件向 OIE 提交的警报。

2015 年全球家畜牛结核病疫情信息所覆盖的范围较全面。相反，全球野生动物结核病疫情信息覆盖范围有限。在一些发展中国家或地区，特别是非洲、亚洲和南美洲的发展中国家或地区缺少重要信息。这种信息的缺失，从

流行病学角度看，即野生动物作为病原储存宿主的情况不详，结核病的防控面临重大挑战，尤其是在野生哺乳动物作为储存宿主造成结核病地方性流行的地区，有可能造成传播，导致家养牛感染，并影响根除计划的顺利进行（Gortazar 等，2014）。

2015 年，成员向 OIE 报告的牛结核病的检测结果，总共涉及 19 个野生物种，报告病例数最高的是野猪、欧洲獾和非洲水牛（Syncerus caffer），它们是主要的储存宿主物种，也是相关文献报道中描述较多的物种（Fitzgerald 和 Kaneene，2013）。

更多的关于野生动物牛结核病的信息详见本书第 7 章。

1.6　OIE 关于牛结核病的标准

OIE 的《陆生动物卫生法典》规定了改善全球动物卫生、福利和兽医公共卫生的标准，包括陆生动物（哺乳动物、鸟类和蜜蜂）及其产品安全的国际贸易标准。兽医当局应在出口和进口中采取陆生动物卫生法典规定的动物卫生措施，并对动物或人类有致病性的病原体实现早发现、早报告和早控制，防止它们通过动物和动物产品国际贸易造成传播，同时避免产生不公正的卫生贸易壁垒。

世界 OIE 代表大会已经正式批准通过《陆生动物卫生法典》中的措施，这些标准和建议的制定是 1960 年以来 OIE 的两个专门委员会，即 OIE 动物疫病科学委员会和陆生动物卫生标准委员会不断努力的结果。第一部《陆生动物卫生法典》于 1968 年出版，陆生动物卫生标准委员会依托国际知名专家的专业知识，为《陆生动物卫生法典》起草新的条文，或根据兽医科学的发展修订现有条文。《陆生动物卫生法典》的价值体现在两方面：这些措施不仅是 OIE 成员的决议，还是世界贸易组织将动、植物卫生措施作为动物疫病和人兽共患病国际标准的协定。

截至 2016 年 5 月，OIE 在《陆生动物卫生法典》第 11.5 章中提出了关于管理人类和动物卫生风险的建议，这些风险与牛分枝杆菌感染家养牛、水牛、北美野牛相关。法典第 11.6 章中，OIE 提出了关于管理家养（永久圈养和自由放养）牛科动物的风险建议。

这两章列出了一个国家或地区一段时间内满足牛结核病无疫的要求，这些要求主要涉及对动物的监测、常规和定期检测、边境管制。本章还描述了牛群获得牛结核病无疫认证资格应满足的要求。最后，这些章节为动物及动物产品进口提供了建议。此外，OIE《陆生动物诊断试验和疫苗手册》（OIE，2016）旨在促进动物和动物产品的国际贸易，为改善全世界的动物卫生服务做出贡献，其主要读者受众是开展兽医诊断和监测的实验室，相关成员下辖的疫苗生产企业和监管机构。

《陆生动物诊断试验和疫苗手册》包含了哺乳动物、鸟类和蜜蜂的传染病和寄生虫病，于 1989 年首次出版，所有后续的版本，均不断进行了扩展和更新。在关于牛结核病的章节中，介绍了诊断技术和牛结核病疫苗和诊断生物制剂的标准。

截至 2016 年 5 月，《陆生动物诊断试验和疫苗手册》中描述的诊断技术分类如下所示。

1. 病原体鉴定

病原体鉴定有镜检、培养及核酸检测方法。

2. 迟发过敏反应试验

结核菌素试验。

3. 基于血液的实验室检测

伽马干扰素检测，淋巴细胞增殖检测和酶联免疫吸附试验。

结核菌素试验被推荐为国际贸易的指定方法，而伽马干扰素试验被列为国际贸易的替代方法。

对疫苗和诊断试剂的要求，含结核菌素生产，包括种子批管理、生产方法、过程控制、批次控制和最终产品的检测等全过程。

1.7 控制动物中人兽共患结核病的重要性

结核分枝杆菌虽然是人结核病的主要病原体，但世界卫生组织估计，每年由食源性牛分枝杆菌引起的人兽共患结核病的病例约有14.9万（WHO，2015）。

这些危险因素包括与感染动物密切接触、食用动物产品（未经巴氏杀菌的牛奶和未经熟制的动物产品）（Cosivi等，1998）。有关牛分枝杆菌对公共卫生影响的更多信息，请参阅本书第2章和第6章。

牛结核病是一种家畜和野生动物的疫病，在全球造成经济损失，包括贸易壁垒造成的损失（OIE，2015），尽管采取了广泛的控制措施，每年估计损失仍高达数十亿美元（Schiller等，2010）。

如果不能够考虑动物储存宿主的威胁和对人-动物的传播风险，人感染牛结核病的问题就无法得到彻底解决。牛分枝杆菌会导致畜群生产力下降，给欠发达地区人民的生计

造成影响。

如能有效控制牛结核病在动物中的传播，可以及早预防和干预该病从家畜向野生动物传播，这将最大限度地减少人类的感染风险，降低贫困地区的经济损失，推动动物及其产品贸易。

OIE是世界贸易组织认定的动物健康与福利的政府间合作组织。因此，它负责制定、出版和持续审查政府间规章和标准，不仅包括疫病的预防和控制方法，也包括国家动物和兽医公共卫生系统的质量。

在国家、区域和全球各级协调这些标准的有效实施，确保兽医机构和卫生机构之间开展有效合作，这是在全世界控制包括人兽共患结核病在内的健康威胁的最关键因素之一。

在这方面，世界动物卫生组织、世界卫生组织和世界银行联合发布了指南，为国家卫生管理部门和国家兽医管理部门（以兽医机构为代表）提供能够改善全世界卫生系统管理的方法。

在"同一健康"框架内，三方联盟［联合国粮农组织（FAO）、世界动物卫生组织（OIE）和世界卫生组织（WHO）］认识到各自在防治可能对健康和经济造成严重影响的疾病（包括人兽共患病）方面的责任，这三个组织一直在共同努力，以预防、检测、控制和消除直接或间接源于动物的人类疾病风险。2010年，FAO、OIE、WHO三方发表声明（2010年4月）正式承认了这种密切合作，其目标是明确分工和协调全球活动，以应对人-动物-生态系统界面的健康风险。

2016年2月，三方承诺制定一项共同战略，以提高对人兽共患结核病负担的认识，并

倡导从动物源头控制该病。

1.8 结论

在很长一段时间内，牛结核病一直是 OIE 成员非常关注的问题，特别是 1964 年该病被列入 OIE 报告疫病名录以后。事实上，OIE 第一次关于牛结核病的国家统计数据，可以追溯至 1927 年。

如本章所述，对过去 30 年牛结核病感染趋势分析的结果显示，全球发病情况有了显著改善，在此期间受影响国家百分比减少了约 30%。同样，对 WAHIS 详细数据的分析显示，根除计划取得了成功，从 2005 年到 2015 年，全球年度发病率趋势显著下降。但是，分析结果也提示还存在明显的区域差异，世界范围内国家间疫病状况、疫情报告信息及根除项目结果差异显著。

2015 年，世界上绝大部分国家能够报告其家畜牛结核病的流行情况。但是，在一些发展中国家，特别是非洲、亚洲和南美洲的发展中国家，缺少野生动物的相关资料。因此，需要在全世界范围内，加强对牛结核病的监测、控制和根除。2015 年，报告国家中，50% 报告了家畜中存在牛结核病，25% 报告了野生动物中存在牛结核病。

为了指导各国控制和根除牛结核病，OIE 在其《陆生动物卫生法典》中提供了标准。这些卫生措施可供进口和出口国的管理部门及早发现、报告和控制动物或人类的致病性病原体，并防止病原体通过动物和动物产品的国际贸易传播，同时避免不合理的卫生贸易壁垒。此外，OIE《陆生动物诊断试验和疫苗手册》的目标是促进动物和动物产品的国际贸易，并为改善全世界的动物卫生服务作出贡献。其目的是为疫苗和其他生物产品的生产和控制提供国际商定的实验室诊断方法和要求。

OIE 正在国际和国家层面促进通过合作控制人兽共患疫病，包括实施牛结核病的"同一健康"方案，在人-动物界面上协调预防公共卫生和动物卫生影响重大的疫病，并提供更深入和可持续的政治支持。FAO、OIE 和 WHO 三方联盟也通过合作框架推进这一方案。

参考文献

Cosivi, O., Grange, J.M., Daborn, C.J., Raviglione, M.C., Fujikura, T., et al. (1998) Zoonotic tuberculosis due to *Mycobacterium bovis* in developing countries. Emerging Infectious Diseases 4(1), 59–70.

Fitzgerald, S.D. and Kaneene, J.B. (2013) Wildlife reservoirs of bovine tuberculosis worldwide: hosts, pathology, surveillance, and control. Veterinary Pathology 50(3), 488–499.

Gortazar, C., Diez-Delgado, I., Barasona, J.A., Vicente, J., De La Fuente, J. and Boadella, M. (2014) The wild side of disease control at the wildlife-livestock-human interface: a review. Frontiers in Veterinary Science 1, 27.

Knobler, S.L., Mack, A., Mahmoud, A. and Lemon, S.M. (eds) (2005) The Threat of Pandemic Influenza: Are We Ready? Workshop Summary. National Academies Press, Washington DC, USA.

OIE (1924) Organic Statutes of the Office International des Epizooties, 25 January 1924. Available at: http://www.oie.int/en/about-us/key-texts/basic-texts/organic-statutes/ (accessed 1 June 2016).

OIE (2011) Rinderpest eradication. OIE Bulletin

2. Available at: http://www.oie.int/fileadmin/Home/eng/ Publications_%26_Documentation/docs/pdf/bulletin/Bull_2011-2-ENG.pdf(accessed 1 June 2016).

OIE (2015) Terrestrial Animal Health Code. Chapter 11.5. Bovine tuberculosis. Article 11.5.5. Available at: http://www. oie. int/index. php? id = 169&L = 0&htmfile = chapitre_bovine_tuberculosis. htm (accessed 1 June 2016).

OIE(2016a) WAHIS Portal: Animal Health Data. Available at http://www.oie.int/en/animal-health-in-the-world/wahis-portal-animal-health-data/(accessed 1 June 2016).

OIE(2016b) Manual of Diagnostic Tests and Vaccines for Terrestrial Animals. World Animal Health Organization. Paris, France. Version adopted by the World Assembly of Delegates of the OIE in May 2009. Available at: http://www.oie.int/eng/ normes/mmanual/A_summry. htm(accessed 1 June 2016).

Schiller, I., Oesch, B., Vordermeier, H. M., Palmer, M.V., Harris, B.N., Orloski, K.A., Buddle, B.M., Thacker, T.C., Lyashchenko, K.P. and Waters, W.R.(2010) Bovine tuberculosis: a review of current and emerging diagnostic techniques in view of their relevance for disease control and eradication. Transboundary Emerging Diseases 57(4), 205-220.

World Health Organization (WHO) (2015) WHO Estimates of the Global burden of foodborne diseases: foodborne disease burden epidemiology reference group 2007 – 2015. World Health Organization, Geneva, Switzerland, p. 268.

人兽共患结核病病原体
牛分枝杆菌的公共卫生影响

Francisco Olea-Popelka[1]，Anna S. Dean[2]，Adrian Muwonge[3]，

Alejandro Perera[4]，Mario Raviglione[2]，Paula I. Fujiwara[5]

1　兽医和生物医学学院，临床科学系和分枝杆菌研究实验室，科罗拉多州立实验室，柯林斯堡，美国

2　全球结核病项目组，世界卫生组织，日内瓦，瑞士

3　基因和遗传组学，罗斯琳研究所，兽医学皇家学院，爱丁堡大学，爱丁堡，英国

4　墨西哥美国大使馆，美国农业部动植物卫生检疫署，墨西哥城，墨西哥

5　国际防治结核病和肺病联合会，巴黎，法国

2.1　概述

　　牛结核病的病原体牛分枝杆菌可感染多种家畜和野生动物（见第 4 章、第 6 章和第 7 章）。此外，牛分枝杆菌也可感染人，导致人兽共患结核病（Oreilly 和 Daborn，1995；Cosivi 等，1998；de la Rua-Domenech，2006）。几个世纪前，人类已经认识到了牛结核病、饮用牛奶和人（特别是儿童）结核病之间的联系（Michel 等，2009；Palmer 和 Water，2011）。1900 年，美国大约 10% 的人结核病病例是由于接触了感染结核的牛或牛产品造成的（Olmstead 和 Rhode，2004）。最重要的是，大约 25% 的儿童结核病病例是由牛分枝杆菌引起的（Roswurm 和 Ranney，1973）。英国 1947 年发表的一份报告显示，多达 2000 例的人结核病死亡病例是由牛分枝杆菌造成的，大约 30% 的 5 岁以下儿童新发结核感染病例由牛分枝杆菌引起（O'Reilly 和 Daborn，1995）。牛分枝杆菌作为人结核病的病原菌之一，在过去已多次报道（Griffith，1937、1938；Grange 和 Collins，1987；Cosivi 等，1998；Collins，2000；Ayele 等，2004；Thoen 和 LoBue，2007；Michel 等，2009、2015；Thoen 等，2009；Katale，2012；De Garine-Wichatitsky 等，2013；Kaneene 等，2014）。

　　直至 2017 年，人兽共患结核病每年的实际发病率仍然未知，因此，人们尚未完全了解其对全球结核病负担的影响，这是由于在牛结核病流行的低收入和结核病高负担的国家，普

遍缺乏对牛分枝杆菌作为人结核病病原体的系统监测。在世界许多地方，人结核病诊断最常用的方法如痰涂片镜检或 GeneXpert（暂译：分子诊断），但这两种方法不能区分牛分枝杆菌和结核分枝杆菌（Cosivi 等，1998；Drobniewski 等，2003；Thoen 等，2010；Muller 等，2013；Perez-Lago 等，2014）。

此外，即使用细菌培养，标准的 Lowenstein-Jensen 培养基也不能区分这两种细菌（Afghani，1998；Keating 等，2005），而必须使用添加丙酮酸的固体培养基或液体培养系统进行培养。因此，人们不仅对真实发病率和相关负担知之甚少，而且普遍缺少对牛分枝杆菌的重视，忽略了其也是人结核病病原体之一，对其的重要性、挑战和对公共卫生影响的认识有待提高（Thoen 等，2010；Perez-Lago 等，2014）。大多数国家忽视和低估了牛分枝杆菌，在结核病控制计划中均未定期收集相关数据。

近年来，越来越多的著作强调牛分枝杆菌作为人结核病病因的重要性。例如，2014年两篇综述得出结论，为了更好地认识牛分枝杆菌，卫生健康和野生动物部门制定有效的诊断策略（Pal 等，2014；Perez-Lago 等，2014）。2016 年，El-Sayed 等（2016）发表了一篇综述，强调了牛分枝杆菌在人-动物界面上的重要性，提出了与牛分枝杆菌相关的分子流行病学研究的重要作用。Olea-Popelka 及其同事呼吁采取行动，应对全球牛分枝杆菌带来的挑战，预防、诊断、治疗和控制由牛分枝杆菌引起的人结核病（Olea-Popelka 等，2017）。所有这些著作都强调要考虑牛分枝杆菌的微生物学、流行病学和临床特征，以便完

善人兽共患结核病的预防、诊断和治疗方案。

最初控制牛结核病的动力源于有证据证明牛分枝杆菌属于人兽共患病原菌，因此牛感染该病原菌后，对于饲养人员、食用肉类及未经巴氏杀菌乳制品的人群，都是一种威胁。在高收入国家，早期牛结核病控制运动的成功（Michel 等，2009；Palmer 和 Waters，2011）离不开普遍实施肉类检验和牛奶巴氏杀菌措施，人们对牛结核病的关注已经从家畜健康和公共卫生相关性，转移至疫病对牛肉和乳制品行业的经济和贸易影响（Collins，1999）。如今，在大多数高收入国家，感染牛分枝杆菌和患人兽共患结核病的人群数量相对较低（与感染结核分枝杆菌的人数相比）。然而，在牛结核病流行且不受控制的低收入和中等收入国家，情况可能截然不同：在这些国家，因动物管理、社会经济和文化因素，牛分枝杆菌向人类传播的风险更高（Ayele 等，2004；Michel 等，2009）。

从公共卫生角度来看，必须了解、认识和应对人感染牛分枝杆菌的这一挑战，因为与人感染结核分枝杆菌这种最常见的结核病相比，牛分枝杆菌感染患者的治疗和护理方式均有所不同。例如，牛分枝杆菌对吡嗪酰胺具有天然抗性（O'donohue 等，1985；Nieman 等，2000），而吡嗪酰胺是结核病标准治疗方案规定的一线药物之一。牛分枝杆菌引起的人兽共患结核病通常是肺外结核而不是肺结核（Durr 等，2013）。牛分枝杆菌的流行病学和常见的传播动态与结核分枝杆菌引起的空气传播疫病有显著差异，并且，在牛结核病流行的地区，如发展中国家的农村，人们在日常生活中直接接触感染的动物或动物产品，特别是食用

未经巴氏杀菌的牛奶和未经处理的动物产品的机会较多，导致人兽共患结核病发生风险增加。

随着从联合国千年发展目标（United Nations，2016）进入了 2016—2030 年可持续发展目标时代，人们越来越重视采用多学科方法来提高和改善健康水平，这一点与人兽共患病有着显著的相关性。在可持续发展目标的背景下，世界卫生组织（以下简称"世卫组织"）的终结结核病战略（WHO，2015a）预计在 2035 年之前终结全球结核病流行，并呼吁不论是由哪种分枝杆菌引发的疾病，均要做出诊断和治疗。此外，为了支持世卫组织的终结结核病战略，控制结核病联盟发布了第四版《2016—2020 年全球终结结核病计划：方式转变》（Stop TB Partnership，2015），将饲养人员、农业工作人员、乳品加工工人和其他人员确定为"受影响的关键人群"。

全球牛结核病研究联盟（GRAbTB）在同一个健康组织理念下工作，这也是一个令人振奋的进步迹象。因此，当前的政策环境，确实有利于提高预防和控制人兽共患结核病方面的认识和投入。

本书第 3 章综合介绍了与牛分枝杆菌相关的人类、家养和野生物种以及环境，进一步描述了同一健康策略。

本章中，我们强调了牛分枝杆菌是人结核病的病原菌之一，应重视其对全球公共卫生的影响。此外，我们还讨论了牛分枝杆菌的特点，在牛分枝杆菌所致人结核病方面需综合考虑，并提高预防、诊断和治疗水平。

最后，作为数据支持，我们总结了过去三年的数据，旨在帮助解决牛分枝杆菌所致的人结核病的预防、诊断和治疗问题。

2.2 牛分枝杆菌对全球人结核病的负担评估

目前，根据已经发表的一些全球、国家或区域人群感染牛分枝杆菌引发结核病的资料，人们对现有的和历史数据进行了评估，其中，Cosivi 等（1998）做了全面的全球性回顾，总结了目前发展中国家牛分枝杆菌引起人兽共患结核病的数据资料。结论是：应优先考虑人感染牛分枝杆菌这一问题，评估人兽共患病结核病的实际影响，特别是对农业和重点场所中人群的影响。十五年后，Muller 等（2013）对现有的人兽共患病进行了系统回顾，分析了全球职业从业人员感染牛分枝杆菌所致的人兽共患结核病发生情况，其结论是 Cosivi 等（1998）十五年前的担忧仍然存在，包括缺乏监测和恰当的诊断工具，无法准确鉴别牛分枝杆菌引起的人结核病例。

历史上，在全球每年大约 1040 万的结核病例中（WHO，2016），牛分枝杆菌引起的结核病病例即使比例相对较小，但感染数量，尤其是在贫穷和边远地区的人群，仍然不能忽视；目前人兽共患病结核病占比数据通常不具有代表性，因为这不是基于全国的数据，而是基于特定患者群体的数据，如那些转诊到第三方医院的病例（Cosivi 等，1998；Muller 等，2013）。过去的 30 年里，大多数人兽共患结核病的数据，来源于不同流行病学群体研究（一些研究源于非牛结核病流行地区），没有任何标准化的研究设计，如人口统计资料、患者的入选标准、样本大小和用于分离和区分牛分枝杆菌的实验室诊断方法（Cosivi 等，1998；Drobniewski 等，2003；Thoen 等，2010；Müller 等，2013；Perez-Lago 等，2014）。由于在发展中国家缺乏准确和有代表性的数据，仅从高收入、结核病低负担国家的数据进行推断，难免以偏概全，低估其实际影响，即全球只有少数人患有牛分枝杆菌引起的肺部和肺外结核。因此，将来自高收入、结核病低负担国家的人兽共患结核病数据比例作为全球的流行率是不科学的、片面的（Thoen 等，2010）。此外，牛结核病流行的地区有时与艾滋病高流行率地区重叠（如在一些非洲国家），因此，可想而知，在不同的研究中，由牛分枝杆菌所致的人结核病病例的比例存在明显差异。

没有标准化的研究设计，不同的研究就缺乏可比性。因此，现有关于人兽共患结核病负担的评估，可能不能准确地反映真实发病率。尽管当前关于人兽共患结核病全球状况的数据质量和代表性存在局限性，但是，基于当前数据估计得到的病例数仍然令人担忧。2015 年 WHO 首次发布了全球牛分枝杆菌所致人兽共患结核病负担的评估报告，作为全球食源性疫病负担报告的一部分（Kirk 等，2015；WHO，2015b），这些估算结果来源于 Müller 等（2013）根据已发表数据所做的系统性回顾，评估确认在牛分枝杆菌流行国家的不同场所人兽共患结核病占结核病患者的比例，并应用到 2010 年 WHO 所有结核病发病率和死亡率的评估报告中。全球估算的人兽共患结核病年发病数为 121268 例（95%不确定区间：99852~150239），中位数为每 10 万人 2 例（95%不确定区间：1~4）。人口发病率最高的是非洲区域，每 10 万人中估计有 7 例新发病例（95%不确定区间：4~9）。此外，据估计，全球共计 607775（95%不确定区间：458364~826115）伤残调整生命年（DALYs），代表患者因疫病而失去的健康生命年数，在全球范围内是由人兽共患结核病引起的。在非洲，估计有 30 人伤残调整生命年/ 10 万人（95%不确定区间：19~42）是由结核病造成的（WHO，2015）。2010 年全球牛分枝杆菌的年估计死亡人数为 10545 例（95%不确定区间：7894~14472）。2016 年，WHO 全球年度报告首次报告了全球牛分枝杆菌所致人结核病的发病率。2015 年，估计牛分枝杆菌所致人结核病新发病例 149000 个（95%不确定区间：71600~255000），死亡 13400 例（95%不确定区间：5050~27500）。值得注意的是，每年估计感染人兽共患结核病的人数大大超过感染其他病的人数，但相比之下该病缺乏应有的关注、资金和资源投入（WHO，2012；von Philipsborn 等，2015）。

尽管做了估算，并确定了与人兽共患结核病危险因素相关的可能更加广泛的地理分布，但牛分枝杆菌作为人结核病的致病因子，在绝大多数存在牛结核病流行的低收入、结核病高负担的国家中仍被极大忽视。

世卫组织每年根据所有类型结核病发病率的最新估算结果，持续更新全球人兽共患结核病的发病率。但是，国家数据的质量需要进一步提高，以便人们能够更充分地了解疫病造成的实际负担，特别是在牛结核病流行的地区，这种需求更为迫切。另外，还必须知道，上述疫病估算结果仅代表牛分枝杆菌造成的部分影响。在评估疫病造成的全面影响时，还必须考虑家畜生产力下降、家畜感染造成的经济损失和贸易壁垒等因素。在本书第1、3和4章中将讨论人兽共患结核病涉及的这些方面的内容。

2.3 牛分枝杆菌引起人兽共患结核病的相关社会文化和人口因素

牛分枝杆菌所致人结核病的流行病学特点和危险程度，因社会、文化和经济因素不同而异（Michel 等，2009；Ayele 等，2014）。人可通过食用和吸入的方式，感染牛分枝杆菌（Biet 等，2005），偶尔也可通过相互接触造成感染（LoBue 等，2003；Evans 等，2007）。

2.3.1 食用未经巴氏杀菌的乳制品

牛分枝杆菌最常见的感染途径是宿主通过食用受污染的牛奶或其他乳制品（Acha 和 Szyfres，1987）而感染。因此，巴氏杀菌在预防人类感染方面起着至关重要的作用（O'reilly 和 Daborn，1995；Collins，2006）。然而，在许多低收入国家或世界各地的农村地区，常常难以做到牛奶的巴氏杀菌。虽然在家里煮牛奶，可以确保杀菌效果，但需要使用燃料，增加了成本。2011年，Ben 等在突尼斯生牛奶样本中发现了牛分枝杆菌，并警告食用生牛奶（或乳制品）存在很高的人兽共患结核病感染风险。2013年，Ereqat 等首次在巴勒斯坦西岸的表观健康动物（牛和山羊）奶中分离到牛分枝杆菌。2013年，Zarden 等报道，在巴西从皮内结核菌素试验阴性奶牛的牛奶样本中分离出牛分枝杆菌，而皮内结核菌素

试验是最常用的检测牛分枝杆菌感染的方法。2013年，Franco 等得出结论，在巴西食用生牛奶（或乳制品）可能会导致人群频繁暴露于牛分枝杆菌。2014年，Roug 等通过模型评估了坦桑尼亚牧民家庭牛分枝杆菌暴露减少策略，作者的结论是，在牛结核病流行且没有牛结核病控制计划的地区，对牛奶进行加热处理，可能是减少人类感染牛分枝杆菌的有效策略。2015年，Michel 等在南非农牧区进行了一项研究，结果表明，牛分枝杆菌可在新鲜和酸腐的牛奶中存活一段时间，食用这些产品存在感染风险。此外，这项研究还证实牛奶酸腐和储存温度与牛分枝杆菌存活时间之间的关系。将不同浓度牛分枝杆菌接种到牛奶中，在20℃和33℃两种温度下，都有部分牛分枝杆菌存活。牛分枝杆菌在20℃条件下至少存活2周，然而，在33℃条件下测定的所有牛分枝杆菌浓度组，在接种3天后均不能存活。说明在较高的温度（33℃）下，牛分枝杆菌可存活1~3d。因此，不应忽视牛奶或奶制品中可能含有的牛分枝杆菌对公共卫生造成的影响。

另一方面，在一些低收入国家或地区，虽有巴氏杀菌法，但由于传统饮食习惯等习俗，人们仍然食用未经巴氏杀菌的牛奶。例如，在埃塞俄比亚的城市和周边地区，虽然有条件进行巴氏杀菌，但人们更多的是食用未经巴氏杀菌的牛奶（Desissa 和 Grace，2012），这项研究发现，由于人们缺乏对相关风险的认识以及根深蒂固的消费习惯，消费行为存在显著差异（Dessissa 和 Grace，2012），这些发现强调了一个事实，即当地的社会文化，尤其是食品消费习惯是问题的关键，且具有挑战性，可能成为人兽共患病风险控制策略实施的障碍。

2.3.2 生肉消费

目前尚无食用肉类（肌肉）导致的牛分枝杆菌传播感染人类有关的记录。2003年，英国食品安全局（Food Safety Agency）审查了食用有牛分枝杆菌感染证据的牛肉可能面临的健康风险（Food Standards Agency，2003），在这篇定性综述中，作者总结道："通过对英国屠宰场的肉类卫生服务人员进行评估和采取措施后，食用鲜肉（供人食用的）造成感染的风险（如果有的话）非常低"（Food Standards Agency，2003）。在新西兰，一份报告显示，没有证据表明人感染牛分枝杆菌是由食用肉类引起的（Cressey等，2006）。在爱尔兰，食品安全局指出，现有的科学信息不足以对肉中牛分枝杆菌进行定量风险评估（Food Safety Authority of Ireland，2008），该报告指出"基于现有证据，可知在牛或其他动物的肌肉鲜有存活的牛分枝杆菌。"结论是，在爱尔兰屠宰场进行官方检查后，食用肉类（供人食用的）造成牛分枝杆菌感染的风险非常低。

在屠宰牛时发现，大多数结核性病灶局限于头部、胸部的相关淋巴结，少见于腹部。其他器官，包括肺、肝、脾、肾和乳腺，以及相关的淋巴结和浆膜表面（胸膜和腹膜）也不太常见（Corner，1994）。肌肉中结核病变是罕见的，仅在病程晚期才有文献记载（Drieux，1957）。1957年，Drieux总结报告了在结核病晚期牛的骨骼肌中分离牛分枝杆菌的研究，发现大多数（但不是全部）研究都未能从肌肉中成功分离出牛分枝杆菌，然而，

其中两项研究证实在较高比例的病例中，从肌肉中分离培养出了牛分枝杆菌。值得注意的是，那些在宰后检疫中未发现可见结核性病变的器官，可能仍然含有牛分枝杆菌（Food Safety Authority of Ireland，2008）。

虽然众所周知，与食用乳制品相比，因食用肉类感染牛分枝杆菌的风险要低得多，但在某些情况下，这仍然是一种风险。例如，在埃塞俄比亚，Ameni等（2003）研究表明，在牛结核病流行的地区，几乎99%的肉类食用方式要么是生吃，要么是半熟食用。此外，作者还指出，人们普遍缺乏对这种食用方式所致风险的认识。在西非，22%的肉食者在尼日利亚有"Fuku elegusi"（为了说服人们吃生的、肺部带有明显病变的部位）的饮食习惯（Hambolu等，2013），但其中只有28%的消费者知道"Fuku elegusi"可能导致感染人兽共患结核病。目前仍有待确定与这种行为相关的危险程度，因此，值得进一步关注这种食用肉制品方式对于人感染牛分枝杆菌的影响，特别是在文化和饮食习惯可能加剧这种传播风险的地区。

2.3.3 牛分枝杆菌感染的职业风险

在牛结核病流行和人们常接触感染动物的地区，增加了人兽共患结核病感染传播风险。在全世界，经常直接接触到动物或动物产品的农民、牧民、兽医、动物园管理员、屠宰场工人、个体屠夫和其他类型的工人，有感染牛分枝杆菌的职业风险（Fanning和Edwards，1991；Dalovisio等，1992；Cosivi等，1998；Adesokan等，2012；Torres-Gonzalez等，

2013；Michel 等，2015；Khattak 等，2016）。过去曾报道，农民接触麋鹿（Fanning 和 Edwards，1991）、动物饲养员接触感染牛分枝杆菌的犀牛（Dalovisio 等，1992），通过气溶胶方式感染了结核病。

牛分枝杆菌感染可引起皮肤结核，例如曾报道猎人处理感染的野生动物（Wilkins 等，2008）和感染的袋貂（Gallagher 和 Bannantine，1998）后感染结核病。在加拿大安大略省，兽医因扑杀感染的鹿群和麋鹿种群、在屠宰场检疫操作时感染结核病（Liss 等，1994）。Adesokan 等（2012）已证实在尼日利亚的牲畜交易中，牛分枝杆菌导致人感染肺结核。在墨西哥，Torres-Gonzalez 等（2013）报道，在工作中，从业人员接触感染牛分枝杆菌的牛群，特别是在通风不畅的工作场所，结核病潜伏感染和肺结核的发生率很高。在这些环境中，人兽共患结核病的流行风险因素与结核分枝杆菌通过空气传播造成疫病的流行危险因素存在显著差异。

2.3.4 牛分枝杆菌的人际传播

牛分枝杆菌人际传播途径虽然不常见，但也有报道（Yates 和 Grange，1988；LoBue 等，2003；Smith 等，2004；Evans 等，2007；Sunder 等，2009；Adesokan 等，2012；Malama 等，2014；Sanou 等，2014；Buss 等，2016）。在美国，Scott 等（2016）对 8 年的数据（2006—2013 年）进行分析，得出结论：尽管摄入未经高温杀菌的乳制品是牛分枝杆菌传播导致人感染的主要方式，但有数据表明，空气传播仍是牛分枝杆菌的主要传播途径。因

此，牛分枝杆菌通过空气传播途径，造成人感染肺结核是可能的，其作为继发性传播源值得继续研究。如 2.3.3 节所述，也有职业从业人员因空气传播途径感染的证据。

2.3.5 儿童

在世界上许多牛结核病流行地区，儿童经常食用未经巴氏杀菌的牛奶。在美国，儿童感染牛分枝杆菌，主要原因可能是食用受污染的食物（Dankner 和 Davis，2000；Hlavsa 等，2008）。Scott 等（2016）的分析显示，与在美国出生的儿童相比，在墨西哥出生的 15 岁以下儿童感染牛分枝杆菌的可能性更大。儿童开放性结核或脑膜炎等重症更为常见，因为儿童需要成人协助接受医护治疗、自身不易吐出痰液或可能患有肺外结核导致诊断被延误，病情加重。

加拿大的 Anantha 等（2015）和西班牙的 Pemartin 等（2015）发表了两篇关于牛分枝杆菌引发儿科胃肠道结核病例的报告，进一步强调了牛分枝杆菌对儿童健康造成的严重影响。作者强调，有必要提高对牛分枝杆菌引起腹部结核的认识，这种结核可能与其他疾病症状类似，导致诊断延误和不必要的手术干预，尤其是国外出生曾偶尔旅居结核病流行区域的儿童则常见这种情况。Hang 等（2015）报道了另一个治疗难度很大的美国病例：一名西班牙裔女孩感染牛分枝杆菌后，下颌出现肿块，最初使用两种药物治疗失败，转而进行手术治疗，随后又进行了 9 个月的额外治疗。

2.3.6 病人的群体特征

在美国，与结核病患者相比，牛分枝杆菌引起的人兽共患结核病患者中，西班牙裔居多（LoBue 和 Moser，2005；Rodwell 等，2008；Scott 等，2016）。相比之下，英国大多数人兽共患结核病患者是白人和老年人，他们出生在广泛食用巴氏杀菌牛奶时代之前，这表明潜伏感染可能发生在几十年前，并发展成活动性结核（Mandal 等，2011）。

在非洲的一些国家，几项研究确定了牛分枝杆菌向人类传播的危险因素，如缺乏教育，包括对人兽共患结核病的认识不足，食用未经巴氏杀菌的奶制品，以及在屠宰场未使用防护设备等。在乌干达，Kazoora 等（2016）得出结论，就牛分枝杆菌引起的人兽共患结核病而言，受访的养牛户对其认知匮乏。在尼日利亚，通过在屠宰场工人中进行的两项研究得出结论，屠宰场工人严重缺少相关知识（Ismaila 等，2015），迫切需要公共卫生当局干预控制牛结核病（Sa'idu 等，2015）。在喀麦隆，Kelly 等（2016）得出结论，在当前的畜牧业生产下，控制牛结核病具有挑战性，特别是在流动的牧群中，控制难度更大。而预防牛奶中牛分枝杆菌的传播，是减轻人类风险的最佳途径，然而，这需要提高生产者和消费者的风险意识。在埃塞俄比亚，Kidane 等（2015）发现在亚的斯亚贝巴的高中生中，认为生牛奶和酸奶是牛分枝杆菌感染源的学生，其所占的比例较低（分别为 47.3% 和 15.8%）。结果表明，与对人肺结核的认知相比，学生对牛结核病的危害意识普遍要低得多。

虽然牛分枝杆菌从宠物传染给人类的情况极为罕见，但也有记载。在英国，Shrikrishna 等（2009）报道了一位主人和她的宠物狗患有的肺结核是由相同的牛分枝杆菌引起。Ramdas 等（2015）在美国得克萨斯州记录了两只（室内）猫感染牛分枝杆菌导致肺结核的病例，它们的饲主因牛分枝杆菌所致的肺结核而死亡。虽然，主人和猫感染的菌株并不完全匹配，但作者得出结论，猫和人的牛分枝杆菌菌株密切相关，并强调了这一罕见牛分枝杆菌感染病例的意义。由于缺乏相关数据，需要进一步关注牛分枝杆菌感染宠物所致的潜在公共卫生风险。

2.3.7 艾滋病毒/艾滋病

已证明 HIV 阳性患者之间可能存在牛分枝杆菌的人际传播（Bouvet 等，1993）。需要关注的是，发生传播的牛分枝杆菌菌株，不仅对吡嗪酰胺有耐药性，而且对其他一线抗结核药物如异烟肼也有耐药性（Dupon 和 Ragnaud，1992；Bouvet 等，1993；Blázquez 等，1997；Samper 等，1997；Cosivi 等，1998；Fortun 等，2005），导致常规的 4 种药物异烟肼、利福平、乙胺丁醇和吡嗪酰胺治疗牛分枝杆菌感染的疗效大大降低。美国的一项研究发现，在艾滋病患者中，牛分枝杆菌感染引起结核病的情况很常见，这种情况与西班牙裔腹部弥散性结核感染密切相关（Park 等，2010）。这项研究得出的结论与之前在美国进行的其他研究一样（Hlavsa 等，2008），艾滋病病人的护理者应该意识到未经巴氏杀菌的乳制品可能是感染来源，并建议患者也要适当关注该风险。同样，虽然这种耐药模式非 HIV 阳性患者所特有，但由于他们自身免疫系统受损，增加了感染并迅速发展为临床重症的可能性，也增加了向他人传播的可能性。74%与艾滋病相关的结核病例发生在撒哈拉以南的非洲（WHO，2016），据估计，牛分枝杆菌所致的人兽共患结核病例有 70% 发生在非洲（Muller 等，2013；WHO，2015b），艾滋病病毒和牛分枝杆菌潜在的混合感染令人担忧。

2.4　牛分枝杆菌作为人结核病病原体的临床挑战

关于牛分枝杆菌作为人结核病病因的数据主要是从高收入国家获得，这些国家可准确诊断结核分枝杆菌复合群的感染。临床医生、卫生工作者和公共卫生官员必须了解和认识到人兽共患结核病独特的流行病学和临床特征。

2.4.1　抗生素耐药性

2.4.1.1　对吡嗪酰胺（PZA）的天然抗性

人兽共患结核病患者面临的另一个难题是牛分枝杆菌对吡嗪酰胺具有天然耐药性（O'Donohue 等，1985；Niemann 等，2000），该药物是结核病治疗方案中的标准一线药物，因此，人兽共患结核病患者的治疗和康复要求更复杂。遗憾的是，世界上大多数结核病患者开始接受结核病治疗时，采取的方案要么是基于临床症状，要么是基于痰涂片镜检，由于不了解分枝杆菌药物的敏感性，也不了解致病分枝杆菌的种类，对于未经牛分枝杆菌

确诊的患者而言，增加了治疗不当的风险。因此，结核病患者由于感染牛分枝杆菌可能接受了次优治疗，会进一步增加其耐药性，造成更高的死亡率（de la Rua-Domenech，2006；Rodwell 等，2008）。

2014 年，全球 270 万经细菌学鉴定的新发结核病例中，只有 12%进行了耐药性检测（WHO，2015）。

在比利时，Allix-Beguec 等（2010）得出结论，如果没有及时发现牛分枝杆菌，则会对患者临床治疗造成不利影响。具体地说，由于缺乏分枝杆菌定型检测，"在 2 个月的治疗中会存在吡嗪酰胺使用不当的情况，最糟糕的是，在后续治疗中，导致无法通过吡嗪酰胺取代异烟肼达到预计效果"，还会出现中毒性肝炎等副作用。

此外，这一病例可作为又一佐证，提示牛分枝杆菌作为人兽共患病病原体要持续关注，即使是在 2003 年以来已正式宣布无牛结核病疫情的比利时等国家同样如此。在美国，建议使用异烟肼和利福平对感染牛分枝杆菌的结核病患者进行为期 9 个月的抗菌治疗，而不是采取标准的 4 种药物对感染结核分枝杆菌的结核病患者进行为期 6 个月的治疗方案（CDC，2003；LoBue 和 Moser，2005）。

2.4.1.2　其他耐药模式

已证明牛分枝杆菌对异烟肼有抗药性。McLaughlin 等（2012）报道，他们在美国的评估研究发现，28.5%的牛分枝杆菌对吡嗪酰胺和异烟肼都有抗性。其他研究（LoBue 等，2003；CDC，2005）也发现牛分枝杆菌对异烟肼有耐药性，对这些患者的治疗方案会更加复杂。在苏格兰、西班牙、墨西哥等地包含艾滋

病患者和免疫缺陷病人的研究中，都发现了多重耐药（耐异烟肼和利福平，两大一线药物）的牛分枝杆菌（Armstrong 和 Christie，1998；Guerrero 等，1997；Palenque 等，1998；Vazquez-Chacon 等，2015）。耐多药结核病（不论致病因素）造成了严重的公共卫生问题，2014 年全球只有 50% 的患者成功治愈（WHO，2015）。

因此，我们不仅要评估和量化牛分枝杆菌对天然吡嗪酰胺耐药性造成的影响，而且还要判断牛分枝杆菌对其他抗结核药物可能出现的耐药性，以及这些耐药因素对治疗效果的影响。毋庸置疑，结核患者感染耐多种药物的牛分枝杆菌菌株，成功治疗的可能性要低很多。

2.4.2 肺外结核

尽管在临床、放射学和病理学上难以从结核分枝杆菌（Cosivi 等，1998；Grange，2001；Wedlock 等，2002；Michel 等，2009）中区分出牛分枝杆菌感染，但牛分枝杆菌会导致更多的肺外结核出现（de Kantor 等，2010；Durr 等，2013）。

在欧洲和美国，半数到四分之三的人兽共患结核病为肺外结核，包括淋巴结、胃肠道和泌尿生殖道结核。在牛结核病流行地区，食源性感染（牛奶）是引起颈部淋巴结核病和腹部及其他肺外结核的主要原因（Cosivi 等，1998）。牛分枝杆菌易导致肺外结核，增加了延诊风险（Sunnetcioglu 等，2015），进而也延误了治疗。

在印度，Shah 等（2006）报告了一项研究结果，通过检测 100 个儿童在内的 212 个结核病患者（包括结核性脑膜炎患者）脑脊液（CSF）样本中的结核分枝杆菌和牛分枝杆菌，结果表明，约 17%（212 个 CSF 样本中的 36 个）的脑脊液样本中含牛分枝杆菌（而只有 2.8% 的样本为结核分枝杆菌）。作者的结论是，如果分子诊断方法得当，可正确鉴定牛分枝杆菌，并有助于人结核病的预防。虽然在欧洲和美国，由结核分枝杆菌引起的大多数结核病为肺结核，但仍有约四分之一为肺外结核（Durr 等，2013）。

因此，我们不能假定肺外结核就是由牛分枝杆菌引起的。在埃塞俄比亚，肺外结核的发病率相对较高，但不能证明完全与牛分枝杆菌感染有关，这可能是因为牛分枝杆菌在家畜中的总体感染率较低（Berg 等，2015）。遗憾的是，在世界上大多数地区，诊断肺外结核的能力是有限的。

2.5 结论

鉴于每年都会有相当数量的人兽共患结核病的人间病例，以及牛分枝杆菌与人型结核菌（结核分枝杆菌）在流行病学和临床方面存在的重要差异，正确认识牛分枝杆菌对人结核病预防、诊断和治疗等方面的影响是非常重要的。世卫组织《终结结核病战略》、联合国可持续发展目标和"终止结核病联盟"的全球终止结核病计划，三者具有一致的政策议程。根据该议程，有必要加强对牛分枝杆菌作为人结核病病因的鉴定和预防工作，这将提高我们诊断牛分枝杆菌所致结核病的能力，特别是在贫困或农村地区，人们对食用未经巴氏杀菌的乳制品和受污染的肉类感染人兽共患结核病风险的认识不够。

根据现有证据，不能再忽视牛分枝杆菌是人兽共患结核病病原菌这一问题。应对人兽共患结核病的首要步骤是：①各国政府必须在国家官方政策中承认牛分枝杆菌是值得重视的人结核病病原菌。②风险社区和卫生工作者必须加强学习，提高认识，多开展实践，以便发现差距并制订适当的干预措施。③应该推广应用现有牛分枝杆菌和结核分枝杆菌的实验室鉴别诊断方法。有了这些举措，无论结核病病原菌如何，世界将更接近终止结核病的目标。最后，兽医部门预防和控制牛分枝杆菌感染和牛结核病（以及涉及的其他动物物种），是防止牛分枝杆菌向人类传播的重要举措。

参考文献

Acha, P. N. and Szyfres, B. (1987) Zoonotic tuberculosis. In: Zoonoses and Communicable Diseases Common to Man and Animals 2nd edn. Pan American Health Organization/World Health Organization: Scientific Publication No. 503, Washington DC, USA.

Adesokan, H. K., Jenkins, A. O., van Soolingen, D. and Cadmus, S. I. (2012) *Mycobacterium bovis* infection in livestock workers in Ibadan, Nigeria: evidence of occupational exposure. International Journal of Tuberculosis and Lung Disease 16(10), 1388-1392.

Afghani, B. (1998) Rapid differentiation of *Mycobacterium tuberculosis* and *Mycobacterium bovis* using glycerol susceptibility and quantitative polymerase chain reaction. Journal of Investigative Medicine 46(2), 73-75.

Allix-Beguec, C., Fauville-Dufaux, M., Stof-fels, K., Ommeslag, D., Walravens, K., et al. (2010) Importance of identifying *Mycobacterium bovis* as a causative agent of human tuberculosis. The European Respiratory Journal 35, 692-694.

Ameni, G., Amenu, K. and Tibbo, M. (2003) Bovine tuberculosis: prevalence and risk factor assessment in cattle and cattle owners in Wuchale-Jida District, Central Ethiopia. The International Journal of Applied Research in Veterinary Medicine 1(1), 17-26.

Anantha, R. V., Salvadori, M. I., Hussein, M. H. and Merritt, N. (2015) Abdominal cocoon syndrome caused by *Mycobacterium bovis* from consumption of unpasteurised cow's milk. The Lancet Infectious Diseases 15, 1498.

Armstrong, J. and Christie, P. (1998) Two cases of multidrug resistant *Mycobacterium bovis* infection in Scotland. Euro Surveillance 1998, 2(37), pii = 1159. Available at: http://www. eurosurveillance. org/ViewArticle. aspx? ArticleId = 1159 (accessed 1 July 2017).

Ayele, W. Y., Neill, S. D., Zinsstag, J., Weiss, M. G. and Pavlik, I. (2004) Bovine tuberculosis: an old disease but a new threat to Africa. International Journal of Tuberculosis and Lung Disease 8(8), 924-937.

Ben, K. I., Boschiroli, M. L., Souissi, F., Cherif, N., Benzarti, M., et al. (2011) Isolation and molecular characterisation of *Mycobacterium bovis* from raw milk in Tunisia. African Health Sciences 11(Suppl 1), S2-S5.

Berg, S., Schelling, E., Hailu, E., Firdessa, R., Gumi, B., et al. (2015) Investigation of the high rates of extra-pulmonary tuberculosis in Ethiopia reveals no single driving factor and minimal evidence for zoonotic transmission of *Mycobacterium bovis* infection. BMC Infectious Diseases 15, 112.

Biet, F., Boschiroli, M. L., Thorel, M. F. and Guilloteau, L. A.(2005) Zoonotic aspects of *Mycobacterium bovis* and *Mycobacterium avium* - intracellulare complex(MAC). Veterinary Research 36(3), 411-436.

Blázquez, J., Espinosa de Los Monteros, L. E., Samper, S., Martín, C., Guerrero, A., et al.(1997) Genetic characterization of multidrug - resistant *Mycobacterium bovis* strains from a hospital outbreak involving human immunodeficiency virus - positive patients. Journal of Clinical Microbiology 35(6), 1390-1393.

Bouvet, E., Casalino, E., Mendoza - Sassi, G., Lariven, S., Vallee, E. and Pernet, M.(1993) A nosocomial outbreak of multidrug - resistant *Mycobacterium bovis* among HIV - infected patients. A case - control study. AIDS 7, 1453-1460.

Buss, B. F., Keyser - Metobo, A., Rother, J., Holtz, L., Gall, K., et al.(2016) Possible Airborne Person-to-Person Transmission of *Mycobacterium bovis*- Nebraska 2014-2015. Morbidity and Mortality Weekly Report(MMWR) 65(8), 197-201.

CDC(2003) Centers for Disease Control and Prevention Treatment of Tuberculosis. Morbidity and Mortality Weekly Report(MMWR). 2003; 52(No. RR - 11). Available at: http://www. cdc. gov/mmwr/PDF/ rr/ rr5211. pdf.(accessed May 2016).

CDC(2005) Centers for Disease Control and Prevention. Human tuberculosis caused by *Mycobacterium bovis*—New York City, 2001-2004. Morbidity and Mortality Weekly Report(MMWR) 54, -605-608.

Collins, C. H.(2000) The bovine tubercle bacillus. British Journal of Biomedical Science 57(3), 234-240. Collins, J. D.(1999) Tuberculosis in cattle: reducing the risk of herd exposure. UK Vet 5, 35-39.

Collins, J. D.(2006) Tuberculosis in cattle: strategic planning for the future. Veterinary Microbiology 25; 112(2-4), 369-381.

Corner, L. A.(1994) Post - mortem diagnosis of *Mycobacterium bovis* infection in cattle. Veterinary Microbiology 40, 53-63.

Cosivi, O., Grange, J. M., Daborn, C. J., Raviglione, M. C., Fujikura, T., et al.(1998) Zoonotic tuberculosis due to *Mycobacterium bovis* in developing countries. Emerging Infectious Diseases 4, 59-70.

Cressey, P., Lake, R. and Hudson, A.(2006) Risk Profile: *Mycobacterium bovis* in Red Meat. New Zealand Food Safety Authority, Ministry for Primary Industries, Wellington, New Zealand.

Dalovisio, J. R., Stetter, M. and Mikota-Wells, S.(1992) Rhinoceros' rhinorrhea: cause of an outbreak of infection due to airborne *Mycobacterium bovis* in zookeepers. Clinical Infectious Diseases 15(4), 598-600.

Dankner, W. M. and Davis, C. E.(2000) *Mycobacterium bovis* as a significant cause of tuberculosis in children residing along the United States-Mexico border in the Baja California region. Pediatrics 105(6), E79.

De Garine - Wichatitsky, M., Caron, A., Kock, R., Tschopp, R., Munyeme, M., et al(2013) A review of bovine tuberculosis at the wildlife-livestock-human interface in sub-Saharan Africa. Epidemiology and Infection 141(7), 1342-1356.

de Kantor, I. N., LoBue, P. A. and Thoen, C. O.(2010) Human tuberculosis caused by *Mycobacterium bovis* in the United States, Latin America and the Caribbean. The International Journal of Tuberculosis and Lung Disease 14(11), 1369-1373.

de la Rua-Domenech(2006) Human *Mycobacterium bovis* infection in the United Kingdom: Incidence, risks, control measures and review of the zoonotic aspects of bovine tuberculosis. Tuberculosis 86(2), 77-109.

Desissa, F. and Grace, D.(2012) Raw milk consumption behaviour and assessment of its risk factors among dairy producers in urban and peri-urban areas of Debre-Zeit, Ethiopia: Implication for public health. Paper presented at the Tropentag 2012, Göttingen, Germany, 19-21 September 2012.

Drieux, H. (1957) Post-mortem inspection and judgement of tuberculous carcasses. In: Meat Hygiene. Food and Agriculture Organisation of the United Nations, Geneva, Switzerland, pp. 195-215.

Drobniewski, F. M., Strutt, G., Smith, R., Magee, J. and Flanagan, P.(2003) Audit of scope and culture techniques applied to samples for the diagnosis of Mycobacterium bovis by hospital laboratories in England and Wales. Epidemiology and Infection 130, 235-237.

Dupon, M. and Ragnaud, J. M.(1992) Tuberculosis in patients infected with human immunodeficiency virus 1. A retrospective multicentre study of 123 cases in France. Quarterly Journal of Medicine [New Series 85], 306, 719-730.

Dürr, S., Müller, B., Alonso, S., Hattendorf, J., Laisse, C. J., et al.(2013) Differences in primary sites of infection between zoonotic and human tuberculosis: results from a worldwide systematic review. PLOS Neglected Tropical Diseases 7, e2399.

El-Sayed, A., El-Shannat, S., Kamel, M., Castañeda-Vazquez, M. A. and Castañeda-Vazquez, H. (2016) Molecular epidemiology of Mycobacterium bovis in humans and cattle. Zoonoses Public Health 63, 251-264.

Ereqat, S., Nasereddin, A., Levine, H., Azmi, K., Al-Jawabreh, A., et al.(2013) First-time detection of Mycobacterium bovis in livestock tissues and milk in the West Bank, Palestinian Territories. PlosOne Neglected Tropical Diseases 7(9), e2417.

Evans, J. T., Smith, E. G., Banerjee, A., Smith, R. M., Dale, J., Innes, J. A., Hunt, D., Tweddell, A., Wood, A., Anderson, C., Hewinson, R. G., Smith, N. H., Hawkey, P. M. and Sonnenberg, P.(2007) Cluster of human tuberculosis caused by Mycobacterium bovis: evidence for person-to-person transmission in the UK. The Lancet 369, 1270-1276.

Fanning, A. and Edwards, S.(1991) Mycobacterium bovis infection in human beings in contact with elk (Cervus elaphus) in Alberta, Canada. The Lancet 338 (8777), 1253-1255.

Food Safety Authority of Ireland(2008) Zoonotic Tuberculosis and Food Safety, 2nd edn. Food Safety Authority of Ireland, Dublin, Ireland.

Fortún, J., Martín-Dávila, P., Navas, E., Pérez-Elías, M. J., Cobo, J., et al.(2005) Linezolid for the treatment of multidrug-resistant tuberculosis. Journal of Antimicrobial Chemotherapy 56(1), 180-185.

Franco, M. M., Paes, A. C., Ribeiro, M. G., de Figueiredo Pantoja, J. C., Santos, A. C., et al. (2013)-Occurrence of mycobacteria in bovine milk samples from both individual and collective bulk tanks at farms and informal markets in the southeast region of Sao Paulo, Brazil. BMC Veterinary Research 9, 85.

Gallagher, J. and Bannantine, J. P.(1998) Mycobacterial Diseases. Oxford University Press, New York, USA. Grange, J. M.(2001) Mycobacterium bovis infection in human beings. Tuberculosis 81, 71-77.

Grange, J. M. and Collins, C. H.(1987) Bovine tubercle bacilli and disease in animals and man. Epidemiology and Infection 99(2), 221-234.

Griffith, A. S. (1937) Bovine tuberculosis in man. Tuberculosis 18(12), 529-543.

Griffith, A. S. (1938) Bovine tuberculosis in the human subject. Proceedings of the Royal Society of Medicine 31(10), 1208-1212.

Guerrero, A., Cobo, J., Fortun, J., Navas, E., Quereda, C., et al. (1997) Nosocomial transmission of *Mycobacterium bovis* resistant to 11 drugs in people with advanced HIV-1 infection. Lancet 350, 1738-1742.

Hambolu, D., Freeman, J. and Taddese, H. B. (2013) Predictors of bovine TB risk behaviour amongst meat handlers in Nigeria: a cross - sectional study guided by the health belief model. PLOSOne 8 (2), e56091.

Hang, N. T., Maeda, S., Keicho, N., Thuong, P. H. and Endo, H. (2015) Sublineages of *Mycobacterium tuberculosis* Beijing genotype strains and unfavorable outcomes of anti - tuberculosis treatment. Tuberculosis 95(3), 336-342.

Hlavsa, M. C., Moonan, P. K., Cowan, L. S., Navin, T. R., Kammerer, J. S., et al. (2008) Human tuberculosis due to *Mycobacterium bovis* in the United States, 1995 - 2005. Clinical Infectious Diseases 47, 168-175.

Ismaila, U. G., Rahman, H. A. and Saliluddin, S. M. (2015) Knowledge on Bovine Tuberculosis among Abattoir Workers in Gusau, Zamfara State, Nigeria. International Journal of Public Health and Clinical Sciences 2(3), 45-58.

Kaneene, J. B., Miller, R., Steele, J. H. and Thoen, C. O. (2014) Preventing and controlling zoonotic tubercu-losis: a One Health approach. Veterinaria Italiana 50(1), 7-22.

Katale, B., Mbugi, E., Kendal, S., Fyumagwa, R., Kibiki, G., et al. (2012) Bovine tuberculosis at the human - livestock - wildlife interface: Is it a public health problem in Tanzania? A review. Onderstepoort Journal of Veterinary Research 79(2), 8.

Kazoora, H. B., Majalija, S., Kiwanuka, N. and Kaneene, J. B. (2016) Knowledge, attitudes and practices regarding risk to human infection due to *Mycobacterium bovis* among cattle farming communities in western Uganda. Zoonoses and Public Health 63(8), 616-623.

Keating, L. A., Wheeler, P. R., Mansoor, H., Inwald, J. K., Dale, J., et al. (2005) The pyruvate requirement of some members of the *Mycobacterium tuberculosis* complex is due to an inactive pyruvate kinase: implications for *in vivo* growth. Molecular Microbiology 56(1), 163-174.

Kelly, R. F., Hamman, S. M., Morgan, K. L., Nkongho, E. F., Ngwa, V. N., et al. (2016) Knowledge of bovine tuberculosis, cattle husbandry and dairy practices amongst pastoralists and small - scale dairy farmers in cameroon. PLoS ONE 11(1), e0146538.

Khattak, I., Mushtaq, M. H., Ahmad, M. U. D., Khan, M. S. and Haider, J. (2016) Zoonotic tuberculosis in occupationally exposed groups in Pakistan. Occupational Medicine 66(5), 371-376.

Kidane, A. H., Sifer, D., Aklilu, M. and Pal, M. (2015) Knowledge, attitude and practice towards human and bovine tuberculosis among high school students in Addis Ababa, Ethiopia. International Journal of Livestock Research 5(1), 1-11.

Kirk, M. D., Pires, S. M., Black, R. E., Caipo, M., Crump, J. A., et al. (2015) World Health Organization Estimates of the Global and Regional Disease Burden of 22 Foodborne Bacterial, Protozoal, and Viral Diseases: A Data Synthesis. 2015. PLOS Medicine 12 (12), e1001940.

Liss, G. M., Wong, L., Kittle, D. C., Simor, A., Naus, M., et al.(1994) Occupational exposure to *Mycobacterium bovis* infection in deer and elk in Ontario. Canadian Journal of Public Health 85, 326-329.

LoBue, P. A. and Moser, K. S.(2005) Treatment of *Mycobacterium bovis* infected tuberculosis patients: San Diego County, California, United States, 1994-2003. Tubercle and Lung Disease 9, 333-338.

LoBue, P. A., Betacourt, W., Peter, C. and Moser, K. S. (2003) Epidemiology of *Mycobacterium bovis* disease in San Diego County, 1994-2000. International Journal of Tuberculosis and Lung Disease 7 (2), 180-185.

Malama, S., Johansen, T. B., Muma, J. B., Munyeme, M., Mbulo, G., et al.(2014) Characterization of *Mycobacterium bovis* from humans and cattle in Namwala District, Zambia. Veterinary Medicine International, Article ID 187842.

Mandal, S., Bradshaw, L., Anderson, L. F., Brown, T., Evans, J. T., et al. (2011) Investigating transmission of *Mycobacterium bovis* in the United Kingdom in 2005 to 2008. Journal of Clinical Microbiology 49, 1943-1950.

McLaughlin, A. M., Gibbons, N., Fitzgibbon, M., Power, J. T., Foley, S. C.,et al.(2012) Primary isoniazid resistance in *Mycobacterium bovis* disease: a prospect of concern. American Journal of Respiratory and Critical Care Medicine 186(1), 110-111.

Michel, A. L., Müller, B. and vanHelden, P. D. (2009) *Mycobacterium bovis* at the animal-human interface: a problem, or not? Veterinary Microbiology 140, 371-381.

Michel, A. L., Geoghegan, C.,Hlokwe, T., Raseleka, K., Getz, W. M. and Marcotty, T. (2015) Longevity of *Mycobacterium bovis* in raw and traditional souring milk as a function of storage temperature and dose. PLoS ONE 10(6), e0129926.

Müller, B.,Dürr, S., Alonso, S., Hattendorf, J., Laisse, C. J., et al.(2013) Zoonotic *Mycobacterium bovis*-induced tuberculosis in humans. Emerging Infectious Diseases 19, 899-908.

Niemann, S., Harmsen, D., Rüsch-Gerdes, S. and Richter, E.(2000) Differentiation of clinical *Mycobacterium tuberculosis* complex isolates by gyrB DNA sequence polymorphism analysis. Journal of Clinical Microbiology 38(9), 3231-3234.

O'Donohue, W. J. Jr., Bedi, S., Bittner, M. J. and Preheim, L. C.(1985) Short-course chemotherapy for -pulmonary infection due to *Mycobacterium bovis*. Archives of Internal Medicine 145, 703-705.

Olea-Popelka, F., Muwonge, A., Perera, A., Dean, A. S., Mumford, E., et al.(2017) Zoonotic tuberculosis in human beings caused by *Mycobacterium bovis*—a call for action. The Lancet Infectious Diseases 17(1), e21-e25.

Olmstead, A. L. and Rhode, P. W.(2004) An impossible undertaking: the eradication of bovine tuberculosis in the United States. Journal of Economic History 64(3), 734-772.

O'Reilly, L. M. and Daborn, C. J.(1995) The epidemiology of *Mycobacterium bovis* infections in animals and man: a review. Tubercle and Lung Disease 76 (Suppl 1), 1-46.

Pal, M.,Zenebe, N. and Rahman, M. T.(2014) Growing significance of *Mycobacterium bovis* in human health. Microbes and Health 3(1), 29-34.

Palenque, E.,Villena, V., Rebollo, M. J., Jiminez, M. S. and Samper, S. (1998) Transmission of multidrug-resistant *Mycobacterium bovis* to an immunocompetent patient. Clinical Infectious Diseases 26,

995-996.

Palmer, M. V. and Waters, W. R. (2011) Bovine tuberculosis and the establishment of an eradication program in the United States: role of veterinarians. Veterinary Medicine International, Volume 2011, Article ID 816345.

Park, D., Qin, H., Jain, S., Preziosi, M., Minuto, J. J., et al. (2010) Tuberculosis due to *Mycobacterium bovis* in patients coinfected with human immunodeficiency virus. Clinical Infectious Diseases 51 (11), 1343-1346.

Pemartín, B., Portolés Morales, M., Elena Carazo, M., Marco Macián, A. and Isabel Piqueras, A. (2015) *Mycobacterium bovis* abdominal tuberculosis in a young child. The Pediatric Infectious Disease Journal 34(10), 1133-1135.

Perez-Lago, L., Navarro, Y. and Garcia-de-Viedma, D. (2014) Current knowledge and pending challenges in zoonosis caused by *Mycobacterium bovis*: A review. Research in Veterinary Science 97, S94-S100.

Ramdas, K. E. F., Lyashchenko, K. P., Greenwald, R., Robbe-Austerman, S., McManis, C. and Waters, W. R. (2015) *Mycobacterium bovis* infection in humans and cats in same household, Texas, USA, 2012. Emerging Infectious Diseases 21(3), 480-483.

Rodwell, T. C., Moore, M., Moser, K. S., Brodine, S. K. and Strathdee, S. A. (2008) Tuberculosis from *Mycobacterium bovis* in binational communities, United States. Emerging Infectious Diseases 14 (6), 909-916.

Roswurm, J. D. and Ranney, A. F. (1973) Sharpening the attack on bovine tuberculosis. American Journal of Public Health 63(10), 884-886.

Roug, A., Perez, A., Mazet, J. A. K., Clifford, D. L., VanWormera, E., et al. (2014) Comparison of intervention methods for reducing human exposure to *Mycobacterium bovis* through milk in pastoralist households of Tanzania. Preventive Veterinary Medicine 115 (3-4), 157-165.

Sa'idu, A. S., Okolocha, E. C., Dzikwi, A. A., et al. (2015) Public health implications and risk factors assessment of *Mycobacterium bovis* infections among abattoir personnel in Bauchi State, Nigeria. Journal of Veterinary Medicine vol. 2015, Article ID 718193.

Samper, S., Martín, C., Pinedo, A., Rivero, A., Blázquez, J., et al. (1997) Transmission between HIV-infected patients of multidrug-resistant tuberculosis caused by *Mycobacterium bovis*. AIDS 11 (10), 1237-1242.

Sanou, A., Tarnagda, Z., Kanyala, E., Zingué, D., Nouctara, M., et al. (2014) *Mycobacterium bovis* in Burkina Faso: epidemiologic and genetic links between human and cattle isolates. PLOS Neglected Tropical Diseases 8(10), e3142.

Scott, C., Cavanaugh, J. S., Pratt, R., Silk, B. J., LoBue, P. and Moonan, P. K. (2016) Human tuberculosis caused by *Mycobacterium bovis* in the United States, 2006-2013. Clinical Infectious Diseases 63 (5), 594-601.

Shah, N. P., Singhal, A., Jain, A., Kumar, P., Uppal, S. S., et al. (2006) Occurrence of overlooked zoonotic tuberculosis: detection of *Mycobacterium bovis* in human cerebrospinal fluid. Journal of Clinical Microbiology 44(4), 1352-1358.

Shrikrishna, D., de la Rua-Domenech, R., Smith, N. H., et al. (2009) Human and canine pulmonary *Mycobacterium bovis* infection in the same household: re-emergence of an old zoonotic threat? Thorax 64, 89-91.

Smith, R., Drobniewski, F., Gibson, A., Colloff, A. and Coutts, I. (2004) *Mycobacterium bovis* infection, United Kingdom. Emerging Infectious Diseases 10, 539-541.

Stop TB Partnership (2015) Global Plan to End TB 2016-2020-The Paradigm Shift. Available at: http:// www. stoptb. org/assets/documents/global/plan/ GlobalPlanToEndTB_ TheParadigmShift _ 2016 - 2020 _ StopTBPartnership. pdf(accessed 29 May 2016).

Sunder, S., Lanotte, P., Godreuil, S., Martin, C., Boschiroli, M. L. and Besnier, J. M.(2009) Human-to-human transmission of tuberculosis caused by *Mycobacterium bovis* in immunocompetent patients. Journal of Clinical Microbiology 47, 1249-1251.

Sunnetcioglu, A., Sunnetcioglu, M., Binici, I., Baran, A. I., Karahocagil, M. K. and Saydan, M. R. (2015) Comparative analysis of pulmonary and extrapulmonary tuberculosis of 411 cases. Annals of Clinical Microbiology and Antimicrobials 14, 34.

Thoen, C. O. and LoBue, P. A.(2007) *Mycobacterium bovis* tuberculosis: forgotten, but not gone. Lancet 369(9569), 1236-1238.

Thoen, C. O., Lobue, P. A., Enarson, D. A., Kaneene, J. B. and de Kantor, I. N.(2009) Tuberculosis: a reemerging disease in animals and humans. Veterinaria Italiana 45(1), 135-181.

Thoen, C. O., LoBue, P. A. and de Kantor, I. (2010) Why has zoonotic tuberculosis not received much attention? Tubercle and Lung Disease 14, 1073-1074.

Torres-Gonzalez, P., Soberanis-Ramos, O., Martinez-Gamboa, A., Chavez-Mazari, B., Barrios-Herrera, M. T., et al.(2013) Prevalence of latent and active tuberculosis among dairy farm workers exposed to cattle infected by *Mycobacterium bovis*. PLOS Neglected Tropical Diseases 7(4), e2177.

United Nations Sustainable Development Goals (2016) Available at: http://www. un. org/sustainabledevelop - ment/sustainable - development - goals/ (accessed May 2016).

United Kingdom Food Standards Agency (2003) Available at: https://www. food. gov. uk/sites/default/files/ multimedia/pdfs/committee/acm981a_mbovis. pdf(accessed May 2016).

Vazquez-Chacon, C. A., Martínez-Guarneros, A., Couvin, D., González-Y-Merchand, J. A., Rivera-Gutierrez, S., et al.(2015) Human multidrug-resistant *Mycobacterium bovis* infection in Mexico. Tuberculosis 95, 802-809.

von Philipsborn, P., Steinbeis, F., Bender, M. E., Regmi, S. and Tinnemann, P.(2015) Poverty-related and neglected diseases-an economic and epidemiological analysis of poverty relatedness and neglect in research and development. Global Health Action 8, 25818.

Wedlock, D. N., Skinner, M. A., de Lisle, G. W. and Buddle, B. M.(2002) Control of *Mycobacterium bovis* infections and the risk to human populations. Microbes and Infection 4, 471-480.

Wilkins, M. J., Meyerson, J., Bartlett, P. C., Spieldenner, S. L., Berry, D. E., et al.(2008) Human *Mycobacterium bovis* infection and bovine tuberculosis outbreak, Michigan, 1994-2007. Emerging Infectious Diseases 14(4), 657-660.

WHO(2012) Global report for research on infectious diseases of poverty. 2012. http://whqlibdoc. who. int/ publications/2012/9789241564489 _ eng. pdf? ua=1(accessed 6 June 2015).

WHO(2015a) World Health Organization Gear up to end TB - Introducing the WHO End TB Strategy.

2015. Available at: http://www. who. int/tb/EndT-Badvocacy_brochure/en/(accessed 10 May 2015).

WHO(2015b) World Health Organization: Estimates of the global burden of foodborne diseases 2015. Available at: http://www. who. int/foodsafety/publications/foodborne _ disease/fergreport/en/(accessed 1 March 2016).

WHO(2016) Global Tuberculosis Report. Available at: http://www. who. int/tb/publications/global _ report/en/(accessed 1 February 2017).

Yates, M. D. and Grange, J. M.(1988) Incidence and nature of human tuberculosis due to bovine tubercle bacilli in South-East England: 1977-1987. Epidemiology and Infection 101, 225-229.

Zarden, C. F. O., Marassi, C. D., Figueiredo, E. E. S. and Lilenbaum, W.(2013) *Mycobacterium bovis* detection from milk of negative skin test cows. Veterinary Record 172(5). DOI: 10. 1136/vr. 101054.

牛结核病经济学： 同一健康问题

Hind Yahyaoui Azami[1,2,3], Jakob Zinsstag[2,3]

1 拉巴特哈桑二世农业兽医学院，摩纳哥

2 热带病研究所流行病学与公共卫生学院，瑞士

3 巴塞尔大学，瑞士

本章重点讨论牛结核病涉及的经济学问题，以及鉴于这种疫病对家畜和人类健康造成的负担，重点采取同一健康（OH）策略作为控制手段。本章首先概述了同一健康策略，之后回顾了牛结核病经济学涉及的 OH 问题，总结了同一健康策略对控制牛结核病和人结核病的意义。

3.1 同一健康策略

OH 策略可以定义为将人和动物健康视为一个有机整体，二者密切进行联系合作有利于人类和动物健康、节省资金、改善生态系统（Zinsstag 等，2015）。OH 策略充分考虑生态和健康，在认识到人类和动物健康相互依存的前提下，通过改善沟通，进行更紧密的合作、更充分的信息共享，整合多机构和多学科，以更密切的方式开展合作，从而达到改善健康的目的。

人们对 OH 方案及其效益的广泛认同存在顾虑，主要是经济上的担忧。事实上，建立 OH 方案至关重要，它可以证明官方和私人利益相关者能够通过更紧密的合作节省资金，这种做法更划算（Zinsstag 等，2012）。

兽医应注意与动物健康直接或间接相关的多个方面（机构），如国际贸易和旅行、全球气候变化、栖息地破坏、生态旅游和食品安全，应认识到可通过多机构、多学科合作发挥积极作用。

从学术层面出发，OH 倡议并建立相关原则，包括设立 OH 硕士课程（Osburn 等，2009），OH 学术培训应考虑不同的国家和环境背景，以达到最佳效果。尽管如此，学术界以外的一些机构和组织，也应采用 OH 方案，比如工业企业，特别是那些受到牛结核病影响的企业使用 OH 方案将使他们获益（例如牛奶和肉类行业）。

公共卫生学校仍然是最大的机构之一，通过大量的投入，培养全球卫生专家，为应对疫病造成的全球负担做好准备。

公共卫生学校的优势之一是其涉及多学科，具备开发、测试和验证新方法、新技术和新系统的愿景，满足全球特别是发展中国家的卫生需求（Fried 等，2010）。

此外，许多大学、非政府组织和政府机构都开设了 OH 课程，例如爱丁堡大学、伦敦卫生和热带医学院、瑞士热带和公共卫生研究所，以及许多其他大学和研究所。

OH 方案的案例包括，在乍得为牧民（预防接种白喉、百日咳、破伤风和脊髓灰质炎疫苗）和他们的牲畜（预防接种炭疽、巴斯德菌病、黑腿病和传染性牛胸膜肺炎疫苗）开展疫苗接种工作，提供卫生保健保障。这是一个成功整合人类和动物卫生工作者做出的干预行为，这种联合行动的成本，比单独行动的成本减少了 15%（Bechir 等，2003；Schelling 等，2007）。

此外，在乍得进行的布鲁菌病和 Q 热流行病学研究已证实，人兽共患病流行病学调查使用 OH 方案，对人和动物平行采样并检测，可以节约时间（Schelling 等，2003 年）。不过，这种联合调查应该有更高的知识增量，更重要的是，要保证方法的质量（Narrod 等，2012）。

Zinsstag 等（2007）以布鲁菌病、狂犬病和禽流感为例证明，从社会角度考虑，对人兽共患病的干预可以节省成本。当不同部门按其收益比例分摊成本时，这种联合干预就非常具有成本效益（Roth 等，2003）。与发达国家相比，许多发展中国家因为财政和组织资源不能集中使用在动物上，导致很多人兽共患病在当地仍然流行（Zinsstag 等，2005）。

3.2 人结核病：国际流行病学情况和控制战略

根据世界卫生组织（WHO）的数据，2015 年，180 万人因结核病死亡。在世界范围内，人结核病是主要的死亡原因，此外，12% 的结核病例为 HIV 共感染病例。据估计，2015 年全球新增人结核病病例为 1040 万例。结核病的发病率因地区而异：东南亚和西太平洋地区占所有结核病例的 58%，非洲占全世界结核病例的 28%，但相对于人口而言，他们负担最重（WHO，2016）。另一方面，与人口稠密的亚洲国家（如孟加拉国、印度、中国、印度尼西亚和巴基斯坦）相比，西欧和北美洲（以下简称"北美"）的人结核病发病率较低（Lawn 和 Zumla，2011）。此外，过去 20 年里，一些发展中国家新发结核病例增加，也有数据收集管理水平、诊断能力提高方面的原因（WHO，2016）。

2014 年 5 月，全世界制定了终止结核病战略，目标是到 2030 年结核病死亡人数减少 90%（与 2015 年的比例相比），新发结核病例减少 80%（WHO，2016）。

3.3 牛结核病经济与公共卫生负担

牛结核病导致家畜生产力下降、屠宰场需销毁肉类、动物产品国际贸易受阻，从而影响国民经济（Michel 等，2010）。通过野生动物造成牛结核病持续传播也对生态系统产生重要影响（Caron 等，2003）。牛结核病在野生动物中的传播流行比在家养牛中更难根除，这是目前在一些发达国家中牛结核病根除的一个障碍，例如英国和爱尔兰的獾（Mathews 等，2006；Gormley 和 Corner，2013），新西兰的刷尾袋貂（Barron 等，2015），伊比利亚半岛的野猪（Sus scrofa）（Palmer，2013）和美国密歇根州的白尾鹿（Odocoileus virginianus）（O'Brien 等，2009），它们都是牛结核病重要的野生动物宿主。

在发达国家，人兽共患结核病造成的公共卫生负担很低，是因为牛奶已经过巴氏杀菌和/或牛结核病已得到根除。偶发病例则与国外输入（传入）有关（de la Rua-Domenech，2006）。例如，2010 年澳大利亚牛分枝杆菌感染占所有人结核病例的 0.2%，牛分枝杆菌感染与畜牧业从业情况有关，也与来自牛结核病流行国家的移民有关（Ingram 等，2010）。在美国，1995—2005 年，大多数牛分枝杆菌感染患者出生在美国以外的国家或地区，他们可能在进入美国前就感染了人兽共患结核病。此外，墨西哥人食用未经高温杀菌的牛奶制成的新鲜奶酪，造成的这种感染被认为是美国牛分枝杆菌患者的潜在来源（Hlavsa 等，2008）。墨西哥牛群的结核病发病率很高，研究发现当地人结核病发病率也很高（Sreevatsan 等，2000；LoBue 等，2003；de Kantor 和 Ritacco，2006）。最近的一项研究，报道了墨西哥人结核病患者中牛分枝杆菌的患病率为 26.2%（n = 1165），但作者解释说，在人结核病患者中牛分枝杆菌比例如此之高，可能与患者免疫抑制有关；在同一研究中，从 HIV 感染患者中获得牛分枝杆菌的分离株占当地样本的 19.2%（Bobadilla-del Valle 等，2015）。

在发展中国家，牛结核病一直是一个被忽视的人兽共患病，牛结核病的公共卫生负担高，许多风险因素导致牛分枝杆菌传播，例如居民饮用未经巴氏杀菌的乳品（Ayele 等，2004）。此外，发展中国家之所以忽视人兽共患病，如牛结核病，也与贫困有关（Maudlin 等，2009）。在发展中国家，人兽共患结核病对公共卫生负担的量化情况仍不清楚。最近一项关于非洲人感染牛分枝杆菌的综述，称在结核病患者中牛分枝杆菌感染的平均患病率为 2.8%。考虑到总的结核病年发病率为 264/10 万，该综述粗略估计人兽共患结核病例发病率为每年 7/10 万（Müller 等，2013）。但发展中国家的牛结核病公共卫生负担问题还需要进行更多的研究和调查，2016 年 6 月，WHO 将人兽共患结核病列入优先项目，要求战略和技术咨询组（STAG）予以支持。为配合当前发展趋势，需要继续使用 OH 方案来改善这种局面。

3.3.1 家畜

牛结核病会对畜牧业造成经济损失，提高了家畜死亡率，减少了牛奶和肉类产量。当在屠宰场发现动物明显的结核病变时，脏器和尸体需被销毁（Michel 等，2010）。截至目前，在非洲还没有做过牛结核病所致肉类和牛奶产量损失的评估研究。

爱尔兰的一项研究表明，牛结核病感染导致牛奶产量下降 0.5%~14.6%，已证明产奶量下降是牛结核病的风险因素（Boland 等，2010）。这些发现，与早期东德评估结果是一致的，即结核菌素阳性动物产奶量可损失 10%（Meisinger，1970）。在孟加拉国，一项

研究表明牛结核病造成了 18% 的牛奶损失
（Rahman 和 Samad，2008）。此外，牛结核病
阳性动物的年产犊率降低了 5%，影响了牛群
的生育能力和种群结构（Bernues 等，1997）。
总体估计牛结核病对埃塞俄比亚畜牧业生产
系统造成的损失，为农村净现值的 1% 和城市
净现值的 4%~6%（Tschopp 等，2012）。

3.3.2 人类健康

耐药牛分枝杆菌的出现，是重要的公共
卫生问题，影响了许多发展中国家结核病控
制计划的成功实施（例如墨西哥）（Vazquez-
Chacon 等，2015）。由于牛分枝杆菌对人结核
病治疗（Scorpio 和 Zhang，1996；McLaughlin，
2012；Bobadilla-del Valle 等，2015）的一线
药物（吡嗪酰胺）具有耐药性，导致结核病
负担加重、经济损失加大。

大多数发展中国家，在进行治疗之前没
有对结核病病原菌进行微生物学鉴定。考虑
到牛分枝杆菌对吡嗪酰胺的天然抗性，加上
牛分枝杆菌对其他结核病药物的耐药性基因
突变情况的出现（McLaughlin，2012），感染
牛分枝杆菌可能是人结核病患者复发的原因
之一。因此，在发展中国家，迫切需要量化人
类结核病患者中人兽共患结核病所致的确切
负担，特别是对高风险人群，他们通过接触家
畜而感染牛分枝杆菌。

3.4 牛结核病：牛与人的传播和风险因素

牛结核病是由牛分枝杆菌引起的人兽共

患病，牛分枝杆菌是一种革兰阳性菌，属于结
核分枝杆菌复合群。牛分枝杆菌最重要的宿主
是牛（Amanfu，2006），但该菌也感染人类、
多种家畜和野生动物（Palmer，2013；
Pesciaroli 等，2014）。

本节简要介绍了影响牛分枝杆菌牛间传
播、人际传播及人牛之间传播的因素，强调
OH 方案控制牛结核病和人兽共患结核病的必
要性。关于牛分枝杆菌在牛间传播的更多细节
参考第 4 章，关于牛分枝杆菌对公共卫生的影
响参考第 2 章。

牛感染结核病涉及几个风险因素，牛感染
风险会随着年龄增长而增加（Brooks-Pollock
等，2013），而一些地方品种与牛结核病的低
患病率相关（Moiane 等，2014）。据观察，关
于牛结核病感染的性别风险，与家畜生产管理
和各国文化行为习惯有关（Humblet 等，
2009）。

在非洲发展中国家，进口牛通常是在集约
条件下饲养，这是报道过的一种牛结核病感染
风险因素（Elias 等，2008）。此外，集约化养
殖通常意味着畜群规模较大，已证明该因素会
增加牛结核病感染风险（Humblet 等，2009）。
生产类型也可能是牛结核病的风险因素，正如
1980—2004 年在新西兰进行的一项队列研究
中所述，与育肥牛群相比，奶牛群体具有更高
的感染风险（Porphyre 等，2008）。

已知的结核病传播途径有两种：对于成人
和老年患者，空气传播是最常见的导致肺结核
的传播途径；而对于年轻患者，食源性传播更
常见，可能是导致肺外结核的传播途径
（Hlavsa 等，2008）。已认定食用未经高温消毒
的牛奶是一种主要的风险因素（Cosivi 等，

1998）。然而，其他因素可能加重了牛分枝杆菌向人类的传播，如艾滋病毒合并感染（Grange，2001；Hlavsa 等，2008）。牛分枝杆菌的人际传播在免疫缺陷患者中已有报道（Roring 等，2002；Evans 等，2007），包括2009 年法国报道的免疫缺陷患者感染病例（Sunder 等，2009）。牛分枝杆菌在动物和人类之间的传播取决于多种风险因素，这些风险因素在不同的流行病学环境中有所差别。在发展中国家，家畜管理系统是牛结核病传播的一个非常重要的风险因素。在一个国家，随着经济增长，畜牧业往往会从粗放型系统发展为密集型系统而进行乳制品生产。在密集型系统中，动物在通风条件差、日照少的环境中生活，拥挤在一起，牛分枝杆菌更容易传播（Shitaye 等，2007；Elias 等，2008）。

此外，2 年内，澳大利亚 3000 名屠宰场工人中 5 人分离出牛分枝杆菌，牛分枝杆菌所致的人结核病被认为是一种职业危害（Robinson 等，1988）。在巴基斯坦，从家畜饲养员和屠宰场工作人员中，发现了牛分枝杆菌引起的人结核病。几乎所有这些工人都没有生物安全防护措施（Khattak 等，2016）。这些事实表明，应该为暴露在牛分枝杆菌危险（从牲畜业到屠宰场）中的从业人员提供生物安全保障，并进行严格的常规监测，及时发现牛结核病肉眼可见的严重病变，以保护从业人员和消费者免受牛分枝杆菌的感染。

3.5 牛结核病的经济负担

Zinsstag 等（2006）总结了牛结核病的经济学特点，作者强调了牛结核病涉及的多部门、多学科特性，除了造成家畜生产和动物健康损失外，还会造成野生动物和人类公共卫生损失。但大多数时候，对牛结核病的经济分析只集中在其中一部分：家畜生产成本。在储存宿主只有牛的地区，通过检测和扑杀政策可以控制牛结核病，而在储存宿主是野生动物的国家，牛结核病的控制更加困难，并且控制牛结核病的费用也增加了。英国控制牛结核病的费用，从 2003 年到 2005 年平均每年 9200 万英镑（Bovine TB info，2016）减少到 2006 年的7400 万英镑（Mathews 等，2006），2013 年再次增加到 9900 万英镑（Department for Environ-ment，Food and Rural Affairs，2014）。总额为6600 万英镑的费用，用于动物卫生服务和兽医实验室机构的业务、政策和实验室工作；除了为私人兽医支付结核病检测费用外，总金额中有 2350 万英镑用于牛扑杀补偿费用（De-partment for Environment，Food and Rural Affairs，2013）。在土耳其，每年牛结核病对农业和卫生部门造成的社会经济影响，估计达1500 ~ 5900 万美元（Barwinek 和 Taylor，1996），而在阿根廷，Cosivi 等（1998）估计牛结核病造成的损失为 6300 万美元（美元、英镑与人民币汇率请自行查询，余同）。

在发展中国家，人们很少估计牛结核病造成的经济损失。在埃塞俄比亚，使用家畜群体统计模型对疫病导致的经济损失进行估算，其粮食和农业组织（LDPS）进行了一些调整，结果表明，牛结核病在亚的斯亚贝巴地区城市周边乳品生产系统（其疫病患病率更高）中造成的损失，从 2005 年的 50 万美元增长到2011 年的 490 万美元，而在农村地区，牛结核病患病率较高，牛结核病的控制成本从

2005 年的 7520 万美元，增长到 2011 年的 3.58 亿美元（Tschopp 等，2012）。埃塞俄比亚的成本分析得出的结论是，该国对牛结核病进行干预控制，无法节约成本，而在埃塞俄比亚当前的经济形势下，也不可能对其完全进行干预控制（Tschopp 等，2012）。

此外，埃塞俄比亚最近的一项研究发现，实施检测扑杀控制结核病的策略，从财政和后勤角度来说是不可行的。这篇综述还强调了探索替代方法控制牛结核病的必要性，如

牛奶巴氏杀菌法、屠宰场的肉类无害化利用和动物移动控制（Tschopp 和 Aseffa，2016）。

上述分析不属于横断面评估，因为对牛结核病全部社会成本的估计，还应该考虑到社会和私营部门、家畜生产的直接和间接损失以及动物和人类健康。

表 3.1 总结了牛结核病对人类和动物造成的不同损失。考虑到牛分枝杆菌对人结核病病例造成的负担，可以估计卫生部门的损失。

表 3.1　人类和动物层面与牛结核病相关的直接和间接经济损失

	动物	人类
直接	屠宰场里销毁的肉 动物价值的降低	诊断与住院（卫生部门） 自付医疗费用（病人损失）
间接	牛奶产量的减少 降低生育能力 牧群结构变化	日常的损失 交通费用（旅费） 探望病人及陪同病人的相关费用 失业（家庭收入变化）

在发展中国家，牛结核病并不是最受关注的疫病，因为要优先考虑其他许多动物卫生方面的传染病（例如口蹄疫和小反刍兽疫）。此外，大多数国家由于尚未估计牛结核病的负担，利益相关者没有意识到这种疫病的真正负担，特别是对人类健康的负担。在许多发展中国家，医生认为不需要与动物卫生部门进行更紧密的合作来控制这种疫病，因为在他们看来牛分枝杆菌所致人结核病患者的比例非常低。在许多发展中国家（例如摩洛哥），并没有进行过这种评估，而且在这些国家，尚未正式将牛分枝杆菌认作人结核病

的病原菌，或将其作为人结核病的病原菌进行调查。在牛的结核病高流行且没有采取预防和控制措施的国家（例如，牛奶强制巴氏杀菌），牛分枝杆菌在人类患者中感染的比例可能高于预期。

3.6　牛结核病的同一健康经济学

OH 控制人兽共患病的方法在发展中国家已得到应用，主要用于流行病学调查。例如，在吉尔吉斯共和国和蒙古（Tsend 等，2014）进行的人类和动物血清流行病学调查

（Zinsstag 等，2009；Kasymbekov 等，2013）。此外，如 Lechenne 等（2015）所述，OH 在非洲推动消灭狂犬病方面具有巨大潜力。

要将 OH 方案应用于牛结核病，首先要做的是，调查牛分枝杆菌在人结核病患者中的负担情况，这些信息可支持启动人类卫生与兽医部门对话交流。在人结核病和牛结核病的综合方法实施之前，除了评估这种方法的附加价值外，还应该进行经济研究，评估 OH 方案控制人结核病的使用成本。通过在世界银行 139 个成员中实施 OH 方案，估计其潜在节约成本为 0% ~ 40%（World Bank，2010）。

这种合作的实现应具备充分资源。此外，对参与 OH 干预的人员应进行培训，使其具备做好干预所需的必要技能（WHO 等，2012）。

决策者是牛结核病控制策略的关键利益相关者，他们应该从一开始就参与到这一过程中。除了干预时间和成本效益分析（WHO 等，2012）外，还必须向决策者通报每种建议方法的经济和社会影响。控制人兽共患病的干预措施，应与健康教育活动同时进行，因为这将有助于当地居民更有效地接受控制计划，以确保该计划的可持续实施（Ducrotoy 等，2015）。

3.7 牛结核病作为同一健康问题

牛分枝杆菌对发达国家公共卫生造成的负担非常低，在这些国家，牛分枝杆菌的发病率较低或已被根除，而在发展中国家，只有少数人知道牛分枝杆菌对人类的影响。根据非洲国家的可用数据信息，Müller 等（2013）在一项系统综述和综合分析中报告人感染牛分枝杆菌的平均患病率约为 2.8%（7 例人兽共患结核病/10 万例），但非洲和其他许多发展中国家，没有可用数据量化感染牛分枝杆菌的结核病患者人数，这可能是由于缺乏 OH 方案，人类和兽医卫生系统之间低效沟通造成的。除了缺乏正确认识牛分枝杆菌在人类中潜在的高负担外，在牛结核病患病率高的地区，也应尽早关注牛结核病传播给人类危险因素（如饮用未经巴氏杀菌的乳品、人类和牛密切接触）所造成的负担。

摩洛哥是一个发展中国家，该国牛结核病患病率为 18%（FAO，2011），40% 的人口生活在与牛密切接触的农村地区（La Banque Mondiale，2014）。因为存在动物向人传播人兽共患病——结核病的风险因素，需调查人结核病病例中牛分枝杆菌负荷。在这方面，应该采用 OH 方案，将人类卫生和兽医工作结合起来，调查牛分枝杆菌对人类造成的实际负荷，但这种合作的前提是，要改进两个部门之间的沟通。

最近在摩洛哥发现的牛结核病传播模型（图 3.1）显示，该病可在 20 年内得到控制，即每年对摩洛哥 60% 的牛进行检测，并屠宰感染动物，这项为期 20 年的工作，预计耗资 15.3 亿英镑（Abakar 等，2017），且正在对其收益和成本效益进一步分析。用于估计摩洛哥牛结核病根除成本的传播模型，考虑牛的三种状态（易感、暴露后处于潜伏期和活动性肺结核），将人群分为 4 类（易感者、暴露后处于人兽共患肺结核潜伏期、活动性肺结核和肺结核治愈）。为了反映牛结核病的人类负担，在模型中考虑了从感染的牛到暴露人群这一传播途径（Abakar 等，2017）。

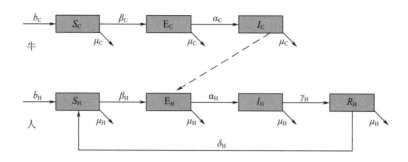

S_C—易感牛　E_C—暴露感染牛　I_C—活动性结核牛　S_H—易感人群　E_H—潜伏感染人群　I_H—活动结核人群　R_H—治愈人群

b_C—牛的出生率　β_C—牛间传染率　μ_C—牛的死亡率　α_C—牛的发病率　b_H—人的出生率

β_H—牛对人的传染率　μ_H—人的自然死亡率　α_H—人的发病率　γ_H—人的康复率　δ_H—免疫力缺失人群

图 3.1　摩洛哥牛结核病牛–人传播模型示意图（Abakar 等，2017）

3.8　在发展中国家控制和消除牛结核病

在日本，1948 年引入结核菌素皮肤试验，采取先检测、后扑杀的策略，每年进行一次检测。因此，日本牛结核病患病率迅速下降，这种疫病在牛群中几乎已被根除（Shimao，2010）。一些发达国家能够使用检测扑杀策略根除牛结核病，其成功也应归因于没有野生动物储存宿主（Wedlock 等，2002）。瑞士是牛结核病根除成功的国家之一，该国应用了检测扑杀策略 10 年，然后是监测工作 20 年（Schiller 等，2011）。澳大利亚也利用强制检疫扑杀策略成功控制了牛结核病（Cousins 和 Roberts，2001）。检测和扑杀是控制和消除牛结核病取得成功的唯一控制策略，然而，因为需要对被扑杀的牛进行补偿，发展中国家仍然承担不起这一策略所带来的经济负担（Ayele 等，2004）。

为了控制一个特定疫病，需要清晰理解其生物学和流行病学特征，设计符合国家实际经济情况的控制策略。控制策略执行过程中，应允许逐步调整。使用流行病学监测程序和工具，监测控制策略的进展，并在必要时对控制策略进行调整（Morris，2015）。Morris（2015）认为，疫病控制过程中，最棘手的问题是忽视了原本要强调的重点。通过适当的利益相关者，整合配套的管理工具，可以实现疫病更有效的控制（Cowie 等，2015）。控制牛结核病的动机，应该是牛分枝杆菌对公共卫生的影响和由此引发的经济损失（Amanfu，2006）。利益相关者参与跨学科研究，有望帮助发展中国家控制牛结核病，如摩洛哥，那里很少或几乎没有不同利益相关者（兽医、医生、决策者和农民）之间的对话交流合作。

包括家畜、野生动物和公共卫生部门在内的 OH 整合方法，是埃塞俄比亚控制牛结核病的关键因素（Tschopp 和 Aseffa，2016）。在发展中国家，控制牛结核病必须从跨学科工作组开始，以便建立不同利益相关者之间的对话机制，并在这些部门之间营造信任环境。这一过程中，科学家将向农民和决策者们通报牛结核病造成的经济损失，以及为控制这种疫病可以采取的不同途径或行动。应该考虑参与控制牛结核病所有利益相关者的需求，因为这能确保他们积极参与控制策略，并有助于控制策略的持续实施。

在发展中国家，牛结核病控制策略应侧重多个层面。除了培训参加干预行动的人员外，还需要对未来参与行动的资源进行妥善管理。同时，应开展宣传活动，使当地百姓认识到控制策略的效果及其长期的积极影响。控制策略的持续实施，对于成功控制和根除牛结核病至关重要。从制订到实施控制策略，包括监测在内的所有过程，只有将所有利益相关方整合成一个整体，才能确保实现干预措施。

参考文献

Abakar, F., Yahyaoui Azami, H., Justus Bless, P., Crump, L., Lohmann, P., et al.(2017) Transmission dynamics and elimination potential of zoonotic tuberculosis in Morocco. PLOS Neglected Tropical Diseases 11(2), e0005214.

Amanfu, W.(2006) The situation of tuberculosis and tuberculosis control in animals of economic interest. Tuberculosis 86(3-4), 330-335.

Ayele, W.Y., Neill, S.D., Zinsstag, J., Weiss, M.G. and Pavlik, I.(2004) Bovine Tuberculosis: an old disease but a new threat to Africa. The International Journal of Tuberculosis and Lung Disease 8(8), 924-937.

Barron, M.C., Tompkins, D.M., Ramsey, D.S.L. and Bosson, M.A.J.(2015) The role of multiple wildlife hosts in the persistence and spread of bovine Tuberculosis in New Zealand. New Zealand Veterinary Journal 63 Suppl 1(June), 68-76.

Barwinek, F. and Taylor, N.M.(1996) Assessment of the Socio-Economic Importance of Bovine Tuberculosis in Turkey and Possible Strategies for Control or Eradication: Turkish-German Animal Health Information Project General Direktorate of Protection and Control. GTZ, Ankara, Turkey.

Bechir, M., Schelling, E., Wyss, K., Daugla, D.M., Daoud, S., et al. (2003) An innovative approach combining human and animal vaccination campaigns in nomadic settings of Chad: experiences and costs. Medecine tropicale: revue du Corps de sante colonial 64(5), 497-502.

Bernues, A., Manrique, E. and Maza, M.T.(1997) Economic evaluation of bovine Brucellosis and Tuberculosis eradication programmes in a mountain area of Spain. Preventive Veterinary Medicine 30(2), 137-149.

Bobadilla-del Valle, M., Torres-González, P., Cervera-Hernández, M.E., Martínez-Gamboa, A., Crabtree-Ramirez, B., et al. (2015) Trends of *Mycobacterium bovis* isolation and first-line anti-tuberculosis drug susceptibility profile: a fifteen-year laboratory-based surveillance. PLoS Neglected Tropical Diseases 9(9) e0004124.

Boland, F., Kelly, G.E., Good, M. and More, S.J.(2010) Bovine tuberculosis and milk production in infected dairy herds in Ireland. Preventive Veterinary Medicine 93(2), 153-161.

Bovine TB Info (2016) Bovine TB in the UK, England, Ireland, Wales and New Zealand. Available at: http:// www. bovinetb. info/(accessed 29 June 2016).

Brooks-Pollock, E., Conlan, A.J.K., Mitchell, A.P., Blackwell, R., Trevelyan, J., et al. (2013) Age-dependent patterns of bovine tuberculosis in cattle.

Veterinary Research 44, 97.

Caron, A., Cross, P.C. and du Toit, J.T.(2003) Ecological implications of bovine tuberculosis in African – buffalo herds. Ecological Applications 13 (5), 1338–1345.

Cosivi, O., Grange, J.M., Daborn, C.J., Raviglione, M.C., Fujikura, T., et al.(1998) Zoonotic tuberculosis due to *Mycobacterium bovis* in developing countries. Emerging Infectious Diseases 4(1), 59–70.

Cousins, D.V. and Roberts, J.L.(2001) Australia's campaign to eradicate bovine tuberculosis: the battle for freedom and beyond. Tuberculosis 81(1–2), 5–15.

Cowie, C. E., Gortázar, C., White, P. C. L., Hutchings, M.R. and Vicente, J.(2015) Stakeholder opinions on the practicality of management interventions to control bovine tuberculosis. The Veterinary Journal 204(2), 179–185.

de Kantor, I.N. and Ritacco, V.(2006) An update on bovine tuberculosis programmes in Latin American and Caribbean countries. Veterinary Microbiology, 4th International Conference on *Mycobacterium bovis* 112(2–4), 111–118.

de la Rua–Domenech, R. (2006) Human *Mycobacterium bovis* infection in the United Kingdom: incidence, risks, control measures and review of the zoonotic aspects of bovine tuberculosis. Tuberculosis 86 (2), 77–109.

Department for Environment, Food and Rural Affairs(2013) Various Bovine TB Costs(2008 to 2013). Available at: https://www.gov.uk/government/publications/various–bovine–tb–costs–2008–to–2013.(accessed 22 May 2008 to 2013).

Department for Environment, Food and Rural Affairs(2014) Bovine TB Control Costs in 2013. Availa-ble at: https://www.gov.uk/government/publications/bovine–tb–control–costs–in–2013(accessed 22 May 2013).

Ducrotoy, M.J., Yahyaoui Azami, H., El Berbri, I., Bouslikhane, M., Fassi Fihri, O., et al.(2015) Integrated health messaging for multiple neglected zoonoses: approaches, challenges and opportunities in Morocco. Acta Tropica 152(December), 17–25.

Elias, K., Hussein, D., Asseged, B., Wondwossen, T. and Gebeyehu, M.(2008) Status of bovine tuberculosis in Addis Ababa dairy farms. Revue Scientifique et Technique(International Office of Epizootics) 27(3), 915–923.

Evans, J.T., Smith, E.G., Banerjee, A., Smith, R.M., Dale, J., et al.(2007) Cluster of human tuberculosis caused by *Mycobacterium bovis*: evidence for person–to–person transmission in the UK. The Lancet 369(9569), 1270–1276.

FAO (2011) Principales Réalisations Depuis L'ouverture de La Représentation de La FAO À Rabat En 1982. Available at: www.fao.org/3/a–ba0008f.pdf (accessed 12 December 2017).

Fried, L. P., Bentley, M. E., Buekens, P., Burke, D.S., Frenk, J.J., et al.(2010) Global health is public health. The Lancet 375(9714), 535–537.

Gormley, E. and Corner, L.A.L.(2013) Control strategies for wildlife tuberculosis in Ireland. Transboundary and Emerging Diseases 60 Suppl 1(November), 128–135.

Grange, J.M.(2001) *Mycobacterium bovis* infection in human beings. Tuberculosis 81(1–2), 71–77.

Hlavsa, M. C., Moonan, P. K., Cowan, L. S., Navin, T.R., Kammerer, J.S., et al.(2008) Human tuberculosis due to *Mycobacterium bovis* in the United States, 1995 – 2005. Clinical Infectious Diseases 47

(2)，168-175.

Humblet, M.-F., Boschiroli, M.L. and Saegerman, C.(2009) Classification of worldwide bovine tuberculosis risk factors in cattle: a stratified approach. Veterinary Research 40(5), 1-24.

Ingram, P.R., Bremner, P., Inglis, T.J., Murray, R.J. and Cousins, D.V.(2010) Zoonotic tuberculosis: on the decline. Communicable Diseases Intelligence Quarterly Report 34(3), 339.

Kasymbekov, J., Imanseitov, J., Ballif, M., Schürch, N., Paniga, S., et al.(2013) Molecular epidemiology and antibiotic susceptibility of livestock Brucella melitensis isolates from Naryn Oblast, Kyrgyzstan. PLOS Neglected Tropical Diseases 7(2), e2047.

Khattak, I., Mushtaq, M.H., Ahmad, M.U.D., Khan, M.S. and Haider, J.(2016) Zoonotic tuberculosis in occupationally exposed groups in Pakistan. Occupational Medicine 66(5), 371-376.

La banque mondiale (2014) Population rural (% de La Population Totale). Available at: http://donnees. - banquemondiale. org/indicateur/SP. RUR. TOTL.ZS(accessed 12 December 2017).

Lawn, S.D. and Zumla, A.I.(2011) Tuberculosis. The Lancet 378(9785), 57-72.

Léchenne, M., Miranda, M.E. and Zinsstag, J. (2015) Integrated Rabies Control in One Health: The Theory and Practice of Integrated Health Approaches. CAB International, Wallingford, UK.

LoBue, P., Betacourt, W., Peter, C. and Moser, K.(2003) Epidemiology of *Mycobacterium bovis* disease in San Diego county, 1994-2000. The International Journal of Tuberculosis and Lung Disease 7(2), 180-185.

Mathews, F., Macdonald, D.W., Taylor, G.M., Gelling, M., Norman, R.A., et al.(2006) Bovine tuberculosis (*Mycobacterium bovis*) in British farmland wildlife: the importance to agriculture. Proceedings of the Royal Society of London B: Biological Sciences 273 (1584), 357-365.

Maudlin, I., Eisler, M.C. and Welburn, S.C. (2009) Neglected and endemic zoonoses. Philosophical Transactions of the Royal Society of London B: Biological Sciences 364(1530), 2777-2787.

McLaughlin, A.M. and Gibbons, N.(2012) Primary isoniazidresistance in *Mycobacterium bovis* disease: a prospect of concern. American Journal of Respiratory and Critical Care Medicine 186(1), 110-111.

Meisinger, G. (1970) Economic effects of the elimination of bovine tuberculosis on the productivity of cattle herds. 2. Effect on meat production. Monatshefte Für Veterinärmedizin 25(1), 7.

Michel, A.L., Müller, B. and van Helden, P.D. (2010) *Mycobacterium bovis* at the animal-human inter-face: a problem, or not? Veterinary Microbiology, Zoonoses: Advances and Perspectives 140 (3-4), 371-381.

Moiane, I., Machado, A., Santos, N., Nhambir, A., Inlamea, O., et al.(2014) Prevalence of bovine tuberculosis and risk factor assessment in cattle in rural livestock areas of Govuro district in the Southeast of Mozambique. PLoS One 9(3), e91527.

Morris, R.S.(2015) Diseases, dilemmas, decisions: converting epidemiological dilemmas into successful disease control decisions. Preventive Veterinary Medicine 122(1-2), 242-252.

Müller, B., Dürr, S., Alonso, S., Hattendorf, J., Laisse, C.J., et al.(2013) Zoonotic *Mycobacterium bovis*—induced tuberculosis in humans. Emerging Infectious Diseases 19(6), 899-908.

Narrod, C., Zinsstag, J. and Tiongco, M.(2012) A one health framework for estimating the economic costs of zoonotic diseases on society. EcoHealth 9(2), 150-162.

O'Brien, D.J., Schmitt, S.M., Lyashchenko, K. P., Waters, W.R., Berry, D.E., et al.(2009) Evaluation of blood assays for detection of *Mycobacterium bovis* in white-tailed deer(Odocoileus virginianus) in Michigan. Journal of Wildlife Diseases 45(1), 153-164.

Osburn, B., Scott, C. and Gibbs, P.(2009) One world—one medicine—one health: emerging veterinary challenges and opportunities. Revue Scientifique et Technique 28(2), 481.

Palmer, M.V.(2013) *Mycobacterium bovis*: characteristics of wildlife reservoir hosts. Transboundary and Emerging Diseases 60(Suppl. 1), 1-13.

Pesciaroli, M., Alvarez, J., Boniotti, M.B., Cagiola, M., Di Marco, V., et al.(2014) Tuberculosis in domestic animal species. Research in Veterinary Science 97(Suppl. Oct), S78-85.

Porphyre, T., Stevenson, M.A. and McKenzie, J.(2008) Risk factors for bovine tuberculosis in New Zealand cattle farms and their relationship with possum control strategies. Preventive Veterinary Medicine 86(1), 93-106.

Rahman, M.A. and Samad, M.A.(2008) Prevalence of bovine tuberculosis and its effects on milk production in red chittagong cattle. Bangladesh Journal of Veterinary Medicine 6(2), 175-178.

Robinson, P., Morris, D. and Antic, R.(1988) *Mycobacterium bovis* as an occupational hazard in abattoir workers. Australian and New Zealand Journal of Medicine 18(5), 701-703.

Roring, S., Scott, A., Brittain, D., Walker, I., Hewinson, G., et al. (2002) Development of varia-ble——number-tandem repeat typing of *Mycobacterium bovis*: comparison of results with those obtained by using -existing exact tandem repeats and spoligotyping. Journal of Clinical Microbiology 40(6), 2126-2133.

Roth, F., Zinsstag, J., Orkhon, D., Chimed-Ochir, G., Hutton, G., et al.(2003) Human Health Benefits from Livestock Vaccination for Brucellosis: Case Study. Bulletin of the World Health Organization 81(12), 867-876.

Schelling, E., Diguimbaye, C., Daoud, S., Nicolet, J., Boerlin, P., et al.(2003) Brucellosis and Q-fever seroprevalences of nomadic pastoralists and their livestock in Chad. Preventive Veterinary Medicine 61(4), 279-293.

Schelling, E., Bechir, M., Ahmed, M.A., Wyss, K., Randolph, T.F. and Zinsstag, J.(2007) Human and animal vaccination delivery to remote nomadic families, Chad. Emerging Infectious Diseases 13(3), 373-379.

Schiller, I., Waters, W.R., Vordermeier, H.M., Jemmi, T., Welsh, M., et al.(2011) Bovine tuberculosis in Europe from the perspective of an officially tuberculosis free country: trade, surveillance and diagnostics. Veterinary Microbiology 151(1-2), 153-159.

Scorpio, A. and Zhang, Y.(1996) Mutations in-pncA, a gene encoding pyrazinamidase/nicotinamidase, cause resistance to the antituberculous drug pyrazinamide in tubercle bacillus. Nature Medicine 2(6), 662-667.

Shimao, T.(2010) Control of cattle TB in Japan. Kekkaku:[Tuberculosis] 85(8), 661-666.

Shitaye, J.E., Tsegaye, W. and Pavlik, I.(2007) Bovine tuberculosis infection in animal and human populations in Ethiopia: a review. Veterinarni Medicina-Praha-52(8), 317.

Sreevatsan, S., Bookout, J. B., Ringpis, F., Perumaalla, V.S., Ficht, T.A., et al.(2000) A multiplex approach to molecular detection of Brucella abortus and/or *Mycobacterium bovis* infection in cattle. Journal of Clinical Microbiology 38(7), 2602–2610.

Sunder, S., Lanotte, P., Godreuil, S., Martin, C., Boschiroli, M.L. and Besnier, J.M.(2009) Human-to-human transmission of tuberculosis caused by *Mycobacterium bovis* in immunocompetent patients. Journal of Clinical Microbiology 47(4), 1249–1251.

Tschopp, R. and Aseffa, A.(2016) Bovine tuberculosis and other Mycobacteria in animals in Ethiopia： a systematic review. Jacobs Journal of Epidemiology and Preventive Medicine 2(2), 26.

Tschopp, R., Hattendorf, J., Roth, F., Choudhoury, A., Shaw, A., et al.(2012) Cost estimate of bovine tuberculosis to Ethiopia. One Health： The Human–Animal–Environment Interfaces in Emerging Infectious Diseases, Springer, Berlin, Germany, 249–268.

Tsend, S., Baljinnyam, Z., Suuri, B., Dashbal, E., Oidov, B., et al.(2014) Seroprevalence survey of brucellosis among rural people in Mongolia. Western Pacific Surveillance and Response 5(4).

Vazquez–Chacon, C. A., Martínez–Guarneros, A., Couvin, D., González–Y–Merchand, J. A., Rivera--Gutierrez, S., et al.(2015) Human multidrug–resistant *Mycobacterium bovis* infection in Mexico. Tuberculosis 95(6), 802–809.

Wedlock, D.N., Skinner, M.A., de Lisle, G.W. and Buddle, B.M.(2002) Control of *Mycobacterium bovis* infections and the risk to human populations. Microbes and Infection/Institut Pasteur 4(4), 471–480.

World Bank(2010) People, Pathogens, and Our Planet. Volume 2：The Economics of One Health. Available at： https://openknowledge.worldbank.org/handle/10986/11892(accessed December 12, 2017).

WHO, FAO, UN, and OIE(2012) High–Level Technical Meeting to Address Health Risks at the Human–Animal Ecosystems Interfaces： Mexico City, Mexico 15–17 November 2011. Available at： http://www.who.int/iris/handle/10665/78100 (accessed 7 December 2017).

WHO(2016) Global Tuberculosis Report 2015. Available at： http://www.who.int/tb/publications/global_report/en/(accessed 12 January 2015).

Zinsstag, J., Schelling, E., Wyss, K. and Mahamat, M.B.(2005) Potential of cooperation between human and animal health to strengthen health systems. The Lancet 366(9503), 2142–2145.

Zinsstag, J., Schelling, E., Roth, F., Kazwala, R., Thoen, C.O., et al.(2006) Economics of bovine tuberculosis. *Mycobacterium bovis* Infection in Animals and Humans. Blackwell Publishing Ltd, 68–83.

Zinsstag, J., Schelling, E., Roth, F., Bonfoh, B., de Savigny, D. and Tanner, M.(2007) Human benefits of animal interventions for zoonosis control. Emerging Infectious Diseases 13(4), 527–531.

Zinsstag, J., Schelling, E., Bonfoh, B., Fooks, A.R., Kasymbekov, J., et al.(2009) Towards a 'One Health' research and application tool box. Veterinaria Italiana 45(1), 121–133.

Zinsstag, J., Mackenzie, J.S., Jeggo, M., Heymann, D.L., Patz, J.A. and Daszak, P.(2012) Mainstreaming one health. EcoHealth 9(2), 107–110.

Zinsstag, J., Schelling, E., Waltner–Toews, D., Whittaker, M. and Tanner, M.(2015) One Health： The Theory and Practice of Integrated Health Approaches. CAB International, Wallingford, UK.

4

牛感染牛分枝杆菌的流行病学

Andrew J. K. Conlan，James L. N. Wood

疫病动力学组，兽医学院，剑桥大学，剑桥，英国

从本质上讲，牛结核病流行病学特征并非一成不变。牛分枝杆菌在牛个体之间传播能力较弱，但由于慢性感染的特点，其潜在的传播能力较强。个体动物间感染、易感性和疫病进程风险差异很大，但随着年龄（Brooks-Pollock 等，2013；Downs 等，2016）、品种（Ameni 等，2007）、宿主基因（Allen 等，2010；Bermingham 等，2014）和生产类型（Broughan 等，2016）不同而呈系统性变化，在不同流行病学背景下传播情况也会有所不同。因为传播率、潜伏期和受感染动物对诊断试验的反应，都可能与宿主预期寿命有关，很难弄清楚这些生物因素对传播的影响。因此，尽管监测数据详细，研究历史也长达一个世纪，但人们对牛结核病流行病学特征仍知之甚少。

本章中，我们严格评估过去一些流行病学数据，帮助我们进一步认识牛分枝杆菌的流行病学特点。参考简单和复杂流行病学模型，我们考虑不同证据的可信程度、存在的不确定性以及在不同情境下牛结核病的控制

意义。

首先，我们回顾牛分枝杆菌在畜群感染的发展史和传播途径。之后，我们重新审视未实施牛结核病控制的畜群数据（Francis，1947），并评价该情形下可能对畜群内感染传播的影响。

其次，我们把这些分析结果，与最近养殖的牛群传播分析情况相比较，特别是在英国，通过详细的监测和分层数据分析，已经开发了数个牛结核病在牛群内部和牛群之间传播的新模型。

最后，我们介绍了同一地区野生动物种群中牛结核病的感染情况，评价对牛群种群传播模式和控制前景的影响。

4.1 感染和传播的发展史

Comstock、Levesay 和 Woolpert 将人结核病描述为一种"潜伏期…范围从几周到终生"的感染性疾病（Comstock 等，1974），这种描述同样适用于牛结核病，但是人和牛结核病发

病进程存在重要差异。人结核病，特点是结核菌素皮肤试验呈阳性反应，而只有一小部分（约10%）阳性反应人群发展为表现有临床症状的感染者。人结核病的发展速度取决于感染时的年龄，儿童发展为活动性结核病的可能性更高（Comstock等，1974）。然而，即便老年人处于潜伏感染状态几十年，也可能发展成活动性结核（Comstock，1982）。Blower等通过明确地分为两组，即结核发展"快"和"慢"组，并分别建模，从而建立结核分枝杆菌传播数学模型（Blower等，1995）。

通常认为，这种明显的病理发展差异，对于牛分枝杆菌来说并不重要（Francis，1947），

牛分枝杆菌传播数学模型结构上所反映出的核心问题，是诊断中动物免疫状态和传染性之间的关系。我们对于牛分枝杆菌在牛间传播过程和途径的了解，是基于长期试验和临床研究之上的，该项工作的共性和不确定性，之前得到研究人员广泛验证（Francis，1947；Menzies 和 Neill，2000；Goodchild 和 Clifton-Hadley，2001），近期有关阳性动物病变部位的研究也印证了这一点（Brooks-Pollock 等，2013）。在此，我们在疫病进程概念模型（图4.1）中，回顾了这些研究的关键发现，该模型综合了牛分枝杆菌在牛群中传播机制模型的常用假设。

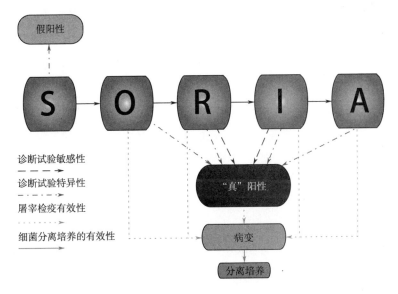

S—易感期　O—隐性期/无反应期　R—阳性期　I—传染期　A—免疫无能期

图4.1　牛结核病感染进展的概念模型及模型单元与监控措施之间的关系

4.1.1　牛结核病进展的概念模型

感染后，易感动物（S）会进入一个隐性期（O），或无反应期，动物虽然被感染，但

诊断结果为阴性。早期的试验和临床研究，确定了从攻毒到结核菌素反应呈阳性之间的潜伏期。

Francis（1947）的研究认为，隐性期的持续时间一般为20~30d，但这个范围也可能扩

展到 8~50d，这些早期发现与后期数据相一致，表明人工攻毒的动物在感染后 3 周内，就可以检测到阳性结果（Thom 等，2006）。

至少在理论上，包括小鼠感染结核分枝杆菌在内，潜伏期时长随着感染剂量变化而变化（Meynell 和 Meynell，1958）。这就出现了一种可能性，即由于在试验中使用（相对）大剂量攻毒，隐性期可能缩短。然而，在相同的 3 周时间内，使用低剂量甚至一个菌落形成单位攻毒的动物，检测结果也为阳性（Dean 等，2005）。来自英国的流行病学数据进一步证明，隐性期是一个相对较短的时期。虽然通常很难建立潜伏期模型（Conlan 等，2012、2015；Bekara 等，2014；Brooks - Pollock 等，2014；O'Hare 等，2014），但根据对牛只间传播率进行估计，如果隐性期远远超过实验得出的 8~50d，则在低发病率地区，分析将得出高复发率的结果，与实际不符（Conlan 等，2012）。

在"潜伏期"一词使用上，文献中存在明显混淆。"潜伏期"在许多文献中被假定为临床潜伏期，但在大多数牛类疾病研究中，通常指的是流行病学潜伏期。

尽管经过一个多世纪的研究，牛结核病感染、诊断状态、活菌排菌与动物传染性特征之间的关系仍不明晰。

动物自然感染排菌是间断的和不可预测的，因为在临床上，从动物活体中进行牛分枝杆菌细菌分离培养需要长达 3 个月的时间，人工攻毒动物经鼻内接种后 10~60d 即有细菌排出（Neill 等，1988、1989；Kao 等，2007）。之后，排菌呈间歇性，不可预测，排菌的频率随病理和症状的发展而升高。

这种间歇性排菌，使牛结核病流行病学潜伏期的定量研究变得特别困难。这种感染和具备传染性之间的时间间隔，对疾病传播至关重要，因为它确定了传播变化的自然时间尺度，而对疫病防控的影响，将来会显现出来。一些牛结核病的数学模型，是假定有一个额外的"阳性"潜伏期（R），即动物皮肤试验呈阳性，但尚不具有传染性（I）。Barlow 的最初模型，假设新西兰牛结核病流行病学潜伏期为 180~600d（O 期加 R 期），同时认为实验感染小牛潜伏期可能较短，为 87~226d（Neill 等，1992）。随后，人们试图从检测-扑杀的监测数据中，精准估计这个时间跨度，但结果只是增加了时间上的不确定性（Conlan 等，2012、2015；Bekara 等，2014；Brooks - Pollock 等，2014；O'Hare 等，2014）。

Brooks-Pollock 等（2014）根据他们在英国建立的国家级牛结核病传播模型，估计了一个更长的平均（流行病学）潜伏期，为 11.1 年（95% 可信区间为 3.29~25.7 年）。同样将英国的数据输入群体水平模型中，得出的估计值在群体水平上差异很大（Conlan 等，2012、2015；O'Hare 等，2014）。然而，这种差异性可以归因于研究人员在不同研究中所做的预先假设不同，即其中关于潜伏期的模糊假设（Conlan 等，2015）导致得出更长的潜伏期，并与 Brooks-Pollock 等结果一致（2014）。在最近的建模研究中，另一个明显的不一致之处是更为简洁的模型，该模型假设动物感染后立即具有传染性，但总体传染率较低，这个结论与包含潜伏期的模型、录入英国的数据得到的结论相吻合。

上述这些差异表明从检测数据很难确定

流行病学潜伏期。通过与其他未知参数（如平均传播速率和检测特点）进行权衡，模型可以很好地拟合畜群内部和畜群之间的传播模式，得出的结果是平均潜伏期或更短，或很长。对潜伏期的极端估计，时间比畜群平均寿命还要长，这看上去脱离了现实，实际上也指出了我们感染概念的模型存在不足之处（图4.1）。我们所归纳的标准模型单元，是假设所有动物都以固定（平均的）疫病发展速率通过该模型单元。由于个体间没有异质性，为了捕捉到不同疫情间的差异性，这种评估低传染进展率的模型成了唯一可选的机制。O'hare等（2014）发现，少量"超级传播者"可能提升整个牛群模型的拟合度，但这也可能是由季节性的接触差异（Bekara 等，2014）造成的，或之前讨论的，像人结核病感染模型那样（Blower 等，1995），由疾病发展速率的差异所造成的。

概念模型的最后一个单元，说明了严重感染的动物，虽然出现广泛病变，但对结核菌素刺激并没有反应（Francis，1947；Monaghan 等，1994），这种免疫无能期动物（A）相对罕见，甚至在结核病流行的牛群中也很少见到，因此在牛群常规检测中，这种动物不太可能在牛结核病传播中扮演重要角色（Barlow 等，1997）。定期检测的牛群，屠宰时仅发现极少数动物存在病变，支持了该假设（Frankena 等，2007；Olea-Popelka 等，2012；Shittu 等，2013）。而这种阴性牛群出现病变的结果，更多的是由于不可避免的监测缺陷，尤其是由于检测方法本身的不完善所造成的（Mitchell 等，2006），而不是检测操作失误造成的。但是，如果没有对畜群进行管控，牛结核病在畜群流行或畜群出现发病，"免疫无能期"动物很可能掩盖了畜群中实际更高的感染负荷（Thakur 等，2010；Firdessa 等，2012）。

4.1.2　隐性感染负荷

牛结核病流行模型的结构反映出诊断试验在估计和控制传播率方面的重要性。虽然结核菌素试验可以量化感染流行率，并证明畜群和动物未受感染，但它仍然是一个不完善的金标准（Monaghan 等，1994；de la Rua-Domenech 等，2006；Nunez-Garcia 等，2017）。众所周知，结核菌素试验的敏感性和特异性因试验类型（如单皮试、比较皮试）、结核菌素的效力（Downs 等，2013 年）甚至兽医自身的操作（Humblet 等，2011）不同而异。从某种意义上说，操作不规范是可以理解的，因为对兽医和农民来说，操作该试验都面临着相当大的健康和安全风险。检测每只动物所花费的时间，和处理可疑临界反应有意识和无意识的决定，也会受到待检牛群流行病学背景的影响。兽医的这种自主判断，虽然是解释流行病学数据的一个复杂因素，但也被认为是法定体系的一个优势，它使其他非疫病本身的影响因素得到了更恰当的控制（Enticott，2012）。

然而，人们不太了解传播、试验敏感性和漏检感染者造成的隐性负担之间的动态关系。构建牛结核病传播模型，考虑到了早期和晚期感染阶段的检测敏感性会系统性降低这一情况。在我们的概念框架内，真阳性动物可从R 和I 单元内被检测出来（图4.1），其效率取决于诊断试验敏感性。暴露于其他环境来源的分枝杆菌，可能是皮肤试验假阳性反应一个重要因素。为解释这一点，模型允许从任何单元内检测出假阳性动物，其风险取决于试验本身的特异性。然而，死后剖检和细菌培养本身可被认为是一种敏感性差，但完全特异的诊断方法，原则上可以识别任何疾病发展阶段的感染动物（感染单元 O、R、I、A）。

结核菌素试验敏感性和特异性的估计，依赖于动物死后牛分枝杆菌的培养结果与检测结果的认定比较，这些诊断试验性能相对测量值与真实敏感性和特异性（关于疫病状态）之间的差异，取决于对试验阴性动物的错误诊断程度。反过来，由检测不敏感造成的动物隐性感染负荷，随感染流行程度和既往传播史而变化。在结核病传播率刚升高的畜群，先天不敏感动物也不成比例地升高；而在严重感染很长时间的畜群，先天不敏感动物可能有更高的比例。

因此，要量化检测遗漏的感染负荷，就需要建立追踪感染及清除史动态传播模型（Conlan 等，2012）。从建模者角度，这种关系意味着，在我们知道动物真实感染状况传播数学模型中，诊断试验的特征性参数，不能简单等同于可见病变的测定结果。更重要的是，牛结核病的替代诊断试验具有不同的敏感性窗口期，干扰素检测更容易发现早期感染（de la Rua-Domenech 等，2006），抗体检测更容易发现晚期感染（Whelan 等，2010）。简单比较牛结核病诊断试验与病变结果，可能会造成明显的误导。最近潜在类别分析（Nunez-Garcia 等，2017）表明，与普遍接受相对敏感性中位数 80%（估计范围 50%～100%）相比，单一颈部皮内比较结核菌素皮肤（SICCT）试验真实敏感性可能低至 50%（26%～78%，95% 可信区间）（de la Rua-Domenech 等，2006）。然而，正如我们将在 "4.3" 中所讨论的，我们使用诊断试验方式，与对单个动物检测相比同样重要，甚至更重要。

4.1.3　牛结核病在牛只间传播路径和机制

牛结核病主要导致肺部感染（Francis，1947；Liebana 等，2008），这表明呼吸道传播是牛-牛传播的主要途径（Menzies 和 Neill，2000；Goodchild 等，2015）。然而，通过牛奶的垂直传播，过去是历史上人类主要的人兽共患病感染途径，也是犊牛另一种可能的感染途径。如不加以控制结核病，虽然只有一小部分动物（1%～2%）发生乳房感染，但通过大量牛奶喂养犊牛，可能会造成较高的感染传播风险。尽管从试验动物粪便中也有发现细菌（Neill 等，1988），但通常很少从消化道检测到感染，特别是在管理良好的畜群。

病理学诊断可以提示可能的感染途径，并常用来证明特定传播途径的重要性。无论这些说法多么令人信服，事实上迄今为止，还没有成功量化直接接触传播、气溶胶传播、通过污染物间接环境传播对结核病感染风险的相对重要性。历史上，在英格兰南部研究发现，夏季牛分枝杆菌至少可在牧场存活 49d（Maddock，1933）。环境因素可能会影响细菌的存活，新西兰（Jackson 等，1995）和美国密歇根州（Fine 等，2011）最新研究发现，不同季节细菌生存能力存在相当大的差异。对于牛分枝杆菌等传播能力较差的慢性致病病原体，暴露时间与剂量同等重要。虽然直接接触暴露剂量，可能比牧场上的污染量大几个数量级，但放牧增加了动物接触污染物的频率，可能会增加感染的总体风险。

在 20 世纪 30 年代，根据感染实验研究，在很大程度上排除了环境传播可能性。实验表明，在喷洒有高浓度牛结核分枝杆菌的牧场，小牛有可能被感染（Maddock，1933），但在人工攻毒动物存在的牧场，没有观察到病菌传播的现象（Maddock，1934）。然而，在第二项研究中，为了消除直接传播的风险因素，移走感染动物后，易感动物仅在牧场上暴露 3 周，这是一个非常短的暴露期，在这么短的时间内直接传播的概率很低，因为只有在 12 个月这种较长的暴露期内，才观察到易感动物和阳性动物之间直接接触传播的现象（Khatri 等，2012）。因此，不能完全排除环境介导的接触传播，特别是发展中国家的农场（Ameni 等，2007），环境传播也是牛结核病在农场内持续存在并造成动物感染的一种机制。与英格兰高风险地区相比，苏格兰低风险地区牛结核病复发率较低，这通常归因于野生动物中发病率较低（Karolemeas 等，2011）。然而，也可能是苏格兰气候因素限制了环境中牛分枝杆菌的生存能力。有报告称气候也是结核病发病率的一个风险因素（Wint 等，2002），然而，一些复杂因素可以解释这种联系，包括牛、獾和肝吸虫的密度，都会干扰皮肤试验的结果（Flynn 等，2007）。

4.2　未管控畜群内的传播模式

无论暴露途径如何，有一点是清楚的，即牛结核病是一种相对不易传播的病原体，但由于感染的缓慢性和渐进性，该病在畜群中仍有相当大的传播潜力。传染病传播的可能性可以用基本再生数（R_0）来描述，R_0 的定义是当一个感染个体被引入一个完全易感的群体时，预计的新感染个体数。直观地说，基本再生数取决于两个因素：动物具有传染性的持续时间和单位时间内传播的概率（β）。R_0 本身是易感动物和感染动物之间接触率以及不同宿主相对传染性和易感性的函数。对于像牛结核病这种慢性感染疫病，感染时间大致相当于动物预期寿命，因此公式如下所示。

$$R_0 = \beta L$$

式中　L——动物预期寿命

在未管控的牛群中，当群体呈现结核病地方性流行时，R_0 与无疫病部分（s）所占比例密切相关（Keeling 和 Rohani，2008），公式如下所示。

$$R_0 \approx 1/s$$

因此，抛开可能存在的隐性感染不提，地方性感染牛群中有一部分动物对结核菌素没有反应，因此可以对牛结核病基本再生数进行"初步估计"。由 Francis（1947）整理的欧洲早期流行病学研究报告显示，来自丹麦（1896）和英国（1945）的鹿，其群体流行率在 4% ~ 60%，对应于鹿群内的 R_0 在 1.04 ~ 1.67。

结核菌素试验在地区、畜牧业水平、动物品种和试验形式上的不同，是造成这种差异的部分原因，但 Francis 在其开创性著作中强调了两个系统方面，对流行病学建模者如何描述牛–牛传播具有重要意义。

4.2.1　密度相关的传播

Francis 注意到，结核菌素试验阳性牛比例随畜群规模的增加而增加 ［图 4.2（1）]：
"每增加 10 头牛，结核发病率就增加约 4%"
这一情况，以及结核病感染风险与畜群规模
的普遍联系，可能是牛结核病流行病学中最

一致性的结果（Skuce 等，2012）。该观察结
果表明，用 R_0 衡量的牛结核病传播潜力随畜
群规模增加而增加 ［图 4.2（2）]。

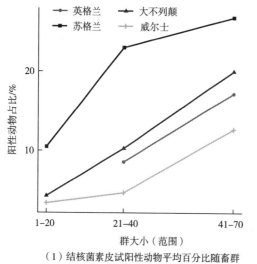

（1）结核菌素皮试阳性动物平均百分比随畜群
规模增加而增加

（2）在这些畜群规模范围内，根据结核菌素阳性
动物表观平均流行率估算传染率

图 4.2　密度相关的传播 ［Francis, J.（1947）《牛结核病》，表XI]

这种所谓的密度相关（实际上是群体规
模相关）传播关系是一种常见的（McCallum
等，2001）但是有争议的（Begon 等，2002）
畜群流行病模型假说。争议来自大多数流行
病学模型核心假设，即传播率是由直接接触、
易感者和感染者之间的相互作用介导的。根
据该假设，至少对于一个混群良好的同质畜
群，我们可以预期个体之间的接触率会随着易
感个体的数量和感染动物所占比例升高而增加。
这种情况下，所谓的频率相关传播，R_0 值与畜
群大小是没有关系的，公式如下所示。

$$R_0 = \beta L$$

但根据 Francis 观察，牛结核病流行模型
通常假设为密度依赖性传播，其中感染率取
决于易感者和感染者数量，且随牛群规模

（H）呈线性增加，公式如下所示。

$$R_0 = \beta LH$$

因此，虽然该假设与牛结核病流行经验模
式更为一致，但出现了技术问题，尤其是 R_0
数值可能会在不受畜群规模限制的情况下升
高。因为经验上的关联度可能受畜牧业模式、
畜群结构，甚至是作用于畜群的直接和间接的
传播因素差异的影响，所以目前还不清楚畜群
规模大小与传播率的关联度意味着什么。

如何模拟传播上的这种差异，不仅是一个
技术问题，而且对控制效果可能具有根本影
响。如果传播与动物密度相关，那么我们预计
控制措施，特别是疫苗接种措施，将会随着畜
群规模的扩大效果变差。不同研究者选择使用
密度相关传播（Barlow 等，1997；Kao 等，

1997）或频率相关传播（Fischer 等，2005；van Asseldonk 等，2005）分析，这会严重影响关于替代控制措施相对优势的结论。

Conlan 和他的同事试图通过引入一个非线性密度相关因子来解决这个争议，其中 R_0 带有一个额外的参数 q，用来测量密度相关强度，公式如下所示。

$$R_0 = \beta L H^{1-q}$$

$q=0$ 对应密度相关，$q=1$ 对应频率相关（Conlan 等，2012）。然而，至少从群体水平模型来看，密度相关参数识别很差，这表明在一系列替代模型中，传播更接近于密度相关，而不是频率相关（Conlan 等，2012、2015）。然而，非线性密度相关项灵活性提高，更符合实际需求，同时可以确保种群规模与传播率的相关性。无论如何，非线性密度依赖因子提高了灵活性，有机会使模型更符合观察到的增长现象，同时确保随着群体规模的增加，传播速率变化范围得到控制。

4.2.2　发病率和传播的年龄相关模式

根据上文所述，基于群体内流行率对 R_0 的初步估计，依赖于一个隐含假设，即群体内传播风险相对于年龄是恒定的。我们可以通过计算感染力或者检测阴性动物在不同年龄变为阳性动物的比率来检验这个假设是否正确。

Francis 再次归纳了 19 世纪和 20 世纪初的数据，这些数据显示与年龄相关检测为阳性的风险。因为牛结核病感染是呈渐进性发展的，所以我们预期这个风险是增加的［图 4.3（1）］。然而，至少从这些历史数据来看，动物检测呈阳性的比率却随年龄增长而下降［图 4.3（2）］，Francis 认为，最年轻的年龄组，其阳性即达到峰值（0~0.5 岁），这种模

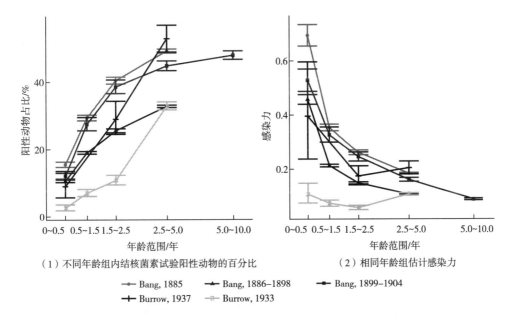

（1）不同年龄组内结核菌素试验阳性动物的百分比　　（2）相同年龄组估计感染力

图 4.3　（1）不同年龄组内结核菌素试验阳性动物的百分比和（2）相同年龄组估计感染力
（引自 Francis, J.（1947）《牛结核病》，表 I）

式可能暗示存在垂直传播情况，但也应该注意到，对 6 周以下的小牛，并不采取结核菌素试验。由于许多潜在的混淆因素，非常难以解释这些历史数据。

虽然这一普遍模式，仍然在通过肉类检疫发现感染的现代化畜群中适用（Frankena 等，2007；Shittu 等，2013），但在经细菌培养以确认阳性动物的管控牛群（Brooks-Pollock 等，2013）中，以及当代埃塞俄比亚（Firdessa 等，2012）和印度（Thakur 等，2010）的未进行管控的牛群中，皮肤试验阳性牛的比例是在牛的中年时达到高峰。

4.3 管控畜群内传播模式：控制的复杂影响

发达国家牛结核病管理控制计划，可能确保获得牛结核病最丰富的流行病学数据。然而，牛结核病控制计划存在动态变化的特点，因环境变化需要调整，畜群内疫病模式研究变得更复杂，这些模式可能是通过研究未实施疫病管理畜群获得的。我们在实施管理的牛群中，可观察到检测和动物淘汰频率的时间尺度，远远小于自然传播的时间尺度。

本节中，我们将集中讨论英国牛结核病流行病学研究进展。就国家控制计划而言，相对较高的感染率（Abernethy 等，2013）、详细的数量统计和牲畜移动数据（Mitchell 等，2005）相结合，有利于分析传播和建模。这些分析有望揭示传播机制、致病机制和结核菌素试验的效能，其中结核菌素试验关系到这些畜群控制计划的成功。

4.3.1 群体内发病模式

对牛结核病的控制，特别是在欧洲，是以畜群水平的控制为目标。对畜群进行结核菌素试验，证明它们在一段时间内没有感染牛分枝杆菌。试验间隔时间取决于它们受到的感染风险。如果检测到阳性动物，会引发所谓的畜群"崩溃"，打破该畜群的官方无结核病状态，受影响畜群移动受到限制。在认证时代（1935—1960 年）初步成功后（Pritchard，1988），2008 年整个威尔士开展年度检测之前，英国常规检测的频率是由一个牧群所在区域内的历史发病率（区域检测间隔，缩写为 PTI）决定的。这意味着，预计每年都要对高危地区畜群进行检测，而较低风险地区则逐步延长至 2 年、3 年和 4 年的检测间隔。

就其本身而言，英国实施的这种不同时间间隔的检测方法，导致在低风险地区发生疫情时，通过检测可能会发现更多的阳性动物。在检测结果公布之前，检测间隔为 4 年的畜群传播疫病时间可能要长 4 倍。然而，公开检测中，从畜群移出的阳性动物的分布区域，实际上与检测区域是非常一致的，最常见的结果是仅一个阳性动物导致后续检测发现群体内大量阳性动物（图 4.4）。另一方面，我们注意到第 2 个最常见的情况是没有在养殖场发现阳性动物，而在屠宰场发现了牛分枝杆菌感染所致的病变，进而导致对整个畜群检测提前。

这一统计数字有力地说明了检测频率与受管控群体中传播潜力之间的动态联系。阳性动物在畜群内分布的一致性，可以用来衡量监测第二个主要部门——肉类检验或屠宰场监

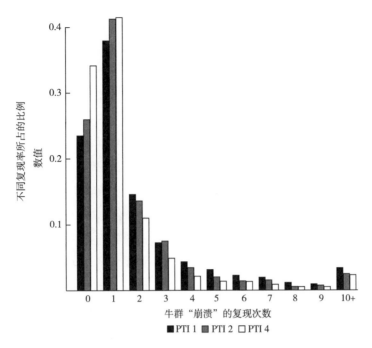

图 4.4　在英国区域检测间隔（PTI）1、2 和 4 历史试验区（2003—2005 年）
出现畜群"崩溃"时检出的阳性动物分布情况

测部门——在多大程度上限制牛结核病在群内的潜在传播。在低风险地区，更多的阳性动物是通过回溯屠宰场阳性样品而发现的（Conlan 等，2012），这种情况有效地缩短了低风险地区在实施动物群体检测之前，隐性感染在畜群中持续存在的时间。屠宰场监控的效能，来自待检动物的绝对数量，即使是在单个动物水平上的敏感性相对较差，且屠宰场之间也存在很大差异（Frankena 等，2007；Olea-Popelka 等，2012；Shittu 等，2013）的情况下，在群体水平，屠宰场监控的优势依然明显。

4.3.2　畜群内感染的持续性

检测和传播潜力之间的动态联系因检测强度增加而进一步增强，而检测强度增加是由畜群内检出阳性动物造成的。在至少 60d 的短暂时间间隔内，牛群要反复接受检测，直到检测全部合格为止。群体"崩溃"持续时间是非常不均匀的。虽然大多数"崩溃"能在240 天内解决（最多 4 次短时间间隔检测），但大约 30% 的"崩溃"持续时间会延长，一些畜群将在移动限制下，"崩溃"状态持续数年（Karolemeas 等，2010）。

虽然牛结核病传播内因导致这种变化和不确定性，但在英国，发生"崩溃"延长的最大风险因素是通过可见病变和细菌培养确诊的阳性动物。这种实验室确诊造成了一系列后果，增加了解除限制所需的检测数量，并要求使用"严格"的单一颈部皮内比较结核菌素皮肤（SICCT）试验，以提高检测的特异性。

检测的有效性在理解高复发率方面也发

挥着作用。复发率是评价群体内持久性的另外一个重要度量。到目前为止，牛结核病感染最严重和最一致的风险因素是既往感染史（Skuce 等，2012；Broughan 等，2016）。在英国，2003—2005 年，大约 38% 的崩溃在 24 个月内复发（Karolemeas 等，2011）。从理论上讲，复发可以解释为：在最初"崩溃"中存在感染漏检的情况，或者通过牛只移动重新引入新的感染，农场环境中病菌污染情况，或者野生动物跨物种传播，也可能造成复发。

研究使用了与概念模型结构类似的群体模型（图 4.1），来估计这些持续情况，崩溃的复发与感染的重新引入，或与隐性感染的漏检有关（Conlan 等，2012）。我们的结果表明，不超过 21%（95% CI：12% ~ 33%）的"崩溃"中仅包含一个受感染动物（95% CI：1~4），50%（95% CI：33~67）以下的"崩溃"复发，可以用漏检原因解释。

4.3.3 牛结核病群间传播及野生动物隐性感染作用

在牛海绵状脑病流行之后，英国开始执行强制的牛移动法定报告，这为英国（Mitchell 等，2005）、爱尔兰和其他欧洲国家提供了完善的牛只移动数据。在英国，所谓的牛只追踪系统，可以对牛的移动进行复杂的网络化分析，以量化牛只移动对不同群体之间传播的影响。

与环境和其他地理因素相比，高风险畜群中牛只的迁移，可能是导致牛结核病"崩溃"最大且最一致的风险因素，仅次于牛结核病既往感染史（Gilbert 等，2005）。2001 年

口蹄疫流行后，随着农场重新引入牛只，疫病在不同地区的扩散，有力证明了牛只迁移对传播的重要影响（Carrique-Mas 等，2008）。然而，试验方法本身敏感性差、疫病传播缓慢，意味着环境来源和牛只移动对牛结核病群间传播的相对影响难以量化。

苏格兰的情况可能是一个例外，那里所有的，或几乎所有的种群崩溃都归因于牛的移动（Bessell 等，2013）。尽管牛结核病在牛群内大范围传播后，至少会有一头牛被检测为阳性，但在发现这头牛之前，牛群中牛只的移动，已经造成了疫病传播至其他畜群。

苏格兰的低流行率限制了群间传播效率。为了取得结果，国家一级网络模型不得不对野生动物在传播中的作用做出相对必要的假设，从而影响相关研究结果。Green 等（2008）开发了一个相对简单的框架，将牛只移动对其他风险来源贡献进行加权，在这些来源中，环境来源感染风险通过建模成为一个恒定风险。

由于我们缺乏对野生动物种群的系统监测，这种基于实际的假设是必要的，但它忽略疫病在两个宿主种群间自由传播时存在的反馈回路情况。在所有关于獾作用的争论以及牛感染牛分枝杆菌的流行病学中，有一点是明确的，即这种疫病可以在两个物种之间传播，并且对一个宿主的干预，会影响疫病在另一个宿主中的流行（Godfray 等，2013）。最明显的证明是从牛和獾中分离出牛分枝杆菌，其基因型具有密切的地理联系（Goodchild 等，2012），但没有可识别的方法和数据用于推断得出它们之间的传播效率，而且在传播的方向性上也有相当大的不确定性（Donnelly 和 Nouvellet，2013）。

Brooks-Pollock 和 Wood（2015）强调，要考虑这种双宿主生态系统对于传播动力学的重要影响，他们证明无论是牛或者獾，相对较低水平的种间感染，甚至在其中某一个宿主内的传染率低于1的阈值情况下，仍可以导致结核病在这种宿主中持续感染。这种情况下，综合各种证据来看，英国从干预措施中获得的边际收益，很可能足以使双宿主系统低于阈值——尤其是干预措施针对的是防止疫病在两个物种之间的扩散。

Brooks-Pollock 及其同事 2014 年研制国家级网络模型，提供了一个介于野生动物和双宿主模型的持续风险之间的中间环节（Brooks-Pollock 等，2014）。这个模型中，环境储存病原菌情况是动态的，随着当地疫病流行加剧而成比例增加，也会以恒定的速率衰减，这并不等于假设在没有牛感染的情况下，疫病不会在环境中持续存在——理论上，估计的衰减效率可能很小，足以确保在任何合理的时间范围内持续存在。因此，该机制或许能从统计学上解释感染的基础风险，但缺乏必要的细节以预测獾和牛之间感染传播的干预措施的影响，或对獾种群本身的影响。

Brooks-Pollock 模型的主要贡献是提供了一个框架，在该框架内，可以根据数据系统地估计替代传播模型（使用近似贝叶斯计算），并对牛在牛群间移动带来的疫病传播风险进行更稳健的量化。

Brooks-Pollock 发现，牛群"崩溃"的复现率——由已发生的"崩溃"引起的预期的新"崩溃"，呈现高度偏斜分布。大多数"崩溃"不会传播到其他牛群，但超级传播牛群导致的多起新事件，可引起厚尾分布。这种由贸易活动和牛群结构驱动的变化性，补充了畜群内 R_0 和畜群层面揭示的阳性数量的变化（图4.4）。由于个体动物在牛群中停留的时间相对较短，频繁交易的牛群在牛群内传播疫病的风险较低，但可能会在牛群之间引起较大的传播风险。

4.4　结论

控制牛结核病是困难的，但在没有同域宿主的情况下，基于结核菌素试验的屠宰扑杀策略已成功地根除了牛结核病。在涉及多种宿主物种的种群中进行控制则更具有挑战性。

参考文献

Abernethy, D. A., Upton, P., Higgins, I. M., McGrath, G., Goodchild, A. V., et al. (2013) Bovine tuberculosis trends in the UK and the Republic of Ireland, 1995-2010. Veterinary Record 172(12), 312.

Allen, A. R., Minozzi, G., Glass, E. J., Skuce, R. A., McDowell, S. W. J., et al. (2010) Bovine tuberculosis: the genetic basis of host susceptibility. Proceedings of the Royal Society of London B: Biological Sciences, 277(1695), 2737-2745.

Ameni, G., Aseffa, A., Engers, H., Young, D., Gordon, S., et al. (2007) High prevalence and increased severity of pathology of bovine tuberculosis in holsteins compared to zebu breeds under field cattle husbandry in central Ethiopia. Clinical and Vaccine Immunology 14(10), 1356-1361.

Barlow, N. D., Kean, J. M., Hickling, G., Livingstone, P. G. and Robson, A. B. (1997) A simulation model for the spread of bovine tuberculosis within New Zealand cattle herds. Preventive Veterinary Medicine 32(1), 57-75.

Begon, M., Bennett, M., Bowers, R. G., French,

N.P., Hazel, S.M. and Turner, J.(2002) A clarification of transmission terms in host-microparasite models: numbers, densities and areas. Epidemiology and Infection 129(1), 147-153.

Bekara, M.E.A., Courcoul, A., Bénet, J.J. and Durand, B. (2014) Modeling tuberculosis dynamics, detection and control in cattle herds. PLoS One 9(9), e108584.

Bermingham, M.L., Bishop, S.C., Woolliams, J.A., Pong-Wong, R., Allen, A.R., et al.(2014) Genome-wide association study identifies novel loci associated with resistance to bovine tuberculosis. Heredity 112(5), 543-551.

Bessell, P.R., Orton, R., O'Hare, A., Mellor, D.J., Logue, D. and Kao, R.R.(2013) Developing a framework for risk-based surveillance of tuberculosis in cattle: a case study of its application in Scotland. Epidemiology & Infection 141(2), 314-323.

Blower, S.M., McLean, A.R., Porco, T.C., Small, P.M., Hopewell, P.C., et al.(1995) The intrinsic transmission dynamics of tuberculosis epidemics. Nature Medicine 1(8), 815-821.

Brooks-Pollock, E. and Wood, J.L.N.(2015) Eliminating bovine tuberculosis in cattle and badgers: insight from a dynamic model.Proceedings of the Royal Society B 282(1808), 20150374.

Brooks-Pollock, E., Conlan, A.J.K., Mitchell, A.P., Blackwell, R., McKinley, T.J. and Wood, J.L.N.(2013) Age-dependent patterns of bovine tuberculosis in cattle. Veterinary Research 44, 97.

Brooks-Pollock, E., Roberts, G.O. and Keeling, M.J.(2014) A dynamic model of bovine tuberculosis spread and control in Great Britain.Nature 511(7508), 228-231.

Broughan, J.M., Judge, J., Ely, E., Delahay, R.J., Wilson, G., et al.(2016) A review of risk factors for bovine tuberculosis infection in cattle in the UK and Ireland. Epidemiology & Infection 144(14), 2899-2926.

Carrique-Mas, J.J., Medley, G.F. and Green, L.E.(2008) Risks for bovine tuberculosis in british cattle farms restocked after the foot and mouth disease epidemic of 2001. Preventive Veterinary Medicine 84(1-2), 85-93.

Comstock, G.W.(1982) Epidemiology of tuberculosis. American Review of Respiratory Disease 125(3P2), 8-15.

Comstock, G.W., Livesay, V.T. and Woolpert, S.F.(1974) The prognosis of a positive tuberculin reaction in childhood and adolescence. American Journal of Epidemiology 99(2), 131-138.

Conlan, A.J.K., McKinley, T.J., Karolemeas, K., Brooks Pollock, E., Goodchild, A.V., et al.(2012) Estimating the hidden burden of bovine tuberculosis in Great Britain. PLoS Computational Biology 8(10), e1002730.

Conlan, A.J.K., Brooks Pollock, E., McKinley, T.J., Mitchell, A.P., Jones, G.J., et al.(2015) Potential benefits of cattle vaccination as a supplementary control for bovine tuberculosis. PLoS Computational Biology 11(2), e1004038.

Dean, G.S., Rhodes, S.G., Coad, M., Whelan, A.O., Cockle, P.J., et al.(2005) Minimum infective dose of *Mycobacterium bovis* in cattle. Infection and Immunity 73(10), 6467-6471.

de la Rua-Domenech, R., Goodchild, A.T., Vordermeier, H.M., Hewinson, R.G., Christiansen, K.H. and Clifton-Hadley, R.S.(2006) Ante mortem diagnosis of tuberculosis in cattle: a review of the tuberculin tests, γ-interferon assay and other ancillary diagnostic techniques. Research in Veterinary Science 81 (2), 190–210.

Donnelly, C. A. and Nouvellet, P. (2013) The contribution of badgers to confirmed tuberculosis in cattle in high–incidence areas in England. PLOS Currents Outbreaks October 10, Edition 1.

Downs, S.H., Clifton–Hadley, R.S., Upton, P. A., Milne, I.C., Ely, E.R., et al.(2013) Tuberculin manufacturing source and breakdown incidence rate of bovine tuberculosis in british cattle, 2005–2009. Veterinary Record 172(4), 98–98.

Downs, S.H.,Broughan, J.M., Goodchild, A.V., Upton, P.A. and Durr, P.A.(2016) Responses to diagnostic tests for bovine tuberculosis in dairy and non–dairy cattle naturally exposed to *Mycobacterium bovis* in Great Britain. The Veterinary Journal 216 (October), 8–17.

Enticott, G.(2012) The local universality of veterinary expertise and the geography of animal disease. Transactions of the Institute of British Geographers 37 (1), 75–88.

Fine, A.E., Bolin, C.A., Gardiner, J.C. and Kaneene, J.B.(2011) A study of the persistence of *Mycobacterium bovis* in the environment under natural weather conditions in Michigan, USA. Veterinary Medicine International 2011(April), e765430.

Firdessa, R., Tschopp, R., Wubete, A., Sombo, M., Hailu, E., et al.(2012) High prevalence of bovine tuberculosis in dairy cattle in central Ethiopia: implications for the dairy industry and public health. PLoS One 7(12), e52851.

Fischer, E.A.J., van Roermund, H.J.W., Hemerik, L., van Asseldonk, M.A.P.M. and de Jong, M.C.M.(2005) Evaluation of surveillance strategies for bovine tuberculosis (*Mycobacterium bovis*) using an individual based epidemiological model. Preventive Veterinary Medicine 67(4), 283–301.

Flynn, R.J., Mannion, C., Golden, O.,Hacariz, O. and Mulcahy, G.(2007) Experimental *Fasciola hepatica* infection alters responses to tests used for diagnosis of bovine tuberculosis. Infection and Immunity 75 (3), 1373–1381.

Francis, J. (1947) Bovine Tuberculosis. Staples Press Limited, London, UK.

Frankena, K., White, P.W., O'Keeffe, J., Costello, E., Martin, S.W., et al.(2007) Quantification of the relative efficiency of factory surveillance in the disclosure of tuberculosis lesions in attested Irish cattle. Veterinary Record 161(20), 679–684.

Gilbert, M., Mitchell, A., Bourn, D.,Mawdsley, J., Clifton–Hadley, R. and Wint, W.(2005) Cattle movements and bovine tuberculosis in Great Britain. Nature 435(7041), 491–496.

Godfray, H.C.J., Donnelly, C.A., Kao, R.R., Macdonald, D.W., McDonald, R.A., et al.(2013) A restatement of the natural science evidence base relevant to the control of bovine tuberculosis in Great Britain. Proceedings of the Royal Society B 280 (1768), 20131634.

Goodchild, A. V. and Clifton – Hadley, R. S. (2001) Cattle–to–cattle transmission of *Mycobacterium bovis*. Tuberculosis 81(1), 23–41.

Goodchild, A.V., Watkins, G.H., Sayers, A.R., Jones, J.R. and Clifton–Hadley, R.S. (2012) Geographical association between the genotype of bovine tuberculosis in found dead badgers and in cattle herds. Veterinary Record 170(10), 259–259.

Goodchild, A. V., Downs, S. H., Upton, P., Wood, J.L.N. and de la Rua–Domenech, R.(2015) Specificity of the comparative skin test for bovine tuberculosis in Great Britain. The Veterinary Record 177 (10), 258.

Green, D. M., Kiss, I. Z., Mitchell, A. P. and Kao, R. R. (2008) Estimates for local and movement-based transmission of bovine tuberculosis in British cattle.Proceedings of the Royal Society of London B: Biological Sciences 275(1638), 1001-1005.

Humblet, M.-F., Walravens, K., Salandre, O., Boschiroli, M. L., Gilbert, M., Berkvens, D., et al. (2011) Monitoring of the intra-dermal tuberculosis skin test performed by Belgian field practitioners. Research in Veterinary Science 91(2), 199-207.

Jackson, R., de Lisle, G. W. and Morris, R. S. (1995) A study of the environmental survival of *Mycobacterium bovis* on a farm in New Zealand. New Zealand Veterinary Journal 43(7), 346-352.

Kao, R. R., Gravenor, M. B., Charleston, B., Hope, J.C., Martin, M. and Howard, C.J. (2007) *Mycobacterium bovis* shedding patterns from experimentally infected calves and the effect of concurrent infection with bovine viral diarrhoea virus. Journal of The Royal Society Interface 4(14), 545-551.

Kao, R. R., Roberts, M. G. and Ryan, T. J. (1997) A model of bovine tuberculosis control in domesticated c-attle herds. Proceedings of the Royal Society of London B: Biological Sciences 264 (1384), 1069-1076.

Karolemeas, K., McKinley, T. J., Clifton-Hadley, R. S., Goodchild, A. V., Mitchell, A., et al. (2010) Predicting prolonged bovine tuberculosis breakdowns in Great Britain as an aid to control. Preventive Veterinary Medicine, Special section: Calvin W. Schwabe Symposium 2009 Methodologies in Epidemiological Research 97(3-4),183-190.

Karolemeas, K., McKinley, T. J., Clifton-Hadley, R. S., Goodchild, A. V., Mitchell, A., et al. (2011) Recurrence of bovine tuberculosis breakdowns in Great Britain: risk factors and prediction. Preventive Veterinary Medicine 102(1), 22-29.

Keeling, M. J. and Rohani, P. (2008) Modeling Infectious Diseases in Humans and Animals. Princeton University Press, Princeton, USA.

Khatri, B. L., Coad, M., Clifford, D. J., Hewinson, R. G., Whelan, A. O. and Vordermeier, H. M. (2012) A natural-transmission model of bovine tuberculosis provides novel disease insights. Veterinary Record 171(18), 448.

Liebana, E., Johnson, L., Gough, J., Durr, P., Jahans, K., et al. (2008) Pathology of naturally occurring bovine tuberculosis in England and Wales. The Veterinary Journal 176(3), 354-360.

Maddock, E.C.G. (1933) Studies on the survival time of the bovine tubercle bacillus in soil, soil and dung, in dung and on grass, with experiments on the preliminary treatment of infected organic matter and the cultivation of the organism.Epidemiology & Infection 33 (1), 103-117.

Maddock, E.C.G. (1934) Further studies on the survival time of the bovine tubercle bacillus in soil, soil and dung, in dung and on grass, with experiments on feeding guinea-pigs and calves on grass artificially infected with bovine tubercle bacilli.The Journal of Hygiene 34(3), 372-379.

McCallum, H., Barlow, N. and Hone, J. (2001) How should pathogen transmission be modelled? Trends in Ecology & Evolution 16(6), 295-300.

Menzies, F.D. and Neill, S.D. (2000) Cattle-to-cattle transmission of bovine tuberculosis.The Veterinary Journal 160(2), 92-106.

Meynell, G. G. and Meynell, E. W. (1958) The

growth of micro-organisms *in vivo* with particular reference to the relation between dose and latent period.The Journal of Hygiene 56(3), 323-346.

Mitchell, A., Bourn, D., Mawdsley, J., Wint, W., Clifton-Hadley, R. and Gilbert, M.(2005) Characteristics of cattle movements in Britain-an analysis of records from the cattle tracing system. Animal Science 80(3), 265-273.

Mitchell, A.P., Green, L.E., Clifton-Hadley, R., Mawdsley, J., Sayers, R. and Medley, G.F. (2006) Analysis of single intradermal comparative cervical test(SICCT) coverage in the GB cattle population. In:-Mellor, D.J. and Russell, A.M.(eds) Proceedings of Society of Veterinary Epidemiology and Preventative Medicine, SVEPM, Nottingham, UK, 70-86.

Monaghan, M.L., Doherty, M.L., Collins, J.D., Kazda, J.F. and Quinn, P.J.(1994) The tuberculin test. Veterinary Microbiology 40(1), 111-124.

Neill, S.D., Hanna, J., Mackie, D.P. and Bryson, T.G.(1992) Isolation of *Mycobacterium bovis* from the respiratory tracts of skin test-negative cattle. Veterinary Record 131(3), 45-47.

Neill, S.D., Hanna, J., O'Brien, J.J. and McCracken, R.M.(1988) Excretion of *Mycobacterium bovis* by experimentally infected cattle. Veterinary Record 123(13), 340-343.

Neill, S.D., Hanna, J., O'Brien, J.J. and McCracken, R.M.(1989) Transmission of tuberculosis from experimentally infected cattle to in-contact calves. Veterinary Record 124(11), 269-271.

Nuñez-Garcia, J., Downs, S.H., Parry, J.E., Abernethy, D.A., Broughan, J.M., et al.(2017) Meta-analyses of the sensitivity and specificity of ante-mortem and post-mortem diagnostic tests for bovine tuberculosis in the UK and Ireland. Preventive Veterinary Medicine doi: 10.1016/j.prevetmed.2017.02.017.

O'Hare, A., Orton, R.J., Bessell, P.R. and Kao, R.R.(2014) Estimating epidemiological parameters for bovine tuberculosis in british cattle using a bayesian partial-likelihood approach. Proceedings of the Royal Society of London B: Biological Sciences 281 (1783), 20140248.

Olea-Popelka, F., Freeman, Z., White, P., Costello, E., O'Keeffe, J., et al.(2012) Relative effectiveness of Irish factories in the surveillance of slaughtered cattle for visible lesions of tuberculosis, 2005-2007. Irish Veterinary Journal 65, 2.

Pritchard, D.G.(1988) A century of bovine tuberculosis 1888-1988: conquest and controversy.Journal of Comparative Pathology 99(4), 357-399.

Shittu, A., Clifton-Hadley, R.S., Ely, E.R., Upton, P.U. and Downs, S.H.(2013) Factors associated with bovine tuberculosis confirmation rates in suspect lesions found in cattle at routine slaughter in Great Britain, 2003-2008. Preventive Veterinary Medicine 110 (3-4), 395-404.

Skuce, R.A., Allen, A.R. and McDowell, S.W.J. (2012) Herd-level risk factors for bovine tuberculosis: a-literature review. Veterinary Medicine International 2012(June), e621210.

Thakur, A., Sharma, M., Katoch, V.C., Dhar, P. and Katoch, R.C.(2010) A study on the prevalence of bovine tuberculosis in farmed dairy cattle in Himachal Pradesh. Veterinary World 3(9), 408-413.

Thom, M.L., Hope, J.C.,McAulay, M., Villarreal-Ramos, B., Coffey, T.J., et al.(2006) The effect of tuberculin testing on the development of cell-mediated immune responses during *Mycobacterium bovis* infection. Veterinary Immunology and Immunopathology 114 (1-2), 25-36.

van Asseldonk, M.A.P.M., van Roermund, H.J. W., Fischer, E.A.J., de Jong, M.C.M. and Huirne, R.B.M.(2005) Stochastic efficiency analysis of bovine tuberculosis-surveillance programs in the Netherlands. Preventive Veterinary Medicine 69(1-2), 39-52.

Whelan, C., Whelan, A.O.,Shuralev, E., Kwok, H.F., Hewinson, G., et al.(2010) Performance of the Enfer-plex TB assay with cattle in Great Britain and as-sessment of its suitability as a test to distinguish infec-ted and vaccinated animals. Clinical and Vaccine Im-munology 17(5), 813-817.

Wint, G.R.W., Robinson, T.P., Bourn, D.M., Durr, P.A., Hay, S.I., et al.(2002) Mapping bovine tuberculosis in Great Britain using environmental data. Trends in Microbiology 10(10), 441-444.

牛分枝杆菌的分子分型与监测

Robin A. Skuce[1,2], Andrew W. Byrne[1,2], Angela Lahuerta-Marin[1], Adrian Allen[1]

1 农业食品和生物科学研究所兽医科学部，贝尔法斯特，英国

2 皇后大学生物科学学院，贝尔法斯特，英国

5.1 牛结核病

牛分枝杆菌是一种非常"成功"地在全球范围内广泛分布的病原菌（Bezos 等，2014）。在一些国家，牛结核病仍然是牛、其他驯养动物和野生动物主要的、造成高经济负担的传染病（Pollock 和 Neill，2002；Mathews 等，2006；Carslake 等，2011）。至少在英国和爱尔兰，牛结核病是目前政府、兽医行业和农业面临的最复杂、代价最高、感染多种动物的地方病（Reynolds，2006；Sheridan，2011），在这些国家，牛结核病对农场盈利能力、贸易和福利产生负面影响，还可导致多年牲畜遗传改良成果功亏一篑。

5.2 基本原理

描述和解释牛结核病持续流行和传播的基本生物学过程是提高牛结核病控制水平的基础，然而，尽管进行了大量研究，人们对其传播途径仍知之甚少。因此，仍需更深入地了解牛结核病流行病学以及牛、野生动物和其他潜在环境宿主内部和彼此之间的相互作用。利用结构化监测将牛分枝杆菌分离株进一步做分子分型鉴定，可明确感染源、主要传播途径及其潜在影响。以上这些方法、试验和数据基本上有两个用途：一是利用描述性、分析性和疾病数学模型研究调查牛结核病生态学、演化和流行病学等重要情况；二是为结核病爆发调查和接触者追踪提供信息（Benton 等，2014）。因此，目前牛结核病控制项目大部分内容聚焦在疾病追踪、持续检测、地方分子分型数据方面，而评估项目效能、监测控制和未来干预能力尚需提高和加强。

5.3 结核致病菌

牛分枝杆菌是结核分枝杆菌复合群（MT-BC）成员，结核分枝杆菌群成员间密切相关（Brosch 等，2002；Coll 等，2014a，b）。利用

基因组测序可以进一步将全球的 MTBC 划分为不同的谱系，谱系间有很明显的地理种群离散性（Hershberg 等，2008；Wirth 等，2008）。

这个结果对结核病控制具有重要意义（Gagneux 和 Small，2007），尽管 MTBC 基因组同源性大于 99.95%，但还是分化成一系列的"生态型"，每个生态型都有自己的相对宿主偏好（Smith 等，2006a；Whelan 等，2010）。在生物学上，宿主因素和病原体遗传变异都会影响疫病暴露、感染、传染结果（Allen 等，2010）。MTBC 系统发育分析表明，动物适应株只在一个主要谱系中发现，其特征是染色体区域差异 9（RD9）缺失（Brosch 等，2002）。人们通过更深入的研究（Smith 等，2006a，2006b；Smith 和 Upton，2012），分析一系列基因型，预测现代动物适应性 MTBC 的祖先。

5.4 流行病学

经典流行病学试图确定决定疫病群内、群间时间和空间的分布因素，而且，流行病学涉及决定疫病传播、表现和进展的相关机制。世界范围内，牛结核病流行病学非常复杂（Drewe 等，2014），许多因素尚不确定，且在物种间、地域间及时间线上变化很大，一些因素，诸如家畜控制措施的有效性、野生生物种群的感染压力以及家畜和野生物种之间的相互作用都很重要（Skuce 等，2012）。

5.4.1 分子流行病学

分子流行病学是流行病学的一个分支学科，是在基因组分析和比较基因组学快速发展推动下发展起来的（Loman 和 Pallen，2015），是应用分子分类学、系统发生学或群体遗传学技术解决流行病学问题的一个学科。分子技术进一步对流行病学活动数据进行分层，这些活动包括疫病监测、爆发调查、从相关性不明显的病例中确定传播模式和危险因素、描述宿主-病原体相互作用并评估病原体的相对毒力等。

病原体分子分型和数据获取技术快速发展，推动现代化人类疫病的控制和监测手段发生变革（Aarestrup 等，2012），也有望对动物卫生方面产生类似的巨大影响。这一相对较新的学科使我们有机会重新审视传染病动力学，成为大多数现代传染病研究的重要内容（Muellner 等，2011，2015）。在此，我们讨论牛分枝杆菌分子流行病学知识，提高对牛结核病生态学、进化和流行病学认识，以及病原体基因组学变革带来的机遇和局限性（Kwong 等，2015）。分子分型本身不是目的，它应该为完善的流行病学设计和实施增加价值，而不是将二者替代。基于合理的分子流行病学研究提供的证据和估计，可以做出更好的政策决策。

通过对高度相关的结核分枝杆菌的研究证明，分子流行病学的发展和应用能使人更充分了解疫病生态学和流行病学（Schurch 和 vanSoolingen，2012；Jagielski 等，2016）。过去数年，重要方法论和数据持续发展，在监测和调查结核病传播动力学、检测实验室交叉污染、区分感染再次复发、评估同一分子型结核病例中的风险因素、研究新发耐药性问题中得到有效应用，这些方法彻底改变了我们对这个重要人类病原体衍化、系统发生与生物地理分布的理解（Comas 和 Gagneux，2011；Pepperell 等，2011）。

目前几个国家已建立并使用结核分枝杆菌分子流行病学监测手段（Muellnret 等，2015）进行病例分析和接触者追踪，尤其是美国（CDC，2012）和荷兰（Borgdorff 和 Soolingen，2013），尽管如此，在一些系统中分子流行病学成本与收益比依然受到质疑（Mears 等，2015）。

5.4.2 数据来源及监测

有先进检测方法和控制计划的国家，已很好地建立了相关规定，在一定时间间隔内检测动物阳性情况，通过专门的细菌培养做出确诊，为牛分枝杆菌分子生物学分型监测提供参考。为了解当地牛分枝杆菌种群多样性，无论是回顾性还是前瞻性研究，抽样的代表性非常重要（Skuce 等，2010）。特别是在英国，在已确认的疫情中，已建立群体动物水平牛分枝杆菌分型监测，收集并分析大量数据（Skuce 等，2010；Broughan 等，2015），美国、法国、西班牙、新西兰等国也已建立了监测系统，稍后将讨论。为有效确定某一特定区域病原菌遗传的多样性，与地方流行病学匹配的分子流行病学检测也很重要。

直到最近，牛结核病分子流行病学文章主要关注方法开发和验证研究，而不是成熟技术的应用。牛结核病分子生物学分型研究仍处在起步阶段，相关数据结果看起来很"简单"，必须慎重解读和分析。特别是从过去几年所收集的回顾性数据来看，许多分型

结果仅仅是在相关流行病学和遗传数据背景下分析得到的。疫情调查人员发现，这些数据在疫情爆发环境中很有用，能够支持或否定假设。利益相关方期望行政主管部门通过更经济的方式，应用所有可用数据和工具，调查当地牛结核病疫情，协调改善所有利益相关方之间的关系。

牛结核病流行病学特点是非常复杂的，且难以记录或观察相关的流行进程细节（O'Hare 等，2014；Trewby 等，2016）。例如，动物在畜群间和交易市场间移动可造成结核病传播感染（Gilbert 等，2005）。此外，畜群和动物的地理定位倾向于以农场为中心。虽然这种活动倾向很明显，但现实中这种对牛只的地理定位可能造成系统错误，削弱家畜追溯体系的价值（Durr 和 Froggatt，2002；Enright 和 Kao，2016），因农场分散、牛只移动信息未及时记录，可能加重了疫病流行（Enright 和 Kao，2016）。即使在动物疫病检测和移动管理记录特别良好的国家，空间和时间数据仍可能存在重大缺陷，了解牛结核病以何种方式、何时、何地在家牛、野生动物和环境之间传播是个重大挑战，该病造成的感染影响并不立即显现。官方计划中，使用活动物诊断和宰后检疫方法，具有较高的特异性，但敏感性仅为中等（Nuñez-Garcia 等，2017；Lahuerta-Marin 等，2015），且各国采取的细菌培养确诊方式差异较大（de la Rua-Domenech 等，2006；Clegg 等，2011；Abernethy 等，2013；Bermingham 等，2015），这影响了后续确诊病例分子生物学监测的代表性，在这些病例中，流行病学家只能看到菌株系统进化传播的一小部分，且须至少做出部分假设（Biek 和 Real，2010；Biek

等，2015）。

由于病原体生长缓慢，在需要做出疫病控制决策前通常不能够获得分型数据。虽然实时数据最有用，但是通过数据趋势推断的方法有助于调整和改善疫病控制方法，越来越精细的图谱描述和数据库解决方案有助于更深度地挖掘和分析这些数据，进一步得到结论（Rodriguez-Campos 等，2012a）。未来，细菌生理学（O'connor 等，2015）、牛分枝杆菌分子生物学分型和宏基因组学直接检测的发展（Doughty 等，2014；Votintseva 等，2015），将进一步提升实时分子生物学监测的应用前景。

5.4.3 分子分型方法

在 DNA 相关技术应用于研究之前，关于分枝杆菌生态学、发病机理和流行病学的许多知识，都来自早期的病原菌鉴别方法，这些方法依赖于菌株表型特征，包括菌落形态、对抗生素的敏感性、生化和血清学反应以及分枝杆菌噬菌体分型。虽然有些方法仍然有价值，但这些表型方法在很大程度上已被能够确定分枝杆菌基因组结构的方法所取代（Jagielski 等，2016）。由于现代 MTBC 菌株之间具有高度遗传相似性和极高的克隆性，因此它们的基因组同源性高，这些方法在确定不同 MTBC 生态型中适用，并且结果非常一致；但是它们的鉴别能力各有所长，在部分性能特征的确定上存在差异（Schurch 和 Van-Soolingen，2012）。趋于单向进化的结构基因标记（例如单核苷酸多态性和缺失）非常适用于系统发育和进化研究，而进化更快的双

向标记（如小卫星 DNA 和重复变异），有趋同进化倾向但更适合疫情爆发调查。

在 DNA 扩增技术出现之前，分子流行病学以细菌全基因组限制性内切酶分析（REA）加凝胶电泳分析或随后的限制性内切片段长度多态性（RFLP）分析为基础，通过重复的 DNA 序列来探测 REA 的分布。REA（Collins，1999）和 RFLP 分型（VanSoolingen，2001）实现了标准化，成为公共卫生和兽医研究实验室几个常规的检测方法。当时为了鉴别需要，虽然这类方法技术要求高，需要昂贵的软件储存复杂条带作为参考对照，且方法在实验室间的重复性上也存在问题（Heersma 等，1998）。世界范围内的大多数牛分枝杆菌分离株都属于同一克隆复合群，且往往只有一个 IS6110RFLP 靶点（Smith，2012）。由于第一个结核分枝杆菌基因组序列（Cole 等，1998）和牛分枝杆菌基因组序列（Cole，2002）测序成功，分枝杆菌诊断学和研究界现在有了一个分子遗传学测试工具箱，可以在不同的地理和进化尺度上区分结核分枝杆菌复合群（Pepperell 等，2011/2013；O'Neill 等，2015），第一个便捷的、基于 PCR 的方法是间隔区寡核苷酸分型（Spoligotyping）（Kamerbeek 等，1997），该技术由于对一个拥有规律性多态重复（CRISPR）的位点进行检测，这在基因驱动和基因编辑技术中展示了新用途（Carlson 等，2016；Wright 等，2016）。Spoligotyping 法，包括其命名术语已被国际认可（Mbovis.org，SIT-VIT2），该法能对分离株进行中等程度的区分。通过基于分枝杆菌多位点重复单元（MIRUs）和可变串联重复数目（VNTRs）的多位点串联重复变异分子分型检

测，即所谓的 MIRU-VNTR 或多位点 VNTR 分析（MLVA）技术，可显著提高对菌株的鉴别能力，方法和应用将在其他章节详述（Drewe 和 Smith，2014；Robbe-Austerman 和 Turcotte，2014）。遗憾的是，国际上还没有确立利用这些检测对牛分枝杆菌的分子类型进行命名的方法。

5.5　牛分枝杆菌分子分型国际研究结果

本节中，我们总结了国际上一些利用基因组进行分子分型检测的情况。通过对世界各地分离出的牛分枝杆菌进行系统分析，发现在区域间占主导地位的牛分枝杆菌克隆群存在显著差异（Rodriguez-Campos 等，2012a；Smith，2012；Allen 等，2013）。

5.5.1　欧洲

欧洲 1 型克隆复合群在英国和爱尔兰占主导地位，几乎一成不变，其特征是一个特定的基因片段缺失（RDEu1）。由此可以推断，英国和爱尔兰牛分枝杆菌与欧洲其他地区占主导地位的牛分枝杆菌有很大不同。欧洲 1 型克隆复合群也在许多其他国家（加拿大、美国、澳大利亚、新西兰、阿根廷、智利、南非等）是主要流行株。现有基因证据表明，欧洲 1 型克隆复合群最可能起源于不列颠群岛，并输出到世界上许多国家，建立了现在的优势种群（Smith 等，2011）。欧洲 2 型克隆复合群在巴西占主导地位，也是葡萄牙的优势菌型，反映了这些国家之间的历史联系（Rodriguez-

Campos 等，2012b）。

事实上，通过检测-扑杀策略，一些国家现在已经彻底（如澳大利亚）或大部分（如新西兰）根除了欧洲 1 型牛分枝杆菌，这表明应用现有的工具，虽然需经过较长时间，但可以成功根除欧洲 1 型。欧洲 1 型似乎没有什么特别之处使其不会被根除。此外，已从许多物种中分离出欧洲 1 型，表明其在野生动物中有一定的定植能力，定植能力的大小取决于它们是终末宿主还是维持宿主。强化使用基于结核菌素试验的检测-扑杀政策，似乎会对病原体种群施加强大的选择压力，并选择那些结核菌素试验中所谓的"逃逸突变体"。欧洲 1 型是否具有这样的选择性优势，使其在英国和爱尔兰以及其他地区高频率出现，似乎不太可能，因为在英国和爱尔兰控制计划全面实施后，以及牛结核病数量大幅度减少的前后，都有欧洲 1 型的出现。目前还不清楚 RDEu1 的缺失，是否会带来适应方面的优势，仅仅因为该型复合群很常见并不一定意味着其具有适应优势。然而，人们已提出了一个潜在选择优势：控制插入序列拷贝数，影响基因表达，可能使这些细菌成功成为全球分布的重要群体（Smith 等，2011；Smith，2012）。

为了调查英国和爱尔兰牛分枝杆菌的进化史，对已知突变范围内的一定比例样本进行了分型。由于现代结核分枝杆菌的克隆性，突变传递给了所有后代，因此可以推断进化导致当前克隆菌型占据主导地位。在不列颠群岛的英格兰和爱尔兰，历史上一些菌型灭绝可能是由于 RDEu1 缺失的牛分枝杆菌占据了主导地位，可能无法明确菌型具体的定植时间，但 Eu1 系是现在英国和爱尔兰的优势结核菌

（Allen 等，2013）。英国和爱尔兰牛分枝杆菌群非常相似（Allen 等，2013），除均为 *RDEu1* 缺失外，还具有相同的基本系统发育背景，这进一步证明可能在实施牛只移动控制和牛种群分化前，只有单一菌株进入这些岛屿。从那时起，不同区域的菌株开始出现分化，出现具有区域特异性的基因型。这些与区域相关的变化差异，有助于对每个区域疫情爆发和阳性动物的输入病例溯源，促进对输入影响的粗略评估。

通过 Spoligotyping 和 MLVA 监测牛分枝杆菌是英国结核病控制战略的一部分。新的生态位、宿主的侵入和选择优势都可能造成流行菌株的变化，Spoligotyping 数据已被用于监测英国流行菌株的变化和扩散（Smith 等，2003）。Spoligotyping 和 MLVA 数据也被用于鉴别人类牛分枝杆菌感染事件（Gibson 等，2004；Stone 等，2011），及其调查人传人事件（Evans 等，2007）。类似地，MLVA 数据也已用于确认鉴定由于进口或长距离调运的牛只结核杆菌感染事件（Gopal 等，2006）。MLVA、Spoligotype 和基于单核苷酸多态性（SNP）的基因结构数据，推动了新型诊断试剂和疫苗的研发（Smith 等，2006a，2011；Allen 等，2013），也帮助人们了解该病原体在不列颠群岛、西欧及其他地区的种群结构和进化历史。MLVA 和 Spoligotyping 证实了从欧洲獾中分离的牛分枝杆菌（*Meles meles*）与牛群分离的分枝杆菌分子类型相同，具有很强的地理特征（Goodchild 等，2012）。

爱尔兰的牛结核病防控工作始于与北爱尔兰的合作，特别是将 Spoligotyping 和 RFLP 技术（Roring 等，1998）应用于牛、鹿、羊、山羊、猪和獾的样本检测中（Costello 等，1999）。最常见的分子类型在所有物种中均有分布，表明牛分枝杆菌在多个宿主间传播是牛分枝杆菌流行病学的一个特征（Costello 等，1999）。随后，RFLP 技术被应用于分析比较獾扑杀地区的獾和牛只中牛分枝杆菌分离株的差异（Olea-Popelka 等，2005）。尽管有很好的证据表明从牛和獾中分离到的菌株具有相同的分子类型，但獾的分离菌株表现出较低的空间聚类，证明那段时间獾流动性增强（Olea-Popelka 等，2005）。监测数据表明，联合应用 Spoligotype 和 MLVA 方法，可以提高分型能力（McLernon 等，2010），当应用上述方法分析来自广泛地域、不同牛结核病流行率地区獾携带的牛分枝杆菌菌株时（Furphy 等，2012），发现分离到了高、低两种流行率特点的分离株，表明在一种宿主中可存在多种分子类型（Furphy 等，2012）。

西班牙研究人员曾使用 IS6110 RFLP 对牛和山羊宿主分离出的牛分枝杆菌菌株（Gutierrez 等，1995）进行定型但没有结论，随后，使用 Spoligotyping 方法（Aranaz 等，1996）得到满意的结果，证明其可用于排除牛和人牛分枝杆菌病例之间的流行病学关联（Romero 和 Aranaz，2006）。自此，MLVA 和 Spoligotyping 联合用于分析野猪和家猪之间牛分枝杆菌的传播情况（Parra 等，2003），调查包括鹿和野猪在内的野生动物中牛分枝杆菌（*M. bovis*）的多样性情况（Parra 等，2005；Menta-berre 等，2014），确认野生动物和家畜间双向传播机制（Romero 等，2008），以及调查广泛分布的牛宿主中的牛分枝杆菌的多样性情况（Rodriguez-Campos 等，2013）。

随着MLVA（Rodriguez-Campos等，2014）技术的发展，分子流行病学信息的积累扩大了这些数据的用途，西班牙已开发了MLVA和Spoligotype数据库支持流行病学监测工作（Rodriguez-Campos等，2012）。最近在高患病率地区应用MLVA和Spoligotyping技术，发现在一狭小区域内相同分子类型菌株造成了持续感染，而非输入造成传播（de la Cruz等，2014）。人们还在同一宿主中发现了超级感染情况，涉及多个分子类型菌株（Navarro等，2015）。

意大利研究人员已将Spoligotyping、MLVA和IS6110 RFLP分型应用于人感染牛分枝杆菌分离株分析（Lari等，2006、2011）。在托斯卡纳的一项研究中，发现829例人间病例中，有2.3%的病例是由牛分枝杆菌感染引起的（Lari等，2007）。随后，使用2000—2006年在意大利北部分离的菌株，优化了针对意大利牛分枝杆菌的MLVA方法（Boniotti等，2009）。最近的一项流行病学研究中，应用流行病学、MLVA和Spoligotyping方法，帮助一个牛和山羊混养的农场确定了牛分枝杆菌持续传染源（Zanardi等，2013），经鉴定，该农村目前流行的菌株与过去该牛场牛只被"整群淘汰"时流行的菌株菌型完全相同，提示在牛场内持续存在传染源，推测山羊可能是存储宿主，因为当地法定牛结核病根除计划中未包含对山羊的结核病检测（Zanardi等，2013）。

21世纪初，法国对MTBC的MLVA方法进行了特征描述和标准化确定（Le Fleche等，2006）。在5年的回顾性研究中，应用这些技术证实人结核病患者中牛分枝杆菌感染占2%

（Mignard等，2006），这些人类病例分离菌株之间缺乏克隆进化和亲缘关系，有助于排除人际传播（Mignard等，2006）。最近，对自1978年以来收集的4654个家牛和野生动物分离菌株进行大规模Spoligotyping和MLVA分型工作，提高了对当地牛分枝杆菌种群结构的了解，该种群由几个克隆群组成，其中一些具有地理局限性（Hauer等，2015）。

在法国过去十年的根除计划中，通过观察纵向分型数据，追踪了病原体多样性的降低（Hauer等，2015）。比利时为了更好地了解牛分枝杆菌种群结构和流行病学特点，应用MLVA进行了牛分枝杆菌分离株的分型（Allix等，2006）。瑞典利用IS6110 RFLP对分离的人和鹿源菌株进行了基因分型（Szewzyk等，1995）。观察到的遗传差异证实两种宿主受到不同菌型谱系的影响，从而排除了不同宿主间的传播（Szewzyk等，1995）。

5.5.2　非洲

对阿尔及利亚屠宰牛分离出的牛分枝杆菌菌株进行Spoligotyping和MLVA分析证实，一些分离株与过去的欧洲菌株分子类型相关（Sahraoui等，2009）。在突尼斯，Spoligotyping和MLVA揭示与欧洲牛相关的分子类型广泛分布（Lamine-Khemiri等，2013），这两项研究数据都与欧洲殖民主义在北非留下的足迹相符。在研究喀麦隆牛分枝杆菌的种群特征中，采用RFLP和脉冲场凝胶电泳（PFGE）方法（Njanpop-Lafourcade等，2001），随后利用Spoligotyping和MLVA技术，180头喀麦隆牛分离菌株样本的研究结果揭示了其与邻国尼日利亚菌株的多样性和分子类型相关（Cadmus 等，2011）。最近，在西非撒哈拉地区包括马里、尼日利亚、乍得和喀麦隆的牛种群中，应用比较基因组学和宏基因组序列多态性基因分型，检测到一种名为 Af1 的显性牛分枝杆菌克隆复合体（Muller 等，2009）。对所有地区的牛分离菌株，应用 MLVA 试验进行分析，发现这些分子类型的菌株很少，表明最近牛的移动导致了菌株传播（Muller 等，2009）。在邻近的布基纳法索进行类似研究发现，与 MLVA 一样，Spoligotypes 具有相同的克隆复合体优势和共享特征，揭示该国牛分枝杆菌特有的分子类型和特异性进化的菌型特征（Sanou 等，2014）。

埃塞俄比亚，早期应用 MLVA 和 Spoligotyping 发现亚的斯亚贝巴地区存在新的牛分枝杆菌分子类型（Ameni 等，2007），后来在埃塞俄比亚北部进一步应用 Spoligotyping 发现了 6 种分子类型群，其中 3 种是新类型群（Ameni 等，2010）。埃塞俄比亚中部也应用了 MLVA 和 Spoligotyping 分型（Firdessa 等，2012），并对技术做了优化（Biffa 等，2014）。在乌干达，应用 Spoligotyping 分型和 RFLP 分型证实了牛分枝杆菌感染并进行分枝杆菌分型鉴别（Oloya 等，2007）。在坦桑尼亚，MLVA 和 Spoligotyping 已应用于多个宿主分离的牛分枝杆菌菌株鉴定，包括人类、牲畜和野生动物的分离菌株，发现已出现了菌株在不同动物间的相互传播，但还没有发现从动物传播给人类的情况（Katale 等，2015）。比较基因组学揭示了从埃塞俄比亚、乌干达、布隆迪和坦桑尼亚等东非国家分离出来的牛分枝杆菌菌株，具有独有的染色体缺失/宏基因序

列多态性，使其后来被命名为 Af2 克隆复合群（Berg 等，2012）。

在南非，应用 IS6110 RFLP 技术，调查了克鲁格国家公园里水牛和其他野生动物间传播的牛分枝杆菌菌株流行病学特征（Michel 等，2009）。分子分型证实水牛与牛的接触，导致牛分枝杆菌传入公园（Michel 等，2009）。当地通过优化的 MLVA，方便鉴别与克鲁格国家公园菌型相关或不相关的菌株类型（Hlokwe 等，2013），随后，MLVA 和 Spoligotyping 被用于调查克鲁格国家公园野生动物向附近地区牲畜的病原菌溢出情况（Musoke 等，2015）。在赞比亚远北，Spoligotyping 发现牛和受结核病感染的人牛分枝杆菌分子类型相同，表明当地存在人兽共患结核病传播情况（Malama 等，2014）。

5.5.3 美洲

美国最初应用 RFLP 方法分析牛、圈养麋鹿和其他野生物种的分离菌株特点（Whipple 等，1997）。通常，在同一牧群多种动物中会观察到同种牛分枝杆菌分子类型，在不同的牧群中会观察到不同种类的分子类型，这与区域变异株独立进化是一致的（Whipple 等，1997）。许多野生动物物种分子类型与圈养麋鹿种群分子类型难以区分，这表明它们存在流行病学关联（Whipple 等，1997）。最近，Spoligotyping 数据证实，在加利福尼亚州，大多数人类和牛感染的牛分枝杆菌来自墨西哥牛（Rodwell 等，2010）。在鉴定美国分离株时，MLVA 结果与流行病学数据非常一致（Martinez 等，2008）。分子分型数据已用于评

估 2006—2013 年美国人感染牛分枝杆菌程度和危险因素（Scott 等，2016）。

在南美洲，早期使用 RFLP 技术进行分子流行病学研究（Fisanotti，1998），提示区域内变异株与阿根廷、巴拉圭和巴西的菌型相关（Fisanotti，1998）。Spoligotyping 和 RFLP 分型证实了这些早期观察结果（Zumarraga 等，1999）。Spoligotyping、RFLP 和 MLVA 随后应用于阿根廷的人类和牛群中，证实牛中最常见的分子类型也存在于 2% 的人类肺结核病病例中（Etchechoury 等，2010），几个人类病例中发现了不同的牛分离株分子类型，可能提示出现了人际传播（Etchechoury 等，2010）。最近，MLVA 和 IS6110 RFLP 分型确诊了猪混合感染牛分枝杆菌和禽分枝杆菌的情况（Barandiaran 等，2014）。在巴西，通过优化 MLVA 和 Spoligotyping 方法，人们提高了对牛分枝杆菌菌株的鉴别能力（Parreiras 等，2012），并已用于判断一个畜群病原菌传入的多种途径（Figueiredo 等，2012）。

5.5.4 大洋洲

澳大利亚，在 20 世纪 90 年代早期，应用 REA 和 RFLP 方法，进行了分子流行病学调查，并获得了数据结果（Cousins 等，1993）。利用 PFGE 区分不同地区的菌株，并推断其在不同宿主和农场之间（Feizabadi 等，1996）的传播途径。但是澳大利亚 1997 年 12 月官方声明正式根除了牛结核病（Lamoureux 等，2012；More 等，2015），当时分子流行病学工具尚未广泛应用。

新西兰的 Des Collins，是公认的牛分枝杆菌分子流行病学研究先驱（Collins 和 De Lisle，1984），他最早使用了 REA 技术。在新西兰的牛结核病根除计划中，分子流行病学仍然是一种有价值和具有成本效益的工具（Livingstone 等，2015a，b），用于确定新发疫情源于家畜还是野生动物传播，提供防控指导，降低可能昂贵的干预成本（Ryan 等，2006；Price-Carter 等，2011；Buddle 等，2015）。

5.6 北爱尔兰的发现和经验教训

这里，我们将更详细地讨论来自北爱尔兰的发现。虽然牛分枝杆菌分子分型可为突发性调查提供有用信息，但它的最佳用途可能是描述流行病学对群体水平的影响（牛的移动、牛-牛传播、野生动物-牛传播、相对毒力等）。

北爱尔兰从 2003 年开始实施牧群水平 MLVA 监测（Skuce 等，2010），2010 年开始实施动物个体水平 MLVA 监测。取样检测的牛分枝杆菌菌株分子类型空间分布显然不是随机的；牛分枝杆菌基因型表现出高度明显的地理特征，提示传染源来自当地，印证了结核病是地方流行病。每一种 MLVA 类型都可以认为是造成了一个微流行，而观察到的地理定位意味着流行包括着一组局部微流行（Smith 等，2003）。

与家养牛相比，外购牛的 MLVA 类型稍微分散（较少聚集）。但是偶尔会有 MLVA 类型明显与常规地理"活动范围"偏离很远，需要常通过牛的移动追踪系统来确认。由于不同分子类型具有显著的生物地理学和地理定位特征，分离株具有其地理来源的基因遗传特点，这是目前几个国家可利用的、用于发现分离株地域特征共性的重要之处（Smith 等，2003；Skuce 等，2010；Robbe-Austerman 和 Turcotte，2014）。疫情调查时，结合牛只移动数据库和野生动物监测数据，有利于调查牛结核病的来源、维持和传播情况。根据它们的移动历史，受感染的牛要么"符合"，要么被"排除"在特定疫情或集群之外（Skuce 等，2010）。当牛分枝杆菌分子类型距离常规的"家的范围"一定距离的地方被发现时，证明是牛只移动导致牛结核病的传播；因此，调查和记录本地和异地牛只的移动以及牛只的社会（接触/移动）网络，可解释所观察到的牛分枝杆菌分子类型地理定位。在家养牛中发现超出常规"活动范围"的结核菌分子类型，表明这些家养牛以前与异地农场牛有过接触，造成传播。

分子监测中分子类型"活动范围"的存在，可以确定大多数病例是因"购入"感染还是"进场后获得"感染，即确定是本地还是非本地的菌株来源。在北爱尔兰，大量特殊 MLVA 类型都是在常规"活动范围"之外发现的。许多动物都具有耳标，可以直接将活动范围与 MLVA 分子类型联系起来。其余的，可能与活动范围分子类型存在更复杂的联系（二级、三级等）（Skuce 及其同事，未发布的数据）。

感染牛的牛分枝杆菌分子类型地理定位是否能反映该病在野生动物中的空间分布，这一点在北爱尔兰仍有待确定。考虑到多种生态研究正在收集详细的牲畜、环境和野生动物种类等数据，因此，未来调查牛分枝杆菌分子类型的地理定位可能会纳入更多变量，

如相关牛接触和移动关系网、自然因素、獾遗传结构等情况（Biek 和 Real，2010）。

一些地方研究证实，个体阳性动物数量存在较大差异，极少数畜群所发现的阳性动物数量不成比例。在北爱尔兰，通过对群体和动物个体水平的分子监测，人们已经在 5 万多个分离株中发现了 300 多个牛分枝杆菌 MLVA 类型（Skuce 等，2010；Trewby 等，2016）。畜群水平监测平均每年发现 73 种 MLVA 类型，其中 29 个 MLVA 类型在所有年份中均有发现，这意味着相对少量的 MLVA 类型与分离培养确诊病例相关，但数量不成比例。在人结核病流行病学中，这些数据与"超级传播者"的表型一致，即结核病病例对传播的贡献不成比例（Ypma 等，2013）。北爱尔兰的牛分枝杆菌可能在动物群体和个体水平上也存在这种"超级传播者"。例如，某些动物贸易移动传播网络中，"超级传播者"可能扮演着关键传染节点的角色。牛分枝杆菌的这些数据，也与英国鉴定的分子类型克隆扩散数据一致（Smith 等，2003）。

在阳性动物群体中观察到相同或非常相似的基因型，最简单的解释可能是结核菌正在发生广泛的牛-牛传播（扩散，无论最初的来源如何）。如果阳性动物群体中包含多种 MLVA 类型，最合理的解释是存在多个外部传染源传入的情况。当然，对畜群内细节的调查仍很重要（Navarro 等，2016），观察牛分枝杆菌 MLVA 类型数量是在增加还是在减少，至少应清楚其出现频率（Skuce 等，2010）。因此，当地菌型在不同地区的增加和减少（Smith 等，2003），均反映着当地控制措施的有效性、各种基因型的传播动力学和其他未定

义因素，如生物型间的潜在竞争、宿主和环境因素的限制等。不同 MLVA 分型之间的亲缘关系，可以用来阐明各种分子类型和簇的进化史。以上这些方法清楚地显示了正在产生的新变种，每年都鉴定出大量的新变种，大约占所有 MLVA 类型（不是菌株）的 50%。

牛分枝杆菌基因分型结合全面的牛只移动数据库和有组织的野生动物监测工作，为调查牛结核病的来源、维持和传播提供了强有力的工具（Skuce 等，2010）。牛分枝杆菌种群结构和分子型的表现特征，能够帮助回答与政策直接相关的详细流行病学问题。

5.7　病原基因型与表型的关系

最近公布的 MTBC 主要谱系与系统发生地理学显著相关，对于分析谱系间表型差异具有重要意义（Caws 等，2008；Hershberg 等，2008）。然而，这些观察到的菌株间差异在试验研究中比在种群水平理论研究上更有说服力（Coscolla 和 Gagneux，2010）。目前需要研究不同分子类型的牛分枝杆菌是否也能表现出不同的可检测、可重复的相关表型。

北爱尔兰开展两项皮试检测病原体分子类型（MLVA）可行性研究：①结核菌素结果是否因 MLVA 类型而存在显著差异。②结核菌素阳性和阴性屠宰场，病例之间 MLVA 类型分布是否存在显著差异。结果发现，在相关检测中，MLVA 类型存在细微不同，但差异并不显著。此外，该研究在无阳性动物的屠宰场的发现能力上没有显著差异（Wright 等，2013a）。在进一步的统计分析中，人们发现 MLVA 类型对毒力和发病机制有影响，但对暴发规模没有影响（Wright 等，2013b）。北爱尔兰牛分枝杆菌种群完全由欧洲 1 型克隆复合群组成，在这个规模上表现出的多样性非常有限，因此在所调查的表型中没有发现显著差异也并不奇怪。最近在北美洲的一项研究中（Waters 等，2014）没有发现待检菌株存在显著的基因型-表型差异。然而，阿根廷的 Spoligotype 结果存在差异（Garbaccio 等，2014）。表型差异是在不同的克隆复合体之间还是内部尚不清楚。此外，表型可能受到 RNA 调控影响，在相同牛分枝杆菌谱系中可以看到表观遗传学差异（Drewe 和 Smith，2014）。基因组学已经被用来研究牛分枝杆菌之间的表型差异，以及相同 Spoligotype 牛分枝杆菌分离株之间的表型差异，并为细菌活力和毒性之间潜在的相关性提供了证据（de la Fuente，2015）。

北爱尔兰也调查了因车祸致死的獾中牛分枝杆菌感染程度。对分离到的牛分枝杆菌菌株进行了 MLVA 分型。在所有的病例中，感染獾的牛分枝杆菌 MLVA 类型也在当地的牛身上发现，并表现出较强的区域地理聚类，这种模式与牛群流行的牛分枝杆菌 MLVA 类型特点非常相似。牛和獾的牛分枝杆菌主要集中在同一地理区域，这是牛和獾结核病感染之间存在"关联"的间接证据。然而，无论是在单个畜群、地区还是更大的地域范围内，这种关联并没有指明结核病传播方向，也没有说明獾与牛对于加剧结核病传播、形成这种流行病学关联的相对重要性。类似的发现和解释在其他国家或地区也有报道，包括爱尔兰、英格兰和威尔士（Olea-Popelka 等，2005；Goodchild 等，2012）。

5.8 全基因组测序和基因组流行病学

虽然仍然存在明显的盲点和数据缺失，但分子流行病学研究已经提高了对牛结核病流行病学、生态学和进化论的认识。在这里我们讨论了病原菌基因组流行病学变革所带来的机遇和局限性（Kwong 等，2015）。

技术不会停滞太久，全基因组测序（WGS）变更正在改变病原体的分子流行病学发展，并终将为疫情调查和流行病学研究提供更便捷、更高性能的检测。日益复杂的分析工具，结合大样本的病原体分离株全基因组序列与地理空间和时间数据，在理解病原体起源、进化、致病性和流行病学等方面，都取得了前所未有的进展，极大地提高了实时监测疫病爆发的可能性（Bentley 和 Parkhill，2015；Croucher 和 Didelot，2015）。随着细菌全基因组测序技术的快速发展，读取和比较细菌完整的基因组不再是昂贵和耗时的工作。这帮助人们彻底鉴定分离菌株的遗传信息，也增强了分析复杂流行病学信息的能力（Luheshi 等，2015；Lee 和 Behr，2016）。细菌在宿主间传播而产生的突变，使科学家能够总结出详细的病原体谱系，并比较不同谱系之间的差异，同时将其与细菌地理分布进行比较。

最近几项关于人结核病基因组流行病学的研究，特别清楚地说明了这种系统动力学方法在研究结核病传播动力学方面的优势，以及它的一些局限性（Gardy 等，2011；Walker 等，2013a、2013b、2014；Dide - lot 等，2014；Tang 和 Gardy，2014；Guthrie 和

Gardy，2015；Nikolayevskyy 等，2016）。在某种程度上，这些研究受困于数据缺失和该病原体异常缓慢的突变特性（Ford 等，2013；Lillebaek 等，2016）。已经证明，当人们试图应用分子流行病学研究传播动力学时，评估结核分枝杆菌突变率对于更充分地了解其在宿主体内的变异及校准独有的时间传播树是很重要的（Thacker 等，2015；Didelot 等，2016）。研究需要更加先进的统计和流行病学建模方案，更全面地开展结核病系统动力学研究（Didelot，2013；Coll 等，2014b；Didelot 等，2014；Jombart 等，2014a，2014b），然而，细菌全基因组测序越来越被视为一种对病原体进行高分辨率微生物分析的支持技术，并且正在实施分枝杆菌分子监测系统（Pankhurst 等，2016）。

北爱尔兰开展了一项试点实验，研究了分子分型、细菌全基因组测序和数学模型在调查牛结核病如何在牛群内、牛群之间及牛群和当地野生动物之间传播扩散的潜能（Biek 等，2012）。早期 MLVA 监测显示，在一个区域内牛和獾感染结核病是相关的，但缺乏在农场范围内牛和獾感染病原体直接的遗传证据。该研究调查了当地结核病"微流行"情况，包括 5 个有 10 年结核病反复流行史的牛群（由于一种新的分子类型 MLVA010）和 4 只结核菌阳性獾（因车祸获取的动物）。对结核菌阳性牛（$n=26$）和獾（$n=4$）样本分离菌株进行全基因组测序。研究表明：①大多数畜禽"崩溃"涉及基因型不同的细菌。②牛和当地獾菌株遗传背景高度相关，往往难以区分，这意味着牛和獾之间在一个非常局限的（农场级别）范围内传播频率较高。这项研究第一

次提供了直接遗传证据，证明单个农场内牛和獾之间发生牛结核病传播。但是，由于所检测的分离菌株数量太少，无法得出关于该阶段牛和獾之间传播方向的可靠结论。一些正在发生的牛-牛传播（扩散）的畜群研究结果显示一致，记录的5个牛群之间的牛只移动，对确定病原体地理分布似乎没有太大意义。但是，由于是定点采样，研究可能低估了牛只移动的影响。

在MLVA010菌型不断扩散的微流行过程中，人们发现了更多的分离菌株（Trewby等，2016）。和以前一样，这种微流行与当地情况有关，记录牛只移动并不能很好地预测细菌的分布，因为细菌确实会随着时间的推移而传播。根据官方记录还是不足以发现传播机制。目前检测獾源性菌株的数量太少，仍然无法得出MLVA010"活动范围"内牛和獾之间传播方向的可靠结论。

这项研究说明了这种系统动力学方法的潜力和研究存在一些固有局限性，结核菌本身异常缓慢的突变率限制了目前的目标，即使利用细菌全基因组数据，也无法克服这些限制。例如，可能无法确定潜在的传播树，即"谁感染了谁？"，在人结核病研究中也得出类似的结论。这项研究显示细菌全基因组测序可提供更高的精度和分辨能力，并能够检测到一些MLVA转换事件。细菌全基因组测序在牛分枝杆菌基因组流行病学中有更广泛的应用，将为牛分枝杆菌的持续流行和传播动力学提供新的重要线索。直接将细菌全基因组测序与其他流行病学数据结合，可以更好地解决最关键的控制问题。然而，如果对宿主的采样足够密集且持续时间足够长，就有可

能确定结核菌在宿主之间的"过渡"，并对本地流行情况进行某种程度的估计，如到底是因阳性牛造成的流行，还是因阳性野生动物造成的流行。

在美国密歇根州，对来自试验感染的白尾鹿种群的牛分枝杆菌进行病原体全基因组测序分析，揭示了宿主内病原体在不同组织中的进化和多样性（Thacker等，2015）。最近，基因组流行病学方法揭示了内布拉斯加州人类宿主间牛分枝杆菌潜在的空气传播（Buss等，2016），以及明尼苏达州的疫情，可能与引入墨西哥和美国西南各州的阳性动物有关（Glaser等，2016）。在后一种情况中，通过系统发育技术，确定导致最近一次的"清群"是由单一传入途径引起的（Glaser等，2016）。

细菌全基因组测序，就像对人类医学微生物学所做出的贡献一样，看起来将彻底改变兽医细菌学的研究方式（Loman等，2012；Loman和Pallen，2015；Arnold，2016）。病原体全基因组可能取代多种传统诊断、鉴定、抗生素耐药性（AMR）检测和流行病学分型方法。其中全基因组测序可进一步增进对病原体的了解，包括实时感知识别疫病传播动态。集成流行病学、生态和种群遗传学数据、先进的数学模型，包括贝叶斯推理（Kao等，2014，2016；Biek等，2015；Trewby等，2016），利用这种强大的方法，有助于研究快速变异进化的RNA病毒（duPlessis和Stadler，2015），更深入了解疫病的持续传播和包括复杂宿主、病原体和环境相互作用在内的流行病学体系（Blanchong等，2016）。最近，一项智能化基因组流行病学方法用于研究流产布鲁氏菌，试验证实了这种新方法的效果。利用动物定位和

移动数据、数学模型和贝叶斯推理，他们确定了家畜和野生动物宿主物种之间的传播事件（转场）（Kamath 等，2016）。

这些系统动力学方法对牛分枝杆菌等突变率低的病原体研究还存在局限性（Biek 等，2015）。然而，基因组数据所提供的前所未有的高识别率，尤其是当其应用于多宿主密集采样、长期菌株收集时，有望成为颠覆性的技术（Sintchenko 和 Holmes，2015）。因此，这是一个细菌分子流行病学的变革时代，研究人员要适应新工具，发现新机会（Gaiarsa 等，2015）。在不久的将来，一项主要的挑战将是如何更好地通过细菌全基因组测序而做出确诊。实验室有必要就牛分枝杆菌基因组命名规则达成一致，多家实验室间进行数据比较整合，并将现存的全基因组序列信息纳入开放、可自由获取的数据库中。从原始序列读取生成 Spoligotyping 型的这种模式已成为可能（Coll 等，2012）。只要测序成本继续下降，将现有分型数据合并，推进统一命名和方法标准化等问题都能迎刃而解。

全基因组方法很可能成为分子流行病学的新标准（Didelot 等，2012）。

5.9 结论

牛分枝杆菌种群结构以及分子和基因组流行病学的表现特征，在分子监测工作中发挥了支撑作用，能够回答与政策直接相关、详尽的流行病学问题。有能力为调查牛结核病的持续流行和传播提供强大和实用的"决策支持"。这些方法应更准确地确定群集，发现隐匿的传播事件，特别是在将"疫情爆发"

相关病例确定为"疫区"以外的牛只移动造成的情况。这给研究人员提供了一个独特的机会来监控和量化牛群内和牛群间的二次传播，还有牛群与野生动物的疫病溢出/回流情况。

牛分枝杆菌的流行结构是特别的、甚至可能是唯一适合这种方法的病原。分子和基因组流行病学的表现特征，将成为理想的监测和调查工具，以监测当前和将来的控制干预策略的有效性。它有可能改进目前流行病学存在的一些细节问题，推动建模和分析的发展。应用在流行病学和进化研究中，对当前牛结核病的流行提出了独特和有价值的结果。

我们仍然有机会进行结构性调查，通过分子和基因组流行病学数据了解关于结核病的零星发生、多阳性动物，持续、复发和重新在牛群定植等方面的信息。可以预见的是，随着流行率下降（希望如此），这项技术将发挥更大的作用。人结核病基因组流行病学目前能够对传播动态做出更有力的推断，其中的原因是流行病学系统并不复杂。对于牛结核病，存在多个暴露宿主（牛和野生动物）和环境被污染的可能性。因此，目前的难题是如何去破解，尤其是在局部规模上解决。然而，如果牛群结核病数量大幅减少，那么在评估溢出效应以及哪些野生动物宿主/种群正处在溢出阶段时，该方法就会变得相对更加直接。病原体基因分型将继续揭示分枝杆菌生物学特性，有望在对抗和预防这些棘手病原体引起的疫病中发挥更大作用（Wlodarska 等，2015）。

参考文献

Aarestrup, F. M., Brown, E. W., Detter, C., Gerner-Smidt, P., Gilmour, M.W., et al.（2012）Integrating genome-based informatics to modernize global disease monitoring, information sharing, and response. Emerging Infectious Diseases 18(11), e1.

Abernethy, D. A., Upton, P., Higgins, I. M., McGrath, G., Goodchild, A. V., et al. (2013) Bovine tuberculosis trends in the UKand the Republic of Ireland, 1995–2010. Veterinary Record 172(12), 312.

Allen, A. R., Minozzi, G., Glass, E. J., Skuce, R. A., McDowell, S. W., et al. (2010) Bovine tuberculosis: the genetic basis of host susceptibility. Proceedings Biological Sciences 277(1695), 2737–2745.

Allen, A. R., Dale, J., McCormick, C., Mallon, T. R., Costello, E., et al. (2013) The phylogeny and population structure of *Mycobacterium bovis* in the British Isles. Infection, Genetics and Evolution 20, 8–15.

Allix, C., Walravens, K., Saegerman, C., Godfroid, J., Supply, P. and Fauville-Dufaux, M. (2006) Evaluation of the epidemiological relevance of variable-number tandem-repeat genotyping of *Mycobacterium bovis* and comparison of the method with IS6110 restriction fragment length polymorphism analysis and spoligotyping. Journal of Clinical Microbiology 44(6), 1951–1962.

Ameni, G., Aseffa, A., Sirak, A., Engers, H., Young, D.B., et al. (2007) Effect of skin testing and segregation on the prevalence of bovine tuberculosis, and molecular typing of *Mycobacterium bovis*, in Ethiopia. Veterinary Record 161(23), 782–786.

Ameni, G., Desta, F. and Firdessa, R. (2010) Molecular typing of *Mycobacterium bovis* isolated from tuberculosis lesions of cattle in north eastern Ethiopia. Veterinary Record 167(4), 138–141.

Aranaz, A., Liebana, E., Mateos, A., Dominguez, L., Vidal, D., et al. (1996) Spacer oligonucleotide typing of *Mycobacterium bovis* strains from cattle and other animals: a tool for studying epidemiology of tuberculosis. Journal of Clinical Microbiology 34(11), 2734–2740.

Arnold, C. (2016) Considerations in centralizing whole genome sequencing for microbiology in a public health setting. Expert Review of Molecular Diagnostics 16(6), 619–621.

Barandiaran, S., Perez, A. M., Gioffre, A. K., Martinez Vivot, M., Cataldi, A.A. and Zumarraga, M. J. (2014) Tuberculosis in swine co-infected with *Mycobacterium avium* subsp. hominissuis and *Mycobacterium bovis* in a cluster from Argentina. Epidemiology and Infection 143(05), 966–974.

Bentley, S. D. and Parkhill, J. (2015) Genomic perspectives on the evolution and spread of bacterial pathogens. Proceedings Biological Sciences 282(1821), 20150488.

Benton, C., Delahay, R., Trewby, H. and Hodgson, D.J. (2014) What has molecular epidemiology ever done for wildlife disease research? Past contributions and future directions. European Journal of Wildlife Research 61(1).

Berg, S., Garcia-Pelayo, M. C., Muller, B., Hailu, E., Asiimwe, B., et al. (2012) African 2, a clonal complex of *Mycobacterium bovis* epidemiologically important in East Africa. Journal of Bacteriology 194(6), 1641.

Bermingham, M. L., Handel, I.G., Glass, E.J., Woolliams, J.A., de Clare Bronsvoort, B.M., et al. (2015) Hui and Walter's latent-class model extended to estimate diagnostic test properties from surveillance data: a latent model for latent data. Scientific Reports 5, 11861.

Bezos, J., Alvarez, J., Romero, B., de Juan, L. and Dominguez, L. (2014) Bovine tuberculosis: historical perspective. Research in Veterinary Science 97 Suppl, S3-4.

Biek, R. and Real, L. A. (2010) The landscape genetics of infectious disease emergence and spread. Molecular Ecology 19(17), 3515-3531.

Biek, R., O'Hare, A., Wright, D., Mallon, T., McCormick, C., et al. (2012) Whole genome sequencing reveals local transmission patterns of *Mycobacterium bovis* in sympatric cattle and badger populations. PLoS Pathogens 8(11), e1003008.

Biek, R., Pybus, O.G., Lloyd-Smith, J.O. and Didelot, X. (2015) Measurably evolving pathogens in the genomic era. Trends in Ecology & Evolution 30(6), 306-313.

Biffa, D., Johansen, T. B., Godfroid, J., Muwonge, A., Skjerve, E. and Djonne, B. (2014) Multilocus variable-number tandem repeat analysis (MLVA) reveals heterogeneity of *Mycobacterium bovis* strains and multiple genotype infections of cattle in Ethiopia. Infection, Genetics and Evolution 23, 13-19.

Blanchong, J.A., Robinson, S.J., Samuel, M.D. and Foster, J.T. (2016) Application of genetics and genomics to wildlife epidemiology. The Journal of Wildlife Management 80(4).

Boniotti, M.B., Goria, M., Loda, D., Garrone, A., Benedetto, A., et al. (2009) Molecular typing of *Mycobacterium bovis* strains isolated in Italy from 2000 to 2006 and evaluation of variable-number tandem repeats for geographically optimized genotyping. Journal of Clinical Microbiology 47(3), 636-644.

Borgdorff, M.W. and van Soolingen, D. (2013) The re-emergence of tuberculosis: what have we learnt from molecular epidemiology? Clinical Microbiology and Infection 19(10), 889-901.

Brosch, R., Gordon, S.V., Marmiesse, M., Brod-

in, P., Buchrieser, C., et al. (2002) A new evolutionary scenario for the *Mycobacterium tuberculosis* complex. Proceedings of the National Academy of Sciences of the United States of America 99(6), 3684-3689.

Broughan, J. M., Harris, K. A., Brouwer, A., Downs, S.H., Goodchild, A.V., et al. (2015) Bovine TB infection status in cattle in Great Britain in 2013. Veterinary Record 176(13), 326-330.

Buddle, B.M., de Lisle, G.W., Griffin, J.F.T. and Hutchings, S. A. (2015) Epidemiology, diagnostics, and management of tuberculosis in domestic cattle and deer in New Zealand in the face of a wildlife reservoir. New Zealand Veterinary Journal 63(sup1), 19-27.

Buss, B.F., Keyser-Metobo, A., Rother, J., Holtz, L., Gall, K., et al. (2016) Possible airborne person-to-person transmission of *Mycobacterium bovis*-Nebraska 2014 - 2015. MMWR Morbidity and Mortality Weekly Report 65(8), 197-201.

Cadmus, S.I.B., Gordon, S.V., Hewinson, R.G. and Smith, N.H. (2011) Exploring the use of molecular epidemiology to track bovine tuberculosis in Nigeria: An overview from 2002 to 2004. Veterinary Microbiology 151(1-2), 133-138.

Carlson, D.F., Lancto, C.A., Zang, B., Kim, E.S., Walton, M., et al. (2016) Production of hornless dairy cattle from genome-edited cell lines. Nature Biotechnology 34(5), 479-481.

Carslake, D., Grant, W., Green, L.E., Cave, J., Greaves, J., et al. (2011) Endemic cattle diseases: comparative epidemiology and governance. Philosophical Transactions of the Royal Society of London. Series B, Biological Sciences 366(1573), 1975-1986.

Caws, M., Thwaites, G., Dunstan, S., Hawn, T.R., Lan, N.T., et al. (2008) The influence of host and bacterial genotype on the development of disseminated disease with *Mycobacterium tuberculosis*. PLoS Pathogens 4(3), e1000034.

Centers for Disease Control and Prevention(2012) Tuberculosis genotyping – United States, 2004 – 2010. MMWR Morbidity and Mortality Weekly Report 61 (36), 723–725.

Clegg, T.A., Duignan, A., Whelan, C., Gormley, E., Good, M., et al.(2011) Using latent class analysis to estimate the test characteristics of the gamma-interferon test, the single intradermal comparative tuberculin test and a multiplex immunoassay under Irish conditions. Veterinary Microbiology 151(1–2), 68–76.

Cole, S.T.(2002) Comparative and functional genomics of the *Mycobacterium tuberculosis* complex. Microbiology 148(Pt 10), 2919–2928.

Cole, S.T., Brosch, R., Parkhill, J., Garnier, T., Churcher, C., et al.(1998) Deciphering the biology of *Mycobacterium tuberculosis* from the complete genome sequence. Nature 393(6685), 537–544.

Colijn, C. and Gardy, J.(2014) Phylogenetic tree shapes resolve disease transmission patterns. Evolution, Medicine, and Public Health 2014(1), 96–108.

Coll, F., Mallard, K., Preston, M.D., Bentley, S., Parkhill, J., et al.(2012) SpolPred: rapid and accurate prediction of *Mycobacterium tuberculosis* spoligotypes from short genomic sequences. Bioinformatics 28 (22), 2991–2993.

Coll, F., McNerney, R., Guerra–Assuncao, J. A., Glynn, J.R., Perdigao, J., et al. (2014a) A robust SNP bar–code for typing *Mycobacterium tuberculosis* complex strains. Nature Communications 5, 4812.

Coll, F., Preston, M., Guerra–Assuncao, J.A., Hill – Cawthorn, G., Harris, D., et al. (2014b) PolyTB: a genomic variation map for *Mycobacterium tu-*berculosis. Tuberculosis(Edinb) 94(3), 346–354.

Collins, D.M.(1999) DNA typing of *Mycobacterium bovis* strains from the Castlepoint area of the Wairarapa. The New Zealand Veterinary Journal 47 (6), 207–209.

Collins, D.M. and De Lisle, G.W.(1984) DNA restriction endonuclease analysis of *Mycobacterium tuberculosis* and *Mycobacterium bovis* BCG. Microbiology (Reading, England). 130(4), 1019–1021.

Comas, I. and Gagneux, S.(2011) A role for systems epidemiology in tuberculosis research. Trends in Microbiololgy 19(10), 492–500.

Coscolla, M. and Gagneux, S.(2010) Does M. tuberculosis genomic diversity explain disease diversity? Drug Discovery Today: Disease Mechanisms 7 (1), e43–e59.

Costello, E., O'Grady, D., Flynn, O., O'Brien, R., Rogers, M., et al.(1999) Study of restriction fragment length polymorphism analysis and spoligotyping for epidemiological investigation of *Mycobacterium bovis* infection. Journal of Clinical Microbiology 37 (10), 3217–3222.

Cousins, D.V., Williams, S.N., Ross, B.C. and Ellis, T.M.(1993) Use of a repetitive element isolated from *Mycobacterium tuberculosis* in hybridization studies with *Mycobacterium bovis*: a new tool for epidemiological studies of bovine tuberculosis. Veterinary Microbiology 37(1–2), 1–17.

Croucher, N.J. and Didelot, X.(2015) The application of genomics to tracing bacterial pathogen transmission. Current Opinion in Microbiology 23, 62–67.

de la Cruz, M.L., Perez, A., Bezos, J., Pages, E., Casal, C., et al.(2014) Spatial dynamics of bovine tuberculosis in the autonomous community of Madrid, Spain(2010–2012). PLoS ONE 9(12), e115632.

de la Fuente, J., Diez-Delgado, I., Contreras, M., Vicente, J., Cabezas-Cruz, A., et al. (2015) Comparative genomics of field isolates of *Mycobacterium bovis* and *M. caprae* provides evidence for possible correlates with bacterial viability and virulence. PLoS Neglected Tropical Diseases 9(11), e0004232.

de la Rua-Domenech, R., Goodchild, A.T., Vordermeier, H.M., Hewinson, R.G., Christiansen, K.H. and Clifton-Hadley, R.S.(2006) Ante mortem diagnosis of tuberculosis in cattle: a review of the tuberculin tests, gamma-interferon assay and other ancillary diagnostic techniques. Research in Veterinary Science 81 (2), 190-210.

Didelot, X. (2013) Genomic analysis to improve the management of outbreaks of bacterial infection. Expert Review of Anti-infective Therapy 11(4), 335-337.

Didelot, X., Bowden, R., Wilson, D.J., Peto, T.E.A. and Crook, D.W.(2012) Transforming clinical microbiology with bacterial genome sequencing. Nature Reviews Genetics 13(9), 601-612.

Didelot, X., Gardy, J. and Colijn, C. (2014) Bayesian inference of infectious disease transmission from whole-genome sequence data. Molecular Biology and Evolution 31(7), 1869-1879.

Didelot, X., Walker, A.S., Peto, T.E., Crook, D.W. and Wilson, D.J.(2016) Within-host evolution of bacterial pathogens. Nature Reviews Microbiology 14 (3), 150-162.

Doughty, E.L., Sergeant, M.J., Adetifa, I., Antonio, M. and Pallen, M.J.(2014) Culture-independent detection and characterisation of *Mycobacterium tuberculosis* and *M. africanum* in sputum samples using shotgun metagenomics on a benchtop sequencer. PeerJ 2, e585.

Drewe, J.A. and Smith, N.H.(2014) Molecular epidemiology of *Mycobacterium bovis*. In: Thoen, C.O., Steele, J.H., Kaneene, J.B.(eds) Zoonotic Tuberculosis: *Mycobacterium bovis* and Other Pathogenic Mycobacteria, 3rd edn. Wiley, Hoboken, USA.

Drewe, J.A., Pfeiffer, D.U. and Kaneene, J.B. (2014) Epidemiology of *Mycobacterium bovis*. In: Thoen, C.O., Steele, J.H., Kaneene, J.B.(eds) Zoonotic Tuberculosis: *Mycobacterium bovis* and Other Pathogenic Mycobacteria, 3rd edn. Wiley, Hoboken, USA.

Durr, P.A. and Froggatt, A.E.(2002) How best to geo-reference farms? A case study from Cornwall, England. Preventive Veterinary Medicine 56(1), 51-62.

Enright, J. and Kao, R.R.(2016) A descriptive analysis of the growth of unrecorded interactions amongst cattle-raising premises in Scotland and their implications for disease spread. BMC Veterinary Research 12, 37.

Etchechoury, I., Valencia, G.E., Morcillo, N., Sequeira, M.D., Imperiale, B., et al.(2010) Molecular typing of *Mycobacterium bovis* isolates in Argentina: first description of a person-to-person transmission case. Zoonoses and Public Health 57(6), 375-381.

Evans, J.T., Smith, E.G., Banerjee, A., Smith, R.M.M., Dale, J., et al.(2007) Cluster of human tuberculosis caused by *Mycobacterium bovis*: evidence for person-to-person transmission in the UK. The Lancet 369(9569), 1270-1276.

Feizabadi, M.M., Robertson, I.D., Cousins, D.V. and Hampson, D.J.(1996) Genomic analysis of *Mycobacterium bovis* and other members of the *Mycobacterium tuberculosis* complex by isoenzyme analysis and pulsed-field gel electrophoresis. Journal of Clinical Microbiology 34(5), 1136-1142.

Firdessa, R., Tschopp, R., Wubete, A., Sombo, M., Hailu, E., et al.(2012) High prevalence of bovine tuberculosis in dairy cattle in central Ethiopia: implications for the dairy industry and public health. PLoS ONE 7(12), e52851.

Figueiredo, E.E., Ramos, D.F., Medeiros, L., Silvestre, F.G., Lilenbaum, W., et al.(2012) Multiple strains of Mycobacterium bovis revealed by molecular typing in a herd of cattle. The Veterinary Journal 193 (1), 296-298.

Fisanotti, J. (1998) Molecular epidemiology of Mycobacterium bovis isolates from South America. Veterinary Microbiology 60(2-4), 251-257.

Ford, C.B., Shah, R.R., Maeda, M.K., Gagneux, S., Murray, M.B., et al.(2013) Mycobacterium tuberculosis mutation rate estimates from different lineages predict substantial differences in the emergence of drug-resistant tuberculosis. Nature Genetics 45(7), 784-790.

Furphy, C., Costello, E., Murphy, D., Corner, L.A.L. and Gormley, E.(2012) DNA typing of Mycobacterium bovis isolates from badgers (Meles meles) culled from areas in Ireland with different levels of tuberculosis prevalence. Veterinary Medicine International 2012, 1-6.

Gagneux, S. and Small, P.M.(2007) Global phylogeography of Mycobacterium tuberculosis and implications for tuberculosis product development. The Lancet Infectious Diseases 7(5), 328-337.

Gaiarsa, S., De Marco, L., Comandatore, F., Marone, P., Bandi, C. and Sassera, D.(2015) Bacterial genomic epidemiology, from local outbreak characterization to species-history reconstruction. Pathogens and Global Health 109(7), 319-327.

Garbaccio, S., Macias, A., Shimizu, E., Paolicchi, F., Pezzone, N., et al.(2014) Association between spoli-gotype-VNTR types and virulence of Mycobacterium bovis in cattle. Virulence 5(2), 297-302.

Gardy, J.L., Johnston, J.C., Ho Sui, S.J., Cook, V.J., Shah, L., et al.(2011) Whole-genome sequencing and social-network analysis of a tuberculosis outbreak. The New England Journal of Medicine 364 (8), 730-739.

Garnier, T., Eiglmeier, K., Camus, J.C., Medina, N., Mansoor, H., et al.(2003) The complete genome sequence of Mycobacterium bovis. Proceedings of the National Academy of Sciences of the United States of America 100(13), 7877-7882.

Gibson, A.L., Hewinson, G., Goodchild, T., Watt, B., Story, A., et al.(2004) Molecular epidemiology of disease due to Mycobacterium bovis in humans in the United Kingdom. Journal of Clinical Microbiology 42(1), 431-434.

Gilbert, M., Mitchell, A., Bourn, D., Mawdsley, J., Clifton-Hadley, R. and Wint, W.(2005) Cattle movements and bovine tuberculosis in Great Britain. Nature 435(7041), 491-496.

Glaser, L., Carstensen, M., Shaw, S., Robbe-Austerman, S., Wunschmann, A., et al.(2016) Descriptive epidemiology and whole genome sequencing analysis for an outbreak of bovine tuberculosis in beef cattle and white-tailed deer in Northwestern Minnesota. PLOS ONE 11(1), e0145735.

Goodchild, A.V., Watkins, G.H., Sayers, A.R., Jones, J.R. and Clifton-Hadley, R.S. (2012) Geographical association between the genotype of bovine tuberculosis in found dead badgers and in cattle herds. Veterinary Record 170(10), 259.

Gopal, R., Goodchild, A., Hewinson, G., de la

Rua Domenech, R. and Clifton-Hadley, R.(2006) Introduction of bovine tuberculosis to north-east England by bought-in cattle. Veterinary Record 159(9), 265-271.

Guthrie, J.L. and Gardy, J.L. (2015) Accelerating tuberculosis elimination in low-incidence settings: the role of genomics. European Respiratory Journal 46 (6),1840-1841.

Gutierrez, M., Samper, S.,Gavigan, J.A., García Marín, J.F. and Martin, C. (1995) Differentiation by molecular typing of Mycobacterium bovis strains causing tuberculosis in cattle and goats. Journal of Clinical Microbiology 33(11), 2953-2956.

Hauer, A., De Cruz, K.,Cochard, T., Godreuil, S., Karoui, C., et al.(2015) Genetic evolution of Mycobacterium bovis causing tuberculosis in livestock and wildlife in France since 1978. PLOS ONE 10 (2), e0117103.

Heersma, H.F., Kremer, K. and van Embden, J.D.(1998) Computer analysis of IS6110 RFLP patterns of Mycobacterium tuberculosis. Methods in Molecular Biology 101, 395-422.

Hershberg, R., Lipatov, M., Small, P.M., Sheffer, H., Niemann, S., et al. (2008) High functional diversity in Mycobacterium tuberculosis driven by genetic drift and human demography. PLoS Biology 6 (12), e311.

Hlokwe, T.M., van Helden, P. and Michel, A. (2013) Evaluation of the discriminatory power of variable number of tandem repeat typing of Mycobacterium bovis isolates from Southern Africa. Transboundary and Emerging Diseases 60, 111-120.

Jagielski, T.,Minias, A., van Ingen, J., Rastogi, N., Brzostek, A., et al. (2016) Methodological and clinical aspects of the molecular epidemiology of Mycobacterium tuberculosis and other mycobacteria. Clinical Microbiology Reviews 29(2), 239-290.

Jombart, T., Cori, A., Didelot, X., Cauchemez, S., Fraser, C. and Ferguson, N.(2014a) Bayesian reconstruction of disease outbreaks by combining epidemiologic and genomic data. PLoS Computational Biology 10(1), e1003457.

Jombart, T., Aanensen, D.M., Baguelin, M., Birrell, P., Cauchemez, S., et al.(2014b) Outbreak-Tools: a new platform for disease outbreak analysis using the R software. Epidemics 7, 28-34.

Kamath, P.L., Foster, J.T., Drees, K.P., Luikart, G., Quance, C., et al.(2016) Genomics reveals historic and contemporary transmission dynamics of a bacterial disease among wildlife and livestock. Nature Communications 7, 11448.

Kamerbeek, J., Schouls, L., Kolk, A., van Agterveld, M., van Soolingen, D., et al. (1997) Simultaneous detection and strain differentiation of Mycobacterium tuberculosis for diagnosis and epidemiology. Journal of Clinical Microbiology 35(4), 907-914.

Kao, R.R., Haydon, D.T., Lycett, S.J. and Murcia, P.R.(2014) Supersize me: how whole-genome sequencing and big data are transforming epidemiology. Trends in Microbiology 22(5), 282-291.

Kao, R.R., Price-Carter, M. and Robbe-Austerman, S.(2016) Use of genomics to track bovine tuberculosis transmission. Revue Scientifique Et Technique 35(1), 241-268.

Katale, B. Z., Mbugi, E. V., Siame, K. K., Keyyu, J.D., Kendall, S., et al.(2015) Isolation and potential for transmission of Mycobacterium bovis at Human-livestock-wildlife interface of the Serengeti ecosystem, Northern Tanzania. Transboundary and Emerging Diseases 64(3), 815-825.

Kwong, J.C., McCallum, N., Sintchenko, V. and Howden, B.P. (2015) Whole genome sequencing in clinical and public health microbiology. Pathology 47 (3), 199-210.

Lahuerta-Marin A., Gallagher M., McBride S., Skuce R., Menzies F. et al. (2015) Should they stay, or should they go? Relative future risk of bovine tuberculosis for interferon-gamma test-positive cattle left on farms. Vet Research 46(90).

Lamine-Khemiri, H., Martinez, R., Garcia-Jimenez, W.L., Benitez-Medina, J.M., Cortes, M., et al. (2013) Genotypic characterization by Spoligotyping and VNTR typing of Mycobacterium bovis and Mycobacterium caprae isolates from cattle of Tunisia. Tropical Animal Health and Production 46(2), 305-311.

Lamoureux, B.E., Palmieri, P.A., Jackson, A.P. and Hobfoll, S.E. (2012) Child sexual abuse and adulthood interpersonal outcomes: examining pathways for intervention. Psychological Trauma 4(6), 605-613.

Lari, N., Rindi, L., Bonanni, D., Tortoli, E. and Garzelli, C. (2006) Molecular analysis of clinical isolates of Mycobacterium bovis recovered from humans in Italy. Journal of Clinical Microbiology 44(11), 4218-4221.

Lari, N., Rindi, L., Bonanni, D., Rastogi, N., Sola, C., et al. (2007) Three-year longitudinal study of genotypes of Mycobacterium tuberculosis isolates in Tuscany, Italy. Journal of Clinical Microbiology 45(6), 1851-1857.

Lari, N., Bimbi, N., Rindi, L., Tortoli, E. and Garzelli, C. (2011) Genetic diversity of human isolates of Mycobacterium bovis assessed by Spoligotyping and variable number tandem repeat genotyping. Infection, Genetics and Evolution 11(1), 175-180.

Lee, R.S. and Behr, M.A. (2016) The implications of whole-genome sequencing in the control of tuberculosis. Therapeutic Advances in Infectious Disease 3(2), 47-62.

Le Fleche, P., Jacques, I., Grayon, M., Al Dahouk, S., Bouchon, P., et al. (2006) Evaluation and selection of tandem repeat loci for a Brucella MLVA typing assay. BMC Microbiology 6(1), 9.

Lillebaek, T., Norman, A., Rasmussen, E.M., Marvig, R.L., Folkvardsen, D.B., et al. (2016) Substantial molecular evolution and mutation rates in prolonged latent Mycobacterium tuberculosis infection in humans. International Journal of Medical Microbiology 306 (7), 580-585.

Livingstone, P.G., Hancox, N., Nugent, G., Mackereth, G. and Hutchings, S.A. (2015a) Development of the New Zealand strategy for local eradication of tuberculosis from wildlife and livestock. The New Zealand Veterinary Journal 63(Suppl 1), 98-107.

Livingstone, P.G., Hancox, N., Nugent, G. and de Lisle, G.W. (2015b) Toward eradication: the effect of Mycobacterium bovis infection in wildlife on the evolution and future direction of bovine tuberculosis management in New Zealand. The New Zealand Veterinary Journal 63(Suppl 1), 4-18.

Loman, N.J. and Pallen, M.J. (2015) Twenty years of bacterial genome sequencing. Nature Reviews Microbiology 13(12), 787-794.

Loman, N.J., Constantinidou, C., Chan, J.Z., Halachev, M., Sergeant, M., et al. (2012) High-throughput bacterial genome sequencing: an embarrassment of choice, a world of opportunity. Nature Reviews Microbiology 10(9), 599-606.

Luheshi, L.M., Raza, S. and Peacock, S.J. (2015) Moving pathogen genomics out of the lab and into the clinic: what will it take? Genome Medicine 7

（1），132.

Malama, S., Muma, J., Munyeme, M., Mbulo, G., Muwonge, A., et al.(2014) Isolation and molecular characterization of *Mycobacterium tuberculosis* from humans and cattle in Namwala district, Zambia. EcoHealth 11(4), 564–570.

Martinez, L.R., Harris, B., Black, W.C., Meyer, R.M., Brennan, P.J., et al.(2008) Genotyping North American animal *Mycobacterium bovis* isolates using multilocus variable number tandem repeat analysis. Journal of Veterinary Diagnostic Investigation 20(6), 707–715.

Mathews, F., Macdonald, D.W., Taylor, G.M., Gelling, M., Norman, R.A., et al.(2006) Bovine tuberculosis (*Mycobacterium bovis*) in British farmland wildlife: the importance to agriculture. Proceedings Biological Sciences 273(1584), 357–365.

McLernon, J., Costello, E., Flynn, O., Madigan, G. and Ryan, F.(2010) Evaluation of Mycobacterial interspersed repetitive–unit–variable–number tandem–repeat analysis and spoligotyping for genotyping of *Mycobacterium bovis* isolates and a comparison with restriction fragment length polymorphism typing. Journal of Clinical Microbiology 48(12), 4541–4545.

Mears, J., Vynnycky, E., Lord, J., Borgdorff, M. W., Cohen, T., et al.(2015) The prospective evaluation of the TB strain typing service in England: a mixed methods study. Thorax 71(8), 734–741.

Mentaberre, G., Romero, B., de Juan, L., Navarro–Gonzalez, N., Velarde, R., et al.(2014) Long-term assessment of wild boar harvesting and cattle removal for bovine tuberculosis control in free ranging populations. PLoS ONE 9(2), e88824.

Michel, A.L., Coetzee, M.L., Keet, D.F., Mare, L., Warren, R., et al.(2009) Molecular epidemiology of *Mycobacterium bovis* isolates from free–ranging wildlife in South African game reserves. Veterinary Microbiology 133(4), 335–343.

Mignard, S., Pichat, C. and Carret, G. (2006) *Mycobacterium bovis* infection, Lyon, France. Emerging Infectious Diseases 12(7), 1431–1433.

More, S. J., Radunz, B. and Glanville, R. J. (2015) Lessons learned during the successful eradication of bovine tuberculosis from Australia. Veterinary Record 177(9), 224–232.

Muellner, P., Zadoks, R. N., Perez, A. M., Spencer, S. E., Schukken, Y. H. and French, N. P. (2011) The integration of molecular tools into veterinary and spatial epidemiology. Spatial and Spatio–temporal Epidemiology 2(3), 159–171.

Muellner, P., Stark, K. D., Dufour, S. and Zadoks, R.N.(2015) 'Next–Generation' surveillance: An epidemi–ologists' perspective on the use of molecular information in food safety and animal health decision–making. Zoonoses Public Health 63(5), 351–357.

Müller, B., Hilty, M., Berg, S., Garcia–Pelayo, M.C., Dale, J., et al.(2009) African 1, an epidemiologically important clonal complex of *Mycobacterium bovis* dominant in Mali, Nigeria, Cameroon, and Chad. Journal of Bacteriology 191(6), 1951–1960.

Musoke, J., Hlokwe, T., Marcotty, T., du Plessis, B.J.A. and Michel, A.L.(2015) Spillover of *Mycobacterium bovis* from wildlife to livestock, South Africa. Emerging Infectious Diseases 21(3), 448–451.

Navarro, Y., Herranz, M., Romero, B., Bouza, E., Dominguez, L., et al. (2014) High–throughput multiplex MIRU–VNTR typing of *Mycobacterium bovis*. Research in Veterinary Science 96(3), 422–425.

Navarro, Y., Romero, B., Copano, M.F., Bouza,

E., Dominguez, L., et al. (2015) Multiple sampling and discriminatory fingerprinting reveals clonally complex and compartmentalized infections by *M. bovis* in cattle. Veterinary Microbiology 175(1), 99-104.

Navarro, Y., Romero, B., Bouza, E., Dominguez, L., de Juan, L. and Garcia-de-Viedma, D. (2016) Detailed chronological analysis of microevolution events in herds infected persistently by *Mycobacterium bovis*. Veterinary Microbiology 183, 97-102.

Nikolayevskyy, V., Kranzer, K., Niemann, S. and Drobniewski, F. (2016) Whole genome sequencing of *Mycobacterium tuberculosis* for detection of recent transmission and tracing outbreaks: A systematic review. Tuberculosis(Edinb) 98, 77-85.

Njanpop-Lafourcade, B.M., Inwald, J., Ostyn, A., Durand, B., Hughes, S., et al. (2001) Molecular typing of *Mycobacterium bovis* isolates from Cameroon. Journal of Clinical Microbiology 39(1), 222-227.

Nuñez-Garcia, J., Downs, S.H., Parry, J.E., Abernethy, D.A., Broughan, J.M., et al. (2017) Meta-analyses of the sensitivity and specificity of ante-mortem and post-mortem diagnostic tests for bovine tuberculosis in the UK and Ireland. Preventive Veterinary Medicine Mar 6, doi: 10.1016/j.prevetmed.2017.02.017.

O'Connor, B.D., Woltmann, G., Patel, H., Turapov, O., Haldar, P. and Mukamolova, G.V. (2015) Can resus-citation-promoting factors be used to improve culture rates of extra-pulmonary tuberculosis? International Journal of Tuberculosis and Lung Disease 19(12), 1556-1557.

O'Hare, A., Orton, R.J., Bessell, P.R. and Kao, R.R. (2014) Estimating epidemiological parameters for bovine tuberculosis in British cattle using a Bayesian partial-likelihood approach. Proceedings Biological Sciences 281(1783), 20140248.

Olea-Popelka, F.J., Flynn, O., Costello, E., McGrath, G., Collins, J.D., et al. (2005) Spatial relationship between *Mycobacterium bovis* strains in cattle and badgers in four areas in Ireland. Preventive Veterinary Medicine 71(1-2), 57-70.

Oloya, J., Kazwala, R., Lund, A., Opuda-Asibo, J., Demelash, B., et al. (2007) Characterisation of Mycobacteria isolated from slaughter cattle in pastoral regions of Uganda. BMC Microbiology 7(1), 95.

O'Neill, M.B., Mortimer, T.D. and Pepperell, C.S. (2015) Diversity of *Mycobacterium tuberculosis* across evolutionary scales. PLoS Pathogens 11 (11), e1005257.

Pankhurst, L.J., DelOjo Elias, C., Votintseva, A.A., Walker, T.M., Cole, K., et al. (2016) Rapid, comprehensive, and affordable mycobacterial diagnosis with whole-genome sequencing: a prospective study. The Lancet Respiratory Medicine 4(1), 49-58.

Parra, A., Fernandez-Llario, P., Tato, A., Larrasa, J., Garcia, A., et al. (2003) Epidemiology of *Mycobacterium bovis* infections of pigs and wild boars using a molecular approach. Veterinary Microbiology 97 (1-2), 123-133.

Parra, A., Larrasa, J., Garcia, A., Alonso, J. and Mendoza, J. (2005) Molecular epidemiology of bovine tuberculosis in wild animals in Spain: A first approach to risk factor analysis. Veterinary Microbiology 110(3-4), 293-300.

Parreiras, P.M., Andrade, G.I., Nascimento, T.F., Oelemann, M.C., Gomes, H.M., et al. (2012) Spoligotyping and variable number tandem repeat analysis of *Mycobacterium bovis* isolates from cattle in Brazil. Memórias do Instituto Oswaldo Cruz 107(1), 64-73.

Pepperell, C.S., Granka, J.M., Alexander, D.C.,

Behr, M.A., Chui, L., et al.(2011) Dispersal of *Mycobacterium tuberculosis* via the Canadian fur trade. Proceedings of the National Academy of Sciences of the United States of America 108(16), 6526-6531.

Pepperell, C. S., Casto, A. M., Kitchen, A., Granka, J.M., Cornejo, O.E, et al.(2013) The role of selection in shaping diversity of natural *M. tuberculosis* populations. PLoS Pathogens 9(8), e1003543.

du Plessis, L. and Stadler, T.(2015) Getting to the root of epidemic spread with phylodynamic analysis of genomic data. Trends in Microbiology 23(7), 383-386.

Pollock, J.M. and Neill, S.D.(2002) *Mycobacterium bovis* infection and tuberculosis in cattle. Veterinary Journal 163(2), 115-127.

Price-Carter, M., Rooker, S. and Collins, D.M. (2011) Comparison of 45 variable number tandem repeat(VNTR) and two direct repeat(DR) assays to restriction endonuclease analysis for typing isolates of *Mycobacterium bovis*. Veterinary Microbiology 150(1-2), 107-114.

Reynolds, D.(2006) A review of tuberculosis science and policy in Great Britain. Veterinary Microbiology 112(2-4), 119-126.

Robbe-Austerman, S. and Turcotte, C. (2014) New and current approaches for isolation, identification, and genotyping of *Mycobacterium bovis*. In: Thoen, C.O., Steele, J.H., Kaneene, J.B.(eds) Zoonotic – Tuberculosis: *Mycobacterium bovis* and Other Pathogenic Mycobacteria, 3rd edn. Wiley, Hoboken, USA.

Rodriguez-Campos, S., Gonzalez, S., de Juan, L., Romero, B., Bezos, J., et al.(2012a) A database for animal tuberculosis(mycoDB.es) within the context of the Spanish national programme for eradication of bovine tuberculosis. Infection, Genetics and Evolution 12(4), 877-882.

Rodriguez-Campos, S.,Schurch, A.C., Dale, J., Lohan, A.J., Cunha, M.V., et al. (2012b) European 2-a clonal complex of *Mycobacterium bovis* dominant in the Iberian Peninsula. Infection, Genetics and Evolution 12(4), 866-872.

Rodriguez – Campos, S., Navarro, Y., Romero, B., de Juan, L., Bezos, J., et al.(2013) Splitting of a prevalent *Mycobacterium bovis* spoligotype by variable-number tandem-repeat typing reveals high heterogeneity in an evolving clonal group. Journal of Clinical Microbiology 51(11), 3658-3665.

Rodwell, T.C., Kapasi, A.J., Moore, M., Milian-Suazo, F., Harris, B., et al. (2010) Tracing the origins of *Mycobacterium bovis* tuberculosis in humans in the USA to cattle in Mexico using spoligotyping. International Journal of Infectious Diseases 14, e129-e35.

Romero, B.,Aranaz, A., Juan, L., Alvarez, J., Bezos, J., et al. (2006) Molecular epidemiology of multidrug – resistant *Mycobacterium bovis* isolates with the same spoligotyping profile as isolates from animals. Journal of Clinical Microbiology 44(9), 3405-3408.

Romero, B.,Aranaz, A., Sandoval, Å., Álvarez, J., de Juan, L., et al.(2008) Persistence and molecular evolution of *Mycobacterium bovis* population from cattle and wildlife in Donana National Park revealed by genotype variation. Veterinary Microbiology 132(1-2), 87-95.

Roring, S., Brittain, D., Bunschoten, A. E., Hughes, M.S., Skuce, R.A., et al.(1998) Spacer oligotyping of *Mycobacterium bovis* isolates compared to typing by restriction fragment length polymorphism using PGRS, DR and IS6110 probes. Veterinary Microbiology 61(1-2), 111-120.

Ryan, T.J., Livingstone, P.G., Ramsey, D.S., de Lisle, G.W., Nugent, G., et al.(2006) Advances in understanding disease epidemiology and implications for control and eradication of tuberculosis in live-stock: the experience from New Zealand. Veterinary Microbiology 112(2-4), 211-219.

Sahraoui, N., Muller, B., Guetarni, D., Boulahbal, F., Yala, D., et al.(2009) Molecular characterization of *Mycobacterium bovis* strains isolated from cattle slaughtered at two abattoirs in Algeria. BMC Veterinary Research 5(1), 4.

Sanou, A., Tarnagda, Z., Kanyala, E., Zingue, D., Nouctara, M., et al.(2014) *Mycobacterium bovis* in Burkina Faso: Epidemiologic and genetic links between human and cattle isolates. PLoS Neglected Tropical Diseases 8(10), e3142.

Schurch, A.C. and van Soolingen, D. (2012) DNA fingerprinting of *Mycobacterium tuberculosis*: from phage typing to whole-genome sequencing. Infection, Genetics and Evolution 12(4), 602-609.

Scott, C., Cavanaugh, J.S., Pratt, R., Silk, B.J.,LoBue, P. and Moonan, P.K.(2016) Human tuberculosis caused by *Mycobacterium bovis* in the United States, 2006-2013. Clinical Infectious Diseases 63(5), 594-601.

Sheridan, M. (2011) Progress in tuberculosis eradication in Ireland. Veterinary Microbiology 151(1-2), 160-169.

Sintchenko, V. and Holmes, E.C. (2015) The role of pathogen genomics in assessing disease transmission. BMJ 350, h1314.

Skuce, R.A., Mallon, T.R., McCormick, C.M., McBride, S.H., Clarke, G., et al.(2010) *Mycobacterium bovis* genotypes in Northern Ireland: herd-level surveillance(2003 to 2008). Veterinary Record 167(18),

684-689.

Skuce, R.A., Allen, A.R. and McDowell, S.W. (2012) Herd-level risk factors for bovine tuberculosis: a literature review. Veterinary Medicine International 2012, 621210.

Smith, N.H. (2012) The global distribution and phylogeography of *Mycobacterium bovis* clonal complexes. Infection, Genetics and Evolution 12(4), 857-865.

Smith, N.H. and Upton, P.(2012) Naming spoligotype patterns for the RD9-deleted lineage of the *Mycobacterium tuberculosis* complex: www.Mbovis.org. Infection, Genetics and Evolution 12(4), 873-876.

Smith, N.H., Dale, J., Inwald, J., Palmer, S., Gordon, S.V., et al.(2003) The population structure of *Mycobacterium bovis* in Great Britain: clonal expansion. Proceedings of the National Academy of Sciences of the United States of America 100(25), 15271-15275.

Smith, N.H., Kremer, K., Inwald, J., Dale, J., Driscoll, J.R., et al.(2006a) Ecotypes of the *Mycobacterium tuberculosis* complex. Journal of Theoretical Biology 239(2), 220-225.

Smith, N.H., Gordon, S.V., de la Rua-Domenech, R., Clifton-Hadley, R.S. and Hewinson, R.G. (2006b) Bottlenecks and broomsticks: the molecular evolution of *Mycobacterium bovis*. Nature Reviews Microbiology 4(9), 670-681.

Smith, N.H., Berg, S., Dale, J., Allen, A., Rodriguez, S., et al.(2011) European 1: a globally important clonal complex of *Mycobacterium bovis*. Infection, Genetics and Evolution 11(6), 1340-1351.

Stone, M.J., Brown, T.J. and Drobniewski, F.A. (2011) Human *Mycobacterium bovis* infections in London and southeast England: Table 1. Journal of Clinical Microbiology 50(1), 164-165.

Szewzyk, R., Svenson, S.B., Hoffner, S.E., Bolske, G., Wahlstrom, H., et al.(1995) Molecular epidemiological studies of *Mycobacterium bovis* infections in humans and animals in Sweden. Journal of Clinical Microbiology 33(12), 3183-3185.

Tang, P. and Gardy, J.L.(2014) Stopping outbreaks with real-time genomic epidemiology. Genome Medicine 6(11), 104.

Thacker, T.C., Palmer, M.V., Robbe-Austerman, S., Stuber, T.P. and Waters, W.R.(2015) Anatomical distribution of *Mycobacterium bovis* genotypes in experimentally infected white-tailed deer. Veterinary Microbiology 180(1-2), 75-81.

Trewby, H., Wright, D., Breadon, E.L., Lycett, S.J., Mallon, T.R., et al. (2016) Use of bacterial whole-genome sequencing to investigate local persistence and spread in bovine tuberculosis. Epidemics 14, 26-35.

Van Soolingen, D.(2001) Molecular epidemiology of tuberculosis and other mycobacterial infections: main methodologies and achievements. Journal of Internal Medicine 249(1), 1-26.

Votintseva, A.A., Pankhurst, L.J., Anson, L.W., Morgan, M.R., Gascoyne-Binzi, D., et al. (2015) Mycobacterial DNA extraction for whole-genome sequencing from early positive liquid(MGIT) cultures. Journal of Clinical Microbiology 53(4), 1137-1143.

Walker, T.M., Monk, P., Smith, E.G. and Peto, T.E. (2013a) Contact investigations for outbreaks of *Mycobacterium tuberculosis*: advances through whole genome sequencing. Clinical Microbiology and Infection 19(9), 796-802.

Walker, T.M., Ip, C.L., Harrell, R.H., Evans, J.T., Kapatai, G., et al.(2013b) Whole-genome sequencing to delineate *Mycobacterium tuberculosis* outbreaks: a retrospective observational study. Lancet Infectious Diseases 13(2), 137-146.

Walker, T.M., Lalor, M.K., Broda, A., Saldana Ortega, L., Morgan, M., et al.(2014) Assessment of *Mycobacterium tuberculosis* transmission in Oxfordshire, UK, 2007-2012, with whole pathogen genome sequences: an observational study. The Lancet Respiratory Medicine 2(4), 285-292.

Waters, W.R., Thacker, T.C., Nelson, J.T., DiCarlo, D.M., Maggioli, M.F., et al.(2014) Virulence of two strains of *Mycobacterium bovis* in cattle following aerosol infection. Journal of Comparative Pathology 151 (4), 410-419.

Whelan, A.O., Coad, M., Cockle, P.J., Hewinson, G., Vordermeier, M. and Gordon, S.V.(2010) Revisiting host preference in the *Mycobacterium tuberculosis* complex: experimental infection shows *M. tuberculosis* H37Rv to be avirulent in cattle. PLoS One 5(1), e8527.

Whipple, D.L., Clarke, P.R., Jarnagin, J.L. and Payeur, J.B.(1997) Restriction fragment length polymorphism analysis of *Mycobacterium bovis* isolates from captive and free-ranging animals. Journal of Veterinary Diagnostic Investigation 9(4), 381-386.

Wirth, T., Hildebrand, F., Allix-Beguec, C., Wolbeling, F., Kubica, T., et al. (2008) Origin, spread and demography of the *Mycobacterium tuberculosis* complex. PLoS Pathogens 4(9), e1000160.

Wlodarska, M., Johnston, J.C., Gardy, J.L. and Tang, P.(2015) A microbiological revolution meets an ancient disease: improving the management of tuberculosis with genomics. Clinical Microbiology Reviews 28 (2), 523-539.

Wright, D.M., Allen, A.R., Mallon, T.R., Mc-

Dowell, S.W., Bishop, S.C., et al.(2013a) Detectability of bovine TB using the tuberculin skin test does not vary significantly according to pathogen genotype within Northern Ireland. Infection, Genetics and Evolution 19, 15–22.

Wright, D.M., Allen, A.R., Mallon, T.R., McDowell, S.W., Bishop, S.C., et al.(2013b) Field-isolated genotypes of *Mycobacterium bovis* vary in virulence and influence case pathology but do not affect out-break size. PLoS One 8(9), e74503.

Wright, A.V., Nunez, J.K. and Doudna, J.A. (2016) Biology and applications of CRISPR systems: Harnessing nature's toolbox for genome engineering. Cell 164(1–2), 29–44.

Ypma, R.J., Altes, H.K., van Soolingen, D.,

Wallinga, J. and van Ballegooijen, W.M. (2013) A sign of super-spreading in tuberculosis: highly skewed distribution of genotypic cluster sizes. Epidemiology 24 (3), 395–400.

Zanardi, G., Boniotti, M.B., Gaffuri, A., Casto, B., Zanoni, M. and Pacciarini, M.L.(2013) Tuberculosis transmission by *Mycobacterium bovis* in a mixed cattle and goat herd. Research in Veterinary Science 95 (2), 430–433.

Zumarraga, M.J., Martin, C., Samper, S., Alito, A., Latini, O., et al.(1999) Usefulness of spoligotyping in molecular epidemiology of *Mycobacterium bovis*-related infections in South America. Journal of Clinical Microbiology 37(2), 296–303.

6

其他家畜的牛结核病

Anita L. Michel

比勒陀利亚大学兽医科学学院 兽医热带病、牛结核病和布鲁氏菌病研究项目部，索特潘，南非

6.1 概述

牛分枝杆菌可以引起多种家畜和野生哺乳动物发病，在不同动物饲养模式中均可造成感染动物的生产性能下降，是全球流行最广泛的传染性病原菌之一（Buhr 等，2009；Humblet 等，2009；Schiller 等，2011；FAO，2012）。在 OIE《陆生动物卫生法典》中，将牛结核病（TB）定义为牛和驯养鹿科动物的一种疫病，这表明 OIE 已经认识到，在全球贸易中，除了家养牛，牛分枝杆菌对经济动物影响的重要性日益增加（OIE，2016）。

牛分枝杆菌对公共卫生的重要意义在于其能够传染给人，主要通过人食用含该菌的牛奶，或通过吸入气溶胶（是一种替代方式，发生频率低）而感染，在职业人群（如农民、兽医和屠宰场工人等）中的传播感染风险较高（Michel 等，2010）。在对肉品实施有效检疫的国家，人因食用肉类而感染结核病的风险很低，但在发展中国家，未经兽医检疫，大量家畜未通过正规程序宰杀，人们普遍存在

食用淋巴结和内脏等高风险部位的情况（Dlamini，2013；Hambolu 等，2013），从而为牛分枝杆菌的传播提供另外一种传播模式（公共卫生详细信息见第 2 章，关于"同一健康"的讨论见第 3 章）。

除牛以外的经济动物对人与人之间的牛分枝杆菌传播风险在原则上应认为与牛相同，因为来自牛的风险主要在于牛奶和肉类的食用，而与动物密切接触感染的概率较小。需要更详细地研究牛分枝杆菌在其他食用动物中的种特异致病性，以识别和管理与人类健康相关的风险因子。

本章将介绍牛分枝杆菌对绵羊、山羊、家猪、水牛和骆驼的感染情况及致病性研究进展。

6.2 绵羊和山羊的牛分枝杆菌感染

尽管在 20 世纪大部分时间里，像其他哺乳动物一样，小反刍动物的牛分枝杆菌发病率很低，但其对牛分枝杆菌是易感的（Cordes

等，1981；Bezos 等，2015）。

在实施国家牛结核病控制和根除计划之前，欧洲的牛有很大一部分感染了牛分枝杆菌，但屠宰山羊时发现其中牛结核病患病率不到 1%（Myers 和 Steele，1969；Huitema，1988），绵羊结核病鲜为人知。在北美洲、南美洲、亚洲和澳大利亚，这种疫病在山羊和绵羊中似乎非常少见，且发病与牛只中广泛传播的结核病相关（Myers 和 Steele，1969；Nanda 和 Gopal Singh，引用于 Lall，1969 年；O'Reilly 和 Daborn，1995）。

最近几十年，感染牛分枝杆菌的山羊和绵羊地理分布更加广泛，包括非洲（van den Heever，1984；Cadmus 等，2009；Hiko 和 Agga，2011；Naima 等，2011；Boukary 等，2012）、南美洲（Higino 等，2011）、新西兰（Cordes 等，1981；Davidson 等，1981）、苏丹（Tag el Din 和 el Nour Gamaan，1982）、巴基斯坦（Javed 等，2010）和欧洲（Shanahan 等，2011；Van Der Burgt 等，2013），尤其是地中海国家（Munoz Mendoza 等，2012；Zanardi 等，2013）。

除了牛分枝杆菌，山羊分枝杆菌是山羊和绵羊发生结核病的主要病原体（Bezos 等，2014）。自从在西班牙发现山羊分枝杆菌（Aranaz 等，1999）并作为结核分枝杆菌复合群（MTBC）中的一个独立成员（Aranaz 等，2003）以来，有报道称该菌也可以感染其他家畜、野生动物和人类（主要在欧洲）（Pate 等，2006；Cvetnic 等，2007；Rodriguez 等，2011）。

在西班牙，山羊分枝杆菌占 MTBC 分离株的 7.4%，因此，相关疫病流行病学是关于山羊分枝杆菌的感染情况（Rodriguez 等，2011）。人们普遍认为，绵羊或山羊发生结核病是由于病原菌的宿主外溢、接触患结核病的动物导致的，这些宿主包括家养和野生动物（Cordes 等，1981；Malone 等，2003）。在许多情况下，虽然羊属动物可能通过接触传播途径而感染，但不应忽视在某些情况下绵羊和山羊作为储存宿主传播的可能性（Napp 等，2013）。集约化饲养方式经常导致大群奶山羊整年被圈养在一起，饲养密度大，有利于结核分枝杆菌复合群在羊群个体间迅速传播。因此，群体内流行率和死亡率高达 50% 的情况并不罕见，给生产者带来严重的经济损失（Crawshaw 等，2008；Quintas 等，2010；Bezos 等，2014；Harwood，2014）。相反，绵羊大多以放牧方式饲养，偶尔与其他感染宿主接触或暴露而感染，当绵羊与牛分枝杆菌感染率高的牛群共处于同一生活环境时，绵羊可发生感染（Cordes 等，1981；Malone 等，2003）。在这种情况下，牛分枝杆菌通过气溶胶和饮食摄入的方式传播，导致绵羊呼吸道和肠系膜淋巴结出现包膜性肉芽肿病变，偶有钙化病灶。

山羊感染表现的临床症状包括干咳和进行性消瘦，绵羊结核病症状通常不明显；病变多位于肺及其淋巴结，表现为干酪样淋巴结炎，呈黄白色、湿润、大小不一的结节。几项研究报告证实山羊结核病典型特征是液化性坏死和充满渗出物的空洞型肺部病变（Daniel 等，2009；Domingo 等，2014）。Sanchez（2011）认为，这种疫病与人结核病相似，具有很强的传播能力。偶尔发生的乳腺结核病例引起社会对消费山羊奶所致的公共卫生问题的关注（Huitema，1988）。

在英国（Crawshaw 等，2008）和非洲（Cadmus 等，2009；Hiko 和 Agga，2011；Kassa 等，2012）很少有山羊结核病的报道。在一项感染性试验中，Bezos 等用牛分枝杆菌、山羊分枝杆菌和结核分枝杆菌感染山羊，结果表明，虽然结核分枝杆菌会引起特定的病理变化，但其引起病变的评分最低（Bezos 等，2015）。这表明山羊可能是通过与感染人密切接触而感染结核分枝杆菌的，但它们是终末宿主或溢出宿主，在结核分枝杆菌流行病学中不起显著性作用。在人兽共患结核病中，山羊被认为是人感染牛分枝杆菌（Gutierrez 等，1997）和山羊分枝杆菌（Nebreda 等，2016）的传染源。在苏丹农村地区，有人生吃羊肝、肺、瘤胃、网胃和瓣胃（Tag el Din 和 el Nour Gamaan，1982）的习惯，我们对该习惯引起人兽共患病的风险了解甚少。

对于其他受关注的 MTBC 成员而言，很少出现与山羊类似的结核病病变。最近，从法国的一只奶山羊身上分离到一株田鼠分枝杆菌，很可能是被携带同种型结核菌的獾传染的（Michelet 等，2016）。

尽管认为结核病是西班牙山羊的一种地方流行病，流行病学数据仅仅局限于特定区域的一些特定研究。这是因为国家控制策略和根除计划中不包括山羊结核病（Shanahan 等，2011；Kassa 等，2012；Napp 等，2013年；Harwood，2014）。因此，目前没有对小反刍动物进行牛分枝杆菌的强制性检测，也没有国际公认的检测方法。如果对小反刍动物结核病的控制不是强制性的，那么可以预见该病会继续传播扩散并导致流行率增加。

与绵羊相比，山羊发病率相对较高，这是由于饲养方式差异导致的，而不是由于动物品种易感性差异引起的。以前认为山羊和绵羊都是溢出宿主，但目前这种观点受到了质疑，已有报道，山羊和绵羊群体有潜在维持该病存在的能力（Malone 等，2003；Muñoz Mendoza 等，2012 年；Napp 等，2013）。

6.3 家猪牛分枝杆菌感染

在所有分枝杆菌中，猪对禽型分枝杆菌复合群（MAC）最易感，特别是禽分枝杆菌人亚型（*M. avium* subsp. *hominisuis*，Mah），偶尔也有禽分枝杆菌禽亚型（*M. avium* subsp. *avium*，Maa）（Mijs 等，2002；Cvetnic 等，2007；Agdestein 等，2014；Perez de Val 等，2014）。在结核分枝杆菌复合群（MTBC）中，牛分枝杆菌与猪结核病相关性最高。在世界范围内，很难通过已发表的文献回顾性分析来确定猪感染牛分枝杆菌的历史，因为早期研究报告将所有由牛分枝杆菌和 MAC 引起的病例都归类为猪结核病（Myers 和 Steele，1969）。

尽管 MAC 和 MTBC 感染猪引起的临床症状和病理特征相似，但由于它们在流行病学和导致结核病样病变中存在差异，因此有必要对这两种病原复合群进行区分。禽分枝杆菌（*M. avium*）或牛分枝杆菌（*M. bovis*）感染猪可引起局限性、难以区分的肉芽肿病变，这些病变主要位于下颌和肠系膜淋巴结，没有之前所描述的其他临床特征（Matlova 等，2004；Cvetnic 等，2007）。因此，对该病所致肉芽肿的检验仅限于在屠宰场屠宰生猪时观察到的结核样病变。这两种分枝杆菌在不同国家和区域的定植优势取决于牛结核病在牛群和野生动物中的流行情况以及生猪饲养方面的因素。Mah 是一种在环境中普遍存在的微生物，Maa 主要在鸟类中存在。因此，在户外饲养模式下，猪暴露于环境中（Lahiri 等，2014），可能接触未经处理的、含有 Mah 饲料和垫料（Matlova 等，2004；Johansen 等，2014），就可能存在猪群大范围的感染情况。Mah 可致猪发生机会性感染，从而导致屠宰场因肉类销毁造成的经济损失；人们也越来越担心该病可能传染给人类（Tirkkonen 等，2007；Leao 等，2014），并引起人的肺部病变（Lahiri 等，2014）和淋巴结炎（Despierres 等，2012）。一些研究已发现牛分枝杆菌和禽分枝杆菌混合感染的现象，由于这些细菌在培养中与其他细菌存在竞争关系，且在病变中含菌量少，其流行率可能被低估（Santos 等，2010；Barandiaran 等，2015）。

在牛群或野生动物中流行牛结核病的国家，猪群可感染牛分枝杆菌。而猪结核病在猪群中的成功控制，则可能反映当地牛结核病储存宿主的情况（Corner 等，1981；Bernard 等，2005；Barandiaran 等，2011；Muwonge 等，2012；Bailey 等，2013 年；Broughan 等，2013）。根除牛结核病的储存宿主可使猪感染牛分枝杆菌的数量下降，并进一步在猪群中消失，但会导致禽分枝杆菌在猪群感染的数量相对增加（Lesslie 等，1968；Schliesser，1985；Mobius 等，2006）。

猪感染牛分枝杆菌是由于猪暴露于受污染的牧场，食用了受污染的牛奶，或接触了野生动物，包括腐败的野生动物尸体（O'Reilly 和 Daborn，1995；Cousins，2001；Bailey 等，2013 年；Nugent 等，2015）。这样的传染源及暴露于这些传染源的可能性，在许多发达国家已经很少见了，因为这些国家在牛群中已经根除了牛结核病；与接触牛分枝杆菌污染的饲料或感染的野生动物而感染的可能性实际上微乎其微，因为这些规模化商品猪场都采取了严格的生物安全措施。因此，大部分最新的有关家养猪的牛分枝杆菌流行病学情况主要来自西班牙和新西兰自由放养的猪群和野猪群的报告。在西班牙西部，广泛饲养伊比利亚种猪，在这些没有牛饲养的地区发生了种猪感染牛分枝杆菌，是因为种猪与当地大量野猪发生接触，这些野猪是维持牛分枝杆菌存在的宿主（Naranjo 等，2008）。家猪和野猪的病变包括开放性病变，主要位于呼吸道，表明是通过呼吸道途径感染的（Parra 等，2003）。在特定条件下，如本部分所描述的情况：猪群饲养密度高、与同一地区的牛分枝杆菌储存宿主频繁接触，而这些宿主表现出同样的种属特异性活动行为，这种情况下，某些家猪种群似乎能够传播牛分枝杆菌。

在实验条件下，以高剂量（10^8 CFU/头）牛分枝杆菌感染猪，在其呼吸道可以观察到广泛存在的、中心有液化坏死灶的病变，并可观察到大量胞外杆菌、含有牛分枝杆菌的巨噬细胞（Bolin 等，1997）。如果在类似的自然条件下，生猪可通过其呼吸道分泌物传播牛分枝杆菌，但目前没有证据表明，这种种属内的传播效率能够在猪群中造成感染。因此，仅仅是呼吸道存在病变还不能证明其处于一种持续感染的状态，但这样的猪群具有潜在的传播能力，有可能成为病原菌溢出宿主。

类似的情况，从西西里半岛自由放养的家养黑猪样品中发现结核病广泛存在（Di Marco

等，2012）。与其他家猪一样，这些黑猪感染牛分枝杆菌的发病率随着年龄的增长而增加，最常见的临床病变位于头部，但病变表现和分布有所不同。黑猪感染后出现的病灶大多缺少纤维层包裹病变，这一点与其他种类猪感染表现的病变不同，这表明黑猪可能通过呼出的气溶胶或粪便有效地排出了牛分枝杆菌（Di Marco 等，2012）。

而新西兰则报道了一则不同的情况，有明显的证据表明，该国流浪猪很容易在野外觅食时通过与被感染的袋貂接触而感染牛分枝杆菌。袋貂是新西兰牛结核病主要的野生动物储存宿主（Nugent，2011）。在牛结核病传播链中，针对与猪有关的因素方面开展了许多研究。在野生动物结核病广泛流行的地区放养了 15 头家猪作为哨兵动物，结果表明猪对牛分枝杆菌非常易感，结果证实所有的猪都感染了牛分枝杆菌，有些猪甚至在放养后 2 个月就被感染了。在这 15 头被感染的猪中，常见病变是下颌骨淋巴结病变，只有少数猪出现胸腔淋巴结病变，这表明猪是通过口腔而非呼吸道途径感染的（Nugent 等，2002）。这与屠宰场发现的农场饲养猪结核病变分布研究结果一致，病变通常出现在头部淋巴结（Cousins 等，2004；Bailey 等，2013年）。在实验条件下，猪感染低等至中等剂量的牛分枝杆菌，在接种后最早约 3 周即可检查到病变，且病变中含有大量的牛分枝杆菌，并随时间推移含菌量逐渐减少。接菌后 2 个月，大多数病变已演变为周围边界清、含有少量牛分枝杆菌、通常被包裹着的肉芽肿，且病变有自愈的可能（Francis，1958；Bolin 等，1997；Bailey 等，2013）。出现的黄白色干酪

样钙化结节与牛身上发现的类似，但直径一般不超过 40mm（Cousins 等，2004；Bailey 等，2013 年）。偶有病例报道其病变会扩散至肝、脾、肺及相关淋巴结。肺部感染可能表现为干酪样支气管肺炎，但在其他器官多表现为纤维素性病变，很少出现钙化病灶。

人们意识到，新西兰的流浪猪是最重要的溢出宿主，也是种内或种间传播风险较低的终端宿主（Nugent 和 Whitford，2003）。多项研究提供的有力证据表明，与没有采取措施控制袋貂的地区相比，在那些用药物来控制袋貂数量的地区，流浪猪群结核病流行率迅速下降，在几年之内水平降至接近于零（Nugent 和 Whitford，2008；Nugent 等，2012）。澳大利亚牛结核病根除计划的最后阶段，针对其北部地区流浪野牛和家养牛开展结核病控制措施，牛分枝杆菌不仅在目标动物群中流行率降低，在同一地区流浪猪中流行率也大幅下降，在此前这些猪的感染率可达到 100%（McInerney 等，1995）。据报道，在美国沿着国际边境线对牛分枝杆菌高危地区使用猪作为"哨兵动物"，可监测牛分枝杆菌的流行情况（Campbell 等，2011）。

虽然新西兰可能存在结核病猪传染猪的情况，但这种现象非常少见，可能是由于同类相食而导致感染的，而不是通过水平、垂直或类似垂直的传播方式感染。没有证据表明可通过尿液、粪便或鼻腔排泄物传播牛分枝杆菌（Lugton，1997，引自 Nugent 和 Whitford，2003），也没有发现 2 个月龄以内的仔猪被感染的现象。有一个病例，一头母猪及其所产仔猪都被感染，此病例经证明与遗传无关，分析很可能是因食腐而感染（Nugent 和 Whitford，

2003），这也解释了在英国的同一农场有多头猪被牛分枝杆菌感染的情况（Bailey 等，2013）。

猪感染结核分枝杆菌一般呈散发感染，表明该菌可在人与猪之间传播。由于病变部位局限在头部淋巴结，猪发生感染最有可能是由于人作为溢出宿主而导致的，几乎不可能再由猪反过来传染给人。与猪感染牛分枝杆菌的规律相同，猪感染结核分枝杆菌的流行率可以反映人结核病的流行状况，人结核病发病率高的国家，包括尼日利亚（Jenkins 等，2011）、埃塞俄比亚（Arega 等，2013）和南非（Michel，未发表的数据）都报告了一些猪感染的病例。

有报道，猪可以感染其他结核分枝杆菌复合群的成员，如田鼠分枝杆菌（*M. microti*）（Taylor 等，2006）和山羊分枝杆菌（*M. caprae*）（Cvetnic 等，2006；Rodriguez 等，2011）。

6.4 家养亚洲水牛的牛分枝杆菌感染

亚洲水牛大约在 5000 年前被家养驯化，它们在自然界的分布范围包括印度次大陆和东南亚，并从该地被引入欧洲、美洲和非洲一些地区，非洲主要是埃及。水牛对牛分枝杆菌的易感性及其发病机制与家养牛相似，因此，水牛可以作为牛分枝杆菌的储存宿主，成为人类感染牛分枝杆菌的一个来源（Lall，1969；Barbosa 等，2014；Khattak 等，2016）。西半球最大的水牛种群在巴西，那里水牛的牛分枝杆菌感染水平在 1.4%～20.4%（Barbosa 等，2014；Minharro 等，2016），牛结核病给巴西造成重大的经济损失。

在印度，历史上结核病在水牛群中广泛存在。20 世纪 50 年代，在 4 个州对 4 万头水牛开展了一项调查，结果显示阳性率为 13.8%。在同时饲养牛和水牛的农场等地，水牛的感染率高于牛（Lall，1969）。在尼泊尔，水牛和牛的感染率为 16%，并且通过牛奶和粪便偶尔向外界排出牛分枝杆菌（Jha 等，2007）。在巴基斯坦，对水牛进行的结核菌素皮肤试验，结果显示阳性动物为 5.7%（Khattak 等，2016）。在欧洲，意大利南部饲养水牛，水牛牛奶是生产 "mozzarella di bufala" 奶酪的主要来源，但水牛个体流行率最近增至 0.65%，影响了牛群和水牛群根除牛结核病行动计划的推进和完成（Alfano 等，2014）。

6.5 东半球骆驼的牛分枝杆菌感染

双峰驼和单峰驼是在东半球已被驯化的骆驼科动物。当今全球约有 2700 万头骆驼，其中 80% 是单峰驼，20% 是双峰驼（FAO，2012），后者只在亚洲寒冷的沙漠地区生活。骆驼是一种役用动物，用作驮运物品或供人骑乘，在非洲和亚洲为农牧地区人们提供奶、毛、皮革、运力和肉类（Wardeh，2004）。有些地区饲养单峰驼是为了进行竞赛。在澳大利亚，野生单峰驼数量正在增加，大约有 100 万只（Schwartz，2013）。在非洲，特别是西非和东非国家，骆驼给当地经济做出了重大贡献，并具有更多待开发的应用价值（Farah，2004）。在撒哈拉以南的非洲地区，尽管在索马里、马里、埃塞俄比亚和尼日尔，奶牛的数量最多，但骆驼仍提供了 7% 的奶产量，为当地的粮食安全做出了贡献（FAO，2017）。

骆驼对结核分枝杆菌复合群（MTBC）不同成员均易感，其中牛分枝杆菌是骆驼结核病最常见的病原体。人们很早就发现骆驼结核病，且认识到该病对骆驼可能是致命的，但该病在游牧骆驼群中很少发生（Fassii-Fehri，1987；Kinne 等，2006；Wernery 等，2014）。在一篇关于骆驼结核病的综述中，Mason（1917）提到了该病在印度、苏丹和阿尔及利亚呈零星发生，但自 19 世纪后期以来，该病在埃及分布更广（Littlewood，1888；Mason，1917）。1987 年，Mustafa 对相关文献进行了简要综述，并得出结论：在集约化养殖条件下和牧场或圈养情况下，由于与牛密切接触，骆驼患结核病情况更严重（Mustafa，1987）。在这种情况下，俄罗斯过去曾报道，从骆驼大缸奶中分离到牛分枝杆菌（Donchenko 等，1975；Mustafa，1987）。2008 年，Manal 和 Gobran 调查了埃及不同屠宰场屠宰的 704 头骆驼。这些骆驼来自的农场有的没有饲养牛，有的同时饲养牛；骆驼结核病仅发生在与牛共同饲养的农场，确诊骆驼患病率为 0.7%（Manal 和 Gobran，2008）。

尽管现今人们已经逐渐意识到结核病对社会经济和公共卫生的重要性（详见第 2 章），但仍然存在着一个问题，就是在大多数饲养骆驼的国家，骆驼结核病流行率和流行病学数据非常缺乏，不清楚是由于缺少病例报告还是这些国家没有该病造成的。索马里是非洲骆驼数量最多的国家，其次是马里，但只有 6 份流行病学报告，其中只有个别报告介绍了索马里骆驼结核病的有关情况（Abdurahman 和 Bornstein，1991）。在零星的研究报告中，尼日尔、尼日利亚（Bala 等，2011；

Abubakar 等，2012）、毛里塔尼亚（Chartier 等，1991）、埃及、埃塞俄比亚、印度和巴基斯坦这些国家骆驼存在牛分枝杆菌感染的情况（Boukary 等，2012）。在厄立特里亚，骆驼结核病并不常见，但最近的一项调查中，使用单一皮内结核菌素试验（SCITT）对 198 只单峰驼进行调查，发现患病率为 1.5%（Ghebremariam，M. K.，私下交流）。如果采用对牛检测的判定标准（临界值），即将目前检测阈值调低，则阳性率几乎增加了 8 倍，达到 11.6%。其他研究表明，SCITT 在骆驼检测中似乎更容易出现假阳性反应，且该方法在骆驼结核病诊断中的价值受到质疑，原因可能是由于骆驼感染非结核分枝杆菌的比例较高。因此，需认真考虑 SCITT 的判定标准（Bush 等，1990；Wernery 等，2007；Alvarez 等，2012）。Alvarez 对东半球骆驼科动物的诊断方法进行了综述，他引用了 Schillinger（1987）的研究结果，即在澳大利亚，对无结核病单峰骆驼群进行皮内试验，会出现 10%~20% 的假阳性反应（Alvarez 等，2012）。而另一方面，Bush 等（1990）发现 SCITT 检测为阴性的两头双峰驼，事实上已被牛分枝杆菌感染，其中一头表现为局部病灶，另一头表现为全身性感染（Bush 等，1990）。SCITT 是多种动物结核病检测的基本方法，但该方法却不适用于骆驼结核病的筛查或控制（Wernery 等，2014）。

据报道，10% 的骆驼宰后检疫发现有肺部感染情况（Zubair 等，2004）。骆驼呼吸道结核样病变除了由牛分枝杆菌感染引起外，还可能与非结核分枝杆菌有关，包括堪萨斯分枝杆菌（*M. kansasii*）、偶发分枝杆菌（*M. fortuitum*）、耻垢分枝杆菌（*M. smegmatis*）

或马红球菌（*Rhodococcus equi*）等（Elmossalami
等，1971；Kinne 等，2011）。

因此，仅根据眼观病变得出的发病率可
能高估了与牛分枝杆菌相关的骆驼结核病。
在埃塞俄比亚，两项研究得出结核病样病变
的发病率分别为 10% 和 4.5%；但其中只有
22% 和 21% 是由牛分枝杆菌引起的，折算后，
牛结核病流行率低于 1%（Mamo 等，2011；
Kasaye 等，2013）。

如同对小反刍动物和猪结核病的结论一
样，不同国家多项研究一致认为，年龄与骆驼
结核病流行率呈正相关（Mamo 等，2011；
Narnaware 等，2015）。骆驼的预期寿命在 22 ~
35 岁，老龄骆驼感染和传播牛分枝杆菌的累
积风险明显高于其他家畜（Wosene，1991）。

骆驼感染早期可能不表现出临床症状，
但在后期，患病骆驼通常表现出厌食和快速
进行性消瘦（Narnawar 等，2015）。牛分枝杆
菌引起的病理变化表现为肉芽肿、干酪样坏
死性病变，通过解剖观察大体与牛类似。在显
微镜下，唯一明显的区别是病变中巨细胞的
缺乏，可以观察到钙化和纤维素性增生反应
（Elmossalami 等，1971；Bush 等，1990）。病
变主要见于肺、纵隔淋巴结、咽后及肠系膜淋
巴结，偶有向肾脏、肝脏、脾脏、心脏及心
包、肠系膜、气管、胰腺及周围淋巴结扩散的
病例（Bush 等，1990；Chartier 等，1991；Ka-
saye 等，2013 年；Narnaware 等，2015）。细菌
抗酸染色检查，或者看不到，或是只能见到少
量菌体。

骆驼之间传播牛分枝杆菌的确切途径尚
不清楚，但因病变主要出现在肺脏，明显表明
骆驼是通过气溶胶、近距离接触或通过灰尘

颗粒感染牛分枝杆菌（Wernery 和 Ruger-Kaa-
den，2002）。在罕见的肾脏出现结核病变病例
中，从尿中可以排出牛分枝杆菌（Dekker 等，
1962）。

目前还没有牛分枝杆菌在骆驼垂直或类
似垂直传播的报道，也没有结核性乳腺炎的
报道。

这表明在集约化饲养条件下，不太可能通
过乳排出牛分枝杆菌。有理由相信，在大多数
骆驼饲养地区，干旱的气候和传统的游牧、半
自由放牧生产模式中，骆驼之间长期密切接触
的机会小，有效避免了通过气溶胶进行高效传
播这一途径。因此，目前将骆驼划为外溢宿
主，是因为骆驼正常生活环境不利于牛分枝杆
菌传播，而不是由于骆驼易感性较低的缘故。
这类似于在欧洲地中海地区，野猪作为牛分枝
杆菌宿主，对结核病传播的影响存在差异。然
而，随着全球对骆驼乳需求增加，在东非，集
约化养殖场骆驼乳的产量在过去 50 年里增加
了 2 倍，占目前撒哈拉以南非洲地区骆驼产乳
量的 7%（Schwartz，2013）。在没有结核病监
测和控制计划的情况下，持续增加骆驼乳的产
量肯定会增加骆驼感染牛分枝杆菌的比例。

在动物聚集地区，结核病是一种严重的疫
病，并可引起动物死亡。尽管在动物聚集地区
结核分枝杆菌是更常见的结核病病原菌，但在
阿联酋，骆驼出现局部或全身病灶的病例中有
的是由牛分枝杆菌引发的（Bush 等，1990；
Kinne 等，2006；Wernery 等，2007；Wernery
和 Kinne，2012），也有的是由山羊分枝杆菌
（Erler 等，2004；Pate 等，2006）、海豹分枝杆
菌（*M. pinnipedii*）和羚羊分枝杆菌（*M. orygis*）
引起的。

6.6 结论

家养动物对牛分枝杆菌普遍易感，导致该菌宿主广泛。当不同动物的流行率出现差异时，应把这种差异归因为物种特异性差异或饲养方法不同，而不是由于宿主易感性不同。总的来说，除了牛以外，对于其他家养动物，结核病是一种偶发性疫病；这些家养动物的感染，除了小反刍动物和水牛之外，都与牛或野生动物的感染外溢密切相关。因此，已成功根除牛结核病的地区，或在储存宿主（牛或野生动物）与外溢宿主接触机会少的地区，其他物种患结核病的可能性是非常小的。

除了牛以外，缺乏有关其他家畜感染牛分枝杆菌的真实流行率和分布情况的总体资料，特别是在农场放牧饲养或半放牧自由活动条件下。

水牛和小反刍动物有可能成为结核病流行的维持宿主，由于这些动物患结核病引起的经济损失大和向人传播牛分枝杆菌的风险高，有必要将这些物种纳入国家牛结核病控制计划中。

参考文献

Abdurahman, O.S.and Bornstein, S.(1991) Diseases of camels(Camelus dromedarius) in Somalia and prospects for better health.Nomadic Peoples 104-112.

Abubakar, U.B., Kudi, A.C., Abdulkadri, I.A., Okaiyeto, S.O.and Ibrahim, S.(2012) Prevalence of tuberculosis in slaughtered camels(Camelus dromedarius) based on post-mortem meat inspection and Zeihl-Neelsen Stain in Nigeria.Journal of Camel Practice and Research 19, 29-32.

Agdestein, A., Olsen, I., Jørgensen, A., Djønne, B.and Johansen, T.B.(2014) Novel insights into transmission routes of Mycobacterium avium in pigs and possible implications for human health.Veterinary Research 45, 46.

Alfano, F., Peletto, S., Lucibelli, M.G., Borriello, G., Urciuolo, G., et al., (2014) Identification of single nucleotide polymorphisms in toll-like receptor candidate genes associated with tuberculosis infection in water buffalo(Bubalus bubalis).BMC Genetics 15, 139.

Alvarez, J., Bezos, J., Juan, L., Vordermeier, M., Rodriguez, S., et al.(2012) Diagnosis of tuberculosis in camelids: old problems, current solutions and future challenges. Transboundary & Emerging Diseases 59, 1-10.

Aranaz, A., Liebana, E., Gomez-Mampaso, E., Galan, J.C., Cousins, D., et al., (1999) Mycobacterium tuberculosis subsp. caprae subsp. nov.: a taxonomic study of a new member of the Mycobacterium tuberculosis complex isolated from goats in Spain.International Journal of Systematic Bacteriology 49(3), 1263-1273.

Aranaz, A., Cousins, D., Mateos, A. and Dominguez, L.(2003) Elevation of Mycobacterium tuberculosis subsp. caprae Aranaz et al., 1999 to species rank as Mycobacterium caprae comb.nov., sp.nov.International Journal of Systematic & Evolutionary Microbiology 53, 1785-1789.

Arega, S. M., Conraths, F. J. and Ameni, G.(2013) Prevalence of tuberculosis in pigs slaughtered at two abattoirs in Ethiopia and molecular characterization of Mycobacterium tuberculosis isolated from tuberculous-like lesions in pigs.BMC Veterinary Research 9, 97.

Bailey, S.S., Crawshaw, T.R., Smith, N.H.and Palgrave, C.J.(2013) Mycobacterium bovis infection in domestic pigs in Great Britain.Veterinary Journal 198, 391-397.

Bala, A.N., Garba, A.E.and Yazah, A.J.(2011) Bacterial and parasitic zoonoses encountered at slaughter in Maiduguri abattoir, Northeastern Nigeria.Veterinary World 4, 437-443.

Barandiaran, S., Martinez Vivot, M., Moras, E. V., Cataldi, A.A.and Zumarraga, M.J.(2011) *Mycobacterium bovis* in swine：spoligotyping of isolates from Argentina. Veterinary Medicine International 2011, 979647.

Barandiaran, S., Pérez, A.M., Gioffré, A.K., Martínez Vivot, M., Cataldi, A.A.and Zumárraga, M. J.(2015) Tuberculosis in swine co-infected with *Mycobacterium avium* subsp. hominissuis and *Mycobacterium bovis* in a cluster from Argentina.Epidemiology and Infection 143, 966-974.

Barbosa, J.D., da Silva, J.B., Rangel, C.P., da Fonseca, A.H., Silva, N.S., et al.(2014) Tuberculosis prevalence and risk factors for water buffalo in Pará, Brazil.Tropical Animal Health and Production 46, 513-517.

Bernard, F., Vincent, C., Matthieu, L., David, R.and James, D.(2005) Tuberculosis and brucellosis prevalence survey on dairy cattle in Mbarara milk basin. Preventive Veterinary Medicine 15, 267-281.

Bezos, J.,Marqués, S., Álvarez, J., Casal, C., Romero, B., et al.(2014) Evaluation of single and comparative intradermal tuberculin tests for tuberculosis eradication in caprine flocks in Castillay León(Spain). Research in Veterinary Science 96, 39-46.

Bezos, J.,Casal, C., Díez-Delgado, I., Romero, B., Liandris, E., et al.(2015) Goats challenged with different members of the *Mycobacterium tuberculosis* complex display different clinical pictures. Veterinary

Immunology and Immunopathology 167, 185-189.

Bolin, C.A., Whipple, D.L., Khanna, K.V.,Risdahl, J.M., Peterson, P.K.and Molitor, T.W.(1997) Infection of swine with *Mycobacterium bovis* as a model of human tuberculosis. Journal of Infectious Diseases 176, 1559-1566.

Boukary, A.R., Thys, E., Rigouts, L., Matthys, F., Berkvens, D., et al.(2012) Risk factors associated with bovine tuberculosis and molecular characterization of *Mycobacterium bovis* strains in urban settings in Niger.Transboundary and Emerging Diseases 59, 490-502.

Broughan, J.M., Downs, S.H., Crawshaw, T.R., Upton, P.A., Brewer, J. and Clifton-Hadley, R.S. (2013) *Mycobacterium bovis* infections in domesticated non-bovine mammalian species.Part 1：review of epidemiology and laboratory submissions in Great Britain 2004-2010.Veterinary Journal 198, -339-345.

Buhr, B., McKeever, K.and Adachi, K.(2009) Economic Impact of Bovine Tuberculosis on Minnesota's Cattle and Beef Sector.University of Nebraska-Lincoln, Michigan Bovine Tuberculosis Bibliography and Database. Paper 20. Available at：http://digitalcommons. unl.edu/michbovinetb/20(accessed 24 July 2016).

Bush, M.,Montali, R.J., Phillips L.J.Jr and Holobaugh, P.A.(1990) Bovine tuberculosis in a bactrian camel herd：clinical, therapeutic, and pathologic findings.Journal of Zoo and Wildlife Medicine 21, 171-179.

Cadmus, S.I., Adesokan, H.K., Jenkins, A.O. and van Soolingen, D.(2009) *Mycobacterium bovis* and *M.tuberculosis* in goats, Nigeria. Emerging Infectious Diseases 15, 2066-2067.

Campbell, T.A., Long, D.B., Bazan, L.R., Thomsen, B.V.,Robbe-Austerman, S., et al.(2011)

Absence of *Mycobacterium bovis* in feral swine (Sus scrofa) from the southern Texas border region.Journal of Wildlife Diseases 47, 974-978.

Chartier, F., Chartier, C., Thorel, M.F.and Crespeau, F.(1991) A new case of *Mycobacterium bovis* pulmonary tuberculosis in the dromedary (Camelus dromedarius) in Mauritania.Revue d'elevage et de medecine veterinaire des pays tropicaux 44, 43-47.

Cordes, D. O., Bullians, J. A., Lake, D. E. and Carter, M. E. (1981) Observations on tuberculosis caused by *Mycobacterium bovis* in sheep. New Zealand Veterinary Journal 29, 60-62.

Corner, L. A., Barrett, R. H., Lepper, A. W., Lewis, V.and Pearson, C.W.(1981) A survey of mycobacteriosis of feral pigs in the Northern Territory. Australian Veterinary Journal 57, 537-542.

Cousins, D.V.(2001) *Mycobacterium bovis* infection and control in domestic livestock. Revue Scientifique et Technique 20, 71-85.

Cousins, D. V., Huchzermeyer, H. F., Griffin, J. F., Brueckner, G.K., van Rensburg, I.B.J.and Kriek, N.P.J.(2004) Tuberculosis.In: Infectious Diseases of Livestock.Oxford University Press, Cape Town, South Africa.

Crawshaw, T., Daniel, R., Clifton-Hadley, R., Clark, J., Evans, H., et al.(2008) TB in goats caused by *Mycobacterium bovis*.Veterinary Record 163, 127.

Cvetni1,Ž., Špisi1, S., Katalini1-Jankovi1, V., Marjanovic, S., Obrovac, M., et al.(2006) *Mycobacterium caprae* infection in cattle and pigs on one family farm in Croatia: a case report.Veterinarni Medicina 51, 523-531.

Cvetni1, Ž., Katalini1 - Jankovi1, V., Sostaric, B., Špisi1, S., Obrovac, M., et al.(2007) *Mycobacterium caprae* in cattle and humans in Croatia.International al Journal of Tuberculosis & Lung Disease 11, 652-658.

Cvetni1,Ž., Špisi1, S., Beni1, M., Katalini1-Jankovi1, V., Pate, M., et al.(2007) Mycobacterial infection of pigs in Croatia.Acta Veterinaria Hungarica 55, 1-9.

Daniel, R., Evans, H., Rolfe, S., De LaRua-Domenech, R., Crawshaw, T., et al.(2009) Papers: outbreak of tuberculosis caused by *Mycobacterium bovis* in golden Guernsey goats in Great Britain. Veterinary Record 165, 335-342.

Davidson, R.M., Alley, M.R.and Beatson, N.S. (1981) Tuberculosis in a flock of sheep.New Zealand Veterinary Journal 29, 1-2.

Dekker, N.D.M.and van der Schaaf, A. (1962) Open tuberculosis in a camel. Tijschrift voor Diergeneeskunde 87, 1133-1140.

Despierres, L., Cohen-Bacrie, S., Richet, H. and Drancourt, M.(2012) Diversity of *Mycobacterium avium* subsp. hominissuis mycobacteria causing lymphadenitis, France.European Journal of Clinical Microbiology and Infectious Diseases 31, 1373-1379.

Di Marco, V., Mazzone, P., Capucchio, M. T., Boniotti, M.B., Aronica, V., et al.,(2012) Epidemiological significance of the domestic black pig(Sus scrofa) in maintenance of bovine tuberculosis in Sicily.Journal of Clinical Microbiology 50, 1209-1218.

Dlamini, M.(2013) A Study on Bovine Tuberculosis and Associated Risk Factors for Humans in Swaziland.MSc dissertation, University of Pretoria, Pretoria, SouthAfrica.

Domingo, M., Vidal, E.and Marco, A. (2014) Pathology of bovine tuberculosis.Research in Veterinary Science 97, S20-S29.

Elmossalami, E., Siam, M.A.and Sergany, M.E.

(1971) Studies on tuberculous-like lesions in slaughtered camels. Zentralblatt für Veterinärmedizin Reihe B 18, 253-261.

Erler, W., Martin, G., Sachse, K., Naumann, L., Kahlau, D., et al., (2004) Molecular fingerprinting of Mycobacterium bovis subsp. caprae isolates from Central Europe. Journal of Clinical Microbiology 42, 2234-2238.

Farah, Z. (2004) An introduction to the camel. In: Farah, Z. and A. Fischer (eds): Milk and meat from the camel-Handbook on products and processing. Vdf Hochschulverlag, Zürich, Switzerland, pp.15-28. Fassi-Fehri, M.M. (1987) Diseases of camels. Revue Scientifique Technique OIE 6, 337-354.

Food and Agriculture Organization (2012) Tuberculosis, EMPRES Transboundary Animal Diseases Bulletin, (Online), vol.40. Available at: http://www.fao. org/docrep/015/i2811e/i2811e.pdf. (accessed 17 December 2015).

Food and Agriculture Organization (2017) Dairy production and products. Available at: http://www.fao. org/agriculture/dairy-gateway/milk-production/dairy-animals/camels/en/#.V54oZfl9600) (accessed 5 June 2017).

Francis, J. (1958) Tuberculosis in Animals and Man: A Study in Comparative Pathology. Cassell, Bristol, UK.

Gutierrez, M., Samper, S., Jimenez, M.S., van Embden, J.D., Marin, J.F. and Martin, C. (1997) Identification by spoligotyping of a caprine genotype in Mycobacterium bovis strains causing human tuberculosis. Journal of Clinical Microbiology 35, 3328-3330.

Hambolu, D., Freeman, J. and Taddese, H.B. (2013) Predictors of bovine TB risk behaviour amongst meat handlers in Nigeria: a cross-sectional study

guided by the health belief model. PLoS One 8, e56091.

Harwood, D. (2014) Bovine TB in goats. Veterinary Record 174, 456.

Higino, S.S.S., Pinheiro, S.R., de Souza, G.O., Dib, C.C., do Rosário, T.R., et al. (2011) Mycobacterium bovis infection in goats from the Northeast region of Brazil. Brazilian Journal of Microbiology 42, 1437-1439.

Hiko, A. and Agga, G.E. (2011) First-time detection of mycobacterium species from goats in Ethiopia. Tropical Animal Health and Production 43, 133-139.

Huitema, H. (1988) Tuberculosis in Animals and Man. Royal Netherlands Tuberculosis Association, The Hague, Netherlands.

Humblet, M.F., Boschiroli, M.L. and Saegerman, C. (2009) Classification of worldwide bovine tuberculosis risk factors in cattle: a stratified approach. Veterinary Research 40, 50.

Javed, M.T., Munir, A., Shahid, M., Severi, G., Irfan, M., et al. (2010) Percentage of reactor animals to single comparative cervical intradermal tuberculin (SCCIT) in small ruminants in Punjab Pakistan. Acta Tropica 113, 88-91.

Jenkins, A.O., Cadmus, S.I.B., Venter, E.H., Pourcel, C., Hauk, Y., et al. (2011) Molecular epidemiology of human and animal tuberculosis in Ibadan, Southwestern Nigeria. Veterinary Microbiology 151, 139-147.

Jha, V.C., Morita, Y., Dhakal, M., Besnet, B., Sato, T., et al. (2007) Isolation of Mycobacterium spp. from milking buffaloes and cattle in Nepal. Journal Veterinary Medical Science 69, 819-825.

Johansen, T.B., Agdestein, A., Lium, B., Jørgensen, A. and Djønne, B. (2014) Mycobacterium avium subsp. hominissuis infection in swine associated with peat used for bedding. BioMed Research International 2014, 189649.

Kasaye, S., Molla, W. and Amini, G. (2013) Prevalence of camel tuberculosis at Akaki abattoir at Addis Ababa in Ethiopia. African Journal of Microbiology Research 7, 2184-2189.

Kassa, G.M., Abebe, F., Worku, Y., Legesse, M., Medhin, G., et al. (2012) Tuberculosis in goats and sheep in Afar Pastoral Region of Ethiopia and isolation of *Mycobacterium tuberculosis* from goat. Veterinary Medicine International 2012, 869146.

Khattak, I., Mushtaq, M. H., Ahmad, M. D., Khan, M.S., Chaudhry, M. and Sadique, U. (2016) Risk factors associated with *Mycobacterium bovis* skin positivity in cattle and buffalo in Peshawar, Pakistan. Tropical Animal Health and Production 48, 479-485.

Kinne, J., Johnson, B., Jahans, K.L., Smith, N. H., Ul-Haq, A. and Wernery, U. (2006) Camel tuberculosis: a case report. Tropical Animal Health & Production 38, 207-213.

Kinne, J., Madarame, H., Takai, S., Jose, S. and Wernery, U. (2011) Disseminated *Rhodococcus equi* infection in dromedary camels (Camelus dromedarius). Veterinary Microbiology 149, 269-272.

Lahiri, A., Kneisel, J., Kloster, I., Kamal, E. and Lewin, A. (2014) Abundance of *Mycobacterium avium* ssp. hominissuis in soil and dust in Germany-implications for the infection route. Letters in Applied Microbiology 59, 65-70.

Lall, J.M. (1969) Tuberculosis among animals in India. Veterinary Bulletin 39, 385-390.

Leão, C., Canto, A., Machado, D., Sanches, I. S., Couto, I., et al. (2014) Relatedness of *Mycobacterium avium* subspecies hominissuis clinical isolates of human and porcine origins assessed by MLVA. Veterinary Microbiology 173, 92-100.

Lesslie, I.W., Birn, K.J., Stuart, P., O'Neill, P.A. and Smith, J. (1968) Tuberculosis in the pig and the tuberculin test. Veterinary Record 83, 647-651.

Malone, F.E., Wilson, E.C., Pollock, J.M. and Skuce, R.A. (2003) Investigations into an outbreak of tuberculosis in a flock of sheep in contact with tuberculous cattle. Journal of Veterinary Medicine Series B: Infectious Diseases and Veterinary Public Health 50, 500-504.

Mamo, G., Bayleyegn, G., Tessema, T.S., Legesse, M., Medhin, G., et al. (2011) Pathology of camel tuberculosis and molecular characterization of its causative agents in pastoral regions of Ethiopia. PLoS One 6(1), e15862.

Manal, M. Y. and Gobran, R. A. (2008) Some studies on tuberculosis in camel. Egyptian Journal of Comparative Pathology and Clinical Pathology 21, 58-74.

Mason, F.E. (1917) Tuberculosis in camels. Journal of Comparative Pathology and Therapeutics 30, 80-84.

Matlova, L., Dvorska, L., Palecek, K., Maurenc, L., Bartos, M. and Pavlik, I. (2004) Impact of sawdust and wood shavings in bedding on pig tuberculous lesions in lymph nodes, and IS1245 RFLP analysis of *Mycobacterium avium* subsp. hominissuis of serotypes 6 and 8 isolated from pigs and environment. Veterinary Microbiology 102, 227-236.

McInerney, J., Small, K.J. and Caley, P. (1995) Prevalence of *Mycobacterium bovis* infection in feral pigs in the Northern Territory. Australian Veterinary Journal 72, 448-451.

Michel, A. L., Müller, B. and Helden, P. D. (2010) *Mycobacterium bovis* at the animal-human interface: a problem, or not? Veterinary Microbiology 140, 371-381.

Michelet, L., de Cruz, K.,Phalente, Y., Karoui, C., Hénault, S., et al.(2016) *Mycobacterium microti* infection in dairy goats, France. Emerging Infectious Diseases 22, 569-570.

Mijs, W., de Haas, P., Rossau, R., Van Der Laan, T., Rigouts, L., et al.(2002) Molecular evidence to support a proposal to reserve the designation *Mycobacterium avium* subsp.avium for bird-type isolates and *M.avium* subsp.hominissuis for the human/porcine type of *M.avium*.International Journal of Systematic and Evolutionary Microbiology 52, 1505-1518.

Minharro, S., de Morais Alves, C., Mota, P.M.P.C., Dorneles, E.M.S., de Alencar, A.P., et al.(2016) Tuberculosis in water buffalo(Bubalis bubalis) in the Baixo Araguari Region, Amapá, Brazil.Semina: Ciências Agrárias 37, 885-890.

Möbius, P.,Lentzsch, P., Moser, I., Naumann, L., Martin, G. and Köhler, H. (2006) Comparative mac-rorestriction and RFLP analysis of *Mycobacterium avium* subsp. avium and *Mycobacterium avium* subsp. hominissuis isolates from man, pig, and cattle. Veterinary Microbiology 117, 284-291.

Muñoz Mendoza, M., Juan, L.D., Menéndez, S., Ocampo, A., Mourelo, J., et al.(2012) Tuberculosis due to *Mycobacterium bovis* and *Mycobacterium caprae* in sheep.Veterinary Journal 191, 267-269.

Mustafa, I.E.(1987) Bacterial diseases of dromedaries and Bactrian camels. Revue Scientifique Technique Office International Epizootics 6, 391-405.

Muwonge, A., Johansen, T.B., Vigdis, E., Godfroid, J., Olea-Popelka, F., et al.(2012) *Mycobacterium bovis* infections in slaughter pigs in Mubende district, Uganda: a public health concern.BMC Veterinary Research 8, 168.

Myers, J.A.and Steele, J.H.(eds)(1969) Bovine Tuberculosis Control in Man and Animals. Warren H Green, St.Louis, USA.

Naima, S.,Borna, M., Bakir, M., Djamel, Y., Fadila, B., et al.(2011) Tuberculosis in cattle and goats in the North of Algeria. Veterinary Research 4, 100-103.

Napp, S., Allepuz, A., Mercader, I., Nofrarias, M., Lopez-Soria, S., et al.(2013) Evidence of goats acting as domestic reservoirs of bovine tuberculosis.Veterinary Record 172, 663.

Naranjo, V.,Gortazar, C., Vicente, J.and de la Fuente, J. (2008) Evidence of the role of European wild boar as a reservoir of *Mycobacterium tuberculosis* complex.Veterinary Microbiology 127, 1-9.

Narnaware, S.D., Dahiya, S.S., Tuteja, F.C., Nagarajan, G., Nath, K.and Patil, N.V.(2015) Pathology and diagnosis of *Mycobacterium bovis* in naturally infected dromedary camels(Camelus dromedarius) in India. Tropical Animal Health and Production 47, 1633-1636.

Nebreda, T., Álvarez-Prida, E., Blanco, B., Remacha, M.A., Samper, S. and Jiménez, M.S. (2016) Peritoneal tuberculosis due to *Mycobacterium caprae*.IDCases 4, 50-52.

Nugent, G. (2011) Maintenance, spillover and spillback transmission of bovine tuberculosis in multi-host wildlife complexes: a New Zealand case study.Veterinary Microbiology 151, 34-42.

Nugent, G.and Whitford, J.(2003) Pigs as Hosts of Bovine Tuberculosis in New Zealand-a review. R-10577: part 1 of a two-part project, Animal Health Board.Available at: http://www.tbfree.org.nz/Portals/0/2014AugResearchPapers/Nugent%20G,%20Reddiex%

20B,%20Whitford%20J,%20Yockney%20I.%20Pig%20as%20hosts%20of%20bovine%20tuberculosis%20in%20New%20-Zealand%20_%20a%20review.pdf (accessed 26 June 2016).

Nugent, G.and Whitford, J.(2008) Confirmation of the Spatial Scale and Duration of Spillback Risk from TB infected Pigs.Project No.R-10688, Animal Health Board.Available at: http://www.tbfree.org.nz/Portals/0/2014AugResearchPapers/Nugent%20G,%20Whitford%20EJ.%20Confirmation%20of%20the%20Spatial%20Scale%20and%20Duration%20of%20Spillback%20Risk%20from%20Tb-infected%20Pigs.pdf(accessed 26 June 2016).

Nugent, G., Whitford, J.and Young, N.(2002) Use of released pigs as sentinels for Mycobacterium bovis.Journal of Wildlife Diseases 38, 665-677.

Nugent, G., Whitford, J., Yockney, I.J.and Cross, M.L.(2012) Reduced spillover transmission of Mycobacterium bovis to feral pigs(Sus scofa) following population control of brushtail possums(Trichosurus vulpecula).Epidemiology and Infection 140, 1036-1047.

Nugent, G.,Gortazar, C.and Knowles, G.(2015) The epidemiology of Mycobacterium bovis in wild deer and feral pigs and their roles in the establishment and spread of bovine tuberculosis in New Zealand wildlife. New Zealand Veterinary Journal 63, 54-67.

OIE(2016) 2016 Terrestrial Animal Health Code. Chapter 1.3.Diseases, infections and infestations.Available at: www.oie.org(accessed 28 February 2017).

O'Reilly, L.M.and Daborn, C.J.(1995) The epidemiology of Mycobacterium bovis infections in animals and man: a review.Tubercle and Lung Disease 76, 1-46.

Parra, A., Fernandez-Llario, P., Tato, A., Larrasa, J., Garcia, A., et al.(2003) Epidemiology of Mycobacterium bovis infections of pigs and wild boars using a molecular approach.Veterinary Microbiology 97, 123-133.

Pate, M., Svara, T., Gombac, M., Paller, T., Zolnir-Dovc, M., et al.,(2006) Outbreak of tuberculosis caused by Mycobacterium caprae in a zoological garden. Journal of Veterinary Medicine Series B 53, 387-392.

Pérez de Val, B., Grau-Roma, L., Segalés, J., Domingo, M.and Vidal, E.(2014) Mycobacteriosis outbreak caused by Mycobacterium avium subsp. avium detected through meat inspection in five porcine fattening farms.Veterinary Record 174, 96.

Quintas, H., Reis, J., Pires, I.and Alegria, N. (2010) Tuberculosis in goats.Veterinary Record 166, 437-438.

Rodriguez, S., Bezos, J., Romero, B., de Juan, L., Alvarez, J., et al.,(2011) Mycobacterium caprae infection in livestock and wildlife, Spain.Emerging Infectious Diseases 17, 532-535.

Sanchez, J., Tomás, L., Ortega, N., Buendía, A.J., del Rio, L., et al.(2011) Microscopical and immunological features of tuberculoid granulomata and cavitary pulmonary tuberculosis in naturally infected goats.Journal of Comparative Pathology 145, 107-117.

Santos, N.,Geraldes, M., Afonso, A., Almeida, V.and Correia-Neves, M.(2010) Diagnosis of tuberculosis in the wild boar(Sus scrofa): a comparison of methods applicable to hunter-harvested animals.PLoS One 5(9), e12663.

Schiller, I.,RayWaters, W., Vordermeier, H.M., Jemmi, T., Welsh, M., et al.,(2011) Bovine tuberculosis in Europe from the perspective of an officially tuberculosis free country: trade, surveillance and diagnostics.Veterinary Microbiology 151, 153-159.

Schillinger, D.(1987) Kamel(Camelus dromedar-ius). Sem. Sonderdruck Vet. Labhard Verlag Konstanz, Germany, 9, 50–53.

Schliesser, T.(1985) Mycobacterium. In: Blobel, H.and Schliesser, T.(eds) Handbuch der bakteriellen Infektionen bei Tieren. Gutstav Fischer Verlag, Stutt-gart, Germany, 155–313.

Schwartz, H. J. (2013) Global Development of Camel Populations, Production Systems, and Systems Productivity. International Camel Conference Bahawal-pur, Pakistan.Available at http://amor.cms.hu–berlin. de/~h1981d0z/(accessed 14 December 2017).

Shanahan, A., Good, M., Duignan, A., Curtin, T.and More, S. J.(2011) Tuberculosis in goats on a farm in Ireland: epidemiological investigation and con-trol.Veterinary Record 168, 485.

Tag el Din, M.H.and el NourGamaan, I.(1982) Tuberculosis in sheep in the Sudan. Tropical Animal Health and Production 14, 26.

Taylor, C.,Jahans, K., Palmer, S., Okker, M., Brown, J.and Steer, K.(2006) *Mycobacterium microti* isolated from two pigs.Veterinary Record 159, 59–60.

Tirkkonen, T., Pakarinen, J., Moisander, A.-M., Mäkinen, J., Soini, H. and Ali–Vehmas, T.(2007) High genetic relatedness among *Mycobacterium avium* strains isolated from pigs and humans revealed by comparative IS1245 RFLP analysis.Veterinary Microbi-ology 125, 175–181.

van den Heever, L.W.(1984) Tuberculosis in milch goats.Journal of the South African Veterinary As-sociation 55, 219–220.

Van Der Burgt, G.M., Drummond, F., Craw-shaw, T.and Morris, S.(2013) An outbreak of tubercu-losis in Lleyn sheep in the UK associated with clinical signs.Veterinary Record 172, 69.

Wardeh, M.F.(2004) Classification of the camel. Journal of Camel Science 1, 1–7.

Wernery, U.and Kinne, J.(2012) Tuberculosis in camelids: a review.Revue Scientifique et Technique(In-ternational Office of Epizootics) 31, 899–906.

Wernery, U.and Rüger–Kaaden, O.(2002) Tu-berculosis.Infectious Diseases in Camelids, 2nd edn, Blackwell Science, Berlin, Germany, 91–97.

Wernery, U., Kinne, J., Jahans, K.L., Vorder-meier, H.M., Esfandiari, J., et al.(2007) Tuberculo-sis outbreak in a dromedary racing herd and rapid sero-logical detection of infected camels.Veterinary Microbi-ology 122, 108–115.

Wernery, U., Kinne, J. and Schuster, R.K.(2014) Camelid Infectious Disorders.OIE, Paris.

Wosene, A.(1991) Traditional husbandry prac-tices and major health problems of camels in the Ogaden (Ethiopia).Nomadic Peoples 21–30.

Zanardi, G., Boniotti, M.B., Gaffuri, A., Casto, B., Zanoni, M.and Pacciarini, M.L.(2013) Tubercu-losis transmission by *Mycobacterium bovis* in a mixed cattle and goat herd.Research in Veterinary Science 95, 430–433.

Zubair, R., Khan, A.M.Z. and Sabri, M.A.(2004) Pathology of camel lungs.Journal of Camel Sci-ence 1, 103–10.

野生动物在牛分枝杆菌流行病学中的作用

Naomi J. Fox[1], Paul A. Barrow[2], Michael R. Hutchings[1]

1　苏格兰农业学院，爱丁堡，英国
2　诺丁汉大学，诺丁汉，英国

虽然传统上认为由牛分枝杆菌感染的疫病是一种牛类疾病，但这个名字事实上掩盖了它的多宿主特性。牛分枝杆菌是人兽共患病病原体，目前已从大多数哺乳动物（从啮齿动物、食虫动物到灵长类动物和食肉动物）的多个成员中分离出来（O'reilly 和 Daborn，1995；Coleman 和 Cooke，2001 年；Delahay 等，2002）。

野生动物作为牛结核病宿主可能阻碍牛结核病在家畜中的根除进程。然而，从上述野生动物种群中分离到牛分枝杆菌，并不一定意味着该物种在疫病爆发中发挥重要作用。宿主在疫病传播动力学中发挥的作用取决于多种相互作用因素，包括病变结构和位置、排菌水平和途径、宿主行为，以及传染源和易感个体之间直接与间接接触的可能性。通过了解这些因素在宿主种群内部和不同物种之间的差异，可以阐明它们在疫病持续流行和传播中的潜在作用。

7.1　牛分枝杆菌在主要野生动物宿主中的感染情况

鉴于牛分枝杆菌宿主范围广泛，我们总结了在家畜牛结核病流行病学中可能发挥影响作用的动物宿主的物种情况。

在大量关于这些宿主感染牛分枝杆菌的文献中，我们关注的是排菌相关的感染位点，结合其生活习性行为特征，形成潜在的种内和种间传播途径，导致持续感染和传播。在第 8 章中可以看到这些物种感染所呈现的病理变化。

7.1.1　袋貂

帚尾袋貂（*Trichosurus vulpecula*）（以下简称"袋貂"）是新西兰牛分枝杆菌（*M. bovis*）持续流行的重要野生动物宿主。虽然牛分枝杆菌在袋貂中的流行率普遍较低，平均为 5%，但它们高度易感，局地流行率可达 60%（Coleman 和 Cooke，2001）。尽管新西兰帚尾袋貂的平均密度约为 1 只/hm²（Nugent 等，2015a），但不同森林中未受控制的种群数量可能超过 20 只/hm²（Coleman 等，1980），造成感染传播风险较大。

个体感染后病程进展迅速，病变部位极少出现包膜情况，主要是广泛坏死伴随巨噬细胞活性降低，提示感染动物先天免疫力受到损伤。袋貂易感性已在人工感染试验中得到证实，气溶胶或气管内接种 10~100 个菌落形成单位（CFU）含量的细菌，袋貂可在 8~10 周内迅速发病并导致死亡（Aldwell 等，2003）。

在感染的袋貂中，病变主要发生在肺和周围浅表淋巴结，肺组织细菌计数可达到 10⁷ CFU/g（Nugent 等，2015a）。袋貂自然感染牛分枝杆菌，可迅速致死，从表现出结核病临床症状到死亡平均为 4.7 个月（Ramsey 和 Cowan，2003）。在感染末期，常表现为全身性症状，肝、脾、肺、肾均有病变（Jackson 等，1995）。在这个阶段，脓性物质可以从浅表淋巴结的化脓性病变中排出（Gortazar 等，2015）。

人们目前尚不清楚其感染机制，虽然开展了传播试验，但对这一过程依然了解甚少（Corner 等，2002），然而，可以从病变分布中推测可能的传播路径。在患有结核病的袋貂中，常见肺部的病变（Jackson 等，1995），而在非反刍动物中，肺部病变表明存在呼吸道传播。呼吸道传播的证据因气管冲洗和浅表淋巴结的排出而进一步复杂化，从感染袋貂尿液和粪便样本中分离出的细菌很少。病变

常见于周围淋巴结（如腋窝和腹股沟）（Jackson 等，1995），提示在袋貂争斗或交配过程中细菌可经划伤的皮肤导致感染。袋貂乳腺结核病变的存在提示可能发生通过乳汁的伪垂直传播（Jackson 等，1995）。有人认为，袋貂最初的感染来自结核菌从野鹿的外溢，因为袋貂结核病疫情的首次爆发与商业猎鹿行为开始的时间相吻合（大约在 1960 年）。当时人们通常的做法是把被猎杀的鹿的鹿头和内脏丢弃在野外，导致袋貂觅食而感染（Nugent，2011）。

7.1.2　獾

在英国和爱尔兰，獾（*Meles meles*）被认为是最重要的牛分枝杆菌野生动物宿主（Delahay 等，2002；Phillips 等，2003），其他国家偶尔也会发现类似的獾感染情况（Bouvier 等，1962）。獾是高度社会化动物，在高密度状态下形成社会群体，保卫各自领地（Roper 等，1986）。据估计，獾中牛分枝杆菌的流行情况差异较大，感染表现出高度的空间聚集性（Delahay 等，2000；Woodroffe 等，2005）。在当地群体水平上，獾密度与结核病患病率之间没有一致的相关性（Vicente 等，2007a；Delahay 等，2013），尽管新病例发生率与群体间移动频率相关（Vicente 等，2007a）。

獾的主要感染部位是下呼吸道，肺部感染频率高，肺部出现病变概率高（Gallagher 和 Nelson，1979；Gallagher 和 Clifton-Hadley，2000；gavier-Widen 等，2001；Jenkins 等，2007a），这表明吸入传染性气溶胶颗粒和通过呼吸道感染是最可能的传播途径（gavier-

Widen 等，2001；Jenkins 等，2007a）。相反，獾通过胃肠道感染是罕见的，可能是由于该部位高酸性条件（Vandal 等，2009）不利于病菌侵入定植。通常认为，獾的尿、痰、粪便和脓肿脓汁排出的杆菌会污染环境（Gallagher 等，1976；Gallagher 和 Clifton - Hadley，2000）。排泄物中，肾脏感染后动物排出尿液的杆菌数量最高，达到 $250×10^3 CFU/mL$（Gallagher 和 Clifton-Hadley，2000）。

作为非常规宿主，大多数獾感染呈潜伏状态，多为限制性病变，甚至感染一段时间后，病变完全消失（Gallagher 等，1998）。因此，獾可以在感染后存活数年，在群居生活期间排出细菌（Cheeseman 等，1989）。各个年龄段獾对结核杆菌都易感；然而，感染风险随着年龄的增长而增加（Jenkins 等，2007a）。

獾雄性结核病患病率高于雌性，这是由于行为差异，雄性参与领地防御相关的争斗行为更多（Gallagher 和 Clifton - Hadley，2000）。在检测到细菌排出后，雄性比雌性更早死于感染（Graham 等，2013；Tomlinson 等，2013）。

獾生活在通常由 3~10 个个体组成的社会群体中（Vicente 等，2007a），它们的行为对牛分枝杆菌传播有很大影响。气溶胶传播在短距离范围内发挥的影响作用大，獾在地下群居生活，结核病病原菌通过气溶胶方式在群体内传播。獾通过粪便、排尿散发的气味进行交流和标记领地等行为（Neal，1986）。咬伤通常发生在领地防卫和交配行为中，尤其是雄性獾（Gallagher 和 Nelson，1979；Cheeseman 等，1989）。排便、排尿造成的环境污染和撕咬行为造成的传播导致潜在的种内传播。

獾的生活行为与结核菌传播之间复杂的关系表现为，与试验阴性的个体相比，细菌分离培养结果呈现阳性的獾的行为表现更加活跃（Garnett 等，2005），虽在自己的群内呈现孤立状态，但是增加了群间的接触（Weber 等，2013）。

7.1.3 野猪和未驯化猪

牛分枝杆菌在野猪群体中感染率较高。例如，在西班牙，野猪种群密度可以达到 90 只/km^2（Acevedo 等，2007），牛分枝杆菌感染率高达 100%（$n = 14$）（Vicente 等，2006）。牛分枝杆菌感染程度存在地理差异，例如，澳大利亚报道的患病率为 0~40%，那里的密度通常低于 11 个个体/km^2（Naranjo 等，2008）。

未发现患病率存在明显性别差异，但感染概率确实随年龄增加而升高（Vicente 等，2013），传播发挥的影响可能与年龄有关。Martin-Hernando 等（2007）发现，多个解剖部位存在严重病变的育成猪数量比例很高，并可能通过多种途径排出牛分枝杆菌。由于这些年龄组活动范围广，有可能促进病原菌的空间传播。相反，通常认为，仔猪在传播中的作用有限，因为在试验研究中，感染和未感染的仔猪之间发生传播的情况比较罕见（Gortazar 等，2015）。仔猪有可能通过伪垂直传播而感染，因为在母猪的乳腺中发现了结核性病变（Martin-Hernando 等，2007）。在牛分枝杆菌高流行率的公猪群体中，结核病变的分布有所不同；很可能，感染严重、病变评分高的个体在结核病的感染传播中发挥更重要的作用（Martin-Hernando 等，2007）。

野猪有可能通过呼吸道和食源性途径感染，因为只在野猪胸部区域（通常是支气管淋巴结）发现有结核性病变，或者只在腹部区域发现有结核性病变（通常是肠系膜淋巴结）（Martin-Hernando 等，2007）。除疫病流行的地理差异外，疫病发展也存在空间变异情况。例如，在西班牙地中海地区，感染牛分枝杆菌的野猪中，有近 50% 表现出胸部区域病变（Martin-Hernando 等，2007），而在西班牙大西洋地区，只有不到 10% 始终表现为胸部病变（Munoz-Mendoza 等，2013）。相比之下，新西兰未驯化猪的结核性病变主要发生在头部，与淋巴结有关（Nugent，2011），这种发病机制差异提示存在不同的传染源。

猪科动物被认为是牛分枝杆菌的传播宿主（Martin-Hernando 等，2007；Naranjo 等，2008）。野猪在下颌淋巴结和扁桃体出现结核性病变的比例很高，而分枝杆菌有可能通过唾液排出，因为在野猪下颌唾液腺的排泄管中发现了分枝杆菌（Martin-Hernando 等，2007）。考虑到病变分布，由于其群居习性，野猪一起出行和觅食，直接接触或通过呼吸道感染的可能性高（Vicente 等，2013）。相反，通过尿液传播的可能性不大，因为野猪肾脏中既没有发现病变，也没有发现分枝杆菌（Naranjo 等，2008）。许多猪科动物的行为促进了牛分枝杆菌的摄入和吸入，包括它们广泛的饮食谱（Dondo 等，2007）和喜欢在泥水中打滚的习性，牛分枝杆菌可以在宿主的体外存活（Young 等，2005）。野猪也有吃腐肉的嗜好，而田野中以腐肉为食的动物和被猎捕的动物遗骸可能是传播的重要因素（Vicente 等，2007b）。

7.1.4　鹿

牛分枝杆菌的宿主范围非常广泛。报道显示至少有 14 种鹿可被感染，包括马鹿（*Cervus elaphus*）、北美麋鹿（*Cervus elaphus nelsoni*）、麋鹿（*Cervus elaphus nannodes*）、梅花鹿（*Cervus nippon*）、水鹿（*Cervus unicolor Swinhoei*）、黇鹿（*Dama dama*）、白尾鹿（*Odocoileus virginianus*）、骡鹿（*Odocoileus hemionus*）、哥伦比亚骡鹿（*Odocoileus hemionus columbianus*）、轴鹿（*Axis axis*）、狍子（*Capreolus capreolus*）、中华黄麂属鹿（*Muntiacus reevesi*）、驯鹿（*Rangifer tarandus*）和大角鹿（*Alces alces*）（Palmer 等，2015）。野生鹿疫情严重的情况比圈养鹿更少见，也鲜有发生（Grifi 和 Buchan，1994；Hunter，1996）。

来自野生鹿宿主——北美的白尾鹿的大部分数据表明，这些动物在维持疫病流行方面发挥重要作用，特别是在密歇根州地区，牛分枝杆菌在白尾鹿种群中流行（Conner 等，2008）。包括英国在内的其他地区也对鹿感染牛分枝杆菌进行了广泛的研究（Delahay 等，2007），如西班牙（Vicente 等，2006；Martin Hernando 等，2010）和新西兰（Griffin 和 Buchan，1994；Lugton 等，1998）。

特有鹿种群的患病率可以保持在较低水平（Delahay 等，2007；O'Brien 等，2011），通常是鹿高度聚集造成感染，其感染率随年龄增长而增加（O'Brien 等，2006）。感染通常表现为亚急性和慢性，宿主感染后可以存活 10 年以上（Nugent，2011）。然而，有些病例在感染后不久死亡，而那些表现出临床症状

（如体重减轻、毛发粗糙、身体状况不佳）的病例预后也很差（Griffin 和 Buchan，1994）。当存在结核性病变时，最常见的部位是肺、咽后淋巴结和胸淋巴结（Delahay 等，2002）。这些病变位置表明，呼吸道是感染的主要途径，病菌可通过开放伤口感染，也可能通过皮肤感染。虽然鹿感染后常出现淋巴结炎，如至少有一个淋巴结受到感染，但其他器官累积、发生全身性疫病的情况也可能出现（Griffin 和 Buchan，1994；Lugton 等，1998；Griffin 和 Mackin tosh，2000）。例如，在西班牙部分地区，在一些鹿的牛结核病爆发病例中，50%以上出现严重疫病（Vicente 等，2006；Martin Hernando 等，2010）。约 1/3 自然感染的白尾鹿，其头部和胸部出现病变（Fitzgerald 和 Kaneene，2013）。在新西兰野鹿种群中，分离到牛分枝杆菌的情况相对少见，25%的细菌培养结果呈阳性的鹿无明显病变（Lugton 等，1998 年）。鹿有可能将牛分枝杆菌继续传播给其他宿主，因为已经发现鹿体内有体积大、数量多、包裹性差的肉芽肿，肉芽肿内含有高浓度的牛分枝杆菌，并形成与表面淋巴结肿大相关的脓肿（Johnson 等，2008）。有证据表明，与试验感染鹿直接接触的野鹿会感染牛分枝杆菌（Palmer 等，2001）。尽管野生鹿和养殖鹿之间接触的情况通常比较罕见，但它们之间仍然存在传播的可能。

结核病分布受鹿群社会结构的影响。白尾鹿中，牛分枝杆菌分布是不均匀的，因为雌性鹿在母系群体中被区别对待，它们活动区域恒定，且感染水平不均，在一些群体中较高，在另一些群体中较低。牛分枝杆菌感染率较高的是雄性，它们活动范围更大，与无亲缘关系的鹿接触的机会也更多（Cosgrove 等，2012）。鹿密度与疫病患病率之间存在正相关关系（Hickling，2002），随着密度减少，白尾鹿和麋鹿患病率均下降（Shury 和 Bergeson，2011）。由于传播依赖于种群密度，因此牛分枝杆菌传播水平受到鹿群管理措施的影响，补充饲喂等因素导致牛分枝杆菌传播的总体增加，并导致病菌在空间上分布更加均匀。Palmer 等（2004a）的试验证实了补充喂养对传播的影响，实验通过共享饲料，造成了鹿的间接性感染。

7.2 多宿主共同作用与牛分枝杆菌的生态学、动力学和持续性传播关系

7.1 讨论了牛分枝杆菌在主要宿主物种中的感染情况。对每个物种来说，传播取决于感染的病理、排菌能力、最小感染剂量以及传染源和易感个体之间的相互作用。然而，许多宿主物种常常共生共存，牛分枝杆菌在系统水平上的流行维持依赖于多物种共同作用。简单来说，通常被描述的宿主为维持宿主或溢出宿主。维持宿主可以通过特定区域内的传播途径维持牛分枝杆菌的流行，而不依赖于任何种间传播（家养或野生）。相反，外溢宿主的持续感染则需要持续的种间传播。虽然维持宿主和外溢宿主都可以作为媒介，但通常认为对疫病控制影响最大的牛分枝杆菌宿主是具有高传播潜力的维持宿主。然而，至少在理论上，在只有外溢物种组成的宿主群落，也有可能维持感染状态。在这种情况下，对任何单一物种实施控制，可能夸大了它们在维持感染方面的

作用。

维持宿主的作用在新西兰帚尾袋貂身上得到典型的体现，在那里，牛分枝杆菌可以在袋貂种群中存活（Morris 和 Pfeiffer，1995），但袋貂种群与感染家畜是完全隔离开的。在这些地区，流行病学表明，猪、雪貂和鹿是溢出宿主（Morris 和 Pfeiffer，1995；Ragg 等，1995；Jackson，2002）。新西兰相同地区生活的食腐动物（如野猪和雪貂），结核性病变主要出现在其头部和胃肠道，表明这些野生动物是通过接触或食用感染结核病的袋貂尸体而被传染的（Ragg 等，1995；Coleman 和 Cooke，2001）。有证据表明，在采取袋貂种群控制措施的地区，鹿体内的牛分枝杆菌也已被根除，但在没有减少袋貂数量的地区，鹿体内的牛分枝杆菌水平仍保持不变（Palmer 等，2015）。人们观察到，圈养鹿舔咬受布鲁氏菌感染的濒死袋貂（Sauter 和 Morris，1995），提示这也是一种潜在的传播途径。

同地区野生动物物种在疫病传播和维持中的作用，因地理位置不同而异，包括土地利用、生态和生境，以及由此导致的宿主行为和种群密度差异。虽然鹿在新西兰被认为是外溢宿主，那里狩猎压力大，种群密度低。但在美国密歇根州，已有报道称牛分枝杆菌导致的疫情在野生鹿科动物种群中持续爆发（O'Brien 等，2002）。它们在维持和传播方面的作用，部分是由于种群密度高造成的。鹿在人工喂养地点聚集也可以促进传播（O'Brien 等，2011）。由于依赖于密度的传播，控制工作的重点是减少密度。

猪科动物作为牛分枝杆菌的宿主，其地位也有很大差异，这取决于猪的密度、同区域其他物种的感染水平、猪的分布和生态因素。在野猪种群密度最高的地区发现了牛分枝杆菌，这些地区通常通过密集的狩猎管理（补充饮水饲料、迁移和围栏）人工维持着猪只高密度。在这些高密度地区，种内传播足以使牛分枝杆菌在没有其他溢出物种（Naranjo 等，2008）的情况下独立存活，这一观点得到了其他证据的支持。例如，20 多年来，人们在与家畜隔离的地方，发现了牛分枝杆菌在野生的蹄类动物中的传播（Gortazar 等，2005）。

认为野猪是维持性宿主的地区，包括西班牙西南部的地中海地区和葡萄牙东南部。在这些地区，野猪数量减少导致同区域牛和鹿的牛分枝杆菌水平下降（Boadella 等，2012；Garcia-Jimenez 等，2013）。相比之下，在猪密度低的地区，种内传播较低，在上述地中海地区以外，认为野猪是终末宿主。然而，病原菌可能从其他宿主物种中频繁溢出。猪密度较低的地区，有与猪分布区域相重叠的野生动物。在猪密度低，但野生动物感染水平高的地区，野生猪的患病率可达 100%，在对其他宿主物种，如新西兰的帚尾袋貂（Nugent 等，2015b）和澳大利亚的牛科动物（McInerney 等，1995；Corner，2006）实施关键性控制后，这些猪的患病率迅速下降。这些地区，猪可以作为确定目标地区牛分枝杆菌是否存在的哨兵动物，因为它们在该地区的活动范围大，而且具有杂食性倾向，经常食用受感染宿主的尸体（Nugent 等，2002）。这个例子强调了要理解不同宿主物种在结核病持续感染流行中发挥的作用，并不仅仅是呈现出高发病率的宿主对持续感染流行有作用。

单个物种在多宿主系统中所起到的作用

是复杂的,不仅仅是密度相关的问题。虽然,高密度的维持宿主可导致疫病进一步传播扩散,但低密度外溢宿主也是宿主群落的重要组成部分。这种活动范围广、寿命长、通常呈亚临床感染状态的外溢宿主物种可作为时空载体,当牛分枝杆菌的传播范围与其原本的维持宿主种群范围重叠时,或当维持宿主密度在种群减少后又恢复时,这些时空载体会将牛分枝杆菌传播回真正的维持宿主,野鹿就是这种现象的一个例子。在美国之外,鹿因其寿命长、种群规模较大,很好地扮演了结核病原维持宿主的角色(Nugent 等,2015a)。

通过对真正的维持宿主、短寿命带菌者(如袋貂)的控制,根除了它们的结核病,但亚临床感染的鹿可以作为暂时的带菌者存活多年,并携带牛分枝杆菌。然后,随着这些宿主的数量在扑杀后迅速恢复,它们可以将感染传播回更容易感染但寿命较短的宿主物种。野生鹿大的栖息范围也提供了一个机制,在回到更常见的宿主物种之前,牛分枝杆菌被转移到新的地区。如果已知存在这种现象,在制订控制战略时就可以加以考虑。

在多宿主系统中,通常很难区分单个物种在结核病流行传播中发挥的作用,这种复杂性集中体现在非洲南部物种丰富的保护区。在非洲南部 16 个不同物种中发现了牛分枝杆菌,有证据表明牛分枝杆菌可在这些物种间和种内传播(Hlokwe 等,2014)。也有证据表明牛分枝杆菌的分布面积正在增加,因为已知的宿主种类也在增加(Hlokwe 等,2014)。起初,当地国家公园中非洲水牛的牛分枝杆菌感染被认为是由附近农场阳性牛传入的,成为牛分枝杆菌主要的维持宿主,且能够在

没有家养牛的生态系统中维持牛分枝杆菌的感染和流行(Michel 等,2006)。然而,其他物种(驴羚)后来也被证明是维持宿主(Michel 等,2006;Mwacalimba 等,2013)。人们在捕食动物中也发现了牛分枝杆菌,例如在狮群中已呈现很高的发病率(Keet 等,2010)。由于捕食者优先以身体虚弱的猎物为目标,临床感染的或发病死亡的野生有蹄类动物会成为明显的捕食目标,大型捕食者和食腐性杂食动物暴露于大量的牛分枝杆菌感染性组织。由于物种种类丰富、种间接触机会多,因此无法确定这些物种(如狮子)是否能成为维持宿主,而个别物种在多层面、多宿主复合体中的真正作用,也没有得到充分认知。

正如在新西兰所证明的那样,扑杀野生动物宿主可能是控制牛分枝杆菌流行传播的一种有效方法。然而,袋貂在新西兰是一种外来物种,如果扑杀可能威胁到受保护和濒临灭绝的本地物种的生存时,采用这类控制方法是不可行的。非洲南部国家公园有责任保护一些携带牛分枝杆菌的物种,这使得控制措施变得更加复杂。由于无法实施扑杀措施,国家公园控制策略的重点是限制受感染的野生动物移动,从而遏制牛分枝杆菌进一步传播。然而,如果野生动物移动受到限制,牛分枝杆菌流行区域(如克鲁格国家公园)则可能成为孤岛。随着濒危物种在国家公园之间的迁移受到限制,保护工作可能会受到遗传资源交换受限的影响(Michel 等,2006)。因此,在物种丰富并存在重点保护物种的生态系统中,如何控制牛分枝杆菌陷入两难境地,加之不清楚每个宿主物种在流行中真正发挥的作用,当地的结核病防控难上加难。然而,由于牛分枝杆菌威胁到濒

危物种的生存（Michel 等，2006），并危及人兽共患公共卫生安全，特别是在保护区周围的艾滋病流行社区（Hlokwe 等，2014），风险进一步加剧，因此，非洲南部结核病的控制工作仍然任重而道远。

7.3 家畜-野生动物界面传播

考虑到宿主物种和传播途径的多样性，牛分枝杆菌可在家畜-野生动物不同界面的传播则在意料之中。然而，野生动物在家畜疫病流行病学中的作用可能存在争议。有许多研究尝试量化野生动物和牲畜之间的相互作用，包括直接（Bohm 等，2009）和间接（Hutchings 和 Harris，1997）作用。虽然研究揭示了牛分枝杆菌的传播途径，然而，几乎没有任何直接的传播证据，更不用说对传播率进行量化。支持野生动物在家畜牛分枝杆菌流行病学中的作用，最好的方式是通过采取疫病控制行动后再评价。

随着在家畜物种上实施疫病控制策略，一些国家成功在牛群中净化了牛分枝杆菌感染并达到国家无结核病状态（More 等，2015；参见第 14 章）。这些国家控制战略的成功之处在于，以检测-扑杀为基础，结合皮内变态反应试验，限制阳性动物移动（Radunz，2006；More 等，2015；参见第 11 章），但这种策略实际效果受到影响甚至失败与牛分枝杆菌宿主种类多、野生动物充当维持宿主有关（Bessell 等，2012；-Hardstaff 等，2014）。

野生动物-牲畜的动态传播，在生态系统内部和生态系统之间各不相同，取决于多种因素，包括物种组成、密度、接触率、行为、

易感性、病理学和排菌情况。在新西兰，野生动物被认为在家畜牛分枝杆菌爆发中扮演了重要角色，家畜与感染袋貂接触（直接和间接）被认为是导致家畜牛分枝杆菌感染流行的主要因素（Hutchings 等，2013）。在感染晚期，袋貂变得虚弱，活动受限，容易接触到好奇的牲畜（Paterson 和 Morris，1995）。当死亡或濒死的袋貂被家畜舔舐或嗅闻时，发生牛分枝杆菌物种间传播（Sauter 和 Morris，1995）。因此，新西兰实施了袋貂种群清群策略，每年费用为 4000 万美元（自 1994 年以来），使得牛分枝杆菌感染的牛和鹿群减少了 95% 以上（Buddle 等，2015）。控制策略取得成功，也包括进行了牲畜检测和移动限制，因此不能只看到控制袋貂发挥的作用。

在英国和爱尔兰，獾是公认在家畜疫病流行病学中影响最大的野生物种，獾和牛之间存在结核双向传播情况（Jenkins 等，2007b）。从獾和牛群中分离出的菌株分型结果显示，牛分枝杆菌菌株在两个宿主物种中的空间分布具有密切关联（Olea-Popelka 等，2005；Woodroffe 等，2005）。这一发现表明，在空间上存在重叠的牛和獾的种群中流行的牛分枝杆菌菌株的遗传背景相同，这与种间传播或两种宿主具有同一传染源的推断是一致的。獾经常在牛场上寻找食物（如蚯蚓），牛也在獾排泄尿液、粪便等污染的地方吃草（Hutchings 和 Harris，1997）。

獾也会进入农场建筑寻找家畜饲料为食（Garnett 等，2002；Tolhurst 等，2009），当牛被圈养时，獾和牛之间近距离接触的概率比放牧时更频繁（Tolhurst 等，2009）。这些行为为直接（通过气溶胶）和间接（通过环境污

染）传播提供了可能。与袋貂一样，牛分枝杆菌的感染可以改变獾的行为，从而增加传播风险，因为濒死的獾不再害怕牛，直接相互接触的概率可能增加（Gavier - Widen 等，2001；Corner，2006）。

獾在英国是受法律保护的物种，牛分枝杆菌从獾传染给牛的风险仍然存在争议。由于国家控制策略难以成功实施，牛分枝杆菌在之前已经实现结核病根除的地区重新传播流行，英国进行了随机獾扑杀试验（RBCT）。RBCT 预算为 5000 万英镑，为期 10 年，覆盖面积 3000km² （McDonald 等，2008），这是英国历史上最大规模的受控兽医流行病学现场试验之一。

RBCT 的目的是量化扑杀獾对牛分枝杆菌感染的牛的数量的影响（Bourne，2007）。与常规的认识相反，RBCT 得出结论，虽然獾确实在牛的疫情暴发中发挥作用，但在某些情况下，扑杀獾可能会提高牛的发病率（McDonald 等，2008）。如果在牛群结核病爆发后采取补救措施，在中央的核心地区主动扑杀獾，发病率减少，但在这些扑杀的边缘地区发病率反而增加（Donnelly 等，2006）。

扑杀的低效主要表现为扰动效应，扑杀会打乱獾的社会组织结构、领地，促进獾移动，增加牛分枝杆菌在獾之间和从獾到牛的传播（McDonald 等，2008；Prentice 等，2014）。

在高度社会化的宿主群体中，感染分布不均的疫病体系可能会放大扰动效应（Prentice 等，2014）。

牛分枝杆菌在獾的单一社会群体中呈高度流行（Delahay 等，2000）。不彻底减少种群，而是通过驱散感染动物，反而增加其与易感动物之间的接触，可能导致患病率快速增加。虽然人们对獾－牛的传播机制仍知之甚少，但 RBCT 试验的大规模和受控特点，有力证明了獾可在家畜牛分枝杆菌的流行病学中发挥作用。有趣的是，正是由于獾数量减少的不均衡情况，才导致现在的 RBCT 结果，因为从理论上来讲，只有消除所有獾，才能阻断牛分枝杆菌从獾到牛的传播。

在美国，研究通常认为鹿一定程度上在牛感染牛分枝杆菌的疫情中发挥作用，有证据表明出现牛分枝杆菌从鹿到牛的传播情况，因此有必要对鹿实施控制策略（Palmer 等，2004b）。鹿经常出没于牛场牧区，密歇根州的白尾鹿无线电项圈就记录了这一现象（Berentsen 等，2013）。

然而，牛和鹿之间的传播是通过共享栖息地间接发生的，因为两者之间很少有直接接触。

由于鹿在美国具备潜在结核病维持宿主的特质，因此，人们一直试图减少其种群数量。与獾相比，在美国鹿数量的减少已经证明可以降低牛分枝杆菌的发病率，而且没有造成任何扰动效应。由于这些鹿活动区域相对固定，很少出现领地交叉重叠或侵入行为，扑杀不太可能改变邻近鹿群的栖息领地，未观察到扰动效应的出现（Palmer 等，2015）。

在采用通过减少种群达到疫病控制的方式前，需要了解不同宿主种群的特性。因为这些特性往往是未知的，可能会影响措施实施的效果。

尽管人们投入了大量资源试图了解野生动物在牛结核病爆发中的作用，但对活畜－野生动物传播的动态机制仍知之甚少。

然而，扑杀野生动物会影响牛的发病率，表明疫病过程是在宿主集群和生态系统水平层面上的过程，而不是在孤立的某个物种上发生的。

7.4　结论

牛分枝杆菌是已知人兽共患病病原体中宿主范围最广的一种（O'reilly 和 Daborn，1995），这种涉及多物种的传播动力学更加复杂，因为病理学、排菌潜能、易感性以及传染源和易感个体之间的相互作用等方面的物种间和物种内存在差异性。

由于宿主数量众多，潜在传播机制各异，因此生态系统内的传播模式非常复杂，人们对其了解甚少。一个物种作为维持宿主或外溢宿主并非静止不变——它会随着多种因素的变化而变化。

例如，由于宿主的状态往往与种群密度有关，密度随着时间、空间和管理的变化而发生波动，所以维持宿主或溢出宿主定位不是一成不变。

因此，在不同的宿主群落中，牛分枝杆菌流行病学可以说是高度可变的，在每个生态系统中均有其出现和持续存在的独有特征。在意大利西北部，野猪被认为是溢出宿主（Dondo 等，2007），但在西班牙部分地区，野猪被认为是维持宿主（Naranjo 等，2008），这些就反映了这种多样性。同样，鹿在新西兰被认为是外溢宿主，但在美国密歇根州被认为是真正的维持宿主。这些变化会影响控制和监测策略，应根据每个区域的宿主群落的组成和结构进行调整。虽然牛结核病仍然主要

是一种牛的疫病，但野生动物感染牛分枝杆菌这一情况，会对家畜牛分枝杆菌流行病学造成潜在影响。也许最好的证据是，在有野生动物宿主的地区，牲畜的疫病控制更加困难。

参考文献

Relative abundance and aggregation: a novel method in epidemiological risk assessment.Epidemiology and Infection 135(3), 519-527.

Aldwell, F. E., Keen, D. L., Parlane, N. A., Skinner, M. A, de Lisle, G. W., et al.（2003）Oral vaccination with *Mycobacterium bovis* BCG in a lipid formulation induces resistance to pulmonary tuberculosis in brushtail possums.Vaccine 22, 70-76.

Berentsen, A. R., Miller, R.S., Misiewicz, R., Malmberg, J.L.and Dunbar, M.R.(2013) Characteristics of white-tailed deer visits to cattle farms: Implications for disease transmission at the wildlife-livestock interface.European Journal of Wildlife Research 60, 161-170.

Bessell, P. R., Orton, R., White, P. C. L., Hutchings, M.R.and Kao R.R.(2012) Risk factors for bovine tuberculosis at the national level in Great Britain. BMC Veterinary Research 8, 51.

Boadella, M., Vicente, J., Ruiz-Fons, F., de la Fuente, J.and Gortazar, C.(2012) Effects of culling Eurasian wild boar on the prevalence of *Mycobacterium bovis* and Aujeszky's disease virus.Preventive Veterinary Medicine 107(3-4), 214-221.

Bohm, M., Hutchings, M.R.and White, P.C.L. (2009) Contact networks in a wildlife-livestock host community: identifying high-risk individuals in the transmission of bovine TB among badgers and cattle. PLOS One 4(4), e5016.

Bourne, J.(2007) Bovine TB: The scientific evidence.Final Report of the Independent Scientific Group on Cattle TB Presented.Available at: www.bovinetb.info/docs/final_report.pdf(accessed 20 December 2017).

Bouvier, G., Burgisser, H.and Schneider, P.A. (1962) Observations sur les maladies du gibier et des ani-maux sauvages faites en 1959 et 1960.Schweizer Archiv fur Tierheilkunde 104, 440-450.

Buddle, B.M., de Lisle, G.W.and Corner, L.A.L. (2015) Australian brushtail possum: a highly susceptible host for *Mycobacterium bovis*.In: Makundan, H., Chambers, M., Waters, R.and Larsen, M.(eds) Tuberculosis, Leprosy and Mycobacterial Diseases of Man and Animals: the Many Hosts of Mycobacteria.CAB International, Wallingford, UK, 325-333.

Cheeseman, C.L., Wilesmith, J.W.and Stuart, F.A.(1989) Tuberculosis: the disease and its epidemiology in the badger, a review.Epidemiology and Infection 103, 113-125.

Coleman, J.D.and Cooke, M.M.(2001) *Mycobacterium bovis* infection in wildlife in New Zealand.Tuberculosis 81, 191-202.

Coleman, J.D., Gillman, A. and Green, W.Q. (1980) Forest patterns and possum densities within podocarp/ mixed hardwood forests on Mt BryanO' Lynn, Westland. New Zealand Journal of Ecology 3, 69-84.

Conner, M.M., Ebinger, M.R., Blanchong, J.A. and Cross, P.C.(2008) Infectious disease in cervids of North America: Data, models, and management challenges.Annals of the New York Academy of Sciences 1134, 146-172.

Corner, L.A.L.(2006) The role of wild animal populations in the epidemiology of tuberculosis in domestic animals: how to assess the risk. Veterinary Microbiology 112(2-4), 303-312.

Corner, L.A.L., Pfeiffer, D.U., de Lisle, G.W., Morris, R.W.and Buddle B.M.(2002) Natural transmission of *Mycobacterium bovis* infection in captive brushtail possums(*Trichosurus vulpecula*).New Zealand Veterinary Journal 50, 154-162.

Cosgrove, M.K., Campa, H., Ramsey, D.S.L., Schmitt, S.M.and O'Brien, D.J.(2012) Modeling vaccination and targeted removal of white-tailed deer in Michigan for bovine tuberculosis control.Wildlife Society Bulletin 36, 676-684.

Delahay, R.J., Langton, S., Smith, G.C., Clifton-Hadley, R.S. and Cheeseman, C.L. (2000) The spatio-temporal distribution of *Mycobacterium bovis* (bovine tuberculosis) infection in a high-density badger population.Journal of Animal Ecology 69(3), 428-441.

Delahay, R.J., De Leeuw, A.N.S., Barlow, A.M., Clifton - Hadley, R.S. and Cheeseman, C.I. (2002) The status of *Mycobacterium bovis* infection in UK wild mammals: A review. The Veterinary Journal 164(2), 90-105.

Delahay, R.J., Smith, G.C., Barlow, A.M., Walker, N., Harris, A., et al.(2007) Bovine tuberculosis infection in wild mammals in the south-west region of England: a survey of prevalence and a semi-quantitative assessment of the relative risks to cattle.The Veterinary Journal 173, 287-301.

Delahay, R., Walker, N., Smith, G.S., Wilkinson, D., Clifton-Hadley, R.S., et al.(2013) Long-term temporal trends and estimated transmission rates for *Mycobacterium bovis* infection in an undisturbed high-density badger(*Meles meles*) population.Epidemiology and Infection 141, 1445-1456.

Dondo, A., Zoppi, S., Rossi, F., Chiavacci, L., Barbaro, A., et al. (2007) Mycobacteriosis in wild boar: results of 2000—2006 activity in north-western Italy.Epidemiology et sante Animal 51, 35-42.

Donnelly, C. A., Woodroffe, R., Cox, D. R., Bourne, J., Cheeseman, C.L., et al.(2006) Positive and negative effects of widespread badger culling on tuberculosis in cattle.Nature 439, 843-846.

Fitzgerald, S.D.and Kaneene, J.B.(2013) Wildlife reservoirs of bovine tuberculosis worldwide: hosts, pathology, surveillance, and control.Veterinary Pathology 50(3), 488-499.

Gallagher, J.and Clifton-Hadley, R.S.(2000)Tuberculosis in badgers; a review of the disease and its significance for other animals. Research in Veterinary Science 69, 203-217.

Gallagher, J.and Nelson, J.(1979) Cause of ill health and natural death in badgers in Gloucestershire. The Veterinary Record 105, 546-551.

Gallagher, J., Muirhead, R. H. and Burn, K. J. (1976) Tuberculosis in wild badgers(Meles meles) in Glouc-erstershire: pathology. The Veterinary Record 98, 9-14.

Gallagher, J., Monies, R.,Gavier-Widen, M.and Rule, B.(1998) Role of infected, non-diseased badgers in the pathogenesis of tuberculosis in the badger. The Veterinary Record 142, 710-714.

García-Jiménez, W.L., Fernandez-Llario, P., Benítez-Medina, J.M., Cerrato, R., Cuesta, J., et al. (2013) Reducing Eurasian wild boar(Sus scrofa) population density as a measure for bovine tuberculosis control: Effects in wild boar and a sympatric fallow deer (Dama dama) population in Central Spain.Preventive Veterinary Medicine 110, 435-446.

Garnett, B. T., Delahay, R. J. and Roper, T. J. (2002) Use of cattle farm resources by badgers(Meles meles) and risk of bovine tuberculosis (Mycobacterium bovis) transmission to cattle.Proceedings of the Royal Society B 269, 1487-1491.

Garnett, B. T., Delahay, R. J. and Roper, T. J. (2005) Ranging behaviour of European badgers(Meles meles) in relation to bovine tuberculosis(Mycobacterium bovis) infection.Applied Animal Behaviour Science 94, 331-340.

Gavier-Widen, D., Chambers, M. A., Palmer, N., Newell, D.G.and Hewinson, R.G.(2001) Pathology of natural Mycobacterium bovis infection in European badgers(Meles meles) and its relationship with bacterial excretion.Veterinary Record 148, 299-304.

Gortazar, C., Vicente, J., Samper, S., Garrido, J.M. and Fernandez-de-Mera, I. (2005) Molecular characterization of Mycobacterium tuberculosis complex isolates from wild ungulates in south-central Spain.Veterinary Research 36, 43-52.

Gortazar, C., Vicente, J., de la Fuente, J., Nugent, G.and Nol, P.(2015) Tuberculosis in pigs and wild boar.In: Mukundan, H., Chambers, M., Waters, R. and Larsen, M. (eds). Tuberculosis, Leprosy and Mycobacterial Diseases of Man and Animals: The Many Hosts of Mycobacteria.CAB International, Wallingford, UK, 313-324.

Graham, J., Smith, G.C., Delahay, R.H., Bailey, T., McDonald, R.A., et al.(2013) Multi-state modelling reveals sex-dependent transmission, progression and severity of tuberculosis in wild badgers.Epidemiology and Infection 141, 1429-1436.

Griffin, J.F.T. and Buchan, G.S.(1994) Etiology, pathogenesis and diagnosis of Mycobacterium bovis in deer.Veterinary Microbiology 40, 193-205.

Griffin, J.F.T.and Mackintosh, C.G.(2000) Tuberculosis in deer: perceptions, problems and progress. Veterinary Journal 160, 202-219.

Hardstaff, J.L., Marion, G., Hutchings, M.R.and White, P.C.L.(2014) Evaluating the tuberculosis hazard posed to cattle from wildlife across Europe.Research in Veterinary Science 97, S86−S93.

Hickling, G.J.(2002) Dynamics of bovine tuberculosis in white−tailed deer in Michigan.Wildlife Division Report No.3363.Michigan Department of Natural Resources Wildlife Division, Michigan.

Hlokwe, T.M., van Helden, P.and Michel, A.L. (2014) Evidence of increasing intra and inter−species transmission of *Mycobacterium bovis* in South Africa: are we losing the battle? Preventive Veterinary Medicine 115, 10−17.

Hunter, D.L.(1996) Tuberculosis in free−ranging, semi free−ranging and captivecervids.Revue scientifique et technique−Office International Epizootics 15 (1), 171−181.

Hutchings, M.R.and Harris, S.(1997) Effects of farm management practices on cattle grazingbehaviour and the potential for transmission of bovine tuberculosis from badgers to cattle.The Veterinary Journal 153(2), 149−162.

Hutchings, S.A., Hancox, N.and Livingstone, P. G.(2013) A strategic approach to eradication of bovine TB from wildlife in New Zealand.Transboundary and Emerging Diseases 60, 85−91.

Jackson, R.(2002) The role of wildlife in *Mycobacterium bovis* infection of livestock in New Zealand. New Zealand Veterinary Journal 50, 49−52.

Jackson, R., Cook, M.M., Coleman, J.D. and Morris, R.S.(1995) Naturally occurring tuberculosis caused by *Mycobacterium bovis* in brushtail possums (*Trichosurus vulpecula*).I.An epidemiological analysis of lesion distribution. New Zealand Veterinary Journal 43, 306−314.

Jenkins, H.E., Morrison, W.I., Cox, D.R., Donnelly, C.A., Johnstone, W.T., et al.(2007a) The prevalence, distribution and severity of detectable pathological lesions in badgers naturally infected with *Mycobacterium bovis*.Epidemiology and Infection 136, 1350−1361.

Jenkins, H.E., Woodroffe, R., Donnelly, C.A., Cox, D.R., Johnston, W.T., et al.(2007b) Effects of culling on spatial associations of *Mycobacterium bovis* infections in badgers and cattle.Journal of Applied Ecology 44, 897−908.

Johnson, L.K.,Liebana, E., Nunz, A., Spencer, Y., Clifton−Hadley, R., et al.(2008) Histological observations of bovine tuberculosis in lung and lymph node tissues from British deer. Veterinary Journal 175(3), 409−412.

Keet, D.F., Michel, A.L., Bengis, R.G., Becker, P., van Dyk, D.S., et al.(2010) Intradermal tuberculin testing of wild African lions(Panthera leo) naturally exposed to infection with *Mycobacterium bovis*.Veterinary Microbiology 144(3−4), 384−391.

Lugton, I.W., Wilson, P.R., Morris, R.S.and Nugent, G.(1998) Epidemiology and pathogenesis of *Mycobacterium bovis* infection of red deer(*Cervus elaphus*) in New Zealand.New Zealand Veterinary Journal 46, 147−156.

Martín−Hernando, M.P.,Höfle, U., Vicente, J., Ruiz−Fons, F., Vidal, D., et al.(2007) Lesions associated with *Mycobacterium tuberculosis* complex infection in the European wild boar.Tuberculosis 87, 360−367.

Martín−Hernando, M.P., Torres, M.J., Aznar, J.,Negro, J.J., Gandía A., et al.(2010) Distribution of lesions in red and fallow deer naturally infected with *Mycobacterium bovis*.Journal of Comparative Pathology 142, 43−50.

McDonald, R. A., Delahay, R. J., Carter, S. P., Smith, G.C., Cheeseman, C.L., et al.(2008) Perturbing implications of wildlife ecology for disease control. Trends in Ecology and Evolution 23, 53-56.

McInerney, J., Small, K.J.and Caley, P.(1995) Prevalence of *Mycobacterium bovis* infection in feral pigs in the Northern Territory. Australian Veterinary Journal 72(1981), 448-451.

Michel, A.L., et al.(2006) Wildlife tuberculosis in South African conservation areas: implications and challenges. Veterinary Microbiology 112 (2 - 4), 91 - 100.

More, S. J., Radunz, B. and Glanville, R. J. (2015).Lessons learned during the successful eradication of bovine tuberculosis from Australia.The Veterinary Record 177(9), 224-232.

Morris, R.S.and Pfeiffer, D.U.(1995) Directions and issues in bovine tuberculosis epidemiology and controlin New Zealand.New Zealand Veterinary Journal 43, 256-265.

Muñoz - Mendoza, M., Marreros, N., Boadella, M., Gortazar, C., Menendez, S., et al.(2013) Wild boar tuberculosis in Iberian Atlantic Spain: a different picture from Mediterranean habitats. BMC Veterinary Research 9, 176.

Mwacalimba, K.K., Mumba, C. and Munyeme, M.(2013) Cost benefit analysis of tuberculosis control in wildlife-livestock interface areas of Southern Zambia. Preventive Veterinary Medicine 110, 274-279.

Naranjo, V.,Gortazar, C., Vicente, J.and de la Fuente, J. (2008) Evidence of the role of European wild boar as a reservoir of *Mycobacterium tuberculosis* complex.Veterinary Microbiology 127, 1-9.

Neal, E. (1986) Natural history of badgers, Croom Helm.Facts on File, New York, USA.

Nugent, G. (2011) Maintenance, spillover and spillback transmission of bovine tuberculosis in multi-host wildlife complexes: A New Zealand case study.Veterinary Microbiology 151(1-2), 34-42.

Nugent, G., Whitford, J. and Young, N. (2002) Use of released pigs as sentinels for *Mycobacterium bovis*.Journal of Wildlife Diseases 38(4), 665-677.

Nugent, G., Buddle, B. M. and Knowles, G. (2015a) Epidemiology and control of *Mycobacterium bovis* infection in brushtail possums(*Trichosurus vulpecula*), the primary wildlife host of bovine tuberculosis in New Zealand.New Zealand Veterinary Journal 63(1), 28-41.

Nugent, G., Gortazar, C. and Knowles, G. (2015b) The epidemiology of *Mycobacterium bovis* in wild deer and feral pigs and their roles in the establishment and spread of bovine tuberculosis in New Zealand wildlife.New Zealand Veterinary Journal 63(1), 54-67.

O'Brien, D.J., Schmitt, S.M., Fierke, J.S., Hogle, S.A., Winterstein, S.R., et al.(2002) Epidemiology of *Mycobacterium bovis* in free-ranging white-tailed deer, Michigan, USA, 1995-2000.Preventive Veterinary Medicine 54, 47-63.

O'Brien, D.J., Schmirr, S.M., Fitzgerald, S.D., Berry, D.E.and Hickling, G.L.(2006) Managing the wild-life reservoir of *Mycobacterium bovis*: the Michigan, USA, experience. Veterinary Microbiology 112, 313-323.

O'Brien, D.J., Schmitt, S.M., Fitzgerald, S.D. and Berry, D.E.(2011) Management of bovine tuberculosis in Michigan wildlife: current status and near term prospects. Veterinary Microbiology 151 (1-2), 179-187.

Olea-Popelka, F.J., Flynn, O., Costello, E.,

McGrath, G., O'Keeffe, J., et al.(2005) Spatial relationship between *Mycobacterium bovis* strains in cattle and badgers in four areas in Ireland.Preventive Veterinary Medicine 71(1), 57-70.

O'Reilly, M.L.and Daborn, C.J.(1995) The epidemiology of *Mycobacterium bovis* infections in animals and man: a review.Tubercle and Lung Disease 76(1), 1-46.

Palmer, M.V., Whipple, D.L.and Waters, W.R. (2001) Experimental deer-to-deer transmission of *Mycobacterium bovis*. American Journal of Veterinary Research 62(5), 692-696.

Palmer, M.V., Waters, W.R.and Whipple, D.L. (2004a) Shared feed as a means of deer-to-deer transmission of *Mycobacterium bovis*.Journal of Wildlife Diseases 40(1), 87-91.

Palmer, M.V., Waters, W.R.and Whipple, D.L. (2004b) Investigation of the transmission of *Mycobacterium bovis* from deer to cattle through indirect contact. American Journal of Veterinary Research 65, 1483-1489.

Palmer, M.V., et al.(2015) Tuberculosis in wild and captive deer.In:Mukundan, H.Chambers, M., Waters, R. and Larsen, M.(eds) Tuberculosis, Leprosy and Mycobacterial Diseases of Man and Animals: The Many Hosts of Mycobacteria.CAB International, Wallingford, UK, 334-364.

Paterson, B.M.and Morris, R.S.(1995) Interactions between beef cattle and simulated tuberculous possums on pasture. New Zealand Veterinary Journal 43, 289-293.

Phillips, C.J., Foster, C.R.W., Morris, P.A.and Teverson, R.(2003) The transmission of *Mycobacterium bovis* infection to cattle.Research in Veterinary Science 74, 1-15.

Prentice, J.C., Marion, G., White, P.C.L., Davidson, R.S.and Hutchings, M.R.(2014) Demographic processes drive increases in wildlife disease following population reduction.PloS One 9(5), e86563.

Radunz, B.(2006) Surveillance and risk management during the latter stages of eradication: experiences from Australia.Veterinary Microbiology 112, 283-290.

Ragg, J.R., Waldrup, K.A. and Moller, H. (1995) The distribution of gross lesions of tuberculosis caused by *Mycobacterium bovis* in feral ferrets(*Mustela furo*) from Otago, New Zealand.New Zealand Veterinary Journal 43, 338-341.

Ramsey, D.and Cowan, P.(2003) Mortality rate and movements of brushtail possums with clinical tuberculosis (*Mycobacterium bovis*) infection. New Zealand Veterinary Journal 51, 179-185.

Roper, T.J., Shepherdson, D.J.and Davis, J.M. (1986) Scent marking with faces and anal secretion in the eurpoean badger(*Meles meles*): seasonal and spatial characteristics of latrine use in relation to territoriality. Behaviour 97(1), 94-117.

Sauter, C.M.and Morris, R.S.(1995) Behavioural studies on the potential for direct transmission of tuberculosis from feral ferrets (*Mustela furo*) and possums (*Trichosurus vulpecula*) to farmed livestock.New Zealand Veterinary Journal 43, 294-300.

Shury, T.K.and Bergeson, D.(2011) Lesion Distribution and Epidemiology of *Mycobacterium bovis* in Elk and White-Tailed Deer in South-Western Manitoba, Canada.Veterinary Medicine International 1-11.

Tolhurst, B.A., Delahay, R.J., Walker, N.J., Ward, A.I.and Roper, T.J.(2009) Behaviour of badgers(*Meles meles*) in farm buildings: opportunities for the transmission of *Mycobacterium bovis* to cattle? Applied Animal Behaviour Science 117, 103-113.

Tomlinson, A.J., Chambers, M.A., Wildon, G.J., McDonald, R.A. and Delahay, R.J. (2013) Sex-related heterogeneity in the life-history correlates of *Mycobacterium bovis* infection in European badgers (*Meles meles*). Transboundary and Emerging Diseases 60 (2000), 37-45.

Vandal, O.H., Nathan, C.F. and Ehrt, S. (2009) Acid resistance in *Mycobacterium tuberculosis*. Journal of Bacteriology 191(15), 4714-4721.

Vicente, J., Hofle, U., Garrido, J.M., Fernandez-de-Mera, I.G., Juste, R., et al. (2006) Wild boar and red deer display high prevalences of tuberculosis-like lesions in Spain. Veterinary Research 37, 1-11.

Vicente, J., Hofle, U., Garrido, J.M., Fernandez-de-Mera, I.G., Acevedo, P., et al. (2007a) Risk factors associated with the prevalence of tuberculosis-like lesions in fenced wild boar and red deer in south central Spain. Veterinary Research 38, 451-464.

Vicente, J., Delahay, R.J., Walker, N.J. and Cheeseman, C.L. (2007b) Social organization and movement influence the incidence of bovine tuberculosis in an undisturbed high-density badger *Meles meles* population. Journal of Animal Ecology 76, 348-360.

Vicente, J., Barasona, J.A., Acevedo, P., Ruiz-Fons, J.F., Boadella, M., et al. (2013) Temporal trend of tuberculosis in wild ungulates from mediterranean Spain. Transboundary and Emerging Diseases 60, 92-103.

Weber, N., Bearhop, S., Dall, S.R.X., Delehay, R.J., McDonald, R.A., et al. (2013) Denning behaviour of the European badger (*Meles meles*) correlates with bovine tuberculosis infection status. Behavioral Ecology and Sociobiology 67, 471-479.

Woodroffe, R., Donnelly, C.A., Johnston, W.T., Bourne, F.J., Cheeseman, C.L., et al. (2005) Spatial association of *Mycobacterium bovis* infection in cattle and badgers *Meles meles*. Journal of Applied Ecology 42, 852-862.

Young, J.S., Gormley, E. and Wellington, E.M.H. (2005) Molecular detection of *Mycobacterium bovis* and *Mycobacterium bovis* BCG (Pasteur) in soil. Applied and Enironmental Microbiology 71(4), 1946-1952.

牛分枝杆菌的分子毒力机制

Alicia Smyth，Stephen V. Gordon

都柏林大学兽医学院，爱尔兰

8.1 概述

牛分枝杆菌感染对人类和动物健康会造成持续影响，每年导致数十亿经济损失（Skuce 等，2011；Muller 等，2013）。虽然一些国家的牛结核病根除工作取得了成功，但全球大部分地区仍有牛分枝杆菌感染动物和人的报告。了解牛分枝杆菌在宿主体内存活、致病并传播给新的（多种）宿主的毒力机制将成为最终根除牛分枝杆菌感染的关键。

牛分枝杆菌是结核分枝杆菌复合群（MTBC）成员，MTBC 是一组遗传关系相近的分枝杆菌，可引起哺乳动物结核病（Frothingham 等，1994；Smith 等，2006）。西奥博尔德·史密斯首次证明牛和其他动物宿主的结核病病原体与人类结核病主要病原体不同，这一发现最终开启了对感染牛的分枝杆菌即牛分枝杆菌的研究（Smith，1898；Karlson 和 Lessel，1970）。MTBC 代表性成员结核分枝杆菌与牛分枝杆菌有 99.95% 的核苷酸序列相同（Cole 等，1998；Garnier 等，2003）。牛分枝杆菌在 MTBC 成员中研究得最为深入，它可以感染野生动物和家养动物，但不是唯一的致病病原菌，此外，其他病原菌还包括在田鼠身上发现的田鼠分枝杆菌（Mycobacterium microti）（Wells，1937、1946）、山羊和牛身上发现的山羊分枝杆菌（Mycobacterium caprae）（Aranaz 等，1999）、羚羊身上发现的羚羊分枝杆菌（Mycobacterium orygis）（van Ingen 等，2012）、海豹身上发现的海豹分枝杆菌（Mycobacterium pinnipedii）（Cousins 等，1993）、猫鼬身上发现的猫鼬分枝杆菌（Mycobacterium mungi）（Alexander 等，2010）、鼬身上发现的鼬分枝杆菌（Mycobacterium suricattae）（Parsons 等，2013）和与之同名的达西兔杆菌（Dassie bacillus）（Cousins 等，1994）。MTBC 的主要区别特征在于它们宿主偏好的差异——牛分枝杆菌具有最广泛的宿主，包括人、牛、獾、山羊、绵羊和鹿（Skuce 等，2011；Muller 等，2013；Palmer，2013；Pes-ciaroli 等，2014）。然而，MTBC 成员的命名并没有限定其感染宿主的范围，而是取决于所讨论的宿主，这种宿主是感染后能够实现成功传播（被称为"主要"或"维持"宿主）还是感染后一般不能造成传播（被称为"次要"或"溢出"宿主）。

在考虑分枝杆菌的毒力时，要弄清楚几个概念。首先，人们可以将毒力定义为病原体引起宿主病理反应的严重程度，即对宿主造成损害的能力。然而，由此产生的病理反应不仅仅是病原体造成的，也包括宿主和病原体之间相互作用导致的宿主损伤，或者这个相互作用限制了病原体致病性并控制了感染。

这一点对牛分枝杆菌非常重要，与 MTBC 其他成员相比，牛分枝杆菌具有对多种宿主感染和传播的能力，这表明它具有克服和利用宿主防御系统达到自身存活繁殖的能力。其次，大多数毒力因子被定义为：没有这些因子，病原体就不太可能造成宿主损伤。然而，这些因子可能与直接伤害宿主无关，但对于病原体的生存能力（如在体内获取营养的能力）至关重要。最后，分枝杆菌与宿主共同进化。一项研究表明，早在 7 万年前就出现了 MTBC（Comas 等，2013）。

随着分枝杆菌以利用其动物宿主为目的发生进化，其宿主也在选择性压力下发生进化，从而产生对分枝杆菌感染的抵抗力。最为明显的是，在人类中，不同的 MTBC 感染，一些在几年之内发展成具有传播性的疫病，而一些仅为潜伏性感染，只有在疫病进展多年以后，且在宿主没有根除病原菌的情况下，才表现出明显症状（Lillebaek 等，2002）。这些结果强调这样一个概念，即宿主遗传和免疫状态影响感染结果，以及分枝杆菌潜在毒力具有重要的影响意义。因此，值得注意的是，

尽管许多研究强调特定蛋白质或表面脂质在介导体外培养细胞或小鼠模型感染中的重要性，但分枝杆菌与各自宿主的相互作用可能有许多独特之处。

综上所述，我们将毒力因子定义为分枝杆菌生存和对宿主造成直接或间接伤害所必需的元素。为了量化一个生物体的毒力，我们可以使用不同的测量方法，包括宿主死亡率、细菌负载和组织病理学变化程度。在研究牛分枝杆菌毒力时，我们不仅对不同分枝杆菌菌种共享的保守因子感兴趣，而且对牛分枝杆菌所拥有的独特因子也很感兴趣，这些因子可能导致牛分枝杆菌影响广泛的宿主。这些毒力因子包括与附着有关的细胞壁成分，这些成分也可能与细菌、宿主细胞表面的相互作用有关，分泌的蛋白质可能介导细菌定植和调节因子表达。通过对牛分枝杆菌和其他分枝杆菌进行比较基因组学分析，我们可以深入了解这些因素背后的编码基因，我们将在下面讨论这个话题。

8.2 基因分析

阐明 MTBC 基因组序列信息是确定其毒力和感染趋向性遗传基础的关键步骤。虽然组成 MTBC 成员的遗传信息表现出高度的相似性（>99%），但它们基因组存在明显差异。首先，在牛分枝杆菌和结核分枝杆菌基因组之间发现的最显著的差异之一是：与结核分枝杆菌相比，牛分枝杆菌基因组更小，其基因组中缺失了大片区域（Garnier 等，2003），这些缺失部分被称为差异区域（RD），它们可以用来分析追溯不同 MTBC 成员的进化情况。人们最初认为，随着牛的驯化，牛分枝杆菌跨物种传播

给人类，导致结核分枝杆菌的出现。然而，使用 RD 位点做进化分析，结果显示，结核分枝杆菌比牛分枝杆菌更接近 MTBC 的共同祖先，因为后者与复合群其他成员相比，缺失最大的 RD 位点（Brosch 等，2002；Mostowy，2002）。在牛分枝杆菌的进化中，RD 位点的损失可以看成是一系列基因删除的结果，虽然人们还不清楚这些位点损失的作用，猜测其意义可能是让一些选择性优势细菌能够入侵更广泛的宿主种类，或者仅是清除有害或多余基因区域。

虽然现在人们已经获得了牛分枝杆菌和结核分枝杆菌的多个基因组序列，但是最初的结果是通过对结核分枝杆菌 H37Rv 和牛分枝杆菌 AF2122/97 株测序比较分析得出的。

牛分枝杆菌和结核分枝杆菌的基因组序列都是共线的，没有重复或易位情况，牛分枝杆菌 AF2122/97 株序列含 4345492 个碱基对（bp），结核分枝杆菌 H37Rv 株含有 4411532 bp（Garnier 等，2003）。没有结核分枝杆菌菌株缺失、但存在于牛分枝杆菌中的独有基因，牛分枝杆菌中缺失 9 个 RD，解释了其基因组减少的原因。通过比较牛分枝杆菌 AF2122/97 和结核分枝杆菌 H37Rv 的测序结果，人们共鉴定出 2437 个 SNPs，其中 769 个为非同义突变。与结核分枝杆菌相比，虽然牛分枝杆菌的遗传编码基因有所丧失，但它仍然具有毒力，可以感染人，尽管它在人之间传播能力比较有限（Magnus，1966）。尚不清楚为什么牛分枝杆菌在缺失基因的情况下表现出更广泛的宿主偏好，但人们认为，牛分枝杆菌丢失的区域可能主要是功能上的冗余区域。进一步了解基因调控和这些细菌对环境变化的反应，

可能对确定牛分枝杆菌在不同宿主中感染和维持能力具有重要意义。最显著的变化出现在细胞壁成分和分泌蛋白的编码区域，这表明基因组变化对病原菌与宿主的相互作用影响最大。

除了将牛分枝杆菌与结核分枝杆菌比较外，还有一个无毒的牛分枝杆菌衍生菌株，是进行比较的极好来源。卡介苗（Bacillus Calmette-Guerin，BCG）是一种减毒疫苗株，在全世界范围内用于结核病预防和控制，尽管这是世界上使用最广泛的疫苗，但仍然存在其有效性问题。在甘油三酯和牛胆汁浸泡的马铃薯切片上将牛分枝杆菌培养多代产生新菌株，该菌株在不同动物宿主中均不再引发疫病（Calmette，1931）。然而，导致卡介苗毒力减弱的精确分子机制仍然是个谜。研究牛分枝杆菌和卡介苗的遗传差异，人们发现两者之间存在三个缺失区域，即 *RD1*、*RD2* 和 *RD3*（Mahairas 等，1996），其中 *RD1* 是唯一的所有卡介苗菌株中都缺失的区域，并存在于每一株有毒力的牛分枝杆菌和结核分枝杆菌中（Mostowy 等，2002；Brosch 等，2002）。下面将更详细地讨论 *RD1* ~ *RD3* 编码基因发挥的作用。

8.2.1 *RD1* ~ *RD3* 编码基因

卡介苗缺失的 *RD1* 位点，被认为是在疫苗株毒力降低中发挥关键作用。BCG 中补充 *RD1* 可使疫苗株毒力返强（Pym 等，2003；Majlessi 等，2005），虽然毒力没有完全恢复到牛分枝杆菌或结核分枝杆菌毒力的程度。当结核分枝杆菌中 *RD1* 被删除时，毒力发生减弱，

证实该区域编码的基因在确定毒力程度中发挥了关键作用（Lewis 等，2003）。

RD1 编码Ⅶ型分泌系统（T7SS），该系统可分泌多种蛋白质，包括强效 T 细胞抗原 ESAT-6 和 CFP-10（Berthet 等，1998b；Bitter 等，2009），因此也被称为 ESAT6 分泌系统 1（ESX-1）。espACD 位点位于 RD1 的远端，对维持 ESX-1 系统活性也很重要，该位点在卡介苗株中仍然存在。

ESAT-6 和 CFP-10 是小分子分泌蛋白质（分子质量分别为 6ku 和 10ku），都属于 ESAT-6 家族蛋白，该家族是分枝杆菌基因组中的分泌蛋白家族（Brodin 等，2004），含 23 个成员。

这两个基因在整个基因组中成对出现，尽管对它们的功能知之甚少，但理论上认为：一旦表达，它们就会发生相互作用形成蛋白质复合物。有趣的是，牛分枝杆菌中 ESAT-6 蛋白家族中有 6 个缺失或改变（*Rv2346c*，*Rv2347c*，*Rv3619c*，*Rv3620c*，*Rv3890c* 和 *Rv3905c*）（Garnier 等，2003）。对这些缺失的影响鲜有研究，还不清楚它们在分枝杆菌毒力方面发挥什么作用。ESAT-6 和 CFP-10 在感染发生中的确切作用尚不完全清楚，但它们确实在分枝杆菌毒力方面起着关键作用。已证明这两种蛋白质都具有免疫原性，并可在多个物种内诱导 T 细胞反应（Aagaard 等，2010；Arlehamn 等，2012；Kassa 等，2012）。ESAT-6 和 CFP-10 基因共转录，蛋白质按 1∶1 比例形成紧密结合的复合物（Renshaw 等，2002），ESAT-6∶CFP-10 异源二聚体可穿过依赖于 CFP-10 C 端区域的膜结构（Dillon 等，2000；Champion 等，2006）。单个

蛋白质活性研究结果显示，当 ESAT-6 活化并溶解于脂质体时，CFP-10 似乎没有这种作用（Guinn 等，2004）。ESAT-6 溶解细胞膜的能力是结核分枝杆菌逃脱感染细胞中的吞噬体而进入胞质溶胶的关键，因为 RD1 或 ESAT-6 有缺陷的结核分枝杆菌突变体不能逃逸出吞噬体（van der 等，2007），导致该突变体也不能扩散到周围的细胞（Guinn 等，2004）。

另外两个缺失（*RD2* 和 *RD3*）对卡介苗和分枝杆菌的毒力影响较小。*RD2* 在 1927 年以后的卡介苗进一步培养过程中丢失，虽然它的丢失并不能完全减弱细菌毒力，但它似乎对毒力减弱有一定的贡献。*RD2* 含有 *mpt64* 基因，该基因编码一种已知的免疫原性蛋白。在结核分枝杆菌中，*RD2* 缺失并不影响细菌生长，但它确实减少了感染小鼠载菌量，减轻组织病理变化（Kozak 等，2011）。该突变体与含有 *mpt64* 基因的 *RD2* 片段互补，使突变体表型恢复到野生型，表明该免疫原性蛋白在细菌毒力方面具有一定的重要性（Mustafa 等，2007）。*RD3* 在结核分枝杆菌 H37Rv 和牛分枝杆菌中都存在，但在卡介苗和 84% 的临床结核分枝杆菌中并不存在（Mahairas 等，1996）。*RD3* 是一种前噬菌体，所以 *RD3* 在 BCG 中丢失可能是由于噬菌体的切除，而 *RD3* 在许多毒性菌株中的缺失，表明 *RD3* 并不是菌株保持毒力所必需的。

8.3 细胞膜

位于细菌细胞表面的蛋白质、脂质和碳水化合物显然是宿主-病原体相互作用的关键，因为它们直接与宿主细胞相互作用。因此，细

胞表面脂质结构的改变对宿主与病原体之间相互作用有重要影响。与其他 MTBC 成员相比，牛分枝杆菌表面脂质存在明显差异，这种差异可能在决定宿主偏好方面发挥作用。事实上，在牛分枝杆菌中存在，而在"现代"结核分枝杆菌中不存在的唯一位点是 *TbD1* 位点（Garnier 等，2003），它包含 *mmpS6* 基因和 *mmpL6* 的 5′区。人们认为，丢失这些基因可能会阻止特定脂质运输到分枝杆菌表面，但在"古老"的结核分枝杆菌中也存在 *TbD1* 位点，意味着该位点并未在宿主偏好中扮演重要角色。

分枝杆菌的主要特征之一是其独特的蜡质细胞壁，比其他种类细菌细胞壁厚得多（Brennan，2003）。分枝杆菌厚重的蜡质外壳是高度不透水和坚韧的，它不仅是细菌面对宿主防御的自身屏障，而且还含有一系列免疫调节化合物。细胞壁包含共价连接的肽聚糖、阿拉伯半乳糖和分枝菌酸，产生所谓的"菌膜"。与分枝菌酸相互连接的是大量脂类，如 PDIU（phthiocerol dimy cocerosate，参考译为结核菌醇双分枝蜡酯）、索状因子、亚叶酸盐、酚类糖脂和磷脂酰肌醇甘露糖苷，外层葡聚糖是最后一层。由于运输效应或免疫调节化合物作用，这种厚重的保护涂层导致化合物进出细胞过程更为复杂，涉及多个进出系统，也涉及毒力因素。虽然删除某些基因传输组件可能会削弱病原体毒力，但不清楚该组件是否直接与宿主相互作用，并引发特定的负面效应；或者通过改变单个组件，是否会改变整个膜的基本结构，进而改变蛋白质的分泌和表面结构，直接影响宿主。

分泌蛋白和膜蛋白大家族之一是 Mce 家族，最初被称为哺乳动物细胞入侵蛋白，人们认为它们参与了细胞入侵（Arruda 等，1993）。编码 Mce 蛋白的基因排列在操纵子上，在结核分枝杆菌中编号 1~4，牛分枝杆菌缺失编码 *Mce3* 位点（Zumarraga 等，1999）。虽然人们尚不清楚 *Mce3* 的功能，但已证明该基因失活可以削弱结核分枝杆菌毒力（Senaratne 等，2008），这表明牛分枝杆菌可能开发了补偿机制来调节该基因的缺失。与 Mce 蛋白相关的一个明确功能是 *mce4* 位点基因在胆固醇和甾醇摄取中的作用，这些为持续感染提供了关键碳源。

孔形成蛋白 OmpATb 在结核分枝杆菌和牛分枝杆菌中均被证实与毒力有关，因为其缺失可显著减少巨噬细胞中突变体的增殖（Raynaud 等，2002b）。在酸性条件下，*ompAtb* 的转录也增加了，这表明它可能在微环境酸化时参与吞噬体成熟后的存活。在通道蛋白方面，"坏死诱导毒素通道蛋白"（CpnT）提供了一个位于细胞表面发挥双重功能蛋白质的生动例子，它在结核分枝杆菌对宿主细胞的营养吸收和诱导死亡中发挥作用（Danilchanka 等，2014）。CpnT 蛋白质由一个 *N*-末端通道域和一个有分泌毒性的 *C*-末端域组成，前者参与外膜营养物质的摄取，后者导致真核细胞坏死。*C* 末端区域诱导坏死机制尚不清楚，但 CpnT 代表了 MTBC 中迄今为止所报道的唯一一分泌"毒素"。

"分泌重复蛋白"Erp 或 P36，与细胞壁相关且是分泌蛋白（Berthet 等，1998a；de Mendonca-Lima 等，2003），当它在牛分枝杆菌中被敲除时，对应的突变株在巨噬细胞内复制能力受损，对小鼠的肺病理损伤减轻，通过基因补充后则功能完全恢复（Bigi 等，2005）。该蛋白毒力与其含有多个重复序列的中心结构域有关，因此我们很容易推测重复序列变异可能会影响其毒力。牛分枝杆菌和结核分枝杆菌，位于细菌表面的多种脂蛋白的变化也值得我们注意，脂蛋白 LppQ、LpqT、LpqG 和 LprM 对应基因均被删除或移位，而脂蛋白 LppA 的基因是重复的。这种变异很可能参与改变细菌与宿主及其环境相互作用的方式，影响不同组织嗜好或操纵不同的免疫反应。

MTBC 包含许多聚酮素酶（PKS），这是一个形式多样的多功能酶家族，参与多种细菌次生代谢物的合成（O'hagan，1993；Sirakova 等，2003）。在分枝杆菌中，PKSs 常同参与脂肪酸代谢的基因密切相关。MTBC 成员中许多 PKS 基因现已被发现与合成脂质和糖脂结合物的途径有关，而这些合成物和糖脂结合物对毒力至关重要，同时也是复杂细胞包膜的关键成分（Kolattukudy 等，1997）。研究表明，PKS 酶参与了双支原体硫基酚（DIMs）家族中脂质的合成（Trivedi 等，2005；Quadri，2014）。这些酶在毒力中所起的作用还不完全清楚，但是有一些途径显然可以用来区分牛分枝杆菌和结核分枝杆菌。例如，由于编码基因的突变（Garnier 等，2003），牛分枝杆菌不能合成 PKS6，但当 PKS6 在结核分枝杆菌中被敲除时，在小鼠模型中的毒力减弱；因此，牛分枝杆菌可能形成了补偿系统，以适应 PKS6 的缺失，或其缺失可能有利于该菌的生存。

外脂层最丰富的成分之一是 DIMs，主要由二聚硫代己醇（PDIM）构成（Azad 等，1997）。与分枝菌酸不同，这些外表面的脂质不能共价结合到内膜上。许多研究已经证明，敲除 *PDIM* 基因导致表型减弱，受感染细胞和模型宿主的生长受阻或细菌载量减少（Cox 等，1999；Camacho 等，2001）。最初，人们认为 PDIM 的作用主要体现在结构上，影响细胞膜的流动性，它是一个间接毒力因子，因为它的缺失改变了其他蛋白质影响宿主的能力，但它本身并没有直接影响细菌致病的能力。然而，后来的研究表明事实并非如此，PDIM 可能在感染急性期发挥重要的作用，可能有助于介导病原体与宿主巨噬细胞的相互作用，实际上可能促进分枝杆菌的吞噬作用（Pethe 等，2004；Stewart 等，2005）。PDIM 的一个重要表现是，当在体外重复培养分枝杆菌时，它往往会丢失（Domenech 和 Reed，2009）。一旦 PDIM 消失，细菌似乎在生长速度上获得优势，这可能是由于增加了膜的通透性，允许营养物质更快扩散，这意味着 PDIM 阴性细菌在培养中占主导地位。考虑到这一重点，按照已经指出的问题，某些突变敲除（Kos）菌株毒力发生减弱可能不是由于相关基因失活，而是由于 PDIM 阴性突变体的适应性选择。对 PDIM 直接作用的研究似乎表明，它在分枝杆菌受体依赖的吞噬功能中发挥作用，而且它还可能影响对吞噬体酸化的预防能力（Astarie-Dequeker 等，2009）。也有研究表明，它可能促进细菌生长，有助于抵抗依赖一氧化氮的杀菌作用，以及在调节宿主免疫反应方面发挥作用。研究结果同时也表明：使用 PDIM 缺失株攻毒后，小鼠巨噬细胞和树突状细胞产生的 TNFa 和 IL-6 水平增加（Rousseau 等，2004）。这些研究中，大多数使用的是结核分枝杆菌，但也有一些研究表明，牛分枝杆菌中

PDIM 的丢失也会影响其毒力（Hotter 等，2005；Hotter 和 Collins，2011）。

牛分枝杆菌和结核分枝杆菌细胞表面的 PDIM 水平相似。然而，某些调控 PDIM 合成和转运的基因，在两者之间存在差异（Golby 等，2007）。一项关于牛分枝杆菌和结核分枝杆菌体外培养的基因表达的差异研究表明，牛分枝杆菌 lppX-pks1 基因表达量要高得多（Golby 等，2007），该基因已经被证明参与了 PDIM 的运输和合成，然而，PDIM 水平没有显著变化。因此，这一变化可能反映 PDIM 衍生物酚类糖脂（PGL）合成的增加。

PGL 化合物不由结核分枝杆菌 H37Rv 和大多数临床分离株产生，而是在牛分枝杆菌和结核分枝杆菌北京谱系的某些菌株中发现的，在牛分枝杆菌中主要的 PGL 是单糖基分枝杆菌糖脂 B（Brennan，2003；Malaga 等，2008）。许多结核分枝杆菌菌株 PGLs 的丢失是由于 pks1 基因移位突变引起的，并将其分裂为两个基因 pks1 和 pks15（Constant 等，2002）。表面存在 PGLs 的结核分枝杆菌被认为是高毒力菌株，或者更具体地说是超级致死菌株（Reed 等，2004）。这些毒株缺失 PGL 后导致毒力下降，小鼠感染这类缺失株后存活率增加证明了这一点（Reed 等，2004）。

与 PGL 的例子相反，硫脂是含海藻糖的糖脂，仅在结核分枝杆菌中表达，而未在牛分枝杆菌中发现（Brennan，2003）。在感染期间，这些脂质似乎介导了有利于结核分枝杆菌的促炎反应，尽管在小鼠模型中，硫脂敲除毒株的毒力没有减弱，但以巨噬细胞作为衡量指标时，其毒力下降（Gilmore 等，2012）。对类萝卜硫素功能的进一步研究将阐明其作

为种特异性毒力因子的潜力。

有许多细胞包膜相关的蛋白质的功能尚不清楚，或其与毒力的联系尚不清楚，但很可能是细胞表面成分的多样性导致牛分枝杆菌在宿主偏好、毒力和传播方面的变异。

8.4 分泌系统

分枝杆菌细胞壁几乎不可穿透，因而其分泌系统极其重要。蛋白质和脂质分泌以及小分子的摄取需要专门的系统。牛分枝杆菌与复合物群的其他成员一样，具有共同的分泌系统，也被称为 Sec 分泌系统，由 5 部分膜复合物和识别未折叠蛋白质 N 端信号序列的 ATP 酶组成（Braunstein 等，2001）。

通过内膜，Sec 系统将蛋白质运输至周质空间。目前还没有人解释这些蛋白质是如何穿过细胞壁外部成分的，预计还会有一些额外的途径参与引导蛋白质穿过这个结构，但目前还没有发现这些途径。下面讨论已知的一种通过这种途径分泌的蛋白质 MPB70，一种由牛分枝杆菌大量分泌的蛋白质。分枝杆菌还编码第二种称为 SecA2 的 SecA 同源通路（Braunstein 等，2001；Swanson 等，2015），该途径在发病机制中的确切作用尚不清楚，但被敲除后对宿主体内结核分枝杆菌的生长有负面影响（Braunstein 等，2003），需要进一步研究这一途径分泌的底物，以阐明其在分枝杆菌毒力中的作用。分枝杆菌还具有双精氨酸转运体（Tat）途径，该途径也在许多其他致病菌中被发现，对毒力起重要作用（Lee 等，2006）。Tat 途径转运折叠蛋白穿过内膜，其缺失影响了结核分枝杆菌体外生长的能力（Saint-

Joanis 等，2006）。也有证据表明，某些通过 Tat 分泌的底物，如磷酸酯酶 C 酶，对于结核分枝杆菌在体内保持完整毒力是必不可少的（Raynaud 等，2002a；McDonough 等，2005）。

如上述对 *RD1* 的描述，MTBC 有一类Ⅶ型分泌系统，包括牛分枝杆菌在内的病原分枝杆菌共有 5 个 T7SS（Houben 等，2014），其中最具代表性的是前面提到的 ESX-1，它直接参与宿主与病原体的相互作用，其缺失是 BCG 毒力衰减的关键因素之一（Houben 等，2012），其他四个成员没有得到很好的研究。ESX-2 和 ESX-4 功能未知，而 ESX-3 参与了细菌中锌和铁的平衡以及 PE 和 PPE 蛋白的分泌，这是一个重要的分枝杆菌蛋白家族，下面将对此进行更详细的讨论（Serafini 等，2009；Tufariello 等，2016）。ESX-5 只在生长缓慢的分枝杆菌中发现，它的出现似乎与缓慢生长和快速生长的分枝杆菌的分化相关（Gey Van Pittius 等，2001）。

也有研究表明，ESX-5 对于 PPE 和 PE-PGRS（富含 GC 的多态重复序列）蛋白质分泌至关重要，这是我们接下来要讨论的话题（Abdallah 等，2009）。

8.5 PE/PPE

某些蛋白质家族因其独特的性质和在 MTBC 中能够变异而备受关注。虽然 MTBC 成员表现出高度的序列相似性，大多数情况下相似度大于 99.9%，但 MTBC 中存在两个基因家族，它们是序列多态性的主要来源，即 PE 和 PPE 基因家族。PE 以蛋白质 N 端第 8 和第 9 残基上发现的 Pro-Glu 残基命名，而 PPE 以同一区域的 Pro-Pro-Glu 残基命名（Cole 和 Barrell，1998；Cole，1999）。结核分枝杆菌 PE 家族大约有 100 个成员，而 PPE 家族大约有 68 个成员，尽管 MTBC 成员中这些家族的数量各不相同，但这些基因家族占据了细菌 10% 的编码能力。这些蛋白质是分枝杆菌特有的，在致病性分枝杆菌中大量存在。PE 蛋白质家族中最大的是 PE-PGRS 蛋白质家族，这些蛋白质似乎在免疫方面发挥着重要作用（Delogu 和 Brennan，2001；Sampson，2011）。PE 和 PPE 基因在整个基因组中都是聚集在一起的，有研究表明，其中一些基因为共转录，可以形成稳定的复合物。结核分枝杆菌基因组中有 40 对 PE/PPE 基因，其中 22 对单独含有 PE 或 PPE 基因，提示这些相关基因可能具有相关作用（Overbeek 等，1999；Tundup 等，2006）。

基于氨基酸序列的蛋白质功能预测表明，40 个 PE/PPE 基因具有 β-桶状氨基酸序列（Pajon 等，2006）。牛分枝杆菌和结核分枝杆菌的遗传分析表明，这些区域存在序列变异情况，影响 29 种不同的 PE-PGRS 和 28 种 PPE 蛋白，主要是由框内缺失和插入引起的（Garnier 等，2003）。这些蛋白质有保守的 N 端和高度可变的 C 端，表明这些基因是变异的一个来源，可以适应选择性压力作用，并适应变化的环境或宿主（Sreevatsan 等，1997；Cole 等，1998）。

这些蛋白质具有多种功能，其中大多数与细胞膜相关（Espitia 等，1999；Brennan 等，2001 年；Banu 等，2002）。Rv1759c（一种 PE-PGRS 蛋白）在结核分枝杆菌中与纤连蛋白结合，提示其在组织趋向性中起作用

（Espitia 等，1999），而牛分枝杆菌的同源基因是假基因。PE-PGRS33 是一种膜蛋白，参与分枝杆菌聚集体的形成，当它在牛分枝杆菌 BCG 中发生突变时，突变体的生长速度显著降低（Delogu 等，2004；Cascioferro 等，2007）。PE-PGRS30 似乎在阻止吞噬体成熟方面发挥作用，因为当它在结核分枝杆菌中被敲除时，细胞内的细菌复制明显减少，感染该突变体的小鼠的肺病理变化也减轻（Iantomasi 等，2012）。人们发现一些 PE/PPE 基因有与 ESAT-6 类似的基因簇（Gey van Pittius 等，2006）。RD1 位点有两个 PE/PPE 基因，分别是 Rv3872 基因和 Rv3873 基因，通常认为这两个基因参与了 ESAT-6 和 CFP-10 细胞外转运（Guinn 等，2004）。事实上，ESX 分泌系统与 PE/PPE 的联系已多有报道，例如，ESX-3 导出 PE5、PE15 和 PE20（Tufariello 等，2016），而通过 ESX-5 分泌的 PE10 对细胞膜的完整性和毒力至关重要（Ates 等，2016）。还有大量的 PE/PPE 基因在感染的不同阶段表达上调。巨噬细胞感染结核分枝杆菌急性期，几个 PE/PPE 基因表达增加（Rv0834c，Rv3097c，Rv1361c，Rv0977，Rv1840c）（Triccas 等，1999；Dubnau 等，2002；Srivastava 等，2007）。也有证据表明，这些基因的表达在牛分枝杆菌和结核分枝杆菌之间存在差异（Golby 等，2007）。在这一领域还需要进一步研究来阐明这些蛋白质在分枝杆菌毒力中的作用，以及它们的变异在介导与宿主相互作用中的影响。

8.6 调节基因

虽然单个基因变化可能在某种程度上减

缓菌体生长或降低毒力，但更重要的变化可以通过观察涉及多个基因表达的调节蛋白的基因编码变化来确定。其中两个被认为对牛分枝杆菌和结核分枝杆菌基因表达和表型差异特别重要，称为 PhoPR 调节系统和 RskA-SigK 调节子。

8.6.1 PhoPR

PhoPR 是一个双组分调节系统，由 PhoP 响应调节元件和 PhoR 传感器激酶元件组成（Perez 等，2001；Lee 等，2008）。已经证明，PhoPR 在调节结核分枝杆菌毒力方面发挥重要作用，参与调节亚叶酸盐、二糖和聚酰基海藻糖的生物合成和 ESAT-6 的分泌。非洲分枝杆菌 L6（结核分枝杆菌品系）和动物适应种类（包括牛分枝杆菌）中 PhoPR 的三个突变导致这些细菌中 PhoP 的表达降低（Gonzalo-Asensio 等，2014）。

将这些突变引入结核分枝杆菌中，在体外和感染小鼠中都产生了毒力降低的重组菌株。对结核分枝杆菌等位基因的突变得到纠正时，脂质分泌增加，但 ESAT-6 分泌没有增加（Gonzalo-Asensio 等，2014）。

结果表明，牛分枝杆菌中 RD8 的缺失通过 PhoPR 独立途径恢复了 ESAT-6 的分泌功能，因此表明 RD8 的缺失具有选择优势。西班牙艾滋病患者病房中流行的牛分枝杆菌菌株，被证明有一个 IS6110 插入 PhoPR 基因上游，导致 PhoPR 表达增加、毒力增加，增强了菌株在人际间的传播，该牛分枝杆菌感染特征非常有意义。

因此，牛分枝杆菌中 PhoPR 活性的丧失可以潜在地解释尽管牛分枝杆菌与结核分枝杆菌遗传信息高度相似，却不能在人群中维持感染的原因。*PhoPR* 活性丧失改变了这些菌株的脂质结构，降低了它们在人类宿主间传播的适应性。对 *PhoPR* 基因型的进一步研究将确定该位点的突变是否有利于牛分枝杆菌感染动物宿主，或在感染后选择了哪些进一步的适应能力来维持牛分枝杆菌在不同动物宿主中的毒力。

8.6.2 RskA-SigK 调节子

牛分枝杆菌和结核分枝杆菌之间公认的和最显著的差异之一是分泌蛋白 MPB70 及其膜结合同源物 MPB83 的水平。编码这些蛋白质的基因序列有 63% 相同，然而，MPB70 没有翻译后修饰，而 MPB83 被糖基化并与细胞膜相关（Wiker 等，1998）。MPB70 最初被认为是牛分枝杆菌和一些卡介苗菌株培养滤液中最主要的蛋白质，但在结核分枝杆菌中产生的蛋白质量要低得多（Nagai 等，1981、1986、1991；Golby 等，2007）。后来的工作确定，尽管在正常的体外条件下，这些由结核分枝杆菌产生的蛋白质水平较低，但它们的基因是在细胞内生长过程中被诱导的（Schnappinger 等，2003）。对 MPB70 的进一步研究发现，其他分枝杆菌的 MPB70 水平与牛分枝杆菌相似，如山羊分枝杆菌（*M. caprae*）和羚羊杆菌（*M. orygis*）。

更多的研究试图在分子水平解释这些基因表达变异的背景。首次发现 *MPB70* 和 *MPB83* 基因受 sigma K 因子（SigK）控制。进一步研究发现，与其他 MTBC 成员相比，牛分枝杆菌中该因子调控的其他几个基因也有更高水平的表达（*Mb0455c*、*Mb0456c*、*Mb0457c*、*dipZ*、*Mb2901* 和 *Mb2902c*）（Golby 等，2007）。对 SigK 的研究表明，该基因在 MTBC 中完全相同。然而，在研究 SigK 周围基因时发现，编码潜在反 sigma K 因子的 *Rv0444c* 在整个复合体中表现出序列变异情况（Said-Salim 等，2006）。

在牛分枝杆菌和山羊分枝杆菌中，*Rv0444c*、*C320T* 和 *C551T* 中发现了两个非同义的 SNP，结果编码的氨基酸分别从甘氨酸变成了天冬氨酸和谷氨酸（两种情况）。此外，在羚羊分枝杆菌中发现了一个独特的非同义 SNP，即 *G698C*，这导致终止密码子被丝氨酸取代。这两种变化都影响了反 sigma 因子的功能，随后被命名为 RskA，这意味着在这些菌株中对 SigK 表达的负调控缺失，从而促进 SigK 调控子的组成型表达（Said-Salim 等，2006）。

SigK 调控子高表达会导致大量能量消耗。证据是，"新" BCG 菌株（例如 BCG 巴斯德株）、牛分枝杆菌经多代培养，通过 SigK 起始密码子的一个 SNP，限制了 SigK 调节子的大量表达，这与能够大量 SigK 表达的"早期" BCG 菌株（例如 BCG 东京或俄罗斯菌株）相比，表现出较高的增长率（Charlet 等，2005）。SigK 调控异常发生在某些动物适应的 MTBC 成员中，并通过在不同成员中出现独立突变，说明过度表达 SigK 调控因子的菌株适应了某些动物，具有选择优势。

许多 SigK 调控因子的基因与细胞膜相关，但它们在发病或传播中具体作用尚未明确。焦点主要集中在 MPB70 和 MPB83（蛋白质）

上，尽管到目前为止还没有对它们的功能做出强有力的结论。但人们已经了解了它们结构，发现结构中有一个新的折叠，类似于成束蛋白结构域，在其他细菌中，通常参与蛋白质与蛋白质的相互作用（Zinn 等，1988；Wiker 等，1998；Carr 等，2003）。已经完成的工作主要集中在 MPB70 和 MPB83 作为免疫调节蛋白的作用研究。MPB83 作为一种 TLR1/2 激动剂已被证明具有某些免疫刺激特性，并且可以在人单核细胞系中诱导 TNFa 和 MMP-9，而用抗体阻断 TLR1/2 受体导致这种反应消失（Chambers 等，2010）。其他在小鼠细胞上的试验也表明，MPB83 可以诱导 TNFa、IL-6、IL-12p40 的分泌（Chen 等，2012），这表明 MPB83 可能参与调节先天性免疫反应。

研究 MPB70 作用的试验尚无定论，其功能反应存在一定的变化，对 MPB70 所做的大部分工作都集中在结核病患者和感染动物的诱发免疫记忆的能力上。Roche 研究测定了结核病患者和接种了卡介苗或结核菌素阳性且与结核病患者有接触的健康人群的 T 细胞反应。发现这些人群外周血单核细胞（PBMC）在 MPB70 刺激下发生增殖（Roche 等，1994）。后续的重复实验显示，在结核病患者和接种了卡介苗的健康个体中均出现了 T 细胞反应，包括 MPB70 诱发的细胞增殖和 γ-干扰素分泌（Mustafa 等，1998）。类似的试验也曾在牛体上开展，观察牛在接种牛分枝杆菌或卡介苗巴斯德株后，PBMC 对 MPB70 的反应。这些结果表明，牛感染了牛分枝杆菌后 PBMC 增殖，但接种了卡介苗后没有发现同样的增殖情况，尽管面对 MPB70 的反应比其他分枝杆菌蛋白（包括 ESAT-6 和 MPB64）的反应弱（Vordermeier 等，1999）。在牛感染牛分枝杆菌的试验中也发现，PBMC 对 MPB70 的反应，以及 γ-干扰素分泌均有增加（Rhodes 等，2000）。

SigK 调控因子调控的基因是否参与毒力、致病或传播尚不清楚。虽然尚无单个牛分枝杆菌 SigK、MPB70、MPB83 等突变体及其在感染中的作用报道，但在小鼠感染模型中，结核分枝杆菌 SigK KO 突变株毒力并没有减弱（Schneider 等，2014），但其在牛分枝杆菌毒力中的作用可能迥然而异，因为有证据表明，在 SigK 的激活过程中，某些动物适应性菌株具有选择性优势。在这方面值得注意的是 Collins 等（2005）在牛分枝杆菌 SigK 位点构建了大片段缺失（约 10kb）突变株，并注意到突变株毒力在豚鼠体内的衰减；虽然多个基因被删除，但值得注意的是，人们推测该突变体毒力降低可能是由于 SigK 缺失，是 SigK 调控因子基因表达缺陷造成的。

8.7　结论

毒力是一个复杂的概念，是一个使病原体适应并造成主要宿主损伤的独特机制。虽然我们在这里强调并讨论了细菌致病性有关的重要因素，但细菌毒力是病原体和宿主之间高度组织和相互依赖的复杂结果，而我们对这一体系仍然知之甚少。宿主因素包括宿主遗传背景、常驻微生物种群、免疫状态等，这些因素对病原体的致病能力有重要影响。许多定义病原体毒力系统的研究使用模型生物和体外细胞系统，这是识别特定蛋白质各种作用的良好开端。然而，考虑到 MTBC 成员不同的宿主偏好，研究细菌在不同物种和宿主环境中的毒力可能是理解毒力因子真正作用的关键。

本章重点介绍了一些已被发现的牛分枝杆菌致病关键因素。而几乎所有这些因素也都是结核分枝杆菌共有的，它们允许这两种细菌在各自宿主中存活并导致结核病。然而，也有一些独特因素可能控制着细菌的宿主偏好。分枝杆菌毒力的研究主要集中在人结核病和适应人类的结核分枝杆菌，但这些研究也有益于我们了解牛分枝杆菌的毒力机制。未来研究一定会增进对所有 MTBC 成员毒力机制的理解，从而提供相关知识，推动人类和动物结核病的根除。

致谢

A.S. 是由威康信托基金（Wellcome Trust）通过 UCD 计算感染生物学博士项目资助 102395/Z/13/Z。

参考文献

Aagaard, C., Govaerts, M., Meikle, V., Gutierrez-Pabello, J.A., Mcnair, J., et al.(2010) Detection of bovine tuberculosis in herds with different disease prevalence and influence of paratuberculosis infection on PPDB and ESAT-6/CFP10 specificity. Preventive Veterinary Medicine 96, 161-169.

Abdallah, A.M., Verboom, T., Weerdenburg, E.M., Gey Van Pittius, N.C., Mahasha, P.W., et al.(2009) PPE and PE_PGRS proteins of *Mycobacterium marinum* are transported via the type Ⅶ secretion system ESX-5.Molecular Microbiology 73, 329-340.

Alexander, K.A., Laver, P.N., Michel, A.L., Williams, M., Van Helden, P.D., et al.(2010) Novel *Mycobacterium tuberculosis* complex pathogen, *M. mun-gi*. Emerging Infectious Diseases 16, 1296-1299.

Aranaz, A., Liebana, E., Gomez-Mampaso, E., Galan, J.C., Cousins, D., et al.(1999) *Mycobacterium tuberculosis* subsp.*caprae* subsp.nov.: a taxonomic study of a new member of the *Mycobacterium tuberculosis* complex isolated from goats in Spain.International Journal of Systematic Bacteriology 49(3), 1263-1273.

Arlehamn, C.S., Sidney, J., Henderson, R., Greenbaum, J.A., James, E.A., et al.(2012) Dissecting mechanisms of immunodominance to the common tuberculosis antigens ESAT-6, CFP10, Rv2031c (hspX), Rv2654c (TB7.7), and Rv1038c (EsxJ). Journal of Immunology 188, 5020-5031.

Arruda, S., Bomfim, G., Knights, R., Huima-Byron, T.and Riley, L.W.(1993) Cloning of an *M.tuberculosis* DNA fragment associated with entry and survival inside cells. Science 261, 1454-1457.

Astarie-Dequeker, C., Le Guyader, L., Malaga, W., Seaphanh, F.K., Chalut, C., et al.(2009) Phthiocerol dimycocerosates of *M.tuberculosis* participate in macrophage invasion by inducing changes in the organization of plasma membrane lipids. PLoS Pathogens 5, e1000289.

Ates, L.S., Van Der Woude, A.D., Bestebroer, J., Van Stempvoort, G., Musters, R.J., et al.(2016) The ESX-5 system of pathogenic mycobacteria is involved in capsule integrity and virulence through its substrate PPE10.PLoS Pathogens 12, e1005696.

Azad, A.K., Sirakova, T.D., Fernandes, N.D.and Kolattukudy, P.E.(1997) Gene knockout reveals a novel gene cluster for the synthesis of a class of cell wall lipids unique to pathogenic mycobacteria.The Journal of Biological Chemistry 272, 16741-16745.

Banu, S., Honore, N., Saint-Joanis, B., Philpott, D., Prevost, M.C., et al.(2002) Are the PE-PGRS proteins of *Mycobacterium tuberculosis* variable surface antigens? Molecular Microbiology 44, 9-19.

Berthet, F. X., Lagranderie, M., Gounon, P., Laurent-Winter, C., Ensergueix, D., et al. (1998a) Attenuation of virulence by disruption of the *Mycobacterium tuberculosis* erp gene.Science 282, 759-762.

Berthet, F. X., Rasmussen, P. B., Rosenkrands, I., Andersen, P.and Gicquel, B.(1998b) A *Mycobacterium tuberculosis* operon encoding ESAT-6 and a novel low-molecular-mass culture filtrate protein(CFP-10).Microbiology 144(11), 3195-3203.

Bigi, F., Gioffre, A., Klepp, L., Santangelo, M. P., Velicovsky, C.A., et al. (2005) Mutation in the P36 gene of *Mycobacterium bovis* provokes attenuation of the bacillus in a mouse model. Tuberculosis (Edinburgh) 85, 221-226.

Bitter, W., Houben, E. N., Bottai, D., Brodin, P., Brown, E.J., et al. (2009) Systematic genetic nomenclature for type Ⅶ secretion systems. PLoS Pathogens 5, e1000507.

Braunstein, M., Brown, A.M., Kurtz, S.and Jacobs Jr., W.R.(2001) Two nonredundant SecA homologues function in mycobacteria.Journal of Bacteriology 183, 6979-6990.

Braunstein, M., Espinosa, B. J., Chan, J., Belisle, J.T.and Jacobs Jr., W.R.(2003) SecA2 functions in the secretion of superoxide dismutase A and in the virulence of *Mycobacterium tuberculosis*. Molecular Microbiology 48, 453-464.

Brennan, P.J.(2003) Structure, function, and biogenesis of the cell wall of *Mycobacterium tuberculosis*. Tuberculosis(Edinburgh)83, 91-97.

Brennan, M.J.,Delogu, G., Chen, Y., Bardarov, S., Kriakov, J., et al.(2001) Evidence that mycobacterial PE_PGRS proteins are cell surface constituents that influence interactions with other cells.Infection and Immunity 69, 7326-7333.

Brodin, P., Rosenkrands, I., Andersen, P., Cole, S.T.and Brosch, R.(2004) ESAT-6 proteins: protective antigens and virulence factors? Trends in Microbiology 12, 500-508.

Brosch, R., Gordon, S.V.,Marmiesse, M., Brodin, P., Buchrieser, C., et al.(2002) A new evolutionary scenario for the *Mycobacterium tuberculosis* complex. Proceedings of the National Academy of Sciences of the United States of America 99, 3684-3689.

Calmette, A. (1931) Preventive vaccination against tuberculosis with BCG.Proceedings of the Royal Society of Medicine 24, 1481-1490.

Camacho, L. R., Constant, P., Raynaud, C., Laneelle, M.A., Triccas, J.A., et al.(2001) Analysis of the phthiocerol dimycocerosate locus of *Mycobacterium tuberculosis*.Evidence that this lipid is involved in the cell wall permeability barrier.The Journal of Biological Chemistry 276, 19845-19854.

Carr, M. D., Bloemink, M. J., Dentten, E., Whelan, A.O., Gordon, S.V., et al. (2003) Solution structure of the *Mycobacterium tuberculosis* complex protein MPB70: from tuberculosis pathogenesis to inherited human corneal disease.The Journal of Biological Chemistry 278, 43736-43743.

Cascioferro, A., Delogu, G., Colone, M., Sali, M., Stringaro, A., et al.(2007) PE is a functional domain responsible for protein translocation and localization on mycobacterial cell wall.Molecular Microbiology 66, 1536-1547.

Chambers, M. A., Whelan, A. O., Spallek, R., Singh, M., Coddeville, B., et al.(2010) Non-acylated *Mycobacterium bovis* glycoprotein MPB83 binds to TLR1/2 and stimulates production of matrix metalloproteinase 9. Biochemical and Biophysical Research Communications 400, 403-408.

Champion, P.A., Stanley, S.A., Champion, M.M., Brown, E.J.and Cox, J.S.(2006) C-terminal signal sequence promotes virulence factor secretion in *Mycobacterium tuberculosis*.Science 313, 1632-1636.

Charlet, D., Mostowy, S., Alexander, D., Sit, L., Wiker, H.G., et al.(2005) Reduced expression of antigenic proteins MPB70 and MPB83 in *Mycobacterium bovis* BCG strains due to a start codon mutation in sig K. Molecular Microbiology 56, 1302-1313.

Chen, S.T., Li, J.Y., Zhang, Y., Gao, X.and Cai, H.(2012) Recombinant MPT83 derived from *Mycobacterium tuberculosis* induces cytokine production and upregulates the function of mouse macrophages through TLR2.Journal of Immunology 188, 668-677.

Cole, S.T.(1999) Learning from the genome sequence of *Mycobacterium tuberculosis* H37Rv.FEBS Letters 452, 7-10.

Cole, S.T.and Barrell, B.G.(1998) Analysis of the genome of *Mycobacterium tuberculosis* H37Rv.Novartis Foundation Symposium 217, 160-172; discussion 172-177.

Cole, S.T., Brosch, R., Parkhill, J., Garnier, T., Churcher, C., et al.(1998) Deciphering the biology of *Mycobacterium tuberculosis* from the complete genome sequence.Nature 393, 537-544.

Collins, D.M.,Skou, B., White, S., Bassett, S., Collins, L., et al.(2005) Generation of attenuated *Mycobacterium bovis* strains by signature-tagged mutagenesis for discovery of novel vaccine candidates. Infection and Immunity 73, 2379-2386.

Comas, I.,Coscolla, M., Luo, T., Borrell, S., Holt, K.E., et al.(2013) Out-of-Africa migration and neolithic coexpansion of *Mycobacterium tuberculosis* with modern humans.Nature Genetics 45, 1176-1182.

Constant, P., Perez, E., Malaga, W., Laneelle, M.A., Saurel, O., et al.(2002) Role of the pks15/1 gene in the biosynthesis of phenolglycolipids in the *Mycobacterium tuberculosis* complex. Evidence that all strains synthesize glycosylated *p*-hydroxybenzoic methyl esters and that strains devoid of phenolgly-colipids harbor a frameshift mutation in the pks15/1 gene.The Journal of Biological Chemistry 277, 38148-38158.

Cousins, D.V., Williams, S.N., Reuter, R., Forshaw, D., Chadwick, B., et al.(1993) Tuberculosis in wild seals and characterisation of the seal bacillus.Australian Veterinary Journal 70, 92-97.

Cousins, D.V., Peet, R.L., Gaynor, W.T., Williams, S.N. and Gow, B.L.(1994) Tuberculosis in imported hyrax(Procavia capensis) caused by an unusual variant belonging to the *Mycobacterium tuberculosis* complex.Veterinary Microbiology 42, 135-145.

Cox, J.S., Chen, B.,Mcneil, M.and Jacobs Jr., W.R.(1999) Complex lipid determines tissue-specific replication of *Mycobacterium tuberculosis* in mice.Nature 402, 79-83.

Danilchanka, O., Sun, J., Pavlenok, M., Maueroder, C., Speer, A., et al.(2014) An outer membrane channel protein of *Mycobacterium tuberculosis* with exotoxin activity.Proceedings of the National Academy of Sciences of the United States of America 111, 6750-6755.

De Mendonca-Lima, L.,Bordat, Y., Pivert, E., Recchi, C., Neyrolles, O., et al.(2003) The allele encoding the mycobacterial erp protein affects lung disease in mice.Cellular Microbiology 5, 65-73.

Delogu, G.and Brennan, M.J.(2001) Comparative immune response to PE and PE_PGRS antigens of *Mycobacterium tuberculosis*.Infection and Immunity 69,

5606-5611.

Delogu, G., Pusceddu, C., Bua, A., Fadda, G., Brennan, M.J., et al.(2004) Rv1818c-encoded PE_ PGRS protein of *Mycobacterium tuberculosis* is surface exposed and influences bacterial cell structure.Molecular Microbiology 52, 725-733.

Dillon, D.C., Alderson, M.R., Day, C.H., Bement, T., Campos-Neto, A., et al.(2000) Molecular and immunological characterization of *Mycobacterium tuberculosis* CFP-10, an immunodiagnostic antigen missing in *Mycobacterium bovis* BCG.Journal of Clinical Microbiology 38, 3285-3290.

Domenech, P.and Reed, M.B.(2009) Rapid and spontaneous loss of phthiocerol dimycocerosate(PDIM) from *Mycobacterium tuberculosis* grown in vitro: implications for virulence studies. Microbiology 155, 3532 - 3543.

Dubnau, E., Fontan, P., Manganelli, R., Soares-Appel, S.and Smith, I.(2002) *Mycobacterium tuberculosis* genes induced during infection of human macrophages.Infection and Immunity 70, 2787-2795.

Espitia, C., Laclette, J.P., Mondragon-Palomino, M., Amador, A., Campuzano, J., et al.(1999) The P- E-PGRS glycine-rich proteins of *Mycobacterium tuberculosis*: a new family of fibronectin-binding proteins? Microbiology 145(12), 3487-3495.

Frothingham, R., Hills, H.G.and Wilson, K.H. (1994) Extensive DNA sequence conservation throughout the *Mycobacterium tuberculosis* complex.Journal of Clinical Microbiology 32, 1639-1643.

Garnier, T.,Eiglmeier, K., Camus, J.C., Medina, N., Mansoor, H., et al.(2003) The complete genome sequence of *Mycobacterium bovis*.Proceedings of the National Academy of Sciences of the United States of America 100, 7877-7882.

Gey Van Pittius, N.C., Gamieldien, J., Hide, W., Brown, G.D., Siezen, R.J., et al.(2001) The ESAT-6 gene cluster of *Mycobacterium tuberculosis* and other high G+C Gram-positive bacteria.Genome Biology 2, RESEARCH0044.

Gey Van Pittius, N.C., Sampson, S.L., Lee, H., Kim, Y., Van Helden, P.D., et al.(2006) Evolution and expansion of the *Mycobacterium tuberculosis* PE and PPE multigene families and their association with the duplication of the ESAT-6(esx) gene cluster regions. BMC Evolutionary Biology 6, 95.

Gilmore, S.A.,Schelle, M.W., Holsclaw, C.M., Leigh, C.D., Jain, M., et al.(2012) Sulfolipid-1 biosynthesis restricts *Mycobacterium tuberculosis* growth in human macrophages. ACS Chemical Biology 7, 863 - 870.

Golby, P., Hatch, K.A., Bacon, J., Cooney, R., Riley, P., et al.(2007) Comparative transcriptomics reveals key gene expression differences between the human and bovine pathogens of the *Mycobacterium tuberculosis* complex.Microbiology 153, 3323-3336.

Gonzalo-Asensio, J., Malaga, W.,Pawlik, A., Astarie-Dequeker, C., Passemar, C., et al. (2014) Evolutionary history of tuberculosis shaped by conserved mutations in the PhoPR virulence regulator.Proceedings of the National Academy of Sciences of the United States of America 111, 11491-11496.

Guinn, K.M., Hickey, M.J., Mathur, S.K., Zakel, K.L., Grotzke, J.E., et al. (2004) Individual *RD1*-region genes are required for export of ESAT-6/ CFP-10 and for virulence of *Mycobacterium tuberculosis*.Molecular Microbiology 51, 359-370.

Hotter, G.S.and Collins, D.M.(2011) *Mycobacterium bovis* lipids: virulence and vaccines.Molecular Microbiology 151, 91-98.

Hotter, G.S., Wards, B.J., Mouat, P., Besra, G. S., Gomes, J., et al. (2005) Transposon mutagenesis of Mb0100 at the ppe1-nrp locus in *Mycobacterium bovis* disrupts phthiocerol dimycocerosate (PDIM) and glycosylphenol-PDIM biosynthesis, producing an avirulent strain with vaccine properties at least equal to those of *M.bovis* BCG. Journal of Bacteriology 187, 2267-2277.

Houben, D., Demangel, C., Van Ingen, J., Perez, J., Baldeon, L., et al. (2012) ESX-1-mediated translocation to the cytosol controls virulence of mycobacteria. Cellular Microbiology 14, 1287-1298.

Houben, E.N., Korotkov, K.V. and Bitter, W. (2014) Take five-Type Ⅶ secretion systems of Mycobacteria. Biochimica et Biophysica Acta 1843, 1707-1716.

Iantomasi, R., Sali, M., Cascioferro, A., Palucci, I., Zumbo, A., et al. (2012) PE_PGRS30 is required for the full virulence of *Mycobacterium tuberculosis*. Cellular Microbiology 14, 356-367.

Karlson, A.G. and Lessel, E.F. (1970) *Mycobacterium bovis* nom. nov. International Journal of Systematic and Evolutionary Microbiology 20, 273-282.

Kassa, D., Ran, L., Geberemeskel, W., Tebeje, M., Alemu, A., et al. (2012) Analysis of immune responses against a wide range of *Mycobacterium tuberculosis* antigens in patients with active pulmonary tuberculosis. Clinical and Vaccine Immunology 19, 1907-1915.

Kolattukudy, P.E., Fernandes, N.D., Azad, A. K., Fitzmaurice, A.M. and Sirakova, T.D. (1997) Biochemistry and molecular genetics of cell-wall lipid biosynthesis in mycobacteria. Molecular Microbiology 24, 263-270.

Kozak, R.A., Alexander, D.C., Liao, R., Sherman, D.R. and Behr, M.A. (2011) Region of difference 2 contributes to virulence of *Mycobacterium tuberculosis*.

Infection and Immunity 79, 59-66. Lee, P.A., Tullman-Ercek, D. and Georgiou, G. (2006) The bacterial twin-arginine translocation pathway. Annual Review of Microbiology 60, 373-395.

Lee, J.S., Krause, R., Schreiber, J., Mollenkopf, H.J., Kowall, J., et al. (2008) Mutation in the transcriptional regulator PhoP contributes to avirulence of *Mycobacterium tuberculosis* H37Ra strain. Cell Host Microbe 3, 97-103.

Lewis, K.N., Liao, R., Guinn, K.M., Hickey, M.J., Smith, S., et al. (2003) Deletion of RD1 from *Mycobacterium tuberculosis* mimicsbacille Calmette-Guérin attenuation. The Journal of Infectious Diseases 187, 117-123.

Lillebaek, T., Dirksen, A., Baess, I., Strunge, B., Thomsen, V.O., et al. (2002) Molecular evidence of endogenous reactivation of *Mycobacterium tuberculosis* after 33 years of latent infection. The Journal of Infectious Diseases 185, 401-404.

Magnus, K. (1966) Epidemiological basis of tuberculosis eradication. 3. Risk of pulmonary tuberculosis after human and bovine infection. Bulletin of the World Health Organization 35, 483-508.

Mahairas, G.G., Sabo, P.J., Hickey, M.J., Singh, D.C. and Stover, C.K. (1996) Molecular analysis of genetic differences between *Mycobacterium bovis* BCG and virulent *M.bovis*. Journal of Bacteriology 178, 1274-1282.

Majlessi, L., Brodin, P., Brosch, R., Rojas, M. J., Khun, H., et al. (2005) Influence of ESAT-6 secretion system 1 (RD1) of *Mycobacterium tuberculosis* on the interaction between mycobacteria and the host immune system. Journal of Immunology 174, 3570-3579.

Malaga, W., Constant, P., Euphrasie, D., Cataldi, A., Daffe, M., et al.(2008) Deciphering the genetic bases of the structural diversity of phenolic glycolipids in strains of the *Mycobacterium tuberculosis* complex.The Journal of Biological Chemistry 283, 15177–15184.

Mcdonough, J.A., Hacker, K.E., Flores, A.R., Pavelka Jr., M.S. and Braunstein, M. (2005) The twin-arginine translocation pathway of *Mycobacterium smegmatis* is functional and required for the export of mycobacterial beta-lactamases.Journal of Bacteriology 187, 7667–7679.

Mostowy, S., Cousins, D., Brinkman, J., Aranaz, A.and Behr, M.A. (2002) Genomic deletions suggest a phylogeny for the *Mycobacterium tuberculosis* complex.The Journal of Infectious Diseases 186, 74–80.

Muller, B.,Durr, S., Alonso, S., Hattendorf, J., Laisse, C.J., et al.(2013) Zoonotic *Mycobacterium bovis*-induced tuberculosis in humans.Emerging Infectious Diseases 19, 899–908.

Mustafa, A.S., Amoudy, H.A., Wiker, H.G., Abal, A.T., Ravn, P., et al.(1998) Comparison of antigen-specific T-cell responses of tuberculosis patients using complex or single antigens of *Mycobacterium tuberculosis*. Scandinavian Journal of Immunology 48, 535–543.

Mustafa, T., Wiker, H.G., Morkve, O.and Sviland, L.(2007) Reduced apoptosis and increased inflammatory cytokines in granulomas caused by tuberculous compared to non-tuberculous mycobacteria: role of MPT64 antigen in apoptosis and immune response.Clinical and Experimental Immunology 150, 105–113.

Nagai, S., Matsumoto, J. and Nagasuga, T. (1981) Specific skin-reactive protein from culture filtrate of *Mycobacterium bovis* BCG.Infection and Immuni-

ty 31, 1152–1160.

Nagai, S., Miura, K., Tokunaga, T.and Harboe, M.(1986) MPB70, a unique antigenic protein isolated from the culture filtrate of BCG substrain Tokyo.Developments in Biological Standardization 58(B), 511–516.

Nagai, S.,Wiker, H.G., Harboe, M.and Kinomoto, M.(1991) Isolation and partial characterization of major protein antigens in the culture fluid of *Mycobacterium tuberculosis*.Infection and Immunity 59, 372–382.

O'hagan, D.(1993) Biosynthesis of fatty acid and polyketide metabolites. Natural Product Reports 10, 593–624.

Overbeek, R., Fonstein, M., D'souza, M., Pusch, G.D.and Maltsev, N.(1999) The use of gene clusters to infer functional coupling.Proceedings of the National Academy of Sciences of the United States of America 96, 2896–2901.

Pajon, R., Yero, D., Lage, A., Llanes, A.and Borroto, C.J.(2006) Computational identification of beta-barrel outer-membrane proteins in *Mycobacterium tuberculosis* predicted proteomes as putative vaccine candidates.Tuberculosis(Edinburgh) 86, 290–302.

Palmer, M.V.(2013) *Mycobacterium bovis*: characteristics of wildlife reservoir hosts.Transboundary and Emerging Diseases 60(1), 1–13.

Parsons, S.D.,Drewe, J.A., Gey Van Pittius, N.C., Warren, R.M.and Van Helden, P.D.(2013) Novel cause of tuberculosis in meerkats, South Africa.Emerging Infectious Diseases 19, 2004–2007.

Perez, E., Samper, S., Bordas, Y., Guilhot, C., Gicquel, B., et al.(2001) An essential role for phoP in *Mycobacterium tuberculosis* virulence.Molecular Microbiology 41, 179–187.

Pesciaroli, M., Alvarez, J., Boniotti, M.B., Cagiola, M., Di Marco, V., et al.(2014) Tuberculosis in domestic animal species.Research in Veterinary Science 97(Suppl), S78–S85.

Pethe, K., Swenson, D.L., Alonso, S., Anderson, J., Wang, C., et al.(2004) Isolation of *Mycobacterium tuberculosis* mutants defective in the arrest of phagosome maturation. Proceedings of the National Academy of Sciences of the United States of America 101, 13642–13647.

Pym, A.S., Brodin, P., Majlessi, L., Brosch, R., Demangel, C., et al. (2003) Recombinant BCG exporting ESAT–6 confers enhanced protection against tuberculosis.Nature Medicine 9, 533–539.

Quadri, L.E.(2014) Biosynthesis of mycobacterial lipids by polyketide synthases and beyond.Critical Reviews in Biochemistry and Molecular Biology 49, 179–211.

Raynaud, C., Guilhot, C., Rauzier, J., Bordat, Y., Pelicic, V., et al. (2002a) Phospholipases C are involved in the virulence of *Mycobacterium tuberculosis*. Molecular Microbiology 45, 203–217.

Raynaud, C., Papavinasasundaram, K. G., Speight, R. A., Springer, B., Sander, P., et al. (2002b) The functions of OmpATb, a pore–forming protein of *Mycobacterium tuberculosis*.Molecular Microbiology 46, 191–201.

Reed, M.B., Domenech, P.,Manca, C., Su, H., Barczak, A.K., et al.(2004) A glycolipid of hypervirulent tuberculosis strains that inhibits the innate immune response.Nature 431, 84–87.

Renshaw, P.S., Panagiotidou, P., Whelan, A., Gordon, S.V., Hewinson, R.G., et al.(2002) Conclusive evidence that the major T–cell antigens of the *Mycobacterium tuberculosis* complex ESAT–6 and CFP–10 form a tight, 1 : 1 complex and characterization of the structural properties of ESAT–6, CFP–10, and the ESAT–6 * CFP–10 complex.Implications for pathogenesis and virulence.The Journal of Biological Chemistry 277, 21598–21603.

Rhodes, S. G., Gavier–Widen, D., Buddle, B. M., Whelan, A.O., Singh, M., et al.(2000) Antigen specificity in experimental bovine tuberculosis.Infection and Immunity 68, 2573–2578.

Roche, P.W.,Triccas, J.A., Avery, D.T., Fifis, T., Billman–Jacobe, H., et al.(1994) Differential T cell responses to mycobacteria–secreted proteins distinguish vaccination with bacille Calmette–Guérin from infection with *Mycobacterium tuberculosis*.The Journal of Infectious Diseases 170, 1326–1330.

Rousseau, C., Winter, N., Pivert, E., Bordat, Y., Neyrolles, O., et al.(2004) Production of phthiocerol dimy–cocerosates protects *Mycobacterium tuberculosis* from the cidal activity of reactive nitrogen intermediates produced by macrophages and modulates the early immune response to infection.Cellular Microbiology 6, 277–287.

Said–Salim, B.,Mostowy, S., Kristof, A.S. and Behr, M.A.(2006) Mutations in *Mycobacterium tuberculosis Rv0444c*, the gene encoding anti–SigK, explain high level expression of *MPB70* and *MPB83* in *Mycobacterium bovis*.Molecular Microbiology 62, 1251–1263.

Saint–Joanis, B., Demangel, C., Jackson, M., Brodin, P., Marsollier, L., et al.(2006) Inactivation of *Rv2525c*, a substrate of the twin arginine translocation(Tat) system of *Mycobacterium tuberculosis*, increases beta–lactam susceptibility and virulence.Journal of Bacteriology 188, 6669–6679.

Sampson, S. L. (2011) Mycobacterial PE/PPE proteins at the host–pathogen interface.Clinical and Developmental Immunology 2011, 497203.

Schnappinger, D., Ehrt, S., Voskuil, M.I., Liu, Y., Mangan, J.A.et al.(2003) Transcriptional Adaptation of *Mycobacterium tuberculosis* within macrophages: insights into the phagosomal environment.The Journal of Experimental Medicine 198, 693–704.

Schneider, J.S., Sklar, J.G.and Glickman, M.S. (2014) The rip1 protease of *Mycobacterium tuberculosis* controls the SigD regulon.Journal of Bacteriology 196, 2638–2645.

Senaratne, R. H., Sidders, B., Sequeira, P., Saunders, G., Dunphy, K., et al.(2008) *Mycobacterium tuberculosis* strains disrupted in *mce3* and *mce4* operons are attenuated in mice.Journal of Medical Microbiology 57, 164–170.

Serafini, A.,Boldrin, F., Palu, G.and Manganelli, R.(2009) Characterization of a *Mycobacterium tuberculosis* ESX-3 conditional mutant: essentiality and rescue by iron and zinc.Journal of Bacteriology 191, 6340–6344.

Sirakova, T.D., Dubey, V.S., Cynamon, M.H. and Kolattukudy, P.E.(2003) Attenuation of *Mycobacterium tuberculosis* by disruption of a mas–like gene or a chalcone synthase–like gene, which causes deficiency in dimycocerosyl phthiocerol synthesis.Journal of Bacteriology 185, 2999–3008.

Skuce R.A.and McDowell, S.(2011) Bovine tuberculosis(TB): a review of cattle–to–cattle transmission, risk factors and susceptibility.Agri–food and Biosciences Institute, Belfast, Northern Ireland, UK. Available at: https://www. daera–ni. gov. uk/sites/default/files/publications/dard/afbi–literature–review–tb–review–cattle–to–cattle–transmission.pdf(accessed 21 February 2018).

Smith, T.(1898) A comparative study of bovine tubercle bacilli and of human bacilli from sputum.The Journal of Experimental Medicine 3, 451–511.

Smith, N.H., Kremer, K.,Inwald, J., Dale, J., Driscoll, J.R., et al.(2006) Ecotypes of the *Mycobacterium tuberculosis* complex.Journal of Theoretical Biology 239, 220–225.

Sreevatsan, S., Pan, X., Stockbauer, K.E., Connell, N.D., Kreiswirth, B.N., et al.(1997) Restricted structural gene polymorphism in the *Mycobacterium tuberculosis* complex indicates evolutionarily recent global dissemination.Proceedings of the National Academy of Sciences of the United States of America 94, 9869–9874.

Srivastava, V.,Rouanet, C., Srivastava, R., Ramalingam, B., Locht, C., et al.(2007) Macrophage–specific *Mycobacterium tuberculosis* genes: identification by green fluorescent protein and kanamycin resistance selection.Microbiology 153, 659–666.

Stewart, G.R., Patel, J., Robertson, B.D., Rae, A.and Young, D.B.(2005) Mycobacterial mutants with defective control of phagosomal acidification. PLoS Pathogens 1, 269–278.

Swanson, S.,Ioerger, T.R., Rigel, N.W., Miller, B.K., Braunstein, M., et al.(2015) Structural similarities and differences between two functionally distinct seca proteins, *Mycobacterium tuberculosis* SecA1 and SecA2.Journal of Bacteriology 198, 720–730.

Triccas, J.A., Berthet, F.X., Pelicic, V.and Gicquel, B.(1999) Use of fluorescence induction and sucrose counterselection to identify *Mycobacterium tuberculosis* genes expressed within host cells. Microbiology 145(10), 2923–2930.

Trivedi, O.A., Arora, P., Vats, A., Ansari, M. Z.,Tickoo, R., et al.(2005) Dissecting the mechanism and assembly of a complex virulence mycobacterial lipid.Molecular Cell 17, 631–643.

Tufariello, J.M., Chapman, J.R., Kerantzas, C. A., Wong, K.W., Vilcheze, C., et al.(2016) Separable roles for *Mycobacterium tuberculosis* ESX-3 effectors in iron acquisition and virulence.Proceedings of the National Academy of Sciences of the United States of America 113, E348-E357.

Tundup, S., Akhter, Y., Thiagarajan, D. and Hasnain, S.E.(2006) Clusters of PE and PPE genes of *Mycobacterium tuberculosis* are organized in operons: evidence that PE Rv2431c is cotranscribed with PPE Rv2430c and their gene products interact with each other.FEBS Letters 580, 1285-1293.

Van DerWel, N., Hava, D., Houben, D., Fluitsma, D., Van Zon, M., et al.(2007) *M. tuberculosis* and *M. leprae* translocate from the phagolysosome to the cytosol in myeloid cells.Cell 129, 1287-1298.

Van Ingen, J., Rahim, Z., Mulder, A.,Boeree, M.J., Simeone, R., et al.(2012) Characterization of *Mycobacterium orygis* as *M. tuberculosis* complex subspecies.Emerging Infectious Diseases 18, 653-655.

Vordermeier, H.M., Cockle, P.C., Whelan, A., Rhodes, S., Palmer, N., et al.(1999) Development of diagnostic reagents to differentiate between *Mycobacterium bovis* BCG vaccination and *M.bovis* infection in cattle.Clinical and Diagnostic Laboratory Immunology 6, 675-682.

Wells, A.Q. (1937) Tuberculosis in wild voles. TheLancet 229, 1221.

Wells, A.Q.(1946) The murine type of tubercle bacilli(the vole acid-fast bacillus).MRC Special Report Series.Medical Research Council, London, UK.

Wiker, H.G., Lyashchenko, K.P., Aksoy, A.M., Lightbody, K.A., Pollock, J.M., et al.(1998) Immunochemical characterization of the MPB70/80 and MPB83 proteins of *Mycobacterium bovis*.Infection and Immunity 66, 1445-1452.

Zinn, K., Mcallister, L. and Goodman, C.S. (1988) Sequence analysis and neuronal expression of fasciclin I in grasshopper and Drosophila.Cell 53, 577-587.

Zumarraga, M., Bigi, F., Alito, A., Romano, M.I.and Cataldi, A.(1999) A 12.7 kb fragment of the *Mycobacterium tuberculosis* genome is not present in *Mycobacterium bovis*.Microbiology 145(4), 893-897.

牛分枝杆菌感染的病理学和发病机制

Francisco J. Salguer

萨里大学兽医学院病理学与传染病学系，吉尔福德，英国

9.1 概述

牛分枝杆菌（*M. bovis*）能够感染多种家畜、野生动物和人（O'Reilly 和 Daborn，1995）。牛分枝杆菌是结核分枝杆菌复合群（MTBC）成员。结核分枝杆菌复合群包括结核分枝杆菌（*M. tuberculosis*）、牛分枝杆菌（*M. bovis*）、非洲分枝杆菌（*M. africanum*）、田鼠分枝杆菌（*M. microti*）、山羊分枝杆菌（*M. caprae*）、犬分枝杆菌（*M. canetti*）、海豹分枝杆菌（*M. pinnipedii*）和猫鼬分枝杆菌（*M. mungi*）（Rodriguez-Campos 等，2014）。

牛结核病是由牛分枝杆菌或山羊分枝杆菌引起的牛传染性疫病（Domingo 等，2014），该病是一种主要侵害呼吸系统——肺及其引流淋巴结、胃肠道及其次级淋巴器官，以形成肉芽肿、干酪样结节和坏死性炎症为特征的慢性传染病。

牛分枝杆菌感染宿主之后，动物可能会在很长一段时间内处于亚临床感染状态，之后逐渐出现身体多个组织器官局限性或全身性疫病。感染途径会影响病灶位置及其分布（Domingo 等，2014）。最常见的感染途径是吸入带菌的液滴核或气溶胶而导致上下呼吸道、肺及相关淋巴组织的病变（Neill 等，1994，2001）。根据感染剂量不同，牛分枝杆菌可在上呼吸道黏膜和咽后淋巴结引起典型的病变（Cassidy 等，1999）。一个有趣的现象是无论动物通过试验感染还是自然感染，在头、颈部多处淋巴结均可形成病变（Dean 等，2014，2015；Ameni 等，2017；Salguero 等，2017）。

扁桃体是牛分枝杆菌的易感部位，自然感染和试验感染牛分枝杆菌动物的扁桃体，通常可形成病变或分离培养出活菌（Cassidy 等，1999；Liebana 等，2008）。

如果动物通过食用污染牧草、水或饲料而感染牛分枝杆菌，则常会在肠系膜和肝淋巴结发生病变，表现为消化道结核病（Menzies 和 Neill，2000）。除消化道感染途径之外，该菌也可经生殖器、乳房内或胎盘感染，但在大多数实施了积极控制或根除计划的国家，结核病流行率较低，因此这些感染途径的发生频率也

非常低（Domingo 等，2014）。

迄今为止，牛结核病仍然是严重危害养牛业的一种重要疫病，这种人兽共患病引起的公共卫生问题备受关注。虽然牛结核病已有数百年历史，但其发病机制仍未完全明了，不同情况下的诊断和控制策略在不断完善。本章对牛和其他动物感染牛分枝杆菌的病理学及感染后宿主免疫应答的主要机制进行了综述。

9.2　牛分枝杆菌感染的临床病理学

牛结核病典型的可见病变是出现结核结节，这种结核结节大小不一、被结缔组织包裹，为黄色肉芽肿炎性结节，其中央组织常常坏死并伴有不同程度的钙化（Aranday-Cortes 等，2013；Domingo 等，2014）。牛结核病结核结节的分布与其感染途径有关。

成年牛典型结核病病变分布于呼吸系统，表现为肺实质（图9.1）和胸腔局部淋巴结的结核结节。肺和纵隔淋巴结在结核病发病机制中的相关性在很多年前就已报道（Ghon，1912），人们将肺和纵隔淋巴结的原发性肺病变和干酪样淋巴结节病变称之为原发性综合征（高恩综合征）。

原发病灶常局限于一个肺叶背侧，这种病变通常发展为结缔组织包裹性病变和钙化病变。如果受感染动物免疫功能低下或免疫反应无效，感染可能在最初阶段开始扩散，这一过程称为"早期扩散"；通过血液或淋巴传播也可能发生再次感染，后期阶段称为"后期扩散"（Domingo 等，2014）。

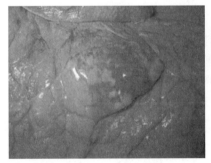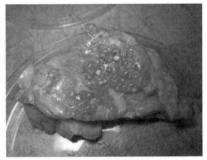

（1）右肺中叶背侧可见多发性病变　　（2）病灶切开后可见多发肉芽肿合并病变，中央可见干酪样坏死，坏死区域周围可见炎症反应

图9.1　牛分枝杆菌感染的可见病变

原发病灶扩散后，可在肺及胸膜形成大量小的粟粒型结节（原发扩散）。病变进一步扩大可形成不同形态病灶，根据相邻组织病变程度可形成如下形态：①"腺泡"形态，在肺小叶形成许多小的黄色结节；②当病变处累积的干酪状物使支气管管腔扩张或进入支气管时则形成"海绵状"病变；③当分枝杆菌感染呼吸道而侵蚀其上皮时则在气管和支气管内形成"溃疡"灶。

典型结节也可以出现在胸腔外的头颈部（腮腺、咽后内侧和外侧、下颌下）淋巴结中（Aranday-Cortes 等，2013；Dean 等，2014、

2015；Ameni 等，2017；Salguero 等，2017）。

犊牛通常经消化道感染结核病，病变常常涉及肠系膜淋巴结，并可扩散到其他器官（Terefe，2014）。

屠宰监测要求观察动物在检查部位是否存在肉眼可见的结核病灶。在屠宰场或尸检室内进行详细的尸检对于识别结核样病变至关重要，通常可在肝脏、脾脏、肾脏和乳腺等多种器官中发现结核病变。研究报告表明，屠宰场对动物结核病的检出率随肉类检验程序加强而增加，如对器官和组织进行多重切片（Corner，1994 年；Whipple 等，1996）则能显著提高检出率。通过肉眼检查肉芽肿病变，可以对牛结核病做初步诊断，组织病理学检查可显著增加诊断准确性，细菌学分离鉴定是牛结核病诊断的金标准（Corner，1994）。淋巴结检查和细菌培养对牛结核病的诊断至关重要，最近有一种假说提出，结核病是一种以肺为入侵门户的淋巴性疫病（Behr 和 Waters，2013）。

9.3　牛结核病的标志性显微病变：肉芽肿

不论何种宿主和组织，典型的结核病微观病变为肉芽肿。肉芽肿是一种伴有大量上皮样巨噬细胞（Palmer 等，2015）集聚的典型慢性炎症反应病变形态，在干酪样坏死病灶周围可观察到淋巴细胞、浆细胞、中性粒细胞和由多个巨噬细胞融合形成的朗汉斯巨细胞（MNGCs）。

分枝杆菌感染后，宿主通过细胞因子和趋化因子介导募集大量单核细胞、淋巴细胞、中性粒细胞和组织特异性巨噬细胞（Mattila 等，2013），旨在控制感染形成细胞聚集物

（Aranday-Corte 等，2013）。牛结核病病变由最初的原发病灶逐渐扩散形成肉芽肿，包括不同发展阶段，这种病程特征与人结核病肉芽肿病程类似（van Rhijn 等，2008）。

一般认为，肉芽肿是阻碍分枝杆菌感染扩散的物理屏障（Aranday-Corte 等，2013）。通过牛分枝杆菌感染试验可将肉芽肿显微病变进程定性划分为 4 个发展阶段（Wangoo 等，2005；Johnson 等，2006；Palmer 等，2007；Aranday-Cortes 等，2013；Wangoo 等，2005）（图 9.2）。Ⅰ期肉芽肿（初期小肉芽肿）是由中性粒细胞、上皮样巨噬细胞、少量淋巴细胞和少数朗汉斯巨细胞堆积而成，肉芽肿尚未发生坏死现象。Ⅱ期肉芽肿（变性肉芽肿）结构与Ⅰ期相似，但中间有中性粒细胞和淋巴细胞浸润，病变周围有薄的包膜，中心区域开始形成干酪样坏死病变。Ⅲ期肉芽肿（坏死肉芽肿）的中心区域出现干酪样坏死，其周围有多个上皮样细胞、多核巨细胞和淋巴细胞。Ⅲ期肉芽肿表现为完整的纤维包膜，中央区域坏死，偶有轻度钙化。坏死的核周围有上皮样巨噬细胞和朗汉斯巨细胞，周围有巨噬细胞、成簇淋巴细胞和孤立中性粒细胞（Aranday-Cortes 等，2013）。最后发展为Ⅳ期肉芽肿（钙化肉芽肿），肉芽肿完全被较厚的纤维组织包膜包裹，中央区域严重坏死并伴有广泛弥漫性坏死。坏死的核周围有巨噬细胞和朗汉斯巨细胞，纤维包膜内有巨噬细胞和密集的淋巴细胞簇。Ⅳ期肉芽肿可形成多发性坏死核心，数个肉芽肿合并形成一个体积庞大的肉芽肿，具有多个坏死的核心。多发性Ⅳ期肉芽肿常被少量的Ⅰ期和Ⅱ期"卫星"肉芽肿包围（Aranday-Cortes 等，2013）。

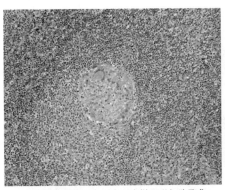

（1）Ⅰ期肉芽肿：表现为上皮样巨噬细胞聚集，
伴有部分朗汉斯巨细胞（MNGCs）
（H&E，200×）

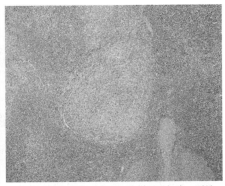

（2）Ⅱ期肉芽肿：大量上皮样巨噬细胞，可见
MNGCs，纤维包膜不完整（H&E，100×）

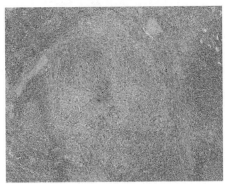

（3）Ⅲ期肉芽肿：纤维包膜完整，中央坏死
（H&E，40×）

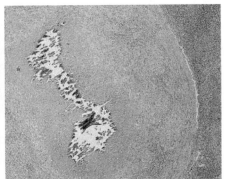

（4）Ⅳ期肉芽肿，纤维包裹完整，广泛的中央
坏死和钙化（H&E，40×）

图9.2　肉芽肿显微病变进程

将组织进行 Ziehl-Neelsen 染色可发现抗酸菌（AFB），在Ⅰ期和Ⅱ期肉芽肿中抗酸菌含量较少，主要分布在巨噬细胞、上皮样细胞和朗汉斯巨细胞的胞浆内（图9.3），而在Ⅲ期和Ⅳ期肉芽肿坏死核内细菌数量较多。4种类型肉芽肿分别见于自然感染和试验感染的牛肺和淋巴结中，在常规苏木精-伊红（HE）染色切片研究中没有发现不同组织的显著差异。不同阶段肉芽肿的存在和数量已被用作评价牛结核病菌株致病性和疫苗有效性的重要工具（Johnson 等，2006；Dean 等，2014，2015；Salguero 等，2017）。

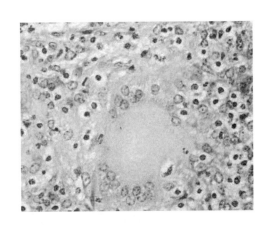

图9.3　抗酸染色杆菌［MNGC 细胞质内的抗酸杆菌（600×，Ziehl-Neelsen 染色）］

已经有几项试验深入研究了牛分枝杆菌感染所致肉芽肿的细胞组成。不同的技术[如免疫组化（IHC）或原位杂交（ISH）]已经被用来描述和量化巨噬细胞、淋巴细胞及其亚群在组织切片内的存在情况（Liebana 等，2008；Aranday–Cortes 等，2013；Palmer 等，2015、2016；Salguero 等，2017）。

CD68 免疫组化检测已被用于评价和定位肉芽肿不同发展阶段巨噬细胞、上皮细胞和朗汉斯巨细胞情况。一般来说，Ⅰ期肉芽肿中 CD68$^+$细胞数量相当高，并在整个病变发展过程中减少。Ⅰ和Ⅱ期肉芽肿内大部分细胞是 CD68$^+$，而在Ⅲ和Ⅳ期肉芽肿内表达 CD68$^+$的是坏死中心周围的巨噬细胞，以及肉芽肿外层的少量细胞（Aranday–Cortes 等，2013）（图 9.4）。

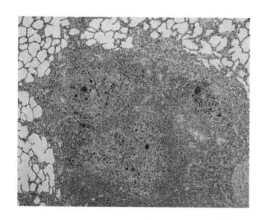

图 9.4　牛分枝杆菌攻毒试验中牛Ⅰ期和Ⅱ期肺部肉芽肿中 CD68$^+$染色［巨噬细胞和多核巨细胞胞浆内可见大量阳性染色（IHC，100×）］

CD3$^+$ T 淋巴细胞似乎分散在Ⅰ和Ⅱ期肉芽肿内，而分布在Ⅲ和Ⅳ期肉芽肿外层（图9.5），但并不紧密靠近坏死核心。使用福尔马林固定石蜡包埋（FFPE）的组织进行 CD4$^+$和 CD8$^+$ T 淋巴细胞的免疫组化检测一直是个难题。目前发现可使用锌盐固定剂研究这两类细胞亚群（Hicks 等，2006；Aranday–Cortes 等，2013）。试验研究表明，肉芽肿内 CD4$^+$和 CD8$^+$细胞分布情况类似于 CD3$^+$细胞，分散于Ⅰ和Ⅱ期肉芽肿以及Ⅲ和Ⅳ期肉芽肿的外层（Aranday-Cortes 等，2013）（第 10 章）。

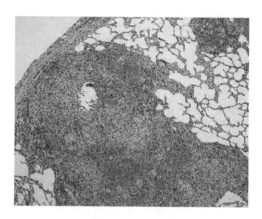

图 9.5　Ⅳ期肉芽肿的 CD3$^+$染色结果［在肉芽肿外层可见大量阳性 T 细胞（IHC，100×）］

B 淋巴细胞在牛结核病免疫应答中的作用以及这些细胞在结核性肉芽肿内的分布长期以来一直未得到重视，但在小鼠模型中 B 细胞可以通过多种方式调节宿主对结核分枝杆菌的应答（Maglione 和 Chan，2009）。本章作者发现 B 细胞零星分布于Ⅰ期和Ⅱ期牛结核病肉芽肿内，而在Ⅲ和Ⅳ期肉芽肿中大量存在，通常分布于纤维囊外产生 B 细胞的卫星巢（Aranday-Cortes 等，2013）（图9.6）。这些结构类似于在次级淋巴器官中活跃的滤泡，B 细胞在多个不同成熟阶段都存在，有人分析这些细胞群可能协调宿主局部免疫反应以控制肺部分枝杆菌的生长（Ulrich 等，2004）（第 10 章）。

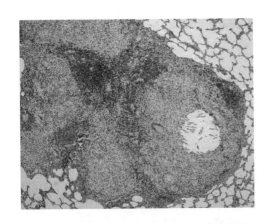

图 9.6　牛分枝杆菌感染牛肺部形成的肉芽肿在 I 期、II 期、IV 期中可见 CD79a⁺ [CD79a⁺ 细胞分散在 IV 期肉芽肿坏死核心周围炎性细胞边缘，以及 I 期和 II 期肉芽肿内。存在大量 CD79a⁺ 细胞的病变中，可观察到 B 细胞巢的形成（IHC 100×）]

9.4　牛分枝杆菌感染的局部免疫反应

致病性分枝杆菌感染后最初免疫反应包括细胞因子和化学激酶介导的单核细胞、中性粒细胞和巨噬细胞的聚集（Lawn 和 Zumla，2011）。巨噬细胞必须与活化的 T 细胞相互作用，机体通过形成肉芽肿控制感染（Mattila 等，2013）。

牛结核病发病机制可与人结核病相比较，提高我们对哺乳动物感染致病性分枝杆菌机制的认识（Waters 等，2014；Waters 和 Palmer，2015）。在机体吸入分枝杆菌后，被吸入的分枝杆菌沉积在终末呼吸道细支气管和肺泡腔内，被局部的肺泡巨噬细胞吞噬（Palmer 等，2016）。感染的巨噬细胞开始产生细胞因子、趋化因子和酶（Aranday Cortes 等，2013；Palmer 等，2015、2016；Salguero 等，2017）

（见第 10 章）。巨噬细胞同时产生促炎和抗炎细胞因子，在中性粒细胞、单核细胞、巨噬细胞和树突状细胞的参与下，诱导先天免疫反应的激活（Etna 等，2014）。先天免疫反应激活后，获得性免疫反应启动，含分枝杆菌的树突状细胞可能从肺部感染的原发部位迁移到局部淋巴结。通过产生细胞因子和抗原呈递作用，激活幼稚 T 淋巴细胞（Palmer 等，2016，见第 10 章）。经过活化和激发的 T 淋巴细胞迁移到肺部病灶，与上皮样巨噬细胞和朗汉斯巨细胞一起形成肉芽肿（Etna 等，2014）。

肉芽肿是一种病程不断发展的结构，细胞可从病变部位迁移到其他病变部位。以斑马鱼（Danio rerio）为结核病模型的研究表明，分枝杆菌可以将感染的巨噬细胞作为载体离开和进入肉芽肿，这一过程可以促进细菌向其他组织和器官的传播（Bold 和 Ernst，2009；Volkman 等，2010）。肉芽肿能够分别独立形成和发展，将感染可控制在不同的肉芽肿阶段（Lin 等，2014）。

最近人们利用现代技术深入研究结核性肉芽肿局部免疫反应，其中激光捕获微分离（LCMD）和定量聚合酶链式反应（qPCR）相结合已证实能够量化单个病灶内细胞因子和趋化因子 mRNA 的表达水平（Aranday-Cortes 等，2013）。经典的 IHC 和一种与数字图像分析相结合的新型显色 ISH 技术（RNAScope）最近也用于量化细胞因子/趋化因子 mRNA 和蛋白质在不同病变细胞中的表达（Aranday-Cortés 等，2013；Palmer 等，2015、2016；Salguero 等，2017）。

肉芽肿早期（I 期和 II 期）表达大量的 IL-17A（Aranday-Cortes 等，2013），该白细

胞因子被认为是结核病一种可能的生物标志物，在肉芽肿成熟过程中发挥着非常重要的作用（Blanco 等，2011 年；Waters 等，2015）。早期肉芽肿中 CXCL9 和 CXCL10 水平也有上调，这些高水平的 CXCL9 和 CXCL10 与疫病初期更多炎性细胞分泌有关，以帮助控制和杀灭病原体（Arandavo-Cortes 等，2013）。这些趋化因子的水平在肉芽肿晚期下降，此时免疫反应已达高潮，细胞聚集不如物理屏障重要，物理屏障可通过将细菌包裹在纤维囊中控制病原体进一步传播扩散（Algood 等，2003；Widdison 等，2009）。

当宿主对牛分枝杆菌产生典型的 Th1 应答时，在所有阶段肉芽肿内 IFN-γ 表达水平都很高（图 9.7）（Pollock 等，2001；Thacker 等，2007；Aranday-Cortés 等，2013）。

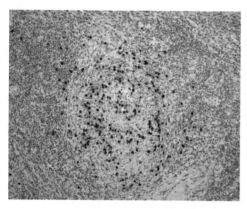

图 9.7　牛分枝杆菌试验感染牛纵膈淋巴结Ⅱ期肉芽肿的 IFN-γ 染色［肉芽肿内可见大量 IFN-γ 阳性细胞（IHC 400×）］

有趣的是，在肉芽肿各阶段都观察到一定水平的 TNF-α 表达（图 9.8）。TNF-α 主要由巨噬细胞、朗汉斯巨细胞和树突状细胞产生，参与 Th1 免疫反应，并在维持肉芽肿结构方面发挥重要作用（Algood 等，2003；Welsh

等，2005；Boddu-Jasmine 等，2008；Blanco 等，2011；Aranday-Cortés 等，2013）。

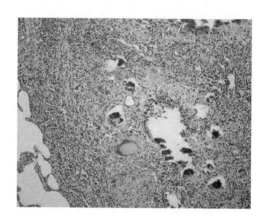

图 9.8　牛分枝杆菌试验感染牛形成Ⅳ期肉芽肿中 TNF-α 的染色［TNF-α 在少数上皮样巨噬细胞和多核巨噬细胞胞浆内表达（IHC 400×）］

早期肉芽肿内活化的巨噬细胞与Ⅰ、Ⅱ期肉芽肿中上皮样细胞和朗汉斯巨细胞高表达 iNOS 有关，并在晚期Ⅲ、Ⅳ期肉芽肿中坏死核附近的上皮样细胞内形成边缘结构（图

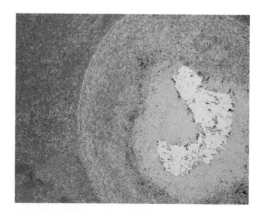

图 9.9　牛分枝杆菌试验感染牛的纵隔淋巴结Ⅳ期肉芽肿中 TGF-β 的染色［大量的上皮样巨噬细胞在坏死核附近的炎性细胞边缘表达 TGF-β（IHC 40×）］

9.9）（Aranday-Cortes 等，2013）。TGF-β 也在肉芽肿形成的所有阶段中表达（Aranday-Cortes 等，2013），但该表达在晚期肉芽肿中上调，这与在肉芽肿周围形成厚的纤维化囊相同步（Wangoo 等，2005），这种细胞因子成为成纤维细胞产生胶原蛋白的强效刺激物。

9.5　牛结核病实验动物模型

由于重大的伦理和实验操作考虑，实验室动物疫病模型已广泛用于结核分枝杆菌感染研究。这些动物模型也经常用于疫苗接种试验和新型抗结核药物的研发。虽然该病病理和发病机制可能与宿主自然感染存在差异，但类似的模型已用于牛分枝杆菌感染研究。牛分枝杆菌可以感染多种实验动物，包括老鼠、兔子、豚鼠和非人灵长类动物。

兔子感染牛分枝杆菌与感染结核分枝杆菌相比更容易发生严重疫病（Converse 等，1996），其结核结节可以在疫病后期发展成空洞化，这也是人结核病的一个特征。

鼠类不是结核分枝杆菌、牛分枝杆菌的天然宿主，但已经证明其可以用来研究病原体和哺乳动物免疫系统之间的相互作用，因为与该物种相配套的免疫试剂种类繁多，可满足后续研究需要（Aranday-Cortes 等，2012；Orme 和 Basaraba，2014）。在众多可用的小鼠品系中，选择特定的品系对于成功开展疫病感染模型的研究至关重要。利用 C57BL/6 小鼠，建立吸入感染模型，感染后肺部出现单核炎性细胞浸润。单核细胞在肺泡内聚集，淋巴细胞在趋化因子和细胞因子信号的作用下从血管中迁出。如图 9.10 所示，肉芽肿变性，含有大量泡沫状巨噬细胞，充满大量抗酸杆菌，随着病变发展，通常合并形成体积更大的肉芽肿，占据大部分肺实质区域，肉芽肿周围没有形成纤维化囊，没有朗汉斯巨细胞，坏死区域面积通常很小，仅留滞少量细胞，病变部分未发生钙化。

小鼠病变结构常被描述为"无组织"状态，尽管在肉芽肿周围有大量上皮样巨噬细胞和聚集的 T 细胞，但组织结构相对较差（Orme 和 Basaraba，2014）。

豚鼠历来被用于人类和动物结核病的建

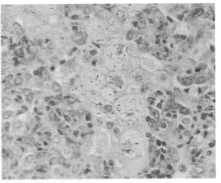

（1）试验感染牛分枝杆菌的小鼠，肺内无组织结构肉芽肿、弥漫性病变和界限不清（H&E，100×）

（2）肉芽肿病灶周围"泡沫状"巨噬细胞胞浆内存在丰富的抗酸杆菌（Ziehl-Neelsen染色，600×）

图 9.10　肉芽肿变性

模和诊断，对于该物种的结核病病理表现已有详细的报道描述，与人结核病有许多相似之处，包括随着结核病发病进程出现的干酪样坏死（Turner 等，2003；Basaraba，2008；Orme 和 Basaraba，2014）。病变由小的单核炎性细胞浸润聚集体发展为较大体积的肉芽肿，坏死核心周围有大量泡沫状巨噬细胞和淋巴细胞（图9.11）。靠近核心的完整巨噬细胞和成纤维细胞开始钙化，导致病变钙化。病灶发展迅速，可合并，往往导致致命的肺变性（Orme 和 Basaraba，2014）。

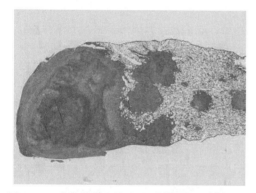

图9.11 感染结核分枝杆菌的豚鼠肺部多灶性肉芽肿［肉芽肿处于不同发展阶段，病变表现为变性、无坏死（小）、广泛坏死、纤维化包膜（大）（H&E，20×）］

通常认为非人灵长类动物是最接近人类自然感染疫病的模式物种（Orme 和 Basaraba，2014）。恒河猴（猕猴）和食蟹猴（猕猴）感染结核分枝杆菌的多个特征与牛感染牛分枝杆菌表现相似（Peña 和 Ho，2015）。

9.6 其他家养和野生动物物种牛分枝杆菌感染的比较病理学

感染牛分枝杆菌宿主范围非常广泛，包括人类、家畜和野生的反刍动物、猪和肉食动物（Palmer 等，2015）。

9.6.1 家养动物

9.6.1.1 小反刍动物

绵羊和山羊感染牛分枝杆菌表现的免疫反应和病理特征与牛结核病密切相关（Marianelli 等，2010；Bezos 等，2011；Domingo 等，2014）。结核病在小反刍动物中主要呈现一种慢性感染，虽然病变也可能发生在上呼吸道，但它会在肺和相关淋巴结中引起渗出性肉芽肿性干酪样炎性病变（Domingo 等，2014）。

结核病累及影响其他器官如脾脏、肝脏和肾脏的严重情况并不常见（Daniel 等，2009）。山羊结核病灶可以发展为液性坏死，形成海绵状病变，类似于人结核病的病变表现，因而这种动物成为研究人结核病的良好动物实验模型（Marianelli 等，2010；Gonzalez - Juarrero 等，2013）。

9.6.1.2 伴侣动物（犬、猫、马）

关于世界范围内猫犬结核病流行情况相关的数据很少。根据感染途径不同可导致病变也各异，可能局限于呼吸系统、胃肠道或皮肤系统（Gunn-Moore 等，2010）。从历史上看，猫通常是通过饮用受污染的牛奶而感染，而犬则是吸入被感染的主人的含菌气溶胶而感染（Jennings，1949）。通常，犬感染后病变开始出现在肺部，但扩散很快。最常见的猫结核病类型为皮肤型，而呼吸道和胃肠道型比较少见（Gunn-Moore 等，2010，2011；Rufenacht 等，2011）。造成这种皮肤型结核病的原因可能是通过咬伤、局部传播、皮肤的血源性传播感染，甚至是由于外伤受到污染（Jennings，1949；Gunn-Moore 等，2010；Roberts 等，2014；Murray 等，2015）。典型病变为坚实隆起的真皮结节，伴有溃疡、引流窦道和皮下组织炎症（Gunn-Moore 等，2011；Rufenacht 等，2011）（图9.12）。皮肤病变常伴有局限性或全身性肉芽肿性淋巴结炎，感染可从皮肤部位扩散到肺部，引起典型间质性肺炎。胸膜炎和心包积液在患有呼吸道感染的动物中也很常见（Snider，1971）。组织学病变为典型的多灶合并肉芽肿，由多个巨噬细胞和上皮样细胞组成。朗汉斯巨细胞非常罕见，而中性粒细胞经常大量出现，主要是由于皮肤病变的继发性感染。一般来说，病变不易纤维囊化，钙化也很少见。除了一些例外，抗酸杆菌的数量非常低（图9.12）。

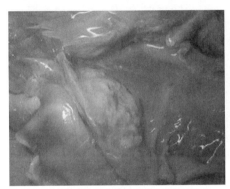

（1）猫自然感染牛分枝杆菌后出现化脓性肉芽肿性严重脂膜炎

（2）猫感染牛分枝杆菌后出现皮肤病变，显示广泛皮炎和皮下炎细胞浸润，正常上皮细胞破坏，靠近瘘管（H&E，40×）

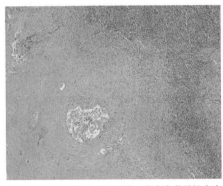

（3）腋窝淋巴结的大量坏死核心内有肉芽肿性炎症（H&E，40×）

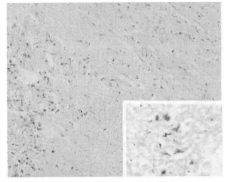

（4）淋巴结坏死的中心有大量抗酸杆菌（Ziehl-Neelsen，400×，右下角图，1000×）

图9.12　猫感染牛分枝杆菌的病变

马结核病感染常见于消化道，病变在头颈部淋巴结、胃肠道及肠系膜淋巴结多发。病变常伴有肝、脾、肺粟粒性炎症。马病变通常是增生性的，干酪样较少，钙化非常罕见，病变可被误认为是肿瘤包块（Domingo 等，2014）。

9.6.1.3　南美骆驼科

来自 MTBC 的细菌可以引起美洲驼和羊驼感染出现广泛病理变化，呼吸系统和相关淋巴结最常受到影响。肺部病变分布面积广泛，影响可超过50%（Crawshaw 等，2013）。病变呈干酪样，切面呈柔软淡黄色乳状物质。病变常合并形成体积更大的肉芽肿，表现为空洞化（Garcia-Bocanegra 等，2010）。

胸膜炎也很常见，为淋巴结增大，含有相同白色或淡黄色乳状物。组织学表现为大面积坏死，内部有多种抗酸杆菌，周围有炎性细胞，包括巨噬细胞、中性粒细胞、淋巴细胞和浆细胞（图9.13）。其他器官，包括肝脏、皮肤、胃肠道和乳腺，可显示多灶性病变（Richey 等，2011）。

 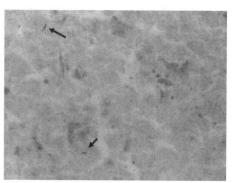

（1）感染牛分枝杆菌的羊驼肠系膜淋巴结肉芽肿外层细节。坏死区（图上部）周围有大量炎性浸润，主要为淋巴细胞，少量巨噬细胞，无多核巨细胞。大量病变的坏死核心（右下角图）。（H&E，200×；右下角图，20×）

（2）在淋巴结坏死中心内观察到少量抗酸杆菌（箭头处，Ziehl-Neelsen，600×）

图9.13　羊驼感染牛分枝杆菌的病变

英国报道称，骆驼感染结核病后出现广泛病变，在某些爆发疫情中，动物群内牛分枝杆菌感染流行率非常高，表明这些物种可以成为扩散性宿主，结核可以在物种内部传播，也可能传播到其他物种，包括牛和人（Twomey 等，2009）。由于缺乏特定的试剂，以及这些物种的结核病诊断与其他已经深入研究的物种（如牛）相比还存在较大差距，因此很难用免疫组化等方法描述其病变。本章所述野生动物物种也存在同样的问题。

9.6.2　野生动物

有报道表明，多种野生动物是家畜感染牛结核病的主要储存宿主（Fitzgerald 和 Kaneene，2012），这些野生动物包括北美和地中海盆地的鹿科动物，不列颠群岛的鼬科动物、南欧的猪、新西兰的有袋类动物（如袋鼬）和非洲的牛科动物（见第6章）。由于缺乏试剂和相关试验研究，这些物种感染牛分枝杆菌的病理学和发病机制研究存在一定局限性。

9.6.2.1　欧亚獾

欧亚獾（*Meles meles*）是在英国和爱尔兰牛结核病流行中的一种重要的野生动物宿主（Chambers 等，2017），它们在维持和传播疫病中所扮演的角色，涉及科学、政治和公共利益的重大问题（Brooks-Pollock 等，2014）。在欧洲大陆的其他国家也发现了獾感染牛分枝杆菌的现象（Sobrino 等，2008）。獾结核病病理变化集中在呼吸系统，超过50%的病变局限于肺部，35%出现淋巴结病变（Gallagher

和 Clifton-Hadley，2000）。

肺部病变变化多样，为典型的干酪样肉芽肿，大小不一，从大结节、大叶性肺炎到播散性粟粒性病变。淋巴结病变是典型肉芽肿性淋巴结炎，含有黄色、大块水肿性肉芽肿，病变很少发生钙化。肾脏也可能出现成细长的放射状病变，肝脏和脾脏，可能出现淡木屑状的散布病变（Fitzgerald 和 Kaneene，2012）。獾感染结核病后似乎存在一个疫病控制阶段，类似于人类感染潜伏期，可以持续数年（Gallagher 和 Clifton-Hadley，2000）。

与此相反，许多獾在肺部或淋巴结结核培养阳性的情况下，没有发现明显的（眼观）病变（NVL），这使得疫病的诊断和流行病学研究变得更加复杂。组织学肉芽肿为实质变性，主要由上皮样巨噬细胞组成，淋巴细胞较少，无明显的朗汉斯巨细胞（图 9.14），坏死区域有限（Corner 等，2011）。

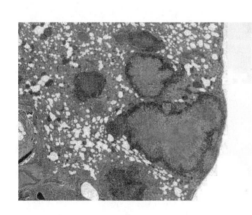

图 9.14　獾感染牛分枝杆菌后，在不同阶段发展为多灶性肉芽肿［部分病灶小而实，部分中央区域坏死，周围有一圈上皮样细胞，外层无多核巨细胞和淋巴细胞，没有明显的包膜（H&E，40×）］

獾也会感染非结核分枝杆菌、线虫或真菌类的放射孢子菌，引起肺部肉芽肿性病变。

9.6.2.2　鹿科动物

白尾鹿是一种鹿科动物，在美国牛分枝杆菌感染流行病学中起重要作用。典型可见病变包括多发干酪样肉芽肿，感染的肺或淋巴结有化脓性中心。干酪中心通常非常柔软，可能类似脓肿（Fitzgerald 和 Kaneene，2012）。

受影响的典型淋巴结是咽后内侧淋巴结，并常累及其他组织。胸部病变通常包括多个肺肉芽肿，散布于肺实质，常延伸至胸膜壁层和脏层（Fitzgerald 和 Kaneene，2012）。

显微镜下，肺和淋巴样肉芽肿是典型的干酪样病变，外层有淋巴细胞、组织细胞和朗汉斯巨细胞，围绕坏死核心，可能包含大面积钙化灶（Fitzgerald 和 Kaneene，2012）。

在西班牙一些地区，认为野生鹿也是结核病的储存宿主（Gortazar 等，2003；Aranaz 等，2004；Hermoso de Mendoza 等，2006）。

扁角鹿的结核病发病率高，感染后肺表现为干酪样病变，直径 1~10cm，常常合并成大块肉芽肿（图 9.15）。全身性疫病常见淋巴结内大小不一的、类似脓肿的包裹性大肉芽肿，有时可达 20cm，并含有乳白色的干酪样物质（García-Jiménez 等，2012）。病灶内抗酸杆菌数量远远多于结核病牛的病灶含菌数（Martin-Hernando 等，2010；García-Jiménez 等，2012）。

红鹿和扁角鹿感染结核后可见数量众多、包膜较差的肉芽肿，内含大量细菌（De Lisle 等，2002；Johnson 等，2008；Martin-Hernando 等，2010；García-Jiménez 等，2012）。研究认为这些包膜不良的肉芽肿是英伦三岛鹿种污染环境并将病菌传播至其他物种的潜在来源

图 9.15 扁角鹿感染牛分枝杆菌后肺部大块干酪样肉芽肿（病灶内可见淡黄色乳状物。由西班牙埃斯特雷马杜拉大学的 "Red de Recursos Faunisticos" 小组提供）

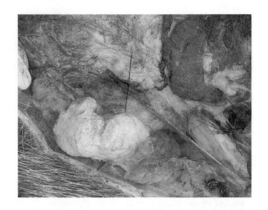

图 9.16 野猪感染牛分枝杆菌后下颌淋巴结中出现坚固、包裹良好的病变（病灶严重钙化，切面呈 "砂砾状"。由西班牙埃斯特雷马杜拉大学的 "Red de Recursos Faunisticos" 小组提供）

（Johnson 等，2008）。

早期肉芽肿特征细胞的组成与宿主初始免疫反应有关。这些肉芽肿内细胞主要是巨噬细胞和 T 淋巴细胞。有趣的是，Ⅰ期、Ⅱ期肉芽肿中 IFN-γ 表达水平较高（García-Jiménez 等，2012），这与宿主对 Th1 早期应答有关，并且与牛分枝杆菌致病性增加呈正相关（Villarreal-Ramos 等，2003）。晚期肉芽肿外层存在大量 B 细胞，形成类似于在牛身上观察到的巢状结构，可能有助于协调宿主 CD3⁺ T 细胞的免疫应答（Ulrichs 等，2004）。

9.6.2.3 野猪

在南欧地中海多宿主栖息地，几种野生有蹄类动物发挥了维持牛分枝杆菌感染流行的作用，但野猪是这些地区最重要的储存宿主（Hermoso de Mendoza 等，2006；García-Jiméne 等，2013a）。

野猪结核病典型的可见病变是以头部淋巴结局限性肉芽肿为特征（图 9.16），全身性病变则较为罕见（Bollo 等，2000；Zanella 等，2008）。

家猪感染牛分枝杆菌也出现类似病变，这些病变也可能在非自然或人工实验中发生改变（Martin-Hernando 等，2010），或在感染其他分枝杆菌如山羊分枝杆菌后发生改变（García-Jiménez 等，2013 b）。猪肉芽肿组织病理学特征与牛肉芽肿相似，肉芽肿分期方法也适用于该物种（García-Jiménez 等，2013a，2013b）。偶尔可见野猪淋巴结出现纤维素囊，形态较小、高度钙化、较厚、内部细胞稀少。

利用免疫组化技术研究肉芽肿内不同细胞群和细胞因子的表达，结果表明野猪肉芽肿内早期出现了大量巨噬细胞，且 T 细胞分布与牛病变相似。iNOS 在Ⅰ、Ⅱ、Ⅲ期肉芽肿中表达量较高，在Ⅳ期肉芽肿坏死核周围边缘表达较低，这是动物控制分枝杆菌感染和传播的一种防御反应（García-Jiménez 等，2013a），这些特征与扁角鹿肉芽肿存在差异（García-Jiménez 等，2012）。野猪典型反应包括巨噬细胞和 iNOS 在初始阶段维持非常活跃的吞噬和细菌裂解效应（García-Jiménez 等，2013a）。B 细胞在体内聚集情况不显著，未发现典型的 B 细胞巢（García-Jiménez 等，2013a）。

9.6.2.4　非洲水牛和羚羊

研究发现，非洲水牛和羚羊分别在南非和赞比亚充当了结核病重要的野生动物储存宿主（Fitzgerald 和 Kaneene，2012）。水牛肉眼可见病变主要局限于咽后、支气管和纵隔淋巴结，有趣的是，动物很少在肺内出现肉眼可见病变（Laisse 等，2011）。眼观病变是典型的、单一或多发肉芽肿，以干酪样核和钙化为特征。显微镜下，淋巴结内可见多种炎性细胞，包括上皮样巨噬细胞、淋巴细胞和朗汉斯巨细胞，坏死程度不一，呈纤维素性囊化和钙化（Laisse 等，2011）。病灶内抗酸杆菌数量非常少，且病变与牛或北美鹿病变大体相似（Laisse 等，2011）。

对于羚羊，肺是结核典型的感染部位，其次是胸部淋巴结（Gallagher 和 Macadam，1972）。肺损害典型病变为中央坏死和轻度钙化，伴有大量抗酸杆菌。淋巴结呈中心区域钙化样病变（Gallagher 和 Macadam，1972）。

9.6.2.5　帚尾袋貂

帚尾袋貂（以下简称"袋貂"）是新西兰牛结核病的主要储存宿主（Fitzgerald 和 Kaneene，2012）。袋貂极易感染牛分枝杆菌，几个月内就会出现死亡（Ryan 等，2006）。

该物种的结核病散播方式：在腋窝和腹股沟淋巴结病变产生瘘口，感染性的抗酸杆菌通过皮肤排出，这种方式在该病流行病学中具有重要意义（Cooke 等，1995）。

9.7　结论

已有大量关于多种动物感染牛分枝杆菌的病理机制的文献报道。人们对这种疫病的某些方面有了清楚深入的了解，但另一些方面则知之甚少。牛分枝杆菌感染与结核分枝杆菌（人型）感染在临床上存在相似之处，通过对动物感染牛分枝杆菌机制的研究，有助于理解人结核病发病机制，具有重要意义，反之亦然。致病分枝杆菌在宿主体内引起的标志性病变是肉芽肿，这是一种动态发展的结构，细胞在宿主和病原体的相互作用下不断出入肉芽肿（Ramakrishnan，2012）。不同细胞组成、细菌载荷和细胞因子在蛋白质和 mRNA 水平上的表达模式与肉芽肿独立的微环境有关（Orme 和 Basaraba，2014）。随着与"经典"病理学相关新的分子技术出现，可以进一步开展深入研究，最大限度地了解和比较同一动物不同器官和结构内不同肉芽肿的变化。来自家畜和野生动物储存宿主新的病理学结果，对于制订在不同流行病学情景下牛结核病新型控制策略具有重要参考价值。

致谢

作者要感谢 UE FP7 grant 228394 NADIR，Defra（SE3227）、英国动植物卫生署（UK Animal and Plant Health Agency）的结核病研究小组、萨里大学的病理和感染性疫病学院、西班牙埃斯特雷马杜拉大学"Red de Recursos Faunisticos"组的许多同事和他们宝贵的合作。

参考文献

Algood, H. M. S., Chan, J. and Flynn, J. A. L.

(2003) Chemokines and tuberculosis. Cytokine and Growth Factor Review 14, 467–477.

Ameni, G., Tafess, K., Zewde, A., Eguale, T., Tilahun, M., et al. (2017) Vaccination of calves with *Mycobacterium bovis* bacillus Calmette – Guerin reduces the frequency and severity of lesions of bovine tuberculosis under a natural transmission setting in Ethiopia. Transboundary and Emerging Diseases, in press. DOI: 10.1111/tbed.12618.

Aranaz, A., De Juan, L., Montero, N., Sánchez, C., Galka, M., et al. (2004) Bovine tuberculosis (*Mycobacterium bovis*) in wildlife in Spain. Journal of Clinical Microbiology 42, 2602–2608.

Aranday–Cortés, E., Hogarth, P.J., Kaveh, D. A., Whelan, A.O., Villarreal – Ramos, B., et al. (2012) Transcriptional profiling of disease – induced host responses in bovine tuberculosis and the identification of potential diagnostic biomarkers. PLoS ONE 7, e30626.

Aranday – Cortés, E., Bull, N.C., Villarreal – Ramos, B., Gough, J., Hicks, D. et al. (2013) Upregulation of IL–17A, CXCL9 and CXCL10 in early–stage granulomas induced by *Mycobacterium bovis* in cattle. Transboundary and Emerging Diseases 60, 525–537.

Basaraba, R.J. (2008) Experimental tuberculosis: the role of comparative pathology in the discovery of improved tuberculosis treatment strategies. Tuberculosis (Edinb.) 88, S35–S47.

Behr, M.A. and Waters, W.R. (2013) Is tuberculosis a lymphatic disease with a pulmonary portal? Lancet Infectious Diseases 13, 70253–70256.

Bezos, J., Alvarez, J., de Juan, L., Romero, B., Rodríguez, S., et al. (2011) Assessment of *in vivo* and *in vitro* tuberculosis diagnostic tests in *Mycobacterium caprae* naturally infected caprine flocks. Preventive Veterinary Medicine 100(3–4), 187–192.

Blanco, F.C., Bianco, M.V., Meikle, V., Garbaccio, S., Vagnoni, L., et al. (2011) Increased IL–17 expression is associated with pathology in a bovine model of tuberculosis. Tuberculosis (Edinb.) 91, 57–63.

Boddu – Jasmine, H.C., Witchell, J., Vordermeier, M., Wangoo, A. and Goyal, M. (2008) Cytokine mRNA expression in cattle infected with different dosages of *Mycobacterium bovis*. Tuberculosis (Edinb.) 88, 610–615.

Bold, T.D. and Ernst, J.D. (2009) Who benefits from granulomas, mycobacteria or host? Cell 136, 17–19.

Bollo, E., Ferroglio, E., Dini, V., Mignone, W., Biolatti, B. and Rossi, L. (2000) Detection of *Mycobacterium tuberculosis* complex in lymph nodes of wild boar (Sus scrofa) by a target – amplified test system. Journal of Veterinary Medicine Series B 47, 337–342.

Brooks–Pollock, E., Roberts, G.O. and Keeling, M.J. (2014) A dynamic model of bovine tuberculosis spread and control in Great Britain. Nature 511, 228–231.

Cassidy, J.P., Bryson, D.G. and Neill, S.D. (1999) Tonsillar lesions in cattle naturally infected with *Mycobacterium bovis*. The Veterinary Record 144, 139–142.

Chambers, M.A., Adwell, F., Williams, G.A., Palmer, S., Gowtage, S., et al. (2017) The effect of oral vaccination with *Mycobacterium bovis* BCG on the development of tuberculosis in captive European badgers (*Meles meles*). Frontiers in Cellular and Infection Microbiology 7(6), eCollection 2017.

Converse, P.J., Dannenberg, A.M. Jr., Estep, J. E., Sugisaki, K., Abe, Y., et al. (1996) Cavitary tuberculosis produced in rabbits by aerosolised virulent tubercle bacilli.Infection and Immunity 64, 4776−4787.

Cooke, M.M., Jackson, R., Coleman, J.D.and Alley, J.R. (1995) Naturally occurring tuberculosis caused by *Mycobacterium bovis* in brushtail possums (*Trichosurus vulpecula*): pathology.New Zealand Veterinary Journal 43, 315−321.

Corner, L.A.(1994) Post mortem diagnosis of *M. bovis* infection in cattle.Veterinary Microbiology 40, 53−63.

Corner, L.A.L., Murphy, D.and Gormley, E. (2011) *Mycobacterium bovis* infection in the Eurasian badger(*Meles meles*): the disease, pathogenesis, epidemiology and control.Journal of Comparative Pathology 144, 1−24.

Crawshaw, T.R., de la Rua−Domenech, R.and Brown, E.(2013) Recognising the gross pathology of tuberculosis in South American camelids, deer, goats, pigs and sheep.In Practice 35, 490−502.

Daniel, R., Evans, H., Rolfe, S., de la Rua−Domenech, R., Crawshaw, T., et al.(2009) Outbreak of tuberculosis caused by *Mycobacterium bovis* in golden Guernsey goats in Great Britain.The Veterinary Record 165, 335−342.

Dean, G., Whelan A., Clifford, D., Salguero, F. J., Xing, Z., et al.(2014) Comparison of the immunogenicity and protection against bovine tuberculosis following immunization by BCG−priming and boosting with adenovirus or protein based vaccines. Vaccine 32, 1304−1310.

Dean, G.S., Clifford, D., Whelan, A.O., Tchilian, E.Z., Bevereley, P.C., et al.(2015) Protection induced by simultaneous subcutaneous and endobronchial vaccination with BCG/BCG and BCG/Adenovirus expressing Ag85A against *Mycobacterium bovis* in cattle. PLoS One 10(11), e0142270.

De Lisle, G.W.,Bengis, R.G., Schmitt, S.M.and O'Brien, D.J.(2002) Tuberculosis in free−ranging wildlife: detection, diagnosis and management.OIE Revue Scientifique et Technique 21, 317−334.

Domingo, M., Vidal, E.and Marco, A.(2014) Pathology of bovine tuberculosis.Research in Veterinary Science 97, S20−S29.

Etna, M.P., Giacomini, E.,Severa, M.and Coccia, E.M.(2014) Pro−and anti−inflammatory cytokines in TB: A two−edged sword in TB pathogenesis.Seminars in Immunology 26, 543−551.

Fitzgerald, S.D.and Kaneene, J.B.(2012) Wildlife reservoirs of bovine tuberculosis worldwide: hosts, pathology, surveillance and control.Veterinary Pathology 50, 488−499.

Gallagher, J.and Clifton−Hadley, R.S.(2000) Tuberculosis in badgers: a review of the disease and its significance for other animals. Research in Veterinary Science 69, 203−217.

Gallagher, J.and Macadam, I.(1972) Pulmonary tuberculosis in free−living lechwe antelope in Zambia. Tropical Animal Health and Production 4, 204−213.

Garcia−Bocanegra, I., Barranco, I., Rodriguez−Gomez, I.M., Perez, B., Gomez−Laguna, J., et al. (2010) Tuberculosis in alpacas(Lama pacos) caused by *Mycobacterium bovis*.Journal of Clinical Microbiology 48, 1960−1964.

García−Jiménez, W.L., Fernández−Llario, P., Gómez, L., Benítez−Medina, J.M., García−Sánchez, A., et al.(2012) Histological and immunohistochemical characterisation of *Mycobacterium bovis* induced granulomas in naturally infected Fallow deer (*Dama dama*). Veterinary Immunology and Immunopathology 149, 66−75.

García−Jimenez, W.L., Salguero, F.J., Fernan−

dez – Llario, P., Martinez, R., Risco, D., et al. (2013a) Immunopathology of granulomas produced by *Mycobacterium bovis* in naturally infected wild boar. Veterinary Immunology and Immunopathology 156, 54–63.

García–Jiménez, W.L., Benítez–Medina, J.M., Fernández–Llario, P., Abecia, J.A., García–Sánchez, A., et al. (2013b) Comparative pathology of the natural infections by *Mycobacterium bovis* and by *Mycobacterium caprae* in wild boar (Sus scrofa). Transboundary and E-merging Diseases 60, 102–109.

Ghon, A. (1912) Der primare Lungenherd bei der Tuberkulose der Kinder. Urbach & Schwarzenberg, Berlin, Germany.

Gonzalez – Juarrero, M., Bosco – Lauth, A., Podell, B., Soffler, C., Brooks, E., et al. (2013) Experimental aerosol *Mycobacterium bovis* model of infection in goats. Tuebrculosis (Edinb) 93, 558–564.

Gortazar, C., Vicente, J. and Gavier–Widén, D. (2003) Pathology of bovine tuberculosis in the European wild boar (Sus scrofa). Veterinary Record 152, 779–780.

Gunn – Moore, D.A., Dean, R. and Shaw, S. (2010) Mycobacterial infections in cats. In Practice 32, 444–452.

Gunn–Moore, D.A., McFarland, S., Brewer, J., Crawshaw, T., Clifton – Hadley, R.S., et al. (2011) Mycobacterial disease in cats in Great Britain, 1 bacterial species, geographical distribution and clinical presentation of 339 cases. Journal of Feline Medicine and Surgery 13, 934–944.

Hermoso de Mendoza, J., Parra, A., Tato, A., Alonso, J.M., Rey, J.M., et al. (2006) Bovine tuberculosis in wild boar (Sus scrofa), red deer (Cervus elaphus) and cattle (Bos taurus) in a Mediterranean ecosystem (1992—2004). Preventive Veterinary Medicine 74, 239–247.

Hicks, D. J., Johnson, L., Mitchell, S. M., Gough, J., Cooley, W.A., et al. (2006) Evaluation of zinc salt based fixatives for preserving antigenic determinants for immunohistochemical demonstration of murine immune system cell markers. Biotechnology and Histochemistry 81, 23–30.

Jennings, A.R. (1949) The distribution of tuberculous lesions in the dog and the cat, with reference to the pathogenesis. Veterinary Record 27, 380–384.

Johnson, L., Gough, J., Spencer, Y., Hewinson, G., Vordermeier, M. and Wangoo, A. (2006) Immunohistochemical markers augment evaluation of vaccine efficacy and disease severity in bacillus Calmette–Guerin (BCG) vaccinated cattle challenged with *Mycobacterium bovis*. Veterinary Immunology and Immunopathology 111, 219–229.

Johnson, L.K., Liebana, E., Nunez, A., Spencer, Y., Clifton–Hadley, R., et al. (2008) Histological observations of the bovine tuberculosis in lung and lymph node tissues from British deer. Veterinary Journal 175, 409–412.

Laisse, C.J.M., Gavier–Widen, D., Ramis, G., Bila, C.G., Machado, A., et al. (2011) Characterization of tuberculosis lesions in naturally infected African buffalo (Syncerus caffer). Journal of Veterinary Diagnostic Investigation 23, 1022–1027.

Lawn, S.D. and Zumla, A.I. (2011) Tuberculosis. Lancet 378, 57–72.

Liébana, E., Johnson, L., Gough, J., Durr, P., Jahans, K., et al. (2008) Pathology of naturally occurring bovine tuberculosis in England and Wales. The Veterinary Journal 176, 354–360.

Lin, P.L., Ford, C.B., Coleman, M.T., Myers, A.J., Gawande, R., et al. (2014) Sterilization of granulomas is common in active and latent tuberculosis de-spite within-host variability in bacterial killing. Nature Medicine 20, 75-79.

Maglione, P.J.and Chan, J.(2009) How B cells shape the immune response against *Mycobacterium tu-berculosis*.European Journal of Immunology 39, 676-686.

Marianelli, C., Cifani, N., Capucchio, M.T., Fi-asconaro, M., Russo, M., La Mancusa, F., et al.(2010) A case of generalized bovine tuberculosis in a sheep.Journal of Veterinary Diagnostic Investigation 22, 445-448.

Martin-Hernando, M.P., Torres, M.J., Aznar, J., Negro, J.J., Gandia, A.and Gortazar, C.(2010) Distribution of lesions in red and fallow deer naturally infected with *Mycobacterium bovis*.Journal of Compara-tive Pathology 142, 43-50.

Mattila, J.T., Ojo, O.O., Kepka-Lenhart, D., Marino, S., Kim, J.H., et al .(2013) Microenviron-ments in tuberculous granulomas are delineated by dis-tinct populations of macrophage subsets and expression of nitric oxide synthase and arginase isoforms.Journal of Immunology 191, 773-784.

Menzies, F.D.and Neill, S.D.(2000) Cattle-to-cattle transmission of bovine tuberculosis.The Veterinary Journal 160, 92-106.

Murray, A., Dineen, A., Kelly, P., McGoey, K., Madigan, G., et al.(2015) Nosocomial spread of *Mycobacterium bovis* in domestic cats.Journal of Feline Medicine and Surgery 17(2), 173-180.

Neill, S.D., Pollock, J.M., Bryson, D.B. and Hanna, J.(1994) Pathogenesis of *Mycobacterium bovis* infection in cattle.Veterinary Microbiology 40, 41-52.

Neill, S.D., Bryson, D.G. and Pollock, J.M.(2001) Pathogenesis of tuberculosis in cattle.Tubercu-losis 81, 79-86.

O'Reilly, L.M.and Daborn, C.J.(1995) The epi-demiology of *Mycobacterium bovis* infections in animals and man.A review.Tubercle and Lung Disease, 1-46.

Orme, I.M.and Basaraba, R.J.(2014) The forma-tion of the granuloma in tuberculosis infection.Seminars in Immunology 26, 601-609.Palmer, M.V., Waters, W.R.and Thacker, T.C.(2007) Lesion development and immunohistochemical changes in granulomas from cattle experimentally infected with *Mycobacterium bovis*. Veterinary Pathology 44, 863-874.

Palmer, M.V., Thacker, T.C.and Waters, W.R.(2015) Analysis of cytokine expression using a novel chromogenic in-situhybridisation method in pulmonary granulomas of cattle infected experimentally by aerosol-ized *Mycobaterium bovis*.Journal of Comparative Patholo-gy 153, 150-159.

Palmer, M.V., Thacker, T.C.and Waters, W.R.(2016) Differential cytokine expression in granulomas from lungs and lymph nodes of cattle experimentally in-fected with aerosolized *Mycobacterium bovis*.PLoS One 11(11), e0167471.

Peña, J.C.and Ho, W.Z.(2015) Monkey models of tuberculosis: lessons learned.Infection and Immunity 83, 852-862.

Pollock, J.M., McNair, J., Welsh, M.D.,Girvin, R.M., Kennedy, H.E., et al.(2001) Immune respon-ses in bovine tuberculosis.Tuberculosis (Edinb.) 81, 103-107.

Ramakrishnan, L. (2012) Revisiting the role of the granuloma in tuberculosis.Nature Reviews in Immu-nology 12(5), 352-366.

Richey, M.J., Foster, A.P., Crawshaw, T.R.and Shok, A.(2011) *Mycobacterium bovis* mastitis in an al-paca and its implications.Veterinary Record 169, 214.

Roberts, T., O'Connor, C., Nuñez-Garcia, J., de la Rua-Domenech, R.and Smith, N.H.(2014) Unusual cluster of *Mycobacterium bovis* infection in cats. Veterinary Record 174(13), 326.

Rodriguez-Campos, S., Smith, N.H., Boniotti, M.B.and Aranaz, A.(2014) Overview and phylogeny of *Mycobacterium tuberculosis* complex organisms: implications for diagnostics and legislation of bovine tuberculosis.Research in Veterinary Science 97, S5-S19.

Rufenacht, S., Bogil-Stuber, K., Bodmer, T., Bornand Jaunin, V., Gonin Jmaa, D.C. and Gunn-Moore, D.A.(2011) Feline *Mycobacterium microti* infection: a case report and literature review.Journal of Feline Medicine and Surgery 13, 195-204.

Ryan, T.J., Livingstone, P.G., Ramsey, D.S.L., de Lisle, G.W., Nugent, G., et al.(2006) Advances in understanding disease epidemiology and implications for control and eradication of tuberculosis in live-stock: the experience from New Zealand.Veterinary Microbiology 112, 211-219.

Salguero, F.J., Gibson, S., García-Jiménez, W., Gough, J., Strickland, T.S., et al.(2017) Differential cell composition and cytokine expression within lymph node granulomas from BCG-vaccinated and non-vaccinated cattle experimentally infected with *Mycobacterium bovis*.Transboundary and Emerging Diseases, 64 (6), 1734-1749.

Snider, W.R.(1971) Tuberculosis in canine and feline populations: review of the literature. American Review of Respiratory Diseases 104, 877-887.

Sobrino, R., Martin-Hernando, M.P., Vicnete, J., Aurtenetxe, O., Garrido, J.M. and Gortazar, C.(2008) Bovine tuberculosis in a badger(*Meles meles*) in Spain.Veterinary Record 163, 159-160.

Terefe, D.(2014) Gross pathological lesions of bovine tuberculosis and efficiency of meat inspection procedure to detect infected cattle in Adama municipal abattoir.Journal of Veterinary Medicine and Animal Health 6, 48-53.

Thacker, T.C., Palmer, M.V.and Waters, W.R.(2007) Associations between cytokine gene expression and pathology in *Mycobacterium bovis* infected cattle. Veterinary Immunology and Immunopathology 119, 204-213.

Turner, O.C., Basraba, R.J. and Orme, I.M.(2003) Immunopathogenesis of pulmonary granulomas in the guinea pig after infection with *Mycobacterium tuberculosis*.Infection and Immunity 71, 864-871.

Twomey, D.F., Crawshaw, T.R., Foster, A.P., Higgins, R.J., Smith, N.H., et al.(2009) Suspected transmission of *Mycobacterium bovis* between alpacas. Veterinary Record 165, 121-122.

Ulrichs, T., Kosmiadi, G.A., Trusov, V., Jörg, S., Pradl, L., et al.(2004) Human tuberculous granulomas induce peripheral lymphoid follicle-like structures to orchestrate local host defence in the lung.Journal of Pathology 204, 217-228.

Van Rhijn, I., Godfroid, J., Michel, A.and Rutten, V.(2008) Bovine tuberculosis as a model for human tuberculosis.Advantages over small animal models. Microbes and Infection 10, 711-715.

Villarreal-Ramos, B., McAulay, M., Chance, V., Martin, M., Morgan, J.and Howard, C.J.(2003) Investigation of the role of CD8+ T cells in bovine tuberculosis *in vivo*.Infection and Immunity 71, 4297-4303.

Volkman, H.E., Pozos, T.C., Zheng, J., Davis, J., Rawls, J.F.and Ramakrishnan, L.(2010) Tuberculous granuloma induction via interaction of a bacterial secreted protein with host epithelium.Science 327, 466.

Wangoo, A., Johnson, L., Gough, J., Ackbar,

R., Inglut, S., et al.(2005) Advanced granulomatous lesions in *Mycobacterium bovis*-infected cattle are associated with increased expression of type I procollagen, gd(WC1$^+$) T cells and CD 68$^+$ cells.Journal of Comparative Pathology 133, 223-234.

Waters, W.R.and Palmer, M.V.(2015) *Mycobacterium bovis* infection of cattle and white-tailed deer: Translational research of relevance to human tuberculosis.ILAR Journal 56, 26-43.

Waters, W.R., Maggioli, M.F., McGill, J.L., Lyashchenko, K.P. and Palmer, M.V.(2014) Relevance of bovine tuberculosis research to the understanding of human disease: historical perspectives, approaches, and immunologic mechanisms.Veterinary Immunology and Immunopathology 159, 113-132.

Waters, W.R., Maggioli, M.F., Palmer, M.V., Thacker, T.C., McGill, J.L., et al.(2015) Interleukin 17A as a biomarker for bovine tuberculosis.Clinical and Vaccine Immunology 23, 168-180.

Welsh, M.D., Cunningham, R.T., Corbett, D.M., Girvin, R.M., McNair, J., et al.(2005) Influence of pathological progression on the balance between cellular and humoral immune responses in bovine tuberculosis.Immunology 114, 101-111.

Whipple, L.D., Boline, A.C.and Miller, M.J.(1996) Distribution of lesion in cattle infected with *Mycobacterium bovis*.Journal of Veterinary Diagnostic Investigation 8, 351-354.

Widdison, S., Watson, M.and Coffey, T.J.(2009) Correlation between lymph node pathology and chemokine expression during bovine tuberculosis.Tuberculosis(Edinb.) 89, 417-422.

Zanella, G., Duvauchelle, A., Hars, J., Moutou, F., Boschiroli, M.L.and Durand, B.(2008) Patterns of lesions of bovine tuberculosis in wild red deer and wild boar.Veterinary Record 163, 43-47.

牛结核病诱发的先天性免疫应答

Jacobo Carrisoza-Urbina[1]，Xiangmei Zhou[2] 和 Joseié A. Gutiérrez-Pabello[1]

1 墨西哥国立自治大学兽医学院微生物学和免疫学系，墨西哥

2 中国农业大学动物医学院基础兽医系，中国

10.1 引言

先天性免疫系统是抵御病原体的第一道防线，它的功能包括参与活化和诱导适应性免疫反应，以及维持机体完整性和组织修复等（Kumar 等，2011）。先天性免疫系统由巨噬细胞、树突状细胞（DCs）、中性粒细胞和自然杀伤细胞（NK）组成。这些细胞通过病原识别受体（PRRs）发挥作用，这些受体负责识别存在于微生物中的被称为病原相关模式分子（PAMPs）的保守结构；同样，它们也能识别来自受损细胞的分子，即所谓的损伤相关模式分子（DAMs）。在分枝杆菌感染期间，先天性免疫系统能够通过 PRRs 识别病原菌，激活细胞内信号转导级联反应，产生促炎细胞因子，如肿瘤坏死因子（TNF-α）、I 型干扰素（IFNs）、白细胞介素（IL）-1β、IL-18 和 IL-12。同时，还能产生趋化因子和抗菌蛋白，并启动抗原递呈。在炎性微环境中，先天性反应细胞可在感染部位聚集，随后，对抑制感染至关重要的适应性免疫系统被激活。然而，高致病性结核分枝杆菌可以通过在巨噬细胞内复制来逃避免疫系统，从而导致病理学上的变化（Pluddemann 等，2011；Yuk 和 Jo，2014）。

牛分枝杆菌感染诱导的免疫应答是一个复杂的过程，其在牛体内的研究主要集中在适应性免疫应答方面（MacHugh 等，2009），因此对该病引起的先天性免疫反应的了解还很有限。然而，对人类和小鼠的研究表明，先天性免疫系统在分枝杆菌感染预后中发挥了重要作用，有助于控制细菌载量，控制和调节适应性免疫反应的强度（Magee 等，2012）。在本章中，我们将介绍牛分枝杆菌感染中涉及先天性免疫应答的组成部分，如 PRRs、天然免疫系统细胞、炎症小体以及自噬和凋亡过程。此外，我们还要介绍先天性免疫系统在抵抗牛结核病中发挥的重要作用。

10.2 病原识别受体

先天性免疫系统细胞含有不同类型的PRRs：①Toll样受体（TLRs）。②补体受体3（CR3）。③核苷酸结合寡聚结构域（NOD）。④视黄酸诱导基因1样受体（RIG-1）。⑤甘露糖结合受体。⑥树突状细胞特异性细胞间黏附分子-3-结合非整合素（DC-SIGN）。这些受体主要表达在细胞表面、内涵体腔或巨噬细胞和树突状细胞的胞浆中。虽然有多种类型的识别受体可识别牛分枝杆菌，但TLRs是研究最多的参与结核病先天反应的受体。TLRs可激活巨噬细胞，产生促炎介质和氧、氮反应中间体，这些中间体起到限制细菌生长的作用。在TLR家族受体中，TLR1、TLR2、TLR4、TLR8和TLR9与结核分枝杆菌识别相关（Morta等，2015）。然而，TLR类型和被激活的炎症反应取决于宿主的种类，以及感染的分枝杆菌的种类和菌株。例如，曾经发现不同种类的分枝杆菌可激活人中性粒细胞中的TLR4受体。随后的实验结果显示，结核分枝杆菌H37Rv可提高CD32、CD64、CXCR3、TLR4的表达和TNF-α的分泌，减少感染细胞早期凋亡。而感染牛分枝杆菌卡介苗（BCG）只提高CD32的表达，非致病性分枝杆菌（*M. indicus pranii*）却不能激活中性粒细胞的免疫反应（Ma等，2016）。另一方面，与BCG相比，非致病性分枝杆菌感染可诱导巨噬细胞产生的活性TLR2的含量更高，这表明非典型分枝杆菌内TLR2配体水平可能比BCG高（Kumar等，2014）。在一个以牛为模型的试验中，牛分枝杆菌和结核分枝杆菌显

著提高了肺泡巨噬细胞中TLR2和RIG-1型受体的表达。相对于结核分枝杆菌，牛分枝杆菌产生的TLR2表达更持久（Magee等，2014）。同样，有证据表明，牛和羊支气管上皮细胞感染了牛分枝杆菌和结核分枝杆菌后，可以以MyD88依赖和非依赖方式激活TLR（Ma等，2016）。很明显，每个种类的分枝杆菌感染不同的宿主可诱发特定的反应。此外，虽然牛分枝杆菌可引起包括人类在内的许多动物的结核病，但结核分枝杆菌主要感染人类，不会导致牛发病或诱发短暂的感染。这些数据提示了先天性免疫反应在不同细菌种类之间的关键差异，可能与宿主TLRs的特异性和不同种类分枝杆菌和菌株之间的遗传差异有关（Widdison等，2008；Ma等，2016）。

10.3 牛结核病诱发的先天性免疫应答细胞

10.3.1 巨噬细胞

巨噬细胞是一种特定的吞噬细胞，参与机体稳态、受损组织的发育和修复，被认为是对抗分枝杆菌的第一道防线。在经典的牛分枝杆菌感染过程中，宿主肺泡巨噬细胞和树突状细胞吞噬病原菌，启动免疫反应以控制细菌传播（Hussain Bhat和Mukhopadhyay，2015）。

不同的研究表明，牛单核细胞来源的巨噬细胞，可吞噬有毒力和无毒力的牛分枝杆菌。每个静息巨噬细胞可吞噬1.25~2.64个细菌，这表明无论细菌毒力如何，吞噬作用都非常相似（Gutierrez-Pabello和Adams，2003）。卡介苗或牛分枝杆菌感染牛巨噬细胞后，两者在牛

体内的生长存在差异。与卡介苗相比，牛分枝杆菌在 24 个不同供体的巨噬细胞中菌落形成单位数更高。与未感染的细胞相比，牛分枝杆菌感染的巨噬细胞一氧化氮（NO）释放量明显增加。巨噬细胞的经典激活途径可诱导释放大量 NO，但是，经脂多糖（LPS）预处理再感染牛分枝杆菌可产生更多的 NO。在这种情况下，牛分枝杆菌的增殖明显减少。用 N-单甲基-L-精氨酸单乙酸酯（MMLA）去中和牛分枝杆菌与脂多糖诱导产生的 NO，证实巨噬细胞对牛分枝杆菌的杀菌活性是 NO 依赖性的。这些结果表明 NO 的产生是牛巨噬细胞限制分枝杆菌活性的关键（Esquivell-solis 等，2013）。

通过 IL-4 孵育，诱导巨噬细胞获得选择性激活状态，降低了 LPS 单独诱导或与 INF-γ 联合诱导的基础 NO 产量。无论菌株毒力高低，在与 IL-4 短期（4h）共同孵育后，噬菌体数量均可增加。高致病性菌株在吞噬过程中发挥了重要作用，与卡介苗相比，它能诱导更多的噬菌体使分枝杆菌被吞噬；然而，在 IL-4 共孵育延长至 24h 时，噬菌体数量在菌株之间没有显著性差异。这种作用在随后高致病性的牛分枝杆菌菌株实验中得到了进一步的验证。在与 IL-4 共孵育 4h 后，被吞噬的胞内杆菌活菌数明显增加；然而，当刺激持续24h 后，巨噬细胞的杀菌能力进一步降低。LPS 单独或联合牛分枝杆菌感染可增加牛巨噬细胞促炎细胞因子基因的表达，而 IL-4 降低了炎症介质的 mRNA 水平，从而逆转了经典激活作用。越来越多的研究结果表明巨噬细胞选择性激活更易于牛分枝杆菌的生长，因为它的选择性激活诱导了功能改变，导致吞

噬率的变化，NO 的产生和 iNOS mRNA 水平随之降低，从而增加病原体在细胞内的存活率（Castallo Velazquez 等，2011）。

10.3.2 树突状细胞

树突状细胞是抗原呈递的特异性细胞，能够激活其他的免疫细胞，如 NK、γδ T 细胞、初始 T 细胞等，这些细胞对免疫应答的启动和维持起着至关重要的作用（Fabrik 等，2013；Pearce 和 Everts，2015）。树突状细胞和巨噬细胞一样，可表达 PRRs，用于识别细菌。因此，树突状细胞一旦吞噬杆菌，可处理并将抗原呈递到主要组织相容性复合体（MHC）分子中，并将其在淋巴结中呈现（Hope 等，2004）。

分枝杆菌与树突状细胞的相互作用可能对先天性免疫应答调节产生双重作用。例如，牛分枝杆菌甘露酰化脂肪阿拉伯甘露聚糖（ManLAM）被 DC-SIGN 受体识别（Hope 等，2004；Fabrik 等，2013；Stamm 等，2015），通过抑制树突状细胞的迁移和成熟，诱导免疫抑制因子 IL-10 的表达，从而影响抗原呈递过程（Hope 等，2004；Fabrik 等，2013）。因此免疫反应启动延迟，不足以根除分枝杆菌。另一方面，树突状细胞与分枝杆菌之间的相互作用增加了树突状细胞表面分子的表达，如MHC-Ⅱ、CD80、CD86 和 CD40，从而导致 T 细胞活化，进而消灭入侵细菌（Hope 等，2004；Pearce 和 Everts，2015）。事实上，分枝杆菌有能力调节树突状细胞的细胞因子谱。感染结核分枝杆菌或牛分枝杆菌 BCG 的树突状细胞与 IL-12、TNF-α、IL-1 和 IL-6 的高表

达有关（Hope 等，2004），这在控制结核病的过程中是必不可少的。IL-12 通过调节 T 细胞促进 IFN-γ 和 TNF-α 的分泌，参与适应性免疫应答；因而提高了巨噬细胞和 NK 细胞的杀菌活性，从而消灭细菌（Hope 等，2004；Dennis 和 Buddle，2008）。研究还表明树突状细胞对牛分枝杆菌有较高的吞噬能力；然而，一旦进入树突状细胞内，牛分枝杆菌的复制能力也会增强，因为与巨噬细胞相比，树突状细胞释放的 NO、IL-1β 和 TNF-α 的含量降低至原 1/10~1/5。树突状细胞内分枝杆菌的存活和复制可能导致细菌转移到淋巴结，从而导致细菌传播（Denis 和 Buddle，2008）。

10.3.3 自然杀伤细胞

自然杀伤细胞是大颗粒淋巴细胞，具有多种功能，包括细胞毒性和细胞因子的产生，与树突状细胞和其他髓细胞相互作用，清除受损和感染细胞（Bastos 等，2008；Boysen 和 Storset，2009）。自然杀伤细胞通过激活和抑制受体对靶细胞做出反应。此外，自然杀伤细胞可直接识别 PAMPs、TLRs 和 PRRs。牛体内活化的自然杀伤细胞 CD2 表达水平高（Boysen 和 Storset，2009；Siddiqui 等，2012）。激活的自然杀伤细胞通过颗粒胞吐和释放细胞毒蛋白（穿孔蛋白和颗粒蛋白）来降低结核分枝杆菌的活性，诱导靶细胞死亡（Siddiqui 等，2012）。已有研究表明，牛自然杀伤细胞可通过与感染细胞直接接触和 IL-12 刺激来减少牛巨噬细胞中牛分枝杆菌的复制（Denis 等，2007；Bastos 等，2008；Boysen 和 Storset，2009）。控制牛分枝杆菌生长的能力与牛分枝

杆菌感染巨噬细胞中 IL-12 和一氧化氮的释放增加有关，后者反过来又协同放大了 Th1 反应、自然杀伤细胞激活和巨噬细胞凋亡。肉芽溶解素、IFN-γ 和穿孔素的增加与激活的牛 NK 细胞对牛分枝杆菌感染的肺泡巨噬细胞和单核细胞源性巨噬细胞的杀伤活性有关（Endsley 等，2006）。另一方面，新生儿接种卡介苗导致外周血和淋巴结内自然杀伤细胞数量显著增加（Siddiqui 等，2012）。

10.3.4 中性粒细胞

中性粒细胞是一种专业吞噬细胞，在先天性免疫反应中起着重要作用。最近的研究发现，这些细胞还在不同程度下参与活化和调节不同水平的适应性免疫反应，包括调节 B 淋巴细胞和 T 淋巴细胞，甚至控制自然杀伤细胞的稳态。中性粒细胞也产生大量的细胞因子和中性粒细胞外陷阱（NETs），以上这些使中性粒细胞在抵抗细胞内病原体（如病毒和分枝杆菌方面）发挥了关键作用（Mantovani 等，2011；Mocsai，2013）。在感染分枝杆菌的过程中，几小时内中性粒细胞即可在感染部位聚集并吞噬杆菌（Lowe 等，2012）。中性粒细胞一旦遇到牛分枝杆菌抗原，就能释放细胞因子和趋化因子来吸引炎症细胞，包括 T 淋巴细胞（Shu 等，2014）。牛中性粒细胞被牛分枝杆菌感染后，CD32、CD64、TLR4 表达增加，TNF-α、IL-10 分泌增加。感染中性粒细胞的分泌产物通过经典途径促进巨噬细胞活化，产生促炎细胞因子和趋化因子（Wang 等，2013）。对感染结核分枝杆菌的人中性粒细胞的另一个影响是细胞外陷阱的形成，这些结构

是先天性免疫反应的一部分，通过巨噬细胞吞噬，促进其活化、产生细胞因子和白细胞介素，如 IL-6、TNF-α、IL-1β 和 IL-10，这些证实了中性粒细胞及其与巨噬细胞密切的相互作用在分枝杆菌感染中发挥重要作用（Braian 等，2013）。

中性粒细胞通过直接识别和调理作用来吞噬细菌，促进吞噬体与溶酶体的快速融合，通过氧化反应产生活性氧与氮杀灭细菌。然而，中性粒细胞是否能清除已吞噬的分枝杆菌，特别是毒性菌株仍存在争议，因为有报道称，活动性肺结核患者杆菌量增加，而从其支气管肺泡冲洗液和痰液中发现的细胞主要是中性粒细胞。尽管这些中性粒细胞具有杀菌作用，但结核分枝杆菌的高致病性菌株可以在这些细胞中生存，而且已经证明它们可以逃避由中性粒细胞坏死诱导的细菌死亡（Corleis 等，2012）。牛分枝杆菌除了以不确定的方式诱导自噬外，还能从牛中性粒细胞中存活和逃逸（Wang 等，2013）。中性粒细胞在体内清除分枝杆菌成功与否的关键取决于个体的耐药性或易感性，以及分枝杆菌在这些细胞内生存的能力。因此，有人提出，中性粒细胞能够在早期阶段控制感染；然而，根据不同的情况，中性粒细胞可以扮演"特洛伊木马"的角色，中性粒细胞无法消灭已感染的分枝杆菌，可能会促使分枝杆菌向感染病灶远端扩散（Corleis 等，2012；Lowe 等，2012）。

10.3.5 $\gamma\delta$ T 细胞

$\gamma\delta$ T 淋巴细胞在幼年反刍动物血液中占 T

细胞的 50%~60%，而在成年动物中占比下降到 12%。根据工作组簇抗原-1（WC1 抗原）的表达，这些细胞分为两个亚型：WC1.1 和 WC1.2，其中第一个亚型以 IFN-γ 分泌为特征，第二个亚型对丝裂原刺激更敏感（Price 等，2010），这些细胞同时具有先天性免疫系统和适应性免疫系统的特征，因此被认为是免疫应答的瞬时 T 细胞。在缺乏抗原呈递细胞的情况下，它们能识别 PAMs 和 DAMs，这证明其参与了先天性免疫应答（Vantourout 和 Hayday，2013）。

体外研究表明，$\gamma\delta$ T 细胞参与了牛结核病诱导的免疫应答。牛 $\gamma\delta$ T 细胞对牛分枝杆菌提取物的响应是通过增加 CD25 的表达和 IFN-γ 的分泌水平实现的。一项犊牛体内研究结果显示，在感染牛分枝杆菌之前，这些细胞被抗 WC1 单克隆抗体耗尽，会导致 IFN-γ 浓度下降，IL-4 分泌增加，G2 型特异性免疫球蛋白抗体缺乏，提示 $\gamma\delta$ T 细胞参与 Th1 型应答的早期分化（Kennedy 等，2002；Price 和 Hope，2009）。还发现在感染部位 $\gamma\delta$ T 细胞和树突状细胞之间存在直接的相互作用，由于 IL-2 和 IL-15 的存在，IFN-γ 的表达量会增加（Alvarez 等，2009）。在牛肉芽肿形成的早期阶段，$\gamma\delta$ T 细胞的数量与肉芽肿的组织程度相关（Plattner 等，2009）。

接种卡介苗后，犊牛外周血中 WC1$^+$ $\gamma\delta$ T 细胞比例迅速升高，IFN-γ 水平也明显升高。随后发现，后一种 IFN-γ 的产生与 WC1$^+$ $\gamma\delta$ T 细胞数量有关，而与 CD8$^+$ CD4$^+$ 淋巴细胞群无关（Guzman 等，2012）。尽管最近对牛 WC1$^+$ $\gamma\delta$ T 细胞的研究取得了进展，但仍不清楚其在免疫应答中的功能和重要性。然而，牛作为一种替代的动物模型将有助于研究这些细胞的功能和结核疫苗的设计。

10.4 与牛结核病诱导的先天性免疫应答相关的细胞死亡机制

10.4.1 自噬

大自噬或自噬是真核生物中进化上的保守过程，在这个过程中，受损的和多余的细胞质成分被去除，以便在饥饿期间提供营养。通过对感染牛分枝杆菌、卡介苗或结核分枝杆菌的巨噬细胞进行生理诱导或雷帕霉素治疗，证实了感染导致分枝杆菌吞噬体成熟为吞噬溶酶体，从而降低了细胞内细菌的生存能力。用 IFN-γ 处理分枝杆菌感染的巨噬细胞，可进一步增强自噬的诱导作用（Gutierrez 等，2004）。

随后的研究证实了自噬对控制结核分枝杆菌和牛分枝杆菌在巨噬细胞中的生长发挥了重要作用。此外，在感染牛分枝杆菌的牛中性粒细胞中也观察到这一现象，与感染牛的巨噬细胞相比，显示自噬的细胞比例更高。这些结果表明，自噬是细胞控制分枝杆菌的主要先天性免疫机制之一。

目前的研究试图确定分枝杆菌是如何诱导自噬的。研究表明，自噬是由分枝杆菌诱导的；与 BCG 相比，耻垢分枝杆菌（*M. smegmatis*）可诱导更强的自噬反应，此外，还推测分枝杆菌的脂质成分是诱导自噬的原因（Zullo 和 Lee，2012）。细菌产物的胞浆成分在启动先天性免疫反应（包括自噬激活）中起关键作用。牛分枝杆菌诱导激活 AIM2 炎症小体，降低了

永生化和原代小鼠巨噬细胞的自噬，这个过程依赖炎性小体传感器 AIM2 与胞质 DNA 结合，抑制参与选择性自噬的 STING 依赖通路。IFN-γ 诱导蛋白 204（IFI204）DNA 传感器在牛分枝杆菌感染过程中对自噬标志物 LC3 的表达发挥着重要作用（Liu 等，2016，2017）。因此，越来越多的证据表明，自噬是一种先天性免疫机制，在控制分枝杆菌（包括牛分枝杆菌）感染方面至关重要。

10.4.2 细胞凋亡

细胞凋亡是一种调节性细胞死亡方式，据报道，它参与了控制细胞内病原体（包括分枝杆菌在内）生长的先天性免疫反应，这种细胞死亡的特点是不产生炎症反应。形态学上，凋亡细胞表现为细胞和细胞核收缩、染色质凝集、DNA 碎裂和凋亡体的形成。在生理或病理条件下，细胞凋亡激活的途径有两种：依赖于或不依赖于含半胱氨酸的天冬氨酸蛋白水解酶（Caspase）途径；外部途径，即通过结合配体后启动，如通过 TNF-α 或 FasL 与位于细胞表面的相应受体结合；内在途径，即通过细胞内死亡信号激活启动，其中线粒体起着重要作用（Parandhaman 和 Narayanan，2014）。

一些研究已证实凋亡参与结核病的发病过程，结核分枝杆菌特异性调节细胞凋亡。在小鼠模型中，结核分枝杆菌和牛分枝杆菌的高致病性菌株能够抑制细胞凋亡（Hinchey 等，2007；Rodrigues 等，2009）。事实上，有多个基因编码表达细胞凋亡前体蛋白（例如 *CASP8*，*CASP7*，*IDB*，*CYCS*）和细胞凋亡抑

制蛋白（例如 BCL2A1，CFLAR，BCL2，BCL2L1，BIRC2，BIRC3，XIAP，MCL1 和 PRKX），它们在牛肺泡巨噬细胞感染牛分枝杆菌 2、6、24 和 48h 后表达增加，表明这些基因参与了牛分枝杆菌感染早期阶段的细胞凋亡的相关基因的调控（Nalpas 等，2015）。此外，对感染牛分枝杆菌的巨噬细胞进行微阵列分析发现，与未感染的对照组相比，下调的基因数量增加，表明牛分枝杆菌感染与宿主基因抑制有关（Widdison 等，2011；Magee 等，2012；Nalpas 等，2015）。牛分枝杆菌可以激活健康和感染动物的巨噬细胞，然而这些巨噬细胞之间存在差异：牛分枝杆菌体外感染发现，健康牛转录组变化（倍数变化）高于结核病阳性牛的变化，表明健康的巨噬细胞对体外感染的反应稍好（Lin 等，2015）。

通过体外巨噬细胞感染模型的多项研究结果表明，牛分枝杆菌的强毒株和无毒株都能诱导巨噬细胞凋亡（Gutierrez-Pabello 等，2002；Vega-Manriquez 等，2007；Castillo-Velazquez 等，2011；Esquivell-solis 等，2013）。巨噬细胞的凋亡具有时间和感染复数（MOI）依赖性。通过染色质凝聚和 DNA 片段测定的细胞凋亡率在感染后迅速上升，且感染后明显增加。此外，每个巨噬细胞的细菌数量对凋亡计数有直接影响。以感染复数 25：1 感染的巨噬细胞分别在 4 和 8h 发生了染色质凝集和 DNA 片段化，以感染复数 10：1 和 1：1 感染的细胞染色质凝集变化需要更长的时间，并导致较少的凋亡细胞。此外，不仅受感染的细胞发生了凋亡，而且未受感染的旁邻细胞也发生了凋亡，提示巨噬细胞分泌的介质可能在诱导细胞凋亡中起作用（Gutierrez-Pabello 等，

2002）。据推测，宿主抗性和菌株毒力是影响巨噬细胞凋亡程度的主要因素。牛分枝杆菌感染后，具备抗性的供体巨噬细胞的凋亡水平高于易感供体。与此同时，强毒株诱导的细胞凋亡率也高于卡介苗。虽然实验结果表明，宿主抗性和细菌毒力可能在巨噬细胞凋亡中发挥作用，但这些观察结果需要进一步的研究来证实（Esquivell-solis 等，2013）。

通过牛分枝杆菌感染牛巨噬细胞进行诱导凋亡的研究发现，牛分枝杆菌无细胞蛋白质提取物和个体蛋白质也可诱导巨噬细胞凋亡。此外，在线粒体凋亡诱导因子（AIF）参与下，牛巨噬细胞凋亡可在未激活 Caspase 的情况下发生。这些结果有力地表明，牛分枝杆菌感染促进 AIF 释放进入细胞质并转移到细胞核，并在细胞核中，牛分枝杆菌以 Caspase 非依赖途径参与染色质凝聚和 DNA 断裂（Vegf-manriquez 等，2007）。最近的研究表明牛分枝杆菌感染会导致内质网钙离子的丢失及细胞内氧化还原状态的增加，使得内质网未折叠或错误折叠的蛋白质积累，从而导致内质网应激。牛分枝杆菌通过内质网应激有效诱导小鼠巨噬细胞凋亡。牛分枝杆菌感染时，STING-TBK1-IRF3 通路介导内质网应激与细胞凋亡发生交互作用，能有效控制细胞内细菌的生长（Cui 等，2016）。综上所述，这些发现说明了巨噬细胞凋亡在牛结核病发病机制中的重要性，以及凋亡在牛先天性免疫机制中的作用。

10.5　炎性小体

先天性免疫系统能够对抗微生物感染，还同时控制病理性炎症。炎性小体是一种多蛋白

复合物，在调节促炎细胞因子如 IL-1b、IL-18、IL-33 的产生和作用，以及对病原体和内部警告信号做出反应发生细胞死亡（焦亡）起着重要作用。炎性小体可释放活性 IL-1β，并被认为是抗结核分枝杆菌感染的一部分，因为白介素缺陷小鼠感染结核分枝杆菌后，急性死亡率和肺部细菌量增加（Mayer-Barber 等，2010）。在巨噬细胞和树突状细胞中，炎性小体激活是产生 IL-1β 的一个途径；另一种途径是中性粒细胞和巨噬细胞中的丝氨酸蛋白酶，如蛋白酶-3、弹性蛋白酶和 G-组织蛋白酶，参与 IL-1β 前体的切割，产生 IL-1β（Netea 等，2010）。

由于 IL-1β 是 pro-IL-1β 合成的生物前体，因此其需要通过 Caspase 1 的裂解激活，从而成熟并释放到细胞外，这一过程由炎性小体即多蛋白质复合物调控，这些复合物包括：①IPAF（蛋白酶激活因子）。②NLRP1（含蛋白 1 的核苷酸结合的寡聚域）。③NLRP3 和 AIM2（缺失受体的黑色素瘤 2）。已知结核分枝杆菌强毒株通过识别 ESAT-6 蛋白激活 NLRP3（Mishra 等，2010）。同时，毒力强的牛分枝杆菌激活巨噬细胞 THP-1 中的 NLRP7，诱导细胞焦亡以及 TNF-α 和 CCL3 表达，而无毒力的卡介苗不能激活炎性小体（Zhou 等，2016）。此外，也有研究表明牛分枝杆菌可以激活 AIM2 炎性小体，从而识别双链 DNA（Yang 等，2013）。在结核分枝杆菌感染小鼠模型中，T 淋巴细胞产生 IFN-γ 介导调节 IL-1，这一过程受 NO 调节，NO 通过疏基亚硝基化抑制 NLRP3 炎性小体的组装；进而抑制中性粒细胞的持续产生，防止组织损伤（Mishra 等，2012）。

在结核病等慢性感染性疾病中，炎性小体是一把双刃剑。在一方面帮助先天性免疫系统加强促炎信号，以识别和消灭病原体，另一方面加剧了免疫病理的发展。为了有利于宿主的生存，需要达到良好的平衡状态。AIM2 胞质 DNA 传感器可与牛分枝杆菌胞质 DNA 竞争性结合，限制牛分枝杆菌诱导的 STING-TBK1 依赖性自噬激活和 IFN-β 的分泌（Liu 等，2016）。

10.6　IFN-β 在牛分枝杆菌感染中的作用

到目前为止，已经证明一些细胞因子参与了宿主对分枝杆菌感染的先天性免疫应答，它们或者增强了宿主的抵抗力，或者可能加重了感染（O'Garra 等，2013）。IL-1β 等炎性细胞因子通过增强巨噬细胞的抗菌功能，在控制结核分枝杆菌的活动中发挥了关键作用（Fremond 等，2007）。另一方面，据报道，细胞因子 IFN-β 具有细菌活性，在许多动物模型和人类研究中与结核病的发展有关（Manca 等，2005；Stanley 等，2006；Berry 等，2010；Trinchieri，2010）。最近的研究表明，IFN-β 的这种亲细菌活性与其抗炎特性相关，因为它通过增加 IL-10 的产生来拮抗 IL-1β 和 IL-18 的产生和作用，并抑制 NLRP3 炎性小体的产生。此外，IFN-β 也不能启动适当的 Th1 反应，MHC-II 和 IFN-γ 受体（IFNGR）的表达减少。

IL-1 是一种重要的、被广泛研究的细胞因子，它在诱导针对分枝杆菌强毒株的炎症和抗感染的免疫应答中起关键作用，但可被 I 型干扰素抑制（Mayer-Barber 等，2011；Novikov

等，2011）。Guarda 等（2011）和 Ma 等（2014）报道了 IFN-β 通过两种不同的途径对 IL-1 产生的抑制作用。IFN-β 信号，通过 STAT1 转录因子，抑制核苷结合域和含有蛋白1 和 3（NLRP1 和 NLRP3）的亮氨酸重复序列的活性，从而抑制 Caspase-1-依赖性 IL-1β 成熟。此外，IFN-β 以 STAT1 依赖的方式诱导 IL-10，然后 IL-10 通过自分泌作用，通过 STAT3 信号通路降低了 pro-IL-1α 前体和 IL-1β 前体的产生。Mayer-Barber 等（2011）报道称，IFN-β 通过两个亚群抑制 IL-1 的产生，而 CD4+ T 细胞来源的 IFN-γ 选择性地抑制炎症单核细胞中 IL-1 的表达。这些数据为 IFN-β 的抗炎作用以及在分枝杆菌感染过程中促进细菌功能的效果提供了细胞证据。同一组的另一篇研究（Mayer-Barber 等，2014）显示，IL-1β 前列腺素 E2（PGE2）是 IFN-β 在分枝杆菌感染期间拮抗 IL-1 产生的另一个重要途径。IFN-β 信号的缺失导致 PGE2 和 IL-1β 水平升高，IL-1Rα 含量降低。当外源性 IFN-β 存在时，分枝杆菌感染野生型骨髓来源的巨噬细胞后，产生的 PGE2 明显减少。Novikov 等（2011）证明 IFN-β 选择性地限制 IL-1β 的产生。这种调节发生在 IL-1βmRNA 水平上，而不是 Caspase-1 的激活或自分泌 IL-1 的扩增，这种调节只明显出现在分枝杆菌强毒力菌株的感染，无毒力菌株没有引起同样的反应。还报道了 IL-1β PGE2 介导的途径对 Ⅰ 型干扰素的相互控制，并且 PGE2 治疗导致 Ⅰ 型干扰素的产生减少，并增强了对结核分枝杆菌感染的保护（Xu 等，1998；Mayer-Barbe 等，2014）。Briken 等（2013）研究了菌群感染后诱导产生的 IFN-β 所发挥的作用，

发现它可以抑制 NLRP3-炎性小体的激活，同时增加 AIM2（在黑色素瘤中不存在）的活性。相反，最近的一项研究报道，AIM2 细胞质 DNA 传感器可能与牛分枝杆菌细胞质 DNA 竞争性结合，以限制牛分枝杆菌通过 STING-TBK-1 依赖性途径诱导产生 IFN-β（Liu 等，2016）。牛分枝杆菌感染巨噬细胞后，IFN-β 的释放量增加，这个过程需要激活 IFN-γ 诱导的 DNA 传感器蛋白 204（IFI204）。在永生化和原代小鼠巨噬细胞中敲除 IFI204 阻断了 IFN-β 的产生（Liu 等，2017）。IL-1 和 IFN-β 之间的平衡关系影响到牛结核病的预后，它们在结核病治疗中的作用需要进一步的研究。

10.7 对牛分枝杆菌的自然抗性

并不是个体接触了致病性分枝杆菌就会发展成为结核（患结核病）。由于宿主、病原体及环境等多方面的因素，一些个体可能不表现出明显的感染症状。在宿主所涉及的因素中，遗传背景、先天性免疫和适应性免疫在自然抗分枝杆菌感染中起到了至关重要的作用。

利用流产布鲁氏菌对未接种疫苗的怀孕母牛进行体内攻毒试验，确定牛对胞内病原菌的自然抗病性。实验将牛分为两组，抗性组（R）和易感组（S 组），易感组的实验动物出现急性感染和流产。杂交牛对布鲁氏菌病的自然抗性率为 18%。对自然抗性牛进行选择性育种，可使 F1 代的自然抗性率提高至 53.6%（Adams 和 Templeton，1998）。研究人员利用巨噬细胞杀菌活性实验检测抗性组实验动物的巨噬细胞是否也能抑制分枝杆菌 BCG 和沙门菌。实验结果显示，分枝杆菌的存活率和抗

性动物实际数量的相关性高达65%，因此它被认为是筛选抗性特征的表型标志（Qureshi等，1996）。

来自抗性牛和易感牛的巨噬细胞在控制细胞内分枝杆菌的增殖方面存在显著性差异（$p<0.01$）。相比于BCG，高致病性的分枝杆菌可同时在抗性牛和易感牛的巨噬细胞中存活，但是抗性牛的巨噬细胞能更好地控制病原菌在细胞内的增殖（Gutierrez-Pabello和Adams，2003）。实验结果显示，与易感牛相比，抗性牛的巨噬细胞在感染分枝杆菌后能产生更多的NO且细胞凋亡率更高。抑制NO的产生可以有效促进分枝杆菌在两组动物巨噬细胞内的增殖，但是对细胞凋亡没有影响。因此，NO被认为是牛巨噬细胞抗分枝杆菌的一个重要因素（Esquivel-Solis等，2013）。抗性牛和易感牛的巨噬细胞与IL-4孵育后，细菌吞噬量均提高，但是分枝杆菌在易感牛的胞内增殖量高于抗性牛。替代激活降低了抗性牛巨噬细胞中促炎性因子的表达水平、NO的产量和抗性牛巨噬细胞内的DNA片段，因而减小了两种牛巨噬细胞存在的功能性差异（Castillo-Velazquez等，2011）。

巨噬细胞中促炎基因的表达是分枝杆菌感染的普遍现象，与菌株毒力无关。然而，在易感组巨噬细胞中，促炎基因的高表达是由弱毒株诱导的，而在抗性组巨噬细胞中，促炎基因表达的增加是由牛分枝杆菌强毒力株引起的。巨噬细胞促炎基因的表达是为了抑制分枝杆菌在胞内增殖，但是抗性表型起到了至关重要的作用，因为抗性牛细胞的胞内抑菌能力优于易感牛细胞。

与先天性免疫相关的基因多态性也与结核病的抗性和易感性相关。例如，编码TLRs、维生素D受体以及TNFα等免疫效应分子的基因多态性与结核病感染的高易感性有关（Azad等，2012）。例如中国荷斯坦牛的TLR1基因的多态性表达与急性结核病的易感性成正相关（Sun等，2012）。相似研究发现，与普通牛（Bos taurus）相比，瘤牛（Bos indicus）基因的多态性使其拥有较多的抗性表型（Ameni等，2007）。Bermingham等（2014）指出荷斯坦牛对结核病的易感性与多个基因相关，他们已识别出两个主要区域，这两个区域与编码磷酸酶酪氨酸受体和ⅢB肌球蛋白的疫病抗性基因相关（Bermingham等，2014）。

维生素D是另一个参与结核病反应的因素。已发现的与疫病易感性变异相关的因素包括血清中25-羟基维生素D水平较低，维生素D受体和维生素D结合蛋白的遗传多态性，尤其是当它们结合低血清水平的维生素D_2（活性的前体形式的维生素D）。维生素D治疗能提高巨噬细胞的体外杀菌能力，增加吞噬体与溶酶体融合、自噬以及抗微生物肽的产生（如抗菌肽）和氧化能力（Cassidy和Martineau，2014）。在牛单核细胞感染牛分枝杆菌后，活性维生素D促进了一氧化氮合酶、NOS和RANTES趋化因子（受正常T细胞激活调节，表达和分泌）的产生（Nelson等，2010）。

自然抗性牛的选育可能对改善畜群健康状况产生深远影响。减少抗生素的使用、提高对疫苗的反应性是支持这一观点的论据。利用自然抗病能力为选育计划提供信息是养牛业提高牲畜生产效率的手段之一。

10.8　结论

　　宿主组织中存在牛分枝杆菌等致病菌，会触发警报信号，启动先天性免疫应答发挥作用。物理的、化学的、分子的和细胞的屏障被打开用来识别和阻止病原菌入侵。在这种情况下，细菌和先天性免疫成分相互作用，从而引发促炎症反应，在宿主和病原体之间形成生存竞争。在这些条件下，非调理受体、炎性细胞因子和趋化因子可抵达不同类型的细胞，促进吞噬作用、产生抗菌分子，为宿主提供抗感染保护，抑制结核分枝杆菌生长（Liu 等，2013；Hilda 等，2014）。然而，必须考虑到，细菌毒性和宿主的自然抗病性最终决定了病程的走向。在这一章中，我们试图对牛分枝杆菌感染诱导的牛的先天性免疫反应进行概述；然而，这是一个复杂的过程，仍然需要更多的研究。

参考文献

Adams, L.G. and Templeton, J.W. (1998) Genetic resistance to bacterial diseases of animals. Revue Scientifique et Technique (International Office of Epizootics) 17(1), 200-219.

Alvarez, A.J., Endsley, J.J., Werling, D. and Estes, M.D. (2009) WC1 γδ T cells indirectly regulate chemokine production during Mycobacterium bovis Infection in SCID-bo mice. Transboundary and Emerging Diseases 56(6-7), 275-284.

Ameni, G., Aseffa, A., Engers, H., Young, D., Gordon, S., et al. (2007) High prevalence and increased severity of pathology of bovine tuberculosis in Holsteins compared to Zebu breeds under field cattle husbandry in central Ethiopia. Clinical and Vaccine Immunology 14(10), 1356-1361.

Azad, A.K., Sadee, W. and Schlesinger, L.S. (2012) Innate immune gene polymorphisms in tuberculosis. Infection and Immunity 80(10), 3343-3359.

Bastos, R.G., Johnson, W.C., Mwangi, W., Brown, W.C. and Goff, W.L. (2008) Bovine NK cells acquire cytotoxic activity and produce IFN-γ after stimulation by Mycobacterium bovis BCG-or Babesia bovis-exposed splenic dendritic cells. Veterinary Immunology and Immunopathology 124(3-4), 302-312.

Bermingham, M.L., Bishop, S.C., Woolliams, J.A., Pong-Wong, R., Allen, A.R., et al. (2014) Genome-wide association study identifies novel loci associated with resistance to bovine tuberculosis. Heredity 112(5), 543-551.

Berry, M.P., Graham, C.M., McNab, F.W., Xu, Z., Bloch, S.A., et al. (2010) An interferon-inducible neutrophil driven blood transcriptional signature in human tuberculosis. Nature 466, 973-977.

Boysen, P. and Storset, A.K. (2009) Bovine natural killer cells. Veterinary Immunology and Immunopathology, 130(3-4), 163-177.

Braian, C., Hogea, V. and Stendahl, O. (2013) Mycobacterium tuberculosis induced neutrophil extracellular traps activate human macrophages. Journal of Innate Immunity 5(6), 591-602.

Briken, V., Sarah, E.A., Shah, S. (2013) Mycobacterium tuberculosis and the host cell inflammasome: a complex relationship. Frontiers in Cellular and Infection Microbiology 62, 1-6.

Cassidy, J.P. and Martineau, A.R. (2014) Innate resistance to tuberculosis in man, cattle and laboratory animal models: nipping disease in the bud? Journal of Comparative Pathology 151(4), 291-308.

Castillo-Velázquez, U., Aranday-Cortés, E. and Gutiérrez-Pabello, J. A. (2011) Alternative activation modifies macrophage resistance to *Mycobacterium bovis*. Veterinary Microbiology 151(1), 51-59.

Corleis, B., Korbel, D., Wilson, R., Bylund, J., Chee, R.and Schaible, U.E.(2012) Escape of *Mycobacterium tuberculosis* from oxidative killing by neutrophils.Cellular Microbiology 14(7), 1109-1121.

Cui, Y., Zhao, D., Sreevatsan, S., Liu, C., Yang, W., et al.(2016) *Mycobacterium bovis* induces endoplasmic reticulum stress mediated-apoptosis by activating IRF3 in a murine macrophage cell line.Frontiers in Cellular and Infection Microbiology 6, 182.

Denis, M.and Buddle, B.M.(2008) Bovine dendritic cells are more permissive for *Mycobacterium bovis* replication than macrophages, but release more IL-12 and induce better immune T-cell proliferation.Immunology Cell Biology 86(2), 185-191.

Denis, M., Keen, D.L.,Parlane, N.A., Storset, A.K. and Buddle, B.M. (2007) Bovine natural killer cells restrict the replication of *Mycobacterium bovis* in bovine macrophages and enhance IL-12 release by infected macrophages.Tuberculosis 87(1), 53-62.

Endsley, J.J., Endsley, M.A. and Estes, D.M. (2006) Bovine natural killer cells acquire cytotoxic/effector activity following activation with IL-12/15 and reduce *Mycobacterium bovis* BCG in infected macrophages.Journal of Leukocyte Biology 79, 71-79.

Esquivel-Solís, H., Vallecillo, A.J., Benítez-Guzmán, A., Adams, L.G., López-Vidal, Y., et al. (2013) Nitricoxide not apoptosis mediates differential killing of *Mycobacterium bovis* in bovine macrophages. PLoS ONE 8(5), e63464.

Fabrik, I.,Härtlova, A., Rehulka, P.and Stulik, J.(2013) Serving the new masters-dendritic cells as

hosts for stealth intracellular bacteria.Cellular Microbiology 15(9), 1473-1483.

Fremond, C.M., Togbe, D., Doz, E., Rose, S., Vasseur, V., et al. (2007) IL-1 receptor-mediated signal is an essential component of MyD88-dependent innate response to *Mycobacterium tuberculosis* infection. Journal of Immunology 179, 1178-1189.

Guarda, G., Braun, M., Staehli, F., Tardivel, A., Mattmann, C., et al.(2011) Type I interferon inhibits interleukin-1 production and inflammasome activation.Immunity 34, 213-223.

Gutierrez, M.G., Master, S.S., Singh, S.B., Taylor, G.A., Colombo, M.I.and Deretic, V.(2004) Autophagy is a defense mechanism inhibiting BCG and *Mycobacterium tuberculosis* survival in infected macrophages.Cell 119(6), 753-766.

Gutiérrez-Pabello, J.A., McMurray, D.N.and Adams, L.G.(2002) Upregulation of thymosin beta-10 by *Mycobacterium bovis* infection of bovine macrophages is associated with apoptosis.Infection and Immunity 70 (4), 2121-2127.

Guzman, E., Price, S.,Poulsom, H.and Hope, J. (2012) Bovine γδ T cells: Cells with multiple functions and important roles in immunity.Veterinary Immunology and Immunopathology 148(1), 161-167.

Hilda, J.N., Narasimhan, M. and Das, S.D. (2014) Neutrophils from pulmonary tuberculosis patients show augmented levels of chemokines MIP-1α, IL-8 and MCP-1 which further increase upon *in vitro* infection with mycobacterial strains.Human Immunology 75(8), 914-922.

Hinchey, J., Lee, S., Jeon, B.Y.,Basaraba, R. J., Venkataswamy, M.M., et al. (2007) Enhanced priming of adaptive immunity by a proapoptotic mutant of *Mycobacterium tuberculosis*.Journal of Clinical Investigation 117(8), 2279-2288.

Hope, J.C., Thom, M.L., McCormick, P.A.and Howard, C.J.(2004) Interaction of antigen presenting cells with mycobacteria.Veterinary Immunology and Immunopathology 100(3-4), 187-195.

Hussain Bhat, K.and Mukhopadhyay, S.(2015) Macrophage takeover and the host-bacilli interplay during tuberculosis.Future Microbiology 10(5), 853-872.

Kennedy, H.E., Welsh, M.D., Bryson, D.G., Cassidy, J.P., Forster, F.I., et al.(2002) Modulation of immune responses to *Mycobacterium bovis* in cattle depleted of WC1$^+$ gammadelta T cells.Infection and Immunity 70(3), 1488-1500.

Kumar, H., Kawai, T. and Akira, S.(2011) Pathogen recognition by the innate immune system.International Reviews of Immunology 30(1), 16-34.

Kumar, P., Tyagi, R., Das, G.and Bhaskar, S.(2014) *Mycobacterium indicus pranii* and *Mycobacterium bovis* BCG lead to differential macrophage activation in Toll-like receptor-dependent manner.Immunology 143(2), 258-268.

Lin, J.J., Zhao, D., Wang, J., Wang, Y., Li, H., et al.(2015) Transcriptome changes upon *in vitro* challenge with *Mycobacterium bovis* in monocyte-derived macrophages from bovine tuberculosis-infected and healthy cows.Veterinary Immunology and Immunopathology 163, 146-156.

Liu, H., Liu, Z., Chen, J., Chen, L., He, X., et al.(2013) Induction of CCL8/MCP-2 by mycobacteria through the activation of TLR2/PI3K/Akt signaling pathway.PLoS One 8(2), e56815.

Liu, C., Yue, R., Yang, Y., Cui, Y., Yang, L., et al.(2016) AIM2 inhibits autophagy and IFN-β production during *M.bovis* infection.Oncotarget 7(30), 46972-46987.

Liu, C., Xin, S., Yang, L., Zhao, D.and Zhou, X.(2017) The central role of ifi204 in ifn-beta release and autophagy activation during *Mycobacterium bovis* infection.Frontiers in Cellular and Infection Microbiology 7, 169.

Lowe, D.M., Redford, P.S., Wilkinson, R.J., O'Garra, A.and Martineau, A.R.(2012) Neutrophils in tubercu-losis: friend or foe? Trends in Immunology 33(1), 14-25.

Ma, Y., Han, F., Liang, J., Yang, J., Shi, J., et al.(2016) A species-specific activation of Toll-like receptor sig-naling in bovine and sheep bronchial epithelial cells triggered by mycobacterial infections.Molecular Immunology 71, 23-33.

Ma, J., Yang, B., Yu, S., Zhang, Y., Zhang, X., et al.(2014) Tuberculosis antigen-induced expression of IFN-α in tuberculosis patients inhibits production of IL-1β.FASEB Journal 28, 3238-3248.

MacHugh, D.E., Gormley, E., Park, S.D.E., Browne, J.A., Taraktsoglou, M., et al.(2009) Gene expression profiling of the host response to *Mycobacterium bovis* infection in cattle.Transboundary and Emerging Diseases 56(6-7), 204-214.

Magee, D.A., Taraktsoglou, M., Killick, K.E., Nalpas, N.C., Browne, J.A., et al.(2012) Global gene expression and systems biology analysis of bovine monocyte-derived macrophages in response to *in vitro* challenge with *Mycobacterium bovis*.PLoS One 7(2), e32034.

Magee, D.A., Conlon, K.M., Nalpas, N.C., Browne, J.A., Pirson, C., et al.(2014) Innate cytokine profiling of bovine alveolar macrophages reveals commonalities and divergence in the response to *Mycobacterium bovis* and *Mycobacterium tuberculosis* infection.Tuberculosis 94(4), 441-450.

Manca, C., Tsenova, L., Freeman, S., Barczak, A.K., Tovey, M., et al.(2005) Hypervirulent *M.tuberculosis* W/Beijing strains upregulate type Ⅰ IFNs and increase expression of negative regulators of the Jak-Stat pathway. Journal of Interferon and Cytokine Research 25, 694-701.

Mantovani, A., Cassatella, M.A., Costantini, C. and Jaillon, S.(2011) Neutrophils in the activation and regulation of innate and adaptive immunity. Nature Reviews Immunology 11(8), 519-531.

Mayer-Barber, K.D., Barber, D.L., Shenderov, K., White, S.D., Wilson, M.S., et al.(2010) Caspase-1 independent IL-1 beta production is critical for host resistance to *Mycobacterium tuberculosis* and does not require TLR signaling *in vivo*.Journal of Immunology 184(7), 3326-3330.

Mayer-Barber, K.D., Andrade, B.B., Barber, D.L.,Hieny, S., Feng, C.G., et al.(2011) Innate and adaptive interferons suppress IL-1a and IL-1b production by distinct pulmonary myeloid subsets during *Mycobacterium tuberculosis* infection. Immunity 35, 1023-1034.

Mayer-Barber, K.D., Andrade, B.B., Oland, S.D., Amaral, E.P., Barber, D.L., et al.(2014) Host-directed therapy of tuberculosis based on interleukin-1 and type I interferon crosstalk.Nature 511(7507), 99-103.

Mishra, B.B., Moura-Alves, P., Sonawane, A., Hacohen, N., Griffiths, G., et al.(2010) *Mycobacterium tuberculosis* protein ESAT-6 is a potent activator of the NLRP3/ASC inflammasome. Cellular Microbiology 12(8), 1046-1063.

Mishra, B.B., Rathinam, V.A.K., Martens, G.W., Martinot, A.J., Kornfeld, H., et al.(2012) Nitric oxide controls the immunopathology of tuberculosis by inhibiting NLRP3 inflammasome-dependent processing of IL-1β.Nature Immunology 14(1), 52-60.

Mocsai, A.(2013) Diverse novel functions of neutrophils in immunity, inflammation, and beyond.Journal of Experimental Medicine 210(7), 1283-1299.

Mortaz, E., Adcock, I.M., Tabarsi, P., Masjedi, M.R., Mansouri, D., et al.(2015) Interaction of pattern recognition receptors with *Mycobacterium tuberculosis*.Journal of Clinical Immunology 35(1), 1-10.

Nalpas, N.C., Magee, D.A., Conlon, K.M., Browne, J.A., Healy, C., et al.(2015) RNA sequencing provides exquisite insight into the manipulation of the alveolar macrophage by tubercle bacilli. Scientific Reports 5, 13629.

Nelson, C.D., Reinhardt, T.A., Thacker, T.C., Beitz, D.C.and Lippolis, J.D.(2010) Modulation of the bovine innate immune response by production of 1alpha,25-dihydroxyvitamin D(3) in bovine monocytes.Journal of Dairy Science 93(3), 1041-1049.

Netea, M.G., Simon, A., van de Veerdonk, F., Kullberg, B.-J., Van der Meer, J.W.M.and Joosten, L.A.B.(2010) IL-1β Processing in host defense: beyond the inflammasomes. PLoS Pathogens 6(2), e1000661.

Novikov, A., Cardone, M., Thompson, R., Shenderov, K., Kirschman, K.D., et al.(2011) *Mycobacterium tuberculosis* triggers host type Ⅰ IFN signaling to regulate IL-1β production in human macrophages. Journal of Immunology 187, 2540-2547.

O'Garra, A., Redford, P.S., McNab, F.W., Bloom, C.I., Wilkinson, R.J. and Berry, M.P.(2013) The immune response in tuberculosis.Annual Review of Immunology 31, 475-527.

Pabello, J.A.G.and Adams, L.G.(2003) Sobrevivencia de *Mycobacterium bovis* en macrófagosde bovinos naturalmente resistentes y susceptiblesa patógenos intracelulares. Veterinaria México 34(3), 277–281.

Parandhaman, D. K. and Narayanan, S. (2014) Cell death paradigms in the pathogenesis of *Mycobacterium tuberculosis* infection. Frontiers in Cellular and Infection Microbiology 4, 31.

Pearce, E.J. and Everts, B.(2015) Dendritic cell metabolism. Nature Reviews Immunology 15(1), 18–29.

Plattner, B. L., Doyle, R. T. and Hostetter, J. M. (2009) Gamma–delta T cell subsets are differentially associated with granuloma development and organization in a bovine model of mycobacterial disease. International Journal of Experimental Pathology 90(6), 587–597.

Plüddemann, A., Mukhopadhyay, S. and Gordon, S.(2011) Innate immunity to intracellular pathogens: macrophage receptors and responses to microbial entry. Immunological Reviews 240(1), 11–24.

Price, S.J. and Hope, J.C.(2009) Enhanced secretion of interferon-γ by bovine $\gamma\delta$ T cells induced by coculture with *Mycobacterium bovis* – infected dendritic cells: evidence for reciprocal activating signals. Immunology 126(2), 201–208.

Price, S., Davies, M., Villarreal–Ramos, B. and Hope, J.(2010) Differential distribution of WC1$^+$ gamma delta TCR$^+$ T lymphocyte subsets within lymphoid tissues of the head and respiratory tract and effects of intranasal *M. bovis* BCG vaccination. Veterinary Immunology and Immunopathology 136, 133–137.

Qureshi, T., Templeton, J.W. and Adams, L.G. (1996) Intracellular survival of Brucella abortus, *Mycobacterium bovis* BCG, *Salmonella dublin*, and *Salmonella typhimurium* in macrophages from cattle genetically resistant to Brucella abortus. Veterinary Immunology and Immunopathology 50(1–2), 55–65.

Rodrigues, M. F., Barsante, M. M., Alves, C. C. S., Souza, M.A., Ferreira, A.P., et al.(2009) Apoptosis of macrophages during pulmonary *Mycobacterium bovis* infection: correlation with intracellular bacillary load and cytokine levels. Immunology 128(1 Suppl), e691–e699.

Shu, D., Heiser, A., Wedlock, D.N., Luo, D., de Lisle, G.W. and Buddle, B.M.(2014) Comparison of gene expression of immune mediators in lung and pulmonary lymph node granulomas from cattle experi–mentally infected with *Mycobacterium bovis*. Veterinary Immunology and Immunopathology 160(1–2), 81–89.

Siddiqui, N., Price, S. and Hope, J.(2012) BCG vaccination of neonatal calves: Potential roles for innate immune cells in the induction of protective immunity. Comparative Immunology, Microbiology and Infectious Diseases 35(3), 219–226.

Stanley, S. A., Johndrow, J. E., Manzanillo, P., Cox, J.S.(2006) The type I IFN response to infection with *Mycobacterium tuberculosis* requires ESX–1–media-ted secretion and contributes to pathogenesis. Journal of Immunology 178, 3143–3152.

Stamm, C. E., Collins, A. C. and Shiloh, M. U. (2015) Sensing of *Mycobacterium tuberculosis* and consequences to both host and bacillus. Immunology Review 264, 204–219.

Sun, L., Song, Y., Riaz, H., Yang, H., Hua, G., Guo, A. and Yang, L. (2012) Polymorphisms in Toll–like receptor 1 and 9 genes and their association with tuberculosis susceptibility in Chinese Holstein cattle. Veterinary Immunology and Immunopathology 147 (3), 195–201.

Trinchieri, G. (2010) Type I interferon: friend or foe? Journal of Experimental Medicine 207 (10), 2053–2063. Vantourout, P. and Hayday, A. (2013)

Six-of-the-best: unique contributions of $\gamma\delta$ T cells to immunology.Nature Reviews Immunology 13（2）, 88−100.

Vega−Manriquez, X., López−Vidal, Y., Moran, J., Adams, L. and Gutiérrez−Pabello, J. A. (2007) Apoptosis−inducing factor participation in bovine macrophage *Mycobacterium bovis* induced caspase − independent cell death. Infection and Immunity 75（3）, 1223−1228.

Wang, J., Zhou, X., Pan, B., Yang, L., Yin, X., et al.（2013）Investigation of the effect of *Mycobacterium bovis* infection on bovine neutrophils functions. Tuberculosis 93（6）, 675−687.

Widdison, S., Watson, M., Piercy, J., Howard, C. and Coffey, T. J. (2008) Granulocyte chemotactic properties of *M.tuberculosis* versus *M.bovis*−infected bovine alveolar macrophages. Molecular Immunology 45（3）, 740−749.

Widdison, S., Watson, M. and Coffey, T. J. (2011) Early response of bovine alveolar macrophages to infection with live and heat−killed *Mycobacterium bovis*.Developmental & Comparative Immunology 35（5）, 580−591.

Xu, H.,Moraitis, M., Reedstrom, R.J.and Mat-thews, K. S. (1998) Protein chemistry and structure: kinetic and thermodynamic studies of purine repressor binding to corepressor and operator DNA.Journal of Biological Chemistry 273, 8958−8964.

Zhou, Y., Shah, S. Z., Yang, L., Zhang, Z., Zhou, X.and Zhao, D.（2016）Virulent *Mycobacterium bovis* Beijing strain activates the NLRP7 inflammasome in THP−1 macrophages.PLoS One 11（4）, e0152853.

Yang, Y., Zhou, X., Kouadir, M., Shi, F., Ding, T., et al.（2013）The AIM2 Inflammasome is involved in mac−rophage activation during infection with virulent *Mycobacterium bovis* strain.Journal of Infectious Diseases 208（11）, 1849−1858.

Yuk, J.−M.and Jo, E.−K.（2014）Host immune responses to mycobacterial antigens and their implications for the development of a vaccine to control tuberculosis.Clinical and Experimental Vaccine Research 3（2）, 155−167.

Zullo, A.J. and Lee, S.（2012）Mycobacterial induction of autophagy varies by species and occurs independently of mammalian target of rapamycin inhibition. Journal of Biological Chemistry 287（16）, 12668−12678.

11

适应性免疫

Jayne Hope[1], Dirk Werling[2]

1 爱丁堡大学罗斯林研究所,英国

2 哈特菲尔德皇家兽医学院,英国

分枝杆菌感染引起宿主免疫反应涉及先天性免疫和适应性免疫相互作用,适应性免疫包括细胞和体液免疫。分枝杆菌感染后,引起宿主最初的免疫反应是先天性免疫反应,并影响后续的适应性免疫反应,这些机制为研制人用和牛用结核病疫苗提供支持。更为重要的是,确定具有保护性作用的免疫相关物,并能用于诊断,将有助于开发和筛选候选疫苗,并评价其效力。然而,我们必须注意,在分枝杆菌感染时,应全面考虑免疫保护相关因素。这些因素不仅应包含"无临床症状"(许多其他兽医疫苗采用的定义),而且必须包括"防止感染",因为牛分枝杆菌感染将造成严重的社会和经济影响。此外,由于采用结核菌素皮肤试验或抗原特异性 IFN-γ 释放试验评价适应性免疫反应是目前诊断试验的基础(Waters 等,2011;Pai 等,2014),为提升监测效果,需要增加与感染或接种疫苗诱导免疫应答的相关知识。

11.1 细胞介导的免疫反应

针对牛的研究表明,成年牛细胞介导的适应性免疫反应与观察到的人类免疫反应类似(Goddeeris,1998),但在牛的免疫反应中,与疫病相关的 Th1-Th2 反应明显存在偏倚,且原因不明。人与牛的抗分枝杆菌感染的免疫机制大抵相似(Pollock 等,2001;Ottenhoff 等,2005),比如卡介苗(bacillus Calmette - Guerin,BCG)诱导的免疫应答(Semple 等,2011;Siddiqui 等,2012)。这些反应涉及 CD4+、CD8+ 和 $\gamma\delta$ TCR+ T 细胞的作用,IFN-γ 的功能和来源,IL-17 和 IL-22 的作用,以及抗原特异性记忆 T 淋巴细胞的作用。此外,越来越多的证据表明,非传统淋巴细胞包括黏膜恒定 T 细胞(MAIT)和脂质反应性 CD1 限制性 T 细胞,都涉及其中。虽然我们对牛这个物种免疫机制的认识赶不上对人类(或小鼠)的了解,但是分枝杆菌感染此两个物种后诱导的免疫反应相似，这提示可利用牛作为模型进行人结核病免疫机制研究，人的研究结果也可供牛免疫机制研究参考（Waters 等审阅，2011）。

11.1.1　CD4⁺ T 细胞

大多数接触结核分枝杆菌或牛分枝杆菌的个体可产生抗原特异性 T 细胞反应；尽管 CD8⁺ T 细胞和非常规 T 细胞群（见 11.2）也与此有关，但这种免疫反应主要由 CD4⁺ T 细胞调控。这些 T 细胞反应在 2~3 周时在外周非常活跃，且可维持较长时间。虽然 CD4⁺ T 细胞反应被认为是宿主抗分枝杆菌感染免疫的核心，但它们也参与了感染组织内的可见病理损伤。

骨髓细胞群和 T 淋巴细胞亚群多样性表明，一定程度上免疫调控是个复杂的过程，尽管如此，大量证据表明，Th1 CD4⁺ T 细胞与识别分枝杆菌感染的抗原递呈细胞相互作用，是免疫应答控制感染的关键。

利用缺乏 CD4⁺ T 细胞的小鼠和非人灵长类动物模型进行研究发现，这些动物对结核分枝杆菌非常易感，卡介苗免疫甚至都可造成死亡，这些为 CD4⁺ T 细胞发挥关键作用提供了证据。除此之外，HIV 阳性个体感染肺结核的易感性、相关发病率和死亡率的增加，表明 CD4⁺ T 细胞对抗结核感染的免疫调控至关重要。在不同物种上的多项研究表明，在抗分枝杆菌免疫中，CD4⁺ T 细胞通过抑制而不是清除细菌发挥保护作用，细胞因子 IFN-γ 发挥重要作用。早期对 IFN-γ 缺失小鼠的研究发现（Cooper 等，1993；Flynn 等，1993 年），

结合 IFN-γ/IL-12 缺陷人类的证据（van de Vosse 等，2004），证明 IFN-γ 对于抑制感染是必要的。牛感染牛分枝杆菌后，一个关键特征是在实验感染后 2~3 周持续产生 IFN-γ（Pollock 等，2001）。与人感染结核分枝杆菌相同，CD4、CD8 和 γδ T 细胞（以及自然杀伤细胞）也影响牛分枝杆菌感染诱导产生的 IFN-γ（Pollock 等，2001；Endsley 等，2009）。然而，Th1 CD4⁺ T 细胞是 IFN-γ 产生的主要细胞来源（Walravens 等，2002；Ottenhoff 等，2005）。最近，Green 等（2013）证明 CD4⁺ 来源的 IFN-γ 对患者体内结核分枝杆菌的生存至关重要。因此，CD4⁺ T 细胞和完备的 Th1 反应对于控制分枝杆菌感染人和牛至关重要，但它们无法清除细菌。

已证实 CD4⁺ T 细胞表达 IFN-γ 是当前疫苗免疫接种成功的关键。事实上，结核疫苗有效的标志是能够引起特异性的 IFN-γ 反应。在小鼠和牛的实验中，无法诱导产生 IFN-γ 的疫苗通常都不能产生对结核病的免疫保护（Hope 和 Vordermeier 审阅，2005）。然而，IFN-γ 并不是支持 CD4⁺ 依赖性免疫应答的唯一机制，因为并非所有能诱导 IFN-γ 的疫苗都能有效预防结核病，疫苗诱导的 IFN-γ 水平并不一定与诱导的保护水平相关（Mittrucker 等，2007；Abebe，2012；Waters 等，2012）。

另一方面，IFN-γ 也可能参与感染的病理损伤。事实上，人们也证实 IFN-γ 表达水平与人类的疫病、发热和体重减轻呈正相关（Tsao 等，2002），抗原特异性 CD4⁺、IFN-γ⁺ 细胞增殖与牛分枝杆菌感染犊牛后病理评分和细菌负荷加重相关（Sopp 等，2006）。这本质上反映了免疫应答的复杂性，免疫保护和免

疫所致病理反应之间的平衡关系，以及免疫反应涉及的多参数性质。从功能上看，除 IFN-γ 外，CD4⁺ T 细胞分泌的其他细胞因子也可能参与其免疫调控并发挥作用。在这里，多功能 T 细胞和其他 Th 细胞分泌的细胞因子（除了 IFN-γ）可能发挥重要作用。

11.1.2 多功能 T 细胞

所谓"多功能 T 细胞"表达额外的细胞因子可能在免疫系统抗分枝杆菌感染中发挥重要作用。顾名思义，多功能 T 细胞同时产生两种或多种细胞因子对抗病原体感染，这些细胞增殖与控制慢性感染有关，如人的艾滋病、丙型肝炎、利什曼病和疟疾等（Wilkinson 和 Wilkinson，2010），也与猪的圆环病毒 2 型有关（Koinig 等，2015）。多项结核分枝杆菌感染人的研究表明，多功能 T 细胞具有保护作用，但也可能与疫病发展有关（Sutherland 等，2009；Wilkinson 等，2010 年；Geluk 等，2012）。很明确的是，这些多功能 T 细胞共同表达多种细胞因子，可发挥保护作用。在肺结核发病患者中，T 细胞主要表达 TNF-α 和 IFN-γ，或单独表达 TNF-α；而在假定感染得到控制的肺结核潜伏性感染或成功治愈结核病的人群中，观察到更多的是表达 IFN-γ、TNF-α 和 IL-2 的多功能 T 细胞（Geluk 等，2012）。类似地，在感染结核病的牛体内，出现表达 IFN-γ、IL-2 和 TNF-α 的多功能 CD4⁺ T 细胞，表型为 CD44ʰⁱ、CD62Lˡᵒ、CD45RO⁺，与病理变化相关，但与抗感染保护性无关（Whelan 等，2011）。Rhodes 等（2014）的观察发现，多种细胞因子谱反映的是疫病进展，

而不是免疫调控。Rhodes 等（2014）证明，可产生抗原特异性 IFN-γ 和 IL-2 的牛死亡后，单独表达 IFN-γ 的牛更容易出现可见病理变化。

11.1.3 组织对感染的反应

免疫保护和所致病理反应之间的平衡关系可能由分枝杆菌通过抗原递呈细胞直接或间接操纵 CD4⁺ T 细胞反应实现。在组织中，抗原特异性 T 细胞募集速度缓慢、反应强度弱可能证明了这一点，使分枝杆菌能够早期在无免疫反应部位（肉芽肿）生长并持续存在。在结核分枝杆菌感染的小鼠模型中，其感染组织免疫反应呈延迟状态可证明这一点；第一个抗原特异性 T 细胞在约 10d 后到达肺引流淋巴结（纵隔）（Reiley 等，2008），而在暴露数周后才到达肺部（Reiley 等，2008），这种延迟导致宿主无法清除细菌。虽然具体机制仍然不详，但这种延迟可能反映出受感染的树突状细胞（DC）和募集巨噬细胞（MO）到达肺部所需的时间较长。

结核分枝杆菌和牛分枝杆菌都可影响树突状细胞和巨噬细胞功能，这可能影响它们募集和激活 T 细胞的能力（Hope 等，2004；Piercy 等，2007；Wolf 等，2007）。利用 TCR 转基因小鼠，人们发现其体内最初识别分枝杆菌抗原的部位在引流淋巴结而不是在肺脏中（Chackerian 等，2002a；Reiley 等，2008；Wolf 等，2008）。此外，在发生炎症的肺部环境，由于抗原递呈有限，T 细胞可能无法被有效刺激或激活（Bold 等，2011；Egen 等，2011），这导致细胞因子分泌不足，缺乏与感染的巨噬细

胞接触（Robinson 等，2015），还不能确定这种情况是否也在牛感染牛分枝杆菌后发生。然而，鉴于牛和人的 T 细胞对感染的反应动力学相似（Waters 等，2011），并根据在小鼠中观察到的反应结果，牛结核病似乎也影响了牛呼吸道组织中抗原特异性 CD4+ T 细胞应答的时间和发展。然而，与小鼠不同的是，牛气道黏膜系统发育成熟，且在牛出生时含有大量的树突状细胞（Hope 和 Werling，未发表的数据），这是疫苗设计和确定免疫保护需要考虑的重要因素。循环 T 细胞的反应水平在人和牛体内均相对容易测量，但可能因为炎症和抗原递呈受限，不能反映局部感染部位的实际情况。因此，在疫苗免疫保护肺部免受感染时，要综合考虑佐剂、免疫途径以及抗原/表位的有效性。

与此相关的是，最近证据表明，除结核分枝杆菌和牛分枝杆菌已知免疫抗原（如 ESAT-6 和 CFP-10）外，还有其他抗原可被特异性 CD4+ T 细胞识别。据估计，只有 5%~20% 的小鼠肺 T 细胞能识别 ESAT-6 和/或 CFP-10（Brandt 等，1996；Winslow 等，2003；Wolf 等，2008）。事实上，无偏倚全基因组分析显示，结核潜伏感染者 CD4+ T 细胞识别的抗原范围更广（Tang 等，2011 年；Lindestam Arlehamn 等，2013；Commandeur 等，2013），识别的抗原表位大部分是隐匿的表位。其中大多数被 CXCR3+、CCR6+、IFN-γ⁻ Th1 细胞所识别（Lindestam Arlehamn 等，2013）。目前需要进一步了解宿主 T 细胞对结核分枝杆菌和牛分枝杆菌感染的反应及其调节机制，以便设计能够有效保护肺部的疫苗和方案。

11.1.4　CD4+ T 细胞反应的调节

组织特异性 CD4+ T 细胞反应可能受到其他细胞群或免疫调节细胞因子（如 IL-10 和 TGF-β）的限制，这些途径对限制免疫病理损伤至关重要，但也可能有助于细菌在牛淋巴结中的持续存活（Widdison 等，2006）。调节性 T 细胞（Tregs）在结核分枝杆菌感染的淋巴结中迅速增殖（Shafiani 等，2010），限制了肺脏中效应 T 细胞的活化启动和激活。小鼠调节性 T 细胞的损耗会促进 Th1 的启动，减少细菌载量（Scott Browne 等，2007）。感染所诱导的调节性 T 细胞也限制了卡介苗的保护作用，导致募集到小鼠肺脏的 CD4+、CD8+ T 细胞减少（Ordway 等，2011）。尽管尚无 FoxP3+ 调节性 T 细胞对牛结核病影响作用的研究，但人们已发现这类细胞存在于感染副结核的犊牛中，并推测其能够限制 Th1 CD4+ T 细胞分泌 IFN-γ（Bull 等，2014）。

11.1.5　效应记忆 T 细胞和中枢记忆 T 细胞亚群

宿主免疫系统对抗一系列疫病、发挥保护作用依赖于记忆性免疫细胞的诱导和维持，这些记忆细胞能够对继发感染做出快速有效的反应，这种免疫记忆可能建立在宿主自然感染或疫苗免疫接种之后。通常，宿主第一次接触抗原时，特异性 T 淋巴细胞数量增加 10 倍以上（Hou 等，1994；Murali Krishna 等，1998；Whitmire 等，1998；Pollock 等，2001）。通过分化为效应细胞，分泌表达包括 TNF-α、

IFN-γ、穿孔素和颗粒溶素在内的重要分子以控制病原体。此后，大多数 T 细胞发生凋亡，只有少数记忆细胞会进一步发育（Wilkinson 等，2009；Totté 等，2010）。人类记忆性 T 细胞亚群是根据细胞表面抗原表达来定义的，中枢记忆 T 细胞（Tcm）具有 CD62L$^+$、CCR7$^+$的表型，倾向定位于淋巴组织，分泌大量 IL-2。相比之下，效应记忆 T 细胞（Tem）是 CD62L$^-$、CCR7$^+$表型，刺激后只分泌低水平的 IL-2（Sallusto 等，1999；Champagne 等，2001；Woodland and Kohlmeier，2009；Sallusto 等，2010）。通过表达 CD45RO、CD62L 和 CCR7（Blunt 等，2015；Maggioli 等，2015a）对牛的记忆 T 细胞亚群进行了类似的鉴定，并与先前的一些观察结果进行比较，发现 CD62L 不是牛的记忆标志物（Howard 等，1992），提示 CD62L 的诱导表达可能是抗原暴露的标志。

通过检测发现，当人和牛感染分枝杆菌，效应 T 细胞和效应记忆 T 细胞对分枝杆菌抗原刺激可产生 IFN-γ。此外，在许多研究中，中枢记忆 T 细胞产生情况（通过检测长期培养的 T 细胞中抗原特异性 IFN-γ 释放量，即培养的 ELISPOT 方法进行测量；Maggioli 等，2015b）与疫苗诱导免疫（通过减少细菌载量和组织病理学方法进行测量）相关（Vordermeier 等，2006、2009；Hope 等，2011）。对人类患者样本的研究表明，长期培养（长达 14d）中的应答细胞主要是中枢记忆 T 细胞，与有效应答相比，这种应答与抗感染有关（Todryk 等，2009）。牛感染后，中枢记忆 T 细胞（CD45RO$^+$、CCR7$^+$、CD62L^{hi}）是通过长期培养 IFN-γ ELISPOT 方法鉴定出的主要细胞类

型（Blunt 等，2015；Maggioli 等，2015a）。对于人（Henao Tamayo 等，2014）和牛而言，中枢记忆 T 细胞在自然感染或疫苗免疫后发挥的相关作用仍有待确定。然而，抗原特异性中枢记忆 T 细胞的检测与疫苗诱导保护水平之间的相关性，可能有助于确定候选疫苗株及在犊牛体内进行保护效果的评价。

11.1.6 CD4$^+$ T 细胞分泌的关键细胞因子：IL-17 和 IL-22

目前已在人类和动物中确定了许多关键效应分子（Henao Tamayo 等，2014）。值得注意的是，许多研究证实 IL-17 和 IL-22 发挥重要作用。作为 IFN-γ 的研究对象，多项研究揭示了 IL-17A 在免疫保护和病理/疫病发展中发挥的作用（Torrado 和 Cooper，2010；Cooper，2010），其他细胞因子的动力学、来源和相对含量可能影响 IL-17 的表达。对于人和小鼠，结核分枝杆菌感染都能引起显著的 IL-17 反应（Khader 和 Cooper，2008；Jurado 等，2012）。已证明 IL-17 的早期表达是保护性记忆细胞快速积累所必需的（Khader 等，2008），并且与中性粒细胞的早期募集和肉芽肿形成有关（Umemura 等，2007；Okamoto Yoshida 等，2010）。小鼠接种卡介苗后 Th1 反应发挥效应需要 IL-17 的参与（Khader 等，2007），结核分枝杆菌感染小鼠引起继发/记忆反应似乎也依赖于 IL-17（Freches 等，2013）。牛在感染前，疫苗诱导的 IL-17 水平增加与保护性免疫相关（Vordermeier 等，2009）。然而，在感染后，IL-17 的表达（Aranday-Cortes 等，2013）与结核病病变发

展（Blanco 等，2011）以及结核分枝杆菌载量（Waters 等，2016）相关。因此，在牛结核病感染模型中，IL-17 是公认检测感染的生物标志物，也是评价疫苗保护效果的相关或预测因子（Aranday Cortes 等，2012）。在小鼠中，γδ T 细胞和其他非 CD4+ T 细胞是 IL-17 的主要生成细胞，而在人类中，γδ T 细胞和 CD4+ Th17 细胞都在结核分枝杆菌感染期间产生 IL-17。

尽管文献中没有详细报道，但研究提示 IL-22 也发挥了免疫保护作用。在体外，表达 IL-22 的人 NK 细胞能够抑制结核分枝杆菌在巨噬细胞内的生长（Dhiman 等，2009、2012），并且与卡介苗诱导免疫反应有关（Dhiman 等，2012）。与 IL-17 相同，卡介苗接种后，牛体内 IL-22 的表达与疫苗诱导保护相关（Bhuju 等，2012），可作为评价疫苗免疫效果的生物标志物。

相比之下，IL-22 可作为评价感染情况的生物标志物，其实用性得到证实（Aranday Cortes 等，2012）。最近，利用牛模型研究阐释了 IL-22 和 IL-17 的细胞来源（Steinbach 等，2016）。在感染牛分枝杆菌动物的 CD4+ T 细胞和 γδ T 细胞中均观察到抗原特异性 IL-22 和 IL-17A 反应。在 γδ T 细胞群中，双阳性细胞 IL-17+、IL-22+ 的出现频率较低。Salguero 等（2016）最近还证明了 IL-17A 和 IL-22 在牛结核病变组织中的表达，特别是在早期病变中，表明这些细胞因子可作为感染组织的生物标志物。

11.2 非常规 T 细胞

11.2.1 γδ T 细胞

表达 γδ T 细胞受体（γδ T 细胞）的 T 淋巴细胞在包括反刍动物、猪和家禽在内的众多物种中大量存在（Guzman 等，2012；McGill 等，2014a；Baldwin 和 Telfer，2015），尤其是新生犊牛的 γδ T 细胞数量非常多（高达循环系统外周血单核细胞的 60%），数量随着牛只年龄的增长而减少（Hein 和 Mackay，1991；Jutila 等，2008）。相比之下，人和小鼠外周血淋巴细胞中 γδ T 细胞的占比低至 5%～10%（Kabelitz，2011）。现在人们已经普遍认识到，γδ T 细胞在先天性-适应性免疫应答中发挥调节作用。在牛中，T 细胞调节功能也主要由 γδ T 细胞介导，并已证实能够抑制 CD4+ 和 CD8+ T 细胞反应（Hoek 等，2009；Guzman 等，2014）。在牛中发现表达 γδ TCR 的细胞亚群：一小部分表达 CD8 和 CD2，主要表达的是 WC1 分子（Mackay，1989；Clevers，1990；Morrison 和 Davis，1991），是一种跨膜糖蛋白，属于富含半胱氨酸清道夫受体（SCRC）超家族的成员，包括 CD163、CD5、CD6 和 DMBT1（Sarrias 等，2004）。WC1 分子在牛体内由 13 个基因编码，作为共受体和模式识别受体（Chen 等，2012），在 WC1+ T 细胞中包括表达 13 个 WC1 基因编码分子组合的亚群。广义上，这些成员被定义为 WC1.1 和 WC1.2，已证明对致病性刺激表现出不同的反应：WC1.1 分子对钩端螺旋体和分枝杆菌表现反应并产生 IFN-γ，而 WC1.2 对边虫病表现反应并产生 IL - 10 和 TGF - β（Lahmers 等，2004；Rogers 等，2005）。

已证实，牛结核病感染，诱导 $\gamma\delta$ T 细胞 WC1[+]亚群应答，尽管最近研究表明 WC1-$\gamma\delta$ T 细胞也出现应答（McGill 等，2014a）。牛感染结核病后，$\gamma\delta$ T 细胞分布发生动态变化，感染后不久体循环中的 $\gamma\delta$ T 细胞明显减少（Pollock 等，1996）。随着感染发展，循环 WC1[+] T 细胞由最初的减少，变成随着 CD25 表达的增加而数量增加（Pollock 等，1996）。这些数据表明，$\gamma\delta$ T 细胞对牛感染结核病表现出积极反应，并能迅速转移到主动免疫反应部位。WC1[+]$\gamma\delta$ T 细胞在 PPD 接种牛后，在迟发型变态反应 DTH 反应部位首先累积（Doherty 等，1996）。大量证据表明，$\gamma\delta$ T 细胞在体内转移到分枝杆菌感染部位，并在结核病灶内聚集（Cassidy 等，1998；Palmer 等，2007；Salguero 等，2016），这些细胞也与疫苗诱导反应有关。卡介苗接种后不久，循环的牛 $\gamma\delta$ T 细胞发生动态变化，$\gamma\delta$ T 细胞迅速在呼吸道相关淋巴结、肺和头部相关淋巴组织浸润（Price 等，2010）。这些细胞主要是与分泌高水平 IFN - γ 相关的 WC1.1[+] 表型细胞（Price 等，2010）。卡介苗接种小鼠后，人们观察到类似的 $\gamma\delta$ T 细胞在呼吸道相关组织中浸润的现象（Dieli 等，2003）。有人假设，卡介苗在新生犊牛中产生效力至少部分归因于 WC1[+]$\gamma\delta$ T 细胞分泌的 IFN-γ，其增加效应不仅体现在频率上，而且也体现在犊牛的功能活动上（Price 等，2006）。新生儿接种卡介苗后，$\gamma\delta$ T 细胞分泌 IFN-γ 性能增强，并与早期生命免疫机制有关（Mazzola 等，2007）。在体外，牛感染后其 $\gamma\delta$ T 细胞在一系列牛分枝杆菌抗原刺激下发生增殖并产生 IFN-γ，这些抗原包括蛋白质和非蛋白质，如甘露聚糖和焦磷酸异戊烯基（Rhodes 等，2001；Smyth 等，2001；Welsh 等，2002；Maue 等，2005）。牛 $\gamma\delta$ T 细胞亚群也能对牛结核病感染的抗原递呈细胞（APCs）产生反应（Price 和 Hope，2009）。本质上 APC 和 WC1[+]$\gamma\delta$ T 细胞之间的作用是相互的，$\gamma\delta$ 和 APC 功能/表型都发生了改变（Price 和 Hope，2009）。据推测，APC 调节改善 Th1 刺激能力，人类和小鼠类似的研究也揭示了 $\gamma\delta$ 和 APCs 之间的相互作用（Kabelitz，2011）。早期 $\gamma\delta$ 反应影响下游免疫反应的假设得到了 WC1[+] T 细胞缺失犊牛的研究证实，这些犊牛感染牛结核病后，抗原特异性 IFN-γ 分泌减少，免疫球蛋白亚群发生改变，表现 Th2 反应趋势（Kennedy 等，2002）。然而，断奶牛并没有表现出结核病变程度的改变。

$\gamma\delta$ T 细胞缺陷小鼠能够暂时控制 BCG（Ladel 等，1995）和低剂量结核分枝杆菌感染（D'Souza 等，1997），但与对照小鼠相比，表现出的炎症反应更严重，表明 $\gamma\delta$ T 细胞在肉芽肿形成和维持中起调节作用。与此一致，在牛结核病感染之前，SCID-bo 小鼠（Smith 等人培育的胎牛－严重联合免疫缺陷小鼠模型）的 WC1[+] $\gamma\delta$ T 细胞的消亡显著改变了正在发展中的肉芽肿结构（Smith 等，1999）。$\gamma\delta$ T 细胞在分枝杆菌免疫应答中的其他功能包括产生 IL-17（Lockhart 等，2006；Umemura 等，2007；McGill 等，2014b）、直接导致细胞毒性（Stenger 等，1998；Skinner 等，2003）和影响调节性 T 细胞活性（Guzman 等，2014）。这些功能都在小鼠和牛的模型中得到证实，然而，还需要进一步研究确定，牛感染牛分枝杆菌后，γδ T 细胞是否存在类似功能。

11.2.2 黏膜恒定 T 细胞

黏膜恒定 T 细胞（MAIT 细胞）是一种先天性 T 细胞亚群，在先天性-适应性免疫中发挥作用。人类的这种细胞由半恒定 TCRα 链 TRAV1-2 表达定义（Porcelli 等，1993；Tilloy 等，1999）。这些细胞受到非多态性主要组织相容性复合物类 I 类分子 MR1 的限制，并表达高水平 CD26（Sharma 等，2015）。MAIT 细胞通过分泌 IFN-γ 和 TNF-α 对感染细胞产生应答，并具有细胞毒性。对 MR-1 缺陷小鼠的研究为 MAIT 细胞在抗分枝杆菌免疫中的早期作用提供了证据（Chua 等，2012）。同时，我们发现 MAIT 细胞有助于增强小鼠巨噬细胞对结核分枝杆菌的杀灭作用。同样，发病期肺结核病患者外周血中 MAIT 细胞较少，这一结果从另一角度提供了佐证：这可能反映了这些细胞向感染部位的定向运输（Gold 等，2010 年；Le Bourhis 等，2010 年）。有趣的是，患者接受了结核病治疗后血液中 MAIT 细胞数量恢复（Sharma 等，2015），进一步为 MAIT 细胞在控制分枝杆菌感染中的作用提供了证据。

Goldfinch 等（2010）证明小鼠、人、牛和绵羊 MR1 和 MAIT-TCRα 链序列之间存在高度同源性，这表明这些物种之间 MR1/MAIT 系统在进化上是保守的。目前还没有关于 MAIT 细胞在牛结核病感染中发挥相关作用的研究，但这应该是下一步研究的方向。

11.2.3 脂质限制性 T 细胞

一个重要证据表明，非常规 T 细胞脂质特异性 T 细胞在人类抗结核分枝杆菌感染中发挥作用。脂质由 CD1 家族成员呈递给 T 细胞（Van Rhijn 和 Moody，2015）。人类 CD1 基因分为第 1 组（CD1a、CD1b 和 CD1c）和第 2 组（CD1d），其中第 1 组 CD1 基因被认为向具有适应性特征 T 细胞呈递脂质。相比之下，大多数 CD1d 限制性细胞具有先天效应细胞特征，被认为主要起免疫调节作用，是联系先天性免疫和适应性免疫系统的纽带（Behar 和 Porcelli，2007；Van Rhijn 等，2013）。

多种分枝杆菌脂类被鉴定为结核分枝杆菌特异性 CD1 群限制性 T 细胞的配体。结核分枝杆菌感染或卡介苗接种后，CD1 限制性 T 细胞出现频率相对增高（Kawashima 等，2003；Ulrichs 等，2003）。此外，CD1 限制性 T 细胞具有迁移到肺部感染部位的能力（Montamat-Sicotte 等，2011），具有杀菌活性和产生 IFN-γ 等关键细胞因子的能力（Stenger 等，1998；Gilleron 等，2004）。综上所述，这些数据表明 CD1 限制性脂质反应性 T 细胞是宿主抗结核分枝杆菌感染反应的一个重要方面。除此之外，还有证据表明，CD1d 限制性 iNKT 细胞针对结核分枝杆菌感染细胞启动反应，且人们将 iNKT 激活的糖脂作为佐剂可提高 BCG 免疫原性和疫苗效力（Chackerian 等，2002b；Gansert 等，2003；Venkataswamy 等，2009）。

已发现牛含有 1 个 CD1a、5 个 CD1b 和 2 个 CD1d 同源基因序列，无 CD1c 基因（Van Rhijn 等，2006），这表明该物种可能含有第 1 组和第 2 组脂质特异性 T 细胞。Van Rhijn 等（2009）证明体外重新刺激后可出现牛结核病特异性、脂质反应性 T 细胞。最近，Pirson 等（2015）研究发现，牛感染结核病后，牛体含有一定比例的磷酸化肌醇甘露糖苷特异性 T 细胞，主要是 NKp46+ CD3+分型特征，这种非常规 T 细胞群具有先天性和适应性免疫反应特征，并在牛感染其他传染病中出现（Connelley 等，2014）。需要进一步研究脂类特异性 T 细胞在牛体产生针对牛分枝杆菌和 BCG 免疫应答中的作用，以确定这些细胞的存在或功能活性是否与天然免疫或疫苗诱导的保护性免疫相关，以及它们是否可以成为增强牛分枝杆菌和 BCG 疫苗免疫策略的新型有效靶点。

11.3 CD8+ T 细胞

现在人们普遍认为 CD4+ T 细胞对抗结核病感染免疫至关重要，同时，人和动物的感染显然也与 CD8+ T 细胞诱导有关，这些细胞被募集到感染部位，可能通过细胞溶解和分泌细胞因子发挥作用（Einarsdottir 等，2009；Behar，2013）。抗原特异性 CD8+ T 细胞被证明能诱导被感染的牛的巨噬细胞释放牛分枝杆菌活菌，表现出 CTL（cytotoxic T lymphocyte，细胞毒性 T 淋巴细胞）活性（Liebana 等，2000）。早期牛结核性肉芽肿中也发现活化的 CD8+ T 细胞，表明这些细胞可能在最初细菌遏制中发挥作用（Liebana 等，2007）。牛 T 细胞也表达人颗粒溶素同源物，这是一种与细胞毒性颗粒穿孔素相关的有效抗菌蛋白（Endsley 等，2004）。牛颗粒溶素基因在 CD8+ T 细胞（以及 CD4+ 和 γδ T 细胞）中的诱导表达激活了抗分枝杆菌活性（Endsley 等，2004、2007）。牛 CD8+ T 细胞抗牛结核病感染免疫反应中的作用也在感染后

早期细胞消亡研究中得到了证明。缺乏 CD8+ T 细胞的犊牛，其抗原特异性 IFN-γ 表达显著降低，提示这些细胞通过细胞因子发挥抗感染作用。相比之下，断奶牛犊和未断奶牛犊下呼吸道组织中结核病变的程度没有显著差异（Villarreal Ramos 等，2003）。因此，牛 CD8+ T 细胞参与抗牛结核病感染的免疫应答，但其在发病机制和保护中的确切作用需进一步研究。牛接种卡介苗后抗原特异性 CD8+ T 细胞也得到诱导，可能在疫苗诱导的保护性免疫中发挥作用（Charleston 等，2001；Howard 等，2002）。

11.4 体液免疫

鉴于病原菌胞内感染特性，分枝杆菌的适应性免疫反应研究主要集中在 T 细胞上。然而，已经清楚的是，以前未做重点研究的细胞亚群可能也发挥重要的免疫作用。B 细胞在很大程度上被认为发挥支持性作用，但不是必需的（Maglione 和 Chan，2009 年评论），尽管最近证据表明 B 细胞可能比最初想象的情况更重要。已有大量研究聚焦抗体诊断，拟通过评价体液免疫反应（特别是人）区分潜伏性感染与活动性结核（Scriba 等，2016）。这些研究表明，大多数情况下，结核分枝杆菌感染引起抗体反应的差异很大，健康人和感染者之间反应水平无显著差异（Fletcher 等，2016）。牛结核病血清学诊断试验的敏感性相对较低。然而，随着新抗原的发现和新型检测系统的出现，血清学检测敏感性得以提升，有望改善整体结核病诊断效果（Buddle 等，2009；Whelan 等，2010；另见第 13 章）。给婴儿接种卡介苗可以诱导适度水平的抗体，在出生时

接种卡介苗的婴儿，产生的 Ag85A-特异性抗体水平与结核病患病风险呈负相关（Fletcher 等，2016）。

B 细胞在抗分枝杆菌感染的免疫反应中发挥作用的潜在机制包括抗原递呈和细胞因子分泌。此外，抗体的间接作用，如通过 Fc 受体调节抗原呈递细胞（APC）功能、免疫复合物调节作用和抗体依赖性细胞毒性作用，可能有助于诱导免疫应答（Achkar 等，2015）。目前，关于牛 B 细胞在牛结核病感染中的作用知之甚少，尽管已证明这些细胞存在于结核病肉芽肿中（Aranday Cortes 等，2013；Salguero 等，2016）。同样，结核分枝杆菌感染小鼠、非人灵长类动物和人类，B 细胞聚集体始终与结核病变相关，这些三级结构包含幼稚、记忆和效应 B 细胞，以及混合的 CD4+ 和 CD8+ T 细胞、滤泡树突细胞和结核分枝杆菌感染的 APCs（Ulrichs 等，2004）。在小鼠中，感染肺组织 B 细胞滤泡的形成依赖于 IL-23 和 CXCL13，而在反应中，CXCL13 的产生依赖于 IL-17A 和 IL-22（Khader 等，2011）。异位生发中心的存在表明结核分枝杆菌复合物以及随后的炎症诱导宿主反应调节活性 B 细胞簇。因此，这些滤泡至少为感染组织中分枝杆菌生长的协调免疫控制提供了部分支持（Ulrichs 等，2004）。

牛感染结核病后早期肉芽肿（Ⅰ期和Ⅱ期）可见分散的 B 细胞，而晚期肉芽肿（Ⅲ期和Ⅳ期）显示 CD79a+ 细胞簇，位于纤维囊周围和外部（Salguero 等，2016）。卡介苗免疫牛，虽然很少发现Ⅱ期和Ⅳ期肉芽肿，但相比空白对照牛，B 细胞数量显著增加。需要进一步开展牛体研究，阐明 B 细胞的作用，确定它们是否可以或能够作为疫苗干预策略的受体。

11.5 共同感染改变适应性免疫反应

分枝杆菌和其他病原体共同感染会影响适应性免疫反应。这方面最好的例子是结核分枝杆菌和 HIV 共同感染人体，在这种情况下，随着 HIV 感染人体发展为艾滋病，CD4+ T 细胞的逐渐消失对结核分枝杆菌生长产生重大负面影响。早期共同感染研究表明，牛病毒性腹泻病毒（BVDV）和分枝杆菌共同感染影响牛 IFN-γ 释放的试验结果，这是由于 BVDV 影响Ⅰ型干扰素产生，特别是无细胞病变的 BVDV。据报道，寄生虫或其他环境中的分枝杆菌同时感染人类和小鼠可干扰卡介苗接种效果，影响抗结核分枝杆菌感染的反应（Stanford 等，1981；Flaherty 等，2006；Babu 和 Nutman，2016）。在实验条件下，禽分枝结核复合菌（包括副结核亚种）共同感染，T 细胞反应抗原特异性会发生改变（Howard 等，2002；Thom 等，2008），诊断准确性受影响（Barry 等，2011）。大量证据表明，肝吸虫（肝片吸虫）和牛分枝杆菌共同感染严重干扰牛结核病诊断试验的准确性。在英国，牛结核病高流行率地区通常与蠕虫感染高流行率有关（Salimi Bejestani 等，2005）。据报道，肝片吸虫共同感染显著改变了结核菌素皮肤试验和 IFN-γ 体外试验结果，影响对牛结核病的诊断（Flynn 等，2007、2009）。在一项大规模流行病学调查中，Claridge 等（2012）发现，以上两种病共同感染会使英国奶牛群中牛结核病被严重低估。检测敏感性降低与 IL-4 和 IFN-γ 比值改变有关，推测是由肝片吸虫感染引起 Th 细胞倾向改变或免疫抑制所致。肝片吸虫引起的 Th1 免疫应答下调，被证明与感染都柏林沙门菌或百日咳的小鼠细菌载量增加有关（Aitken 等，1978；Brady 等，1999）。

最近，有证据表明，尽管共同感染肝片吸虫和牛分枝杆菌的牛体内抗原特异性 IFN-γ 的表达显著减少，但共同感染与单一感染牛分枝杆菌相比，牛体内牛分枝杆菌的载量更低（Garza Cuartero 等，2016），这似乎与促炎细胞因子水平下调和交替激活巨噬细胞有关。推测蠕虫感染限制了促炎症环境，分枝杆菌生长变缓，细菌载量减少，给免疫学诊断分析造成更大障碍。

11.6 其他哺乳动物分枝杆菌感染模型的适应性免疫应答

除小鼠外，其他小型哺乳动物如棉鼠、大鼠和兔子，以及大型哺乳动物，如豚鼠、山羊、猪和獾，被用作评估分枝杆菌疫苗效力的模型，通过评价适应性免疫反应各个方面，确定免疫保护相关性。虽然这些模型具有研究价值，而且从广义上讲，免疫反应似乎是由类似的机制介导，但是，每个模型都有局限性。除了宿主细胞免疫群体和不同组织反应差异外，还包括物种种属特异性差异。例如，在小型猪模型中，研究不仅受到外周血中 CD4/CD8 双阳性 T 细胞群影响，该模型还很难出现典型结核病症，即使在局部接种了高达 1×10^3 个杆菌后，也不可能模拟复制出渗出性病变（Gil 等，2010）。在豚鼠中，感染的主要特征是对细菌的极端反应，它与人类渗出性病变

极其相似，奇怪的是，尽管这种渗出性反应在很大程度上是由嗜酸性粒细胞调控，但是，接种卡介苗后，发现早期 B 细胞流入（Ordway 等，2008），并伴随 CD4 和 CD8 T 细胞激活。在这个模型中，继发性病变是血液传播的结果，一个显著特征是肺淋巴结损伤。CD4/CD8 反应影响了感染反应的动力学（Orm 和 Ordway，2016）。总的来说，为了想要准确评价牛对牛分枝杆菌抗感染的诱导和维持机制，这些模型似乎都不可靠，需要利用自然宿主进行体内研究。重要的是，牛可以作为人类疫病的良好研究模型（尽管结核分枝杆菌和牛分枝杆菌对牛的毒力存在差异）（Waters 等，2011）。

11.7 总结

人们需要详细了解宿主抗分枝杆菌感染的适应性免疫反应机制，以便在疫苗和诊断试剂研发方面做出改进。其中，关键在于了解哪些是免疫保护相关的潜在参数，可反映感染和疫病进展。需要使用适当的动物模型和免疫试剂进行评价研究，并可通过数学模型进一步得出结论。本章和本书相关章节内容显示，相信我们有能力在未来利用和整合各方面的信息来帮助控制疫病，不仅是牛结核病，还有其他跨物种传播的人类疫病。

参考文献

Abebe, F.（2012）Is interferon-gamma the right marker for bacille Calmette-Guérin-induced immune protection? the missing link in our understanding of tuberculosis immunology.Clinical and Experimental Immunology 169(3)，213-219.

Achkar, J. M., Chan, J. and Casadevall, A. (2015) B cells and antibodies in the defense against *Mycobacterium tuberculosis* infection. Immunological Reviews 264(1), 167-181.

Aitken, M. M., Jones, P. W., Hall, G. A., Hughes, D. L. and Collis, K. A. (1978) Effects of experimental *Salmonella Dublin* infection in cattle given *Fasciola hepatica* thirteen weeks previously. Journal of Compara-tive Pathology 88(1), 75-84.

Aranday-Cortes, E., Hogarth, P.J., Kaveh, D. A., Whelan, A., Villarreal-Ramos, B., et al.(2012) Transcriptional profiling of disease - induced host responses in bovine tuberculosis and the identification of potential diagnostic biomarkers. PLoS One 7 (2), e30626.

Aranday-Cortes, E., Bull, N. C., Villarreal-Ramos, B., Gough, J., Hicks, D., et al.(2013) Up-regulation of IL-17A, CXCL9 and CXCL10 in early-stage granulomas induced by *Mycobacterium bovis* in cattle. Transboundary and Emerging Diseases 60(6), 525-537.

Babu, S.and Nutman, T.B.(2016) Helminth-tuberculosis co - infection: an immunologic perspective. Trends in Immunology 37(9), 597-607.

Baldwin, C.L. and Telfer, J.C.(2015) The bovine model for elucidating the role of T cells in controlling infectious diseases of importance to cattle and humans. Molecular Immunology 66(1), 35-47.

Barry, C., Corbett, D., Bakker, D., Andersen, P., McNair, J.and Strain, S.(2011) The effect of *Mycobacterium avium* complex infections on routine *Mycobacterium bovis* diagnostic tests. Veterinary Medicine International 2011, 1-7.

Behar, S. M. (2013) Antigen-Specific CD8[+] T Cells and Protective Immunity to Tuberculosis. Springer, New York, USA, pp.141-163.

Behar, S.M.and Porcelli, S.A.(2007) CD1-restricted T cells in host defense to infectious diseases. Current Topics in Microbiology and Immunology 314, 215-250.

Bhuju, S., Aranday-Cortes, E., Villarreal-Ramos, B., Xing, Z., Singh, M.and Vordermeier, H. M.(2012) Global gene transcriptome analysis in vaccinated cattle revealed a dominant role of IL-22 for protection against bovine tuberculosis. PLoS Pathogens 8 (12), e1003077.

Blanco, F.C., Bianco, M.V., Meikle, V., Garbaccio, S., Vagnoni, L., et al.(2011) Increased IL-17 expression is associated with pathology in a bovine model of tuberculosis.Tuberculosis 91(1), 57-63.

Blunt, L., Hogarth, P.J., Kaveh, D.A., Webb, P., Villarreal-Ramos, B. and Vordermeier, H. M. (2015) Phenotypic characterization of bovine memory cells responding to mycobacteria in IFNγ enzyme linked immunospot assays. Vaccine 33(51), 7276-7282.

Bold, T.D.,Banaei, N., Wolf, A.J.and Ernst, J. D. (2011) Suboptimal activation of antigen-specific CD4[+] effector cells enables persistence of *M.tuberculosis in vivo*.PLoS Pathogens 7(5), e1002063.

Brady, M.T., O'Neill, S.M., Dalton, J.P. and Mills, K.H.(1999) *Fasciola hepatica* suppresses a protective Th1 response against *Bordetella pertussis*. Infection and Immunity 67(10), 5372-5378.

Brandt, L., Oettinger, T., Holm, A., Andersen, A.B.and Andersen, P.(1996) Key epitopes on the ES-AT-6 antigen recognized in mice during the recall of protective immunity to *Mycobacterium tuberculosis*. Journal of Immunoassay 157(8), 3527-3533.

Buddle, B., Livingstone, P. and de Lisle, G. (2009) Advances in ante-mortem diagnosis of tuberculosis in cattle.New Zealand Veterinary Journal 57(4), 173-180.

Bull, T. J., Vrettou, C., Linedale, R., McGuinnes, C., Strain, S., et al.(2014) Immunity, safety and protection of an adenovirus 5 prime-modified vaccinia virus Ankara boost subunit vaccine against *Mycobacterium avium* subspecies paratuberculosis infection in calves.Veterinary Research 45(1), 112.

Cassidy, J.P., Bryson, D.G., Pollock, J.M., Evans, R.T., Forster, F.and Neill, S.D.(1998) Early lesion formation in cattle experimentally infected with *Mycobacterium bovis*.Journal of Comparative Pathology 119 (1), 27-44.

Chackerian, A. A., Alt, J. M., Perera, T. V., Dascher, C.C.and Behar, S.M.(2002a) Dissemination of *Mycobacterium tuberculosis* is influenced by host factors and precedes the initiation of T-cell immunity.Infection and Immunity 70(8), 4501-4509.

Chackerian, A., Alt, J., Perera, V.and Behar, S.M. (2002b) Activation of NKT cells protects mice from tuberculosis. Infection and Immunity 70 (11), 6302-6309.

Champagne, P.,Ogg, G.S., King, A.S., Knabenhans, C., Ellefsen, K., et al.(2001) Skewed maturation of memory HIV-specific CD8[+] T lymphocytes.Nature 410(6824), 106-111.

Charleston, B., Hope, J.C.,Carr, B.V.and Howard, C.J.(2001) Masking of two *in vitro* immunological assays for *Mycobacterium bovis*(BCG) in calves acutely infected with non-cytopathic bovine viral diarrhoea virus.Veterinary Record 149(16), 481-484.

Chen, C., Herzig, C.T., Alexander, L.J.,Keele, J., McDaneld, T., et al.(2012) Gene number determination and genetic polymorphism of the gamma delta T cell co-receptor WC1 genes.BMC Genetics 13(1), 86.

Chua, W.-J., Truscott, S.M., Eickhoff, C.S., Blazevic, A., Hoft, D.F. and Hansen, T.H.(2012) Polyclonal mucosa-associated invariant T cells have unique innate functions in bacterial infection. Infection and Immunity 80(9), 3256-3267.

Claridge, J., Diggle, P., McCann, C.M., Mulcahy, G., Flynn, R., et al.(2012) *Fasciola hepatica* is associated with the failure to detect bovine tuberculosis in dairy cattle.Nature Communications 3, 853.

Clevers, H., Machugh, N.D., Bensaid, A., Dunlap, S., Baldwin, C., et al.(1990) Identification of a bovine surface antigen uniquely expressed on CD4- CD8- T cell receptor T lymphocytes.European Journal of Immunogenetics 20(4), 809-817.

Commandeur, S., van Meijgaarden, K.E., Prins, C., Pichugin, A., Dijkman, K., et al.(2013) An unbiased genome-wide *Mycobacterium tuberculosis* gene expression approach to discover antigens targeted by human T cells expressed during pulmonary infection.Journal of Immunology 190(4), 1659-1671.

Connelley, T.K., Longhi, C., Burrells, A., Degnan, K., Hope, J., et al. (2014) NKp461+ CD3[+] cells: A novel nonconventional T cell subset in cattle exhibiting both NK cell and T Cell features.Journal of Immunology 192(8), 3868-3880.

Cooper, A.M. (2010) Editorial: be careful what you ask for: is the presence of IL-17 indicative of immunity? Journal of Leukocyte Biology 88 (2), 221-223.

Cooper, A.M., Dalton, D.K., Stewart, T.A., Griffin, J.P., Russell, D.G.and Orme, I.M. (1993) Disseminated tuberculosis in interferon gamma gene-disrupted mice. The Journal of Experimental Medicine 178(6), 2243-2247.

Dhiman, R., Indramohan, M., Barnes, P.F.,

Nayak, R., Paidipally, P., et al. (2009) IL-22 produced by human NK cells inhibits growth of *Mycobacterium tuberculosis* by enhancing phagolysosomal fusion. Journal of Immunology 183(10), 6639-6645.

Dhiman, R., Periasamy, S., Barnes, P.F., Jaiswal, A., Paidipally, P., et al. (2012) NK1.1+ cells and IL-22 regulate vaccine-induced protective immunity against challenge with *Mycobacterium tuberculosis*. Journal of Immunology 189(2), 897-905.

Dieli, F., Ivanyi, J., Marsh, P., Williams, A., Naylor, I., et al. (2003) Characterization of lung γd T cells following intranasal infection with *Mycobacterium bovis* Bacillus Calmette-Guérin. Journal of Immunology 170(1), 463-469.

Doherty, M.L., Bassett, H.F., Quinn, P.J., Davis, W.C., Kelly, A.P.and Monaghan, M.L. (1996) A sequential study of the bovine tuberculin reaction. Immunology 87(1), 9-14.

D'Souza, C.D., Cooper, A.M., Frank, A.A., Mazzaccaro, R.J., Bloom, B.R. and Orme, I.M. (1997) An anti-inflammatory role for gamma delta T lymphocytes in acquired immunity to *Mycobacterium tuberculosis*. Journal of Immunology 158(3), 1217-1221.

Egen, J.G., Rothfuchs, A.G., Feng, C.G., Horwitz, M.A., Sher, A.and Germain, R.N. (2011) Intravital imaging reveals limited antigen presentation and T cell effector function in mycobacterial granulomas. Immunity 34(5), 807-819.

Einarsdottir, T., Lockhart, E. and Flynn, J.L. (2009) Cytotoxicity and secretion of gamma interferon are carried out by distinct CD8 T cells during *Mycobacterium tuberculosis* infection. Infection and Immunity 77 (10), 4621-4630.

Endsley, J.J., Furrer, J.L., Endsley, M.A., McIntosh, M.A., Maue, A.C., et al. (2004) Characterization of bovine homologues of granulysin and NK-lysin. Journal of Immunology 173(4), 2607-2614.

Endsley, J.J., Hogg, A., Shell, L.J., McAulay, M., Coffey, T.J., et al. (2007) *Mycobacterium bovis* BCG vaccination induces memory CD4+ T cells characterized by effector biomarker expression and anti-mycobacterial activity. Vaccine 25(50), 8384-8394.

Endsley, J.J., Waters, W.R., Palmer, M.V., Nonnecke, B.J., Thacker, T.C.et al. (2009) The calf model of immunity for development of a vaccine against tuberculosis. Veterinary Immunology and Immunopathology 128(1-3), 199-204.

Flaherty, D.K., Vesosky, B., Beamer, G.L., Stromberg, P.and Turner, J. (2006) Exposure to *Mycobacterium avium* can modulate established immunity against *Mycobacterium tuberculosis* infection generated by *Mycobacterium bovis* BCG vaccination. Journal of Leukocyte Biology 80(6), 1262-1271.

Fletcher, H.A., Snowden, M.A., Landry, B., Rida, W., Satti, I., et al. (2016) T-cell activation is an immune correlate of risk in BCG vaccinated infants. Nature Communications 7(May), 11290.

Flynn, J.L., Chan, J., Triebold, K.J., Dalton, D. K., Stewart, T.A.and Bloom, B.R. (1993) An essential role for interferon gamma in resistance to *Mycobacterium tuberculosis* infection. The Journal of Experimental Medicine 178(6), 2249-2254.

Flynn, R.J., Mannion, C., Golden, O., Hacariz, O.and Mulcahy, G. (2007) Experimental *Fasciola hepatica* infection alters responses to tests used for diagnosis of bovine tuberculosis. Infection and Immunity 75 (3), 1373-1381.

Flynn, R.J., Mulcahy, G., Welsh, M., Cassidy, J.P., Corbett, D., et al. (2009) Co-Infection of cattle with *Fasciola hepatica* and *Mycobacterium bovis* immunological consequences. Transboundary and Emerging Diseases 56(6-7), 269-274.

Freches, D., Korf, H., Denis, O., Havaux, X., Huygen, K. and Romano, M. (2013) Mice genetically inactivated in interleukin-17A receptor are defective in long-term control of Mycobacterium tuberculosis infection. Immunology 140(2), 220-231.

Gansert, J.L., Kießler, V., Engele, M., Wittke, F., Röllinghoff, M., et al. (2003) Human NKT cells express granulysin and exhibit antimycobacterial activity. Journal of Immunology 170(6), 3154-3161.

Garza-Cuartero, L., O'Sullivan, J., Blanco, A., McNair, J., Welsh, M., et al. (2016) Fasciola hepatica infection reduces Mycobacterium bovis burden and mycobacterial uptake and suppresses the proinflammatory response. Parasite Immunology 38(7), 387-402.

Geluk, A., van den Eeden, S.J.F., van Meijgaarden, K.E., Dijkman, K., Franken, K.L.M.C. and Ottenhoff, T.H.M. (2012) A multistage-polyepitope vaccine protects against Mycobacterium tuberculosis infection in HLA-DR3 transgenic mice. Vaccine 30(52), 7513-7521.

Gil, O., Díaz, I., Vilaplana, C., Tapia, G., Díaz, J., et al. (2010) Granuloma encapsulation is a key factor for containing tuberculosis infection in minipigs. PLoS One 5(4), e10030.

Gilleron, M., Stenger, S., Mazorra, Z., Wittke, F., Mariotti, S., et al. (2004) Diacylated sulfoglycolipids are novel mycobacterial antigens stimulating CD1-restricted T cells during infection with Mycobacterium tuberculosis. The Journal of Experimental Medicine 199 (5), 649-659.

Goddeeris, B. (1998) Immunology of cattle. In: Pastoret, P.-P., Griebel, P., Bazin, H. and Govaerts, A. (eds) Handbook of Vertebrate Immunology. Academic Press, San Diego, USA, 439-484.

Gold, M.C., Cerri, S., Smyk-Pearson, S., Cansler, M., Vogt, T., et al. (2010) Human mucosal associated invariant T cells detect bacterially infected cells. PLoS Biology 8(6), e1000407.

Goldfinch, N., Reinink, P., Connelley, T., Koets, A., Morrison, I. and Van Rhijn, I. (2010) Conservation of mucosal associated invariant T (MAIT) cells and the MR1 restriction element in ruminants, and abun-dance of MAIT cells in spleen. Veterinary Research 41(5), 62.

Green, A.M., Difazio, R. and Flynn, J.L. (2013) IFN-γ from CD4 T cells is essential for host survival and enhances CD8 T cell function during Mycobacterium tuberculosis infection. Journal of Immunology 190 (1), 270-277.

Guzman, E., Price, S., Poulsom, H. and Hope, J. (2012) Bovine T cells: cells with multiple functions and important roles in immunity. Veterinary Immunology and Immunopathology 148, 161-167.

Guzman, E., Hope, J., Taylor, G., Smith, A. L., Cubillos-Zapata, C. and Charleston, B. (2014) Bovine γδ T cells are a major regulatory T cell subset. Journal of Immunology 193(1), 208-222.

Hein, W.R. and Mackay, C.R. (1991) Prominence of gamma delta T cells in the ruminant immune system. Immunol Today 12(1), 30-34.

Henao-Tamayo, M., Ordway, D.J. and Orme, I. M. (2014) Memory T cell subsets in tuberculosis: what should we be targeting? Tuberculosis 94(5), 455-461.

Hoek, A., Rutten, V.P.M.G., Kool. J., Arkesteijn, G., Bouwstra, R., et al. (2009) Subpopulations of bovine WC1(+) gammadelta T cells rather than CD4 (+)CD25(high) Foxp3(+) T cells act as immune regulatory cells ex vivo. Veterinary Research 40(1), 6.

Hope, J.C. and Vordermeier H.M. (2005) Vaccines for bovine tuberculosis: current views and future prospects.Expert Review of Vaccines 4(6), 891-903.

Hope, J.C., Thom, M.L., McCormick, P.A.and Howard, C.J. (2004) Interaction of antigen presenting cells with mycobacteria.Veterinary Immunology and Immunopathology 100(3-4), 187-195.

Hope, J.C., Thom, M.L.,McAulay, M., Mead, E., Vordermeier, H.M., et al.(2011) Identification of surrogates and correlates of protection in protective immunity against *Mycobacterium bovis* infection induced in neonatal calves by vaccination with *M.bovis* BCG pasteur and *M.bovis* BCG Danish.Clinical and Vaccine Immunology 18(3), 373-379.

Hou, S., Hyland, L., Ryan, K.W.,Portner, A. and Doherty, P.C.(1994) Virus-specific CD8$^+$ T-cell memory determined by clonal burst size. Nature 369 (6482), 652-654.

Howard, C.J.,Sopp, P.and Parsons, K.R.(1992) L-selectin expression differentiates T cells isolated from different lymphoid tissues in cattle but does not correlate with memory.Immunology 77(2), 228-234.

Howard, C.J., Kwong, L.S., Villarreal-Ramos, B., Sopp, P.and Hope, J.C.(2002) Exposure to *Mycobacterium avium* primes the immune system of calves for vaccination with *Mycobacterium bovis* BCG.Clinical and Experimental Immunology 130(2), 190-195.

Jurado, J.O.,Pasquinelli, V., Alvarez, I.B., Pena, D., Rovetta, A., et al.(2012) IL-17 and IFN-γ expression in lymphocytes from patients with active tuberculosis correlates with the severity of the disease. Journal of Leukocyte Biology 91(6), 991-1002.

Jutila, M.A., Holderness, J., Graff, J.C., Hedges, J., Abrahamsen, M., et al.(2008) Antigen-independent priming: a transitional response of bovine $\gamma\delta$ T-cells to infection.Animal Health Research Reviews 9 (1), 47-57.

Kabelitz, D.(2011) $\gamma\delta$ T-cells: cross-talk between innate and adaptive immunity.Cellular and Molecular Life Sciences 68(14), 2331-2333.

Kawashima, T.,Norose, Y., Watanabe, Y., Enomoto, Y., Narazaki, H., et al.(2003) Cutting edge: major CD8 T cell response to live Bacillus Calmette-Guérin is mediated by CD1 molecules.Journal of Immunology 170(11), 5345-5348.

Kennedy, H.E., Welsh, M.D., Bryson, D.G., Cassidy,J., Forster, F., et al.(2002) Modulation of immune responses to *Mycobacterium bovis* in cattle depleted of WC1(+) gamma delta T cells.Infection and Immunity 70(3), 1488-1500.

Khader, S.A. and Cooper, A.M. (2008) IL-23 and IL-17 in tuberculosis.Cytokine 41(2), 79-83.

Khader, S.A., Bell, G.K., Pearl, J.E., Fountain, J.J., Rangel-Moreno, J., et al.(2007) IL-23 and IL-17 in the establishment of protective pulmonary CD4$^+$ T cell responses after vaccination and during *Mycobacterium tuberculosis* challenge. Natural Immunity 8 (4), 369-377.

Khader, S.A.,Guglani, L., Rangel-Moreno, J., Gopal, R., Junecko, B.A., et al.(2011) IL-23 is required for long-term control of *Mycobacterium tuberculosis* and B cell follicle formation in the infected lung. Journal of Immunology 187(10), 5402-5407.

Koinig, H.C., Talker, S.C., Stadler, M., Ladinig, A., Graage, R., et al.(2015) PCV2 vaccination induces IFN-γ/TNF-α co-producing T cells with a potential role in protection.Veterinary Research 46(1), 20.

Ladel, C.H., Hess, J., Daugelat, S., Mombaerts, P., Tonegawa, S. and Kaufmann, S.H.E.

(1995) Contribution of α/β and γ/δ T lymphocytes to immunity against *Mycobacterium bovis* Bacillus Calmette Guérin: studies with T cell receptor – deficient mutant mice. European Journal of Immunogenetics 25 (3), 838-846.

Lahmers, K.K., Norimine, J., Abrahamsen, M. S., Palmer, G.H.and Brown, W.C.(2004) The CD4[+] T cell immunodominant anaplasma marginale major surface protein 2 stimulates T cell clones that express unique T cell receptors.Journal of Leukocyte Biology 77 (2), 199-208.

Le Bourhis, L., Martin, E., Péguillet, I., Guihot, A., Froux, N., et al.(2010) Antimicrobial activity of mucosal – associated invariant T cells. Natural Immunity 11(8), 701-708.

Liebana, E., Aranaz, A., Aldwell, F. E., Mc-Nair, J., Neill, S., et al.(2000) Cellular interactions in bovine tuberculosis: release of active mycobacteria from infected macrophages by antigen – stimulated T cells.Immunology 99(1), 23-29.

Liebana, E., Marsh, S., Gough, J., Nunez, A., Vordermeier, H.M., et al.(2007) Distribution and activation of T-lymphocyte subsets in tuberculous bovine lymph-node granulomas.Veterinary Pathology 44(3), 366-372.

Lindestam Arlehamn, C.S., Gerasimova, A., Mele, F., Henderson, R., Swann, J., et al. (2013) Memory T cells in latent *Mycobacterium tuberculosis* infection are directed against three antigenic islands and largely contained in a CXCR3[+]CCR6[+] Th1 subset.PLoS Pathogen 9(1), e1003130.

Lockhart, E., Green, A. M. and Flynn, J. L. (2006) IL-17 production is dominated by $\gamma\delta$ T cells rather than CD4 T cells during *Mycobacterium tuberculosis* infection. Journal of Immunology 177 (7), 4662 –

4669.

Mackay, C.R. and Beya, M.-F.(1989) Matzinger P.γ/δ T cells express a unique surface molecule appearing late during thymic development.European Journal of Immunogenetics 19(8), 1477-1483.

Maggioli, M.F., Palmer, M.V., Thacker, T.C., Vordermeier, H.M.and Waters, W.R.(2015a) Characterization of effector and memory T cell subsets in the immune response to bovine tuberculosis in cattle.PLoS One 10(4), 1-20.

Maggioli, M.F., Palmer, M.V., Vordermeier, H. M., Whelan, A.O., Fosse, J.M., et al.(2015b) Application of long-term cultured interferon-gamma: enzyme-linked immunospot assay for assessing effector and memory T cell responses in cattle. Journal of Visualized Experiments 101, e52833.

Maglione, P.J. and Chan, J.(2009) How B cells shape the immune response against *Mycobacterium tuberculosis*.European Journal of Immunogenetics 39(3), 676-686.

Maue, A.C., Waters, W.R., Davis, W.C., Palmer, M.V., Minion, F.C.and Estes, D.M.(2005) Analysis of immune responses directed toward a recombinant early secretory antigenic target six-kilodalton protein-culture filtrate protein 10 fusion protein in *Mycobacterium bovis* – infected cattle. Infection and Immunity 73 (10), 6659-6667.

Mazzola, T.N., Da Silva, M.T.N., Moreno, Y.M. F.,Lima, S.C.B.S., Carniel, E.F., et al.(2007) Robust $\gamma\delta$+ T cell expansion in infants immunized at birth with BCG vaccine.Vaccine 25(34), 6313-6320.

McGill, J.L., Sacco, R.E., Baldwin, C.L., Telfer, J.C., Palmer, M.V.and Waters, W.R.(2014a) The role of gamma delta T cells in immunity to *Mycobacterium bovis* infection in cattle.Veterinary Immunology and Immunopathology 159(3-4), 133-143.

McGill, J. L., Sacco, R. E., Baldwin, C. L., Telfer, J.C., Palmer, M.V.and Waters, W.R.(2014b) Specific recognition of mycobacterial protein and peptide antigens by T cell subsets following infection with virulent Mycobacterium bovis. Journal of Immunology 192 (6), 2756-2769.

Mittrucker, H.W., Steinhoff, U., Kohler, A., Krause, M., Lazar, D., et al.(2007) Poor correlation between BCG vaccination-induced T cell responses and protection against tuberculosis. Proceedings of the National Academy of Sciences 104(30), 12434-12439.

Montamat-Sicotte, D.J., Millington, K.A., Willcox, C.R., Hingley-Wilson, S., Hackforth, S., et al. (2011) A mycolic acid-specific CD1-restricted T cell population contributes to acute and memory immune responses in human tuberculosis infection.The Journal of Clinical Investigation 121(6), 2493-2503.

Morrison, W.I. and Davis, W.C.(1991) Individual antigens of cattle. differentiation antigens expressed predominantly on CD4 - CD8 - T lymphocytes (WC1, WC2).Veterinary Immunology and Immunopathology 27 (1-3), 71-76.

Murali-Krishna, K., Altman, J.D., Suresh, M., Sourdive, D.J., Zajac, A.J., et al.(1998) Counting antigen-specific CD8 T cells: a reevaluation of bystander activation during viral infection. Immunity 8 (2), 177-187.

Okamoto Yoshida, Y., Umemura, M., Yahagi, A., O'Brien, R.L., Ikuta, K., et al.(2010) Essential role of IL-17A in the formation of a mycobacterial infection-induced granuloma in the lung. Journal of Immunology 184(8), 4414-4422.

Ordway, D., Henao-Tamayo, M., Shanley, C., Smith, E., Palanisamy, G., et al.(2008) Influence of Mycobacterium bovis BCG vaccination on cellular immune response of guinea pigs challenged with Mycobacterium tuberculosis.Clinical and Vaccine Immunology 15 (8), 1248-1258.

Ordway, D.J., Shang S., Henao-Tamayo, M., Obregon-Henao, A., Nold, L., et al.(2011) Mycobacterium bovis BCG-mediated protection against W-Beijing strains of Mycobacterium tuberculosis is diminished concomitant with the emergence of regulatory T Cells.Clinical and Vaccine Immunology 18(9), 1527-1535.

Orme, I.M.and Ordway, D.J.(2016) Mouse and guinea pig models of tuberculosis.Microbiology Spectrum 4(4), chapter 7.

Ottenhoff, T.H.M., Verreck, F.A.W., Hoeve, M. A.and van de Vosse, E.(2005) Control of human host immunity to mycobacteria.Tuberculosis(Edinb) 85(1-2), 53-64.

Pai, M., Denkinger, C.M., Kik, S.V., Rangaka, M.X., Zwerling, A., et al.(2014) Gamma interferon release assays for detection of Mycobacterium tuberculosis infection.Clinical Microbiology Reviews 27(1), 3-20.

Palmer, M.V., Waters, W.R. and Thacker, T.C. (2007) Lesion development and immunohistochemical changes in granulomas from cattle experimentally infected with Mycobacterium bovis. Veterinary Pathology 44 (6), 863-874.

Piercy, J., Werling, D. and Coffey, T.J.(2007) Differential responses of bovine macrophages to infection with bovine-specific and non-bovine specific mycobacteria.Tuberculosis 87(5), 415-420.

Pirson, C., Engel, R., Jones, G.J., Holder, T., Holst, O.and Vordermeier, H.M.(2015) Highly purified myco-bacterial phosphatidylinositol mannosides drive cell-mediated responses and activate NKT cells in cattle.Clinical and Vaccine Immunology 22(2), 178-184.

Pollock, J.M., Pollock, D.A., Campbell, D.G., Girvin, R.L., Crockard, A.D., et al.(1996) Dynamic changes in circulating and antigen-responsive T-cell subpopulations post-Mycobacterium bovis infection in cattle.Immunology 87(2), 236-241.

Pollock, J.M., McNair, J., Welsh, M.D.,Girvin, R.L., Kennedy, H.E., et al.(2001) Immune responses in bovine tuberculosis.Tuberculosis 81 (1-2), 103-107.

Porcelli, S., Yockey, C.E., Brenner, M.B. and Balk, S.P.(1993) Analysis of T cell antigen receptor (TCR) expression by human peripheral blood CD4-8-alpha/beta T cells demonstrates preferential use of several V beta genes and an invariant TCR alpha chain.The Journal of Experimental Medicine 178(1), 1-16.

Price, S.J.and Hope, J.C.(2009) Enhanced secretion of interferon-γ by bovine γδ T cells induced by coculture with Mycobacterium bovis-infected dendritic cells: evidence for reciprocal activating signals.Immunology 126(2), 201-208.

Price, S.J.,Sopp, P., Howard, C.J.and Hope, J.C.(2006) Workshop cluster 1+ γδ T-cell receptor+ T cells from calves express high levels of interferon-γ in response to stimulation with interleukin-12 and-18.Immunology 120(1), 57-65.

Price, S., Davies, M., Villarreal-Ramos, B.and Hope, J.(2010) Differential distribution of WC1 +γδ TCR + T lymphocyte subsets within lymphoid tissues of the head and respiratory tract and effects of intranasal M. bovis BCG vaccination. Veterinary Immunology and Immunopathology 136(1-2), 133-137.

Reiley, W.W., Calayag, M.D., Wittmer, S.T.,

Huntington, J.L., Pearl, J.E.et al.(2008) ESAT-6-specific CD4 T cell responses to aerosol Mycobacterium tuberculosis infection are initiated in the mediastinal lymph nodes. Proceedings of the National Academy of Sciences 105(31), 10961-10966.

Rhodes, S.G.,Hewinson, R.G.and Vordermeier, H.M.(2001) Antigen recognition and immunomodulation by γδ T cells in bovine tuberculosis.Journal of Immunology 166(9), 5604-5610.

Rhodes, S.G., McKinna, L.C., Steinbach, S., Dean, G.S., Villarreal-Ramos, B., et al.(2014) Use of antigen-specific interleukin-2 to differentiate between cattle vaccinated with Mycobacterium bovis BCG and cattle infected with M. bovis. Clinical and Vaccine Immunology 21(1), 39-45.

Robinson, R.T., Orme, I.M.and Cooper, A.M. (2015) The onset of adaptive immunity in the mouse model of tuberculosis and the factors that compromise its expression.Immunological Reviews 264(1), 46-59.

Rogers, A.N.,Vanburen, D.G., Hedblom, E.E., Tilahun, M.E., Telfer, J.C.and Baldwin, C.L.(2005) Gam-madelta T cell function varies with the expressed WC1 coreceptor.Journal of Immunology 174(6), 3386-3393.

Salguero, F.J., Gibson, S., Garcia-Jimenez, W., Gough, J., Strickland, T.S., et al.(2016) Differential cell composition and cytokine expression within lymph node granulomas from BCG-vaccinated and non-vaccinated cattle experimentally infected with Mycobacterium bovis. Transboundary and Emerging Diseases 64 (6), 1734-1749.

Salimi-Bejestani, M.R., Daniel, R.G., Felstead, S.M., Cripps, P.J., Mahmoody, H.and Williams, D.J.L.(2005) Prevalence of Fasciola hepatica in dairy herds in England and Wales measured with an ELISA applied to bulk-tank milk.Veterinary Record 156(23), 729-731.

Sallusto, F., Lenig, D., Förster, R., Lipp, M. and Lanzavecchia, A.(1999) Two subsets of memory T lympho-cytes with distinct homing potentials and effector functions.Nature 401(6754), 708-712.

Sallusto, F., Lanzavecchia, A., Araki, K. and Ahmed, R.(2010) From vaccines to memory and back. Immunity 33(4), 451-463.

Sarrias, M.R., Gronlund, J., Padilla, O., Madsen, J., Holmskov, U.and Lozano, F.(2004) The scavenger receptor cysteine - rich (SRCR) domain: an ancient and highly conserved protein module of the innate immune system.Critical Reviews in Immunology 24 (1), 1-38.

Scott-Browne, J.P.,Shafiani, S., Tucker-Heard, G., Ishida-Tsubota, K., Fontenot, J.D., et al.(2007) Expansion and function of Foxp3-expressing T regulatory cells during tuberculosis.The Journal of Experimental Medicine 204(9), 2159-2169.

Scriba, T.J.,Coussens, A.K.and Fletcher, H.A. (2016) Human immunology of tuberculosis.Microbiology Spectrum 4 (5). DOI: 10. 1128/microbiolspec. TBTB2-0016-2016.

Semple, P.L., Watkins, M.,Davids, V., Krensky, A.M., Hanekom, W.A., et al.(2011) Induction of granulysin and perforin cytolytic mediator expression in 10-Week-Old infants vaccinated with BCG at birth. Clinical and Developmental Immunology 2011, 438463.

Shafiani, S., Tucker-Heard, G., Kariyone, A., Takatsu, K.and Urdahl, K.B.(2010) Pathogen-specific regulatory T cells delay the arrival of effector T cells in the lung during early tuberculosis.The Journal of Experimental Medicine 207(7), 1409-1420.

Sharma, P.K., Wong, E.B., Napier, R.J.,Bish-

ai, W.R., Ndung'u, T., et al.(2015) High expression of CD26 accurately identifies human bacteria-reactive MR1-restricted MAIT cells.Immunology 145(3), 443-453.

Siddiqui, N., Price, S.and Hope, J.(2012) BCG vaccination of neonatal calves: potential roles for innate immune cells in the induction of protective immunity. Comparative Immunology, Microbiology and Infectious Diseases 35(3), 219-216.

Skinner, M. A., Parlane, N., McCarthy, A. and Buddle, B. M. (2003) Cytotoxic T - cell responses to *Mycobacterium bovis* during experimental infection of cattle with bovine tuberculosis. Immunology 110(2), 234-241.

Smith, R. A., Kreeger, J. M., Alvarez, A. J., Goin, J.C., Davis, W.C., et al.(1999) Role of CD8+ and WC-1+ gamma/delta T cells in resistance to *Mycobacterium bovis* infection in the SCID-bo mouse.Journal of Leukocyte Biology 65(1), 28-34.

Smyth, A.J., Welsh, M.D.,Girvin, R.M.and Pollock, J.M.(2001) *In vitro* responsiveness of gammadelta T cells from *Mycobacterium bovis* infected cattle to mycobacterial antigens: predominant involvement of WC1(+) cells.Infection and Immunity 69(1), 89-96.

Sopp, P., Howard, C.J.and Hope, J.C.(2006) Flow cytometric detection of gamma interferon can effectively discriminate *Mycobacterium bovis* BCG-vaccinated cattle from *M.bovis*-infected cattle.Clinical and Vaccine Immunology 13(12), 1343-1348.

Stanford, J. L., Shield, M. J. and Rook, G. A. (1981) How environmental mycobacteria may predetermine the protective efficacy of BCG.Tubercle 62(1), 55-62.

Steinbach, S.,Vordermeier, H.M.and Jones, G.J. (2016) CD4+ and $\gamma\delta$ T cells are the main producers of

IL-22 and IL-17A in lymphocytes from *Mycobacterium bovis*-infected cattle.Science Reporter 6(May), 29990.

Stenger, S., Hanson, D.A., Teitelbaum, R., Dewan, P.,Niazi, K.R., et al.(1998) An antimicrobial activity of cytolytic T cells mediated by granulysin.Science 282(5386), 121-125.

Sutherland, J.S.,Adetifa, I.M., Hill, P.C., Adegbola, R.A.and Ota, M.O.C.(2009) Pattern and diversity of cytokine production differentiates between *Mycobacterium tuberculosis* infection and disease. European Journal of Immunogenetics 39(3), 723-729.

Tang, S.T., van Meijgaarden, K.E., Caccamo, N., Guggino, G., Klein, M.R., et al.(2011) Genome-Based in silico identification of new *Mycobacterium tuberculosis* antigens activating polyfunctional CD8+ T Cells in human tuberculosis.Journal of Immunology 186(2), 1068-1080.

Thom, M., Howard, C., Villarreal-Ramos, B., Mead, E.,Vordermeier, M.and Hope, J.(2008) Consequence of prior exposure to environmental mycobacteria on BCG vaccination and diagnosis of tuberculosis infection.Tuberculosis 88(4), 324-334.

Tilloy, F., Treiner, E., Park, S.H., Garcia, G., Lemonnier, F., et al.(1999) An invariant T cell receptor alpha chain defines a novel TAP-independent major histocompatibility complex class Ib-restricted alpha/beta T cell subpopulation in mammals. The Journal of Experimental Medicine 189(12), 1907-1921.

Todryk, S.M., Pathan, A.A., Keating, S., Porter, D.W., Berthoud, T., et al.(2009) The relationship between human effector and memory T cells measured by *ex vivo* and cultured ELISPOT following recent and distal priming.Immunology 128(1), 83-91.

Torrado, E.and Cooper, A.M.(2010) IL-17 and Th17 cells in tuberculosis.Cytokine and Growth Factor Reviews 21(6), 455-462.

Totté, P., Duperray, C.and Dedieu, L.(2010) CD62L defines a subset of pathogen-specific bovine CD4 with central memory cell characteristics.Developmental and Comparative Immunology 34(2), 177-182.

Tsao, T.C.Y., Huang, C.C., Chiou, W.K., Yang, P.Y., Hsieh, M.J.and Tsao, K.C.(2002) Levels of interferon-gamma and interleukin-2 receptor-alpha for bronchoalveolar lavage fluid and serum were correlated with clinical grade and treatment of pulmonary tuberculosis.The International Journal of Tuberculosis and Lung Disease 6(8), 720-727.

Ulrichs, T., Moody, D.B., Grant, E., Kaufmann, S.H.E.and Porcelli, S.A.(2003) T-cell responses to CD1-presented lipid antigens in humans with *Mycobacterium tuberculosis* infection.Infection and Immunity 71(6), 3076-3087.

Ulrichs, T., Kosmiadi, G.A., Trusov, V., Jorg, S., Pradl, L., et al.(2004) Human tuberculous granulomas induce peripheral lymphoid follicle-like structures to orchestrate local host defence in the lung.The Journal of Pathology 204(2), 217-228.

Umemura, M., Yahagi, A., Hamada, S., Begum, M.D., Watanabe, H., et al.(2007) IL-17-mediated regulation of innate and acquired immune response against pulmonary *Mycobacterium bovis* bacille Calmette-Guérin infection.Journal of Immunology 178(6), 3786-3796.

Van Rhijn, I.and Moody, D.B.(2015) CD1 and mycobacterial lipids activate human T cells.Immunology Reviews 264(1), 138-153.

Van Rhijn, I., Koets, A.P., Im, J.S., Piebes, D., Reddington, F., et al.(2006) The bovine CD1 family contains group 1 CD1 proteins, but no functional CD1d.Journal of Immunology 176(8), 4888-4893.

Van Rhijn, I., Nguyen, T. K. A., Michel, A., Cooper, D., Govaerts, M., et al.(2009) Low cross-reactivity of T-cell responses against lipids from *Mycobacterium bovis* and *M. avium* paratuberculosis during natural infection. European Journal of Immunogenetics 39(11), 3031-3041.

Van Rhijn, I., Ly, D.and Moody, D.B.(2013) CD1a, CD1b, and CD1c in Immunity against Mycobacteria.Springer, New York, pp.181-197.

van de Vosse, E., Hoeve, M.A. and Ottenhoff, T.H.(2004) Human genetics of intracellular infectious dis-eases: molecular and cellular immunity against mycobacteria and salmonellae.The Lancet Infectious Diseases 4(12), 739-749.

Venkataswamy, M.M., Baena, A., Goldberg, M.F., Bricard, G., Im, J.S., et al.(2009) Incorporation of NKT cell-activating glycolipids enhances immunogenicity and vaccine efficacy of *Mycobacterium bovis* Bacillus Calmette-Guerin.Journal of Immunology 183(3), 1644-1656.

Villarreal-Ramos, B., McAulay, M., Chance, V., Martin, M., Morgan, J.and Howard, C.J.(2003) Investigation of the role of CD8+ T cells in bovine tuberculosis *in vivo*.Infection and Immunity 71(8), 4297-4303.DOI: 10.1128/IAI.71.8.4297-4303.2003.

Vordermeier, H.M., Huygen, K., Singh, M., Hewinson, R.G.and Xing, Z.(2006) Immune responses induced in cattle by vaccination with a recombinant adenovirus expressing mycobacterial antigen 85A and *Mycobacterium bovis* BCG.Infection and Immunity 74(2), 1416-1418.

Vordermeier, H.M., Villarreal-Ramos, B., Cockle, P.J., McAulay, M., Rhodes, S.G., et al.(2009) Viral booster vaccines improve *Mycobacterium bovis* BCG-Induced protection against bovine tuberculosis.Infection and Immunity 77(8), 3364-3373.

Walravens, K., Wellemans, V., Weynants, V., Boelaert, F., DeBergeyck, V., et al.(2002) Analysis of the antigen-specific IFN-gamma producing T-cell subsets in cattle experimentally infected with *Mycobacterium bovis*.Veterinary Immunology and Immunopathology 84(1-2), 29-41.

Waters, W.R.R., Palmer, M.V.M.V., Thacker, T.C., Davis, W.C.,Sreevatsan, S., et al.(2011) Tuberculosis immunity: opportunities from studies with cattle.Clinical and Developmental Immunology 2011, 768542.

Waters, W.R., Palmer, M.V., Buddle, B.M.and Vordermeier, H.M.(2012) Bovine tuberculosis vaccine research: historical perspectives and recent advances.Vaccine 30(16), 2611-2622.

Waters, W.R., Maggioli, M.F., Palmer, M.V., Thacker, T.C., McGill, J.L., et al.(2016) Interleukin-17A as a biomarker for bovine tuberculosis.In: Pasetti, M.F.(ed.) Clinical and Vaccine Immunology 23(2), 168-180.

Welsh, M.D., Kennedy, H.E., Smyth, A.J., Girvin, R.M., Andersen, P.and Pollock, J.M.(2002) Responses of bovine WC1(+) gammadelta T cells to protein and nonprotein antigens of *Mycobacterium bovis*.Infection and Immunity 70(11), 6114-6120.

Whelan, C., Whelan, A.O.,Shuralev, E., et al.(2010) Performance of the enferplex TB assay with cattle in great Britain and assessment of its suitability as a test to distinguish infected and vaccinated animals.Clinical and Vaccine Immunology 17(5), 813-817.

Whelan, A.O., Villarreal-Ramos, B., Vordermeier, H.M., Hogarth, P.J., Ashford, D.A., et al.(2011) Development of an antibody to bovine IL-2 reveals multifunctional CD4 TEM cells in cattle naturally

Infected with bovine tuberculosis. PLoS One 6 (12), e29194.

Whitmire, J.K., Asano, M.S., Murali-Krishna, K., Suresh, M.and Ahmed, R.(1998) Long-term CD4 Th1 and Th2 memory following acute lymphocytic choriomeningitis virus infection.Journal of Virology 72(10), 8281-8288.

Widdison, S., Schreuder, L. J., Villarreal-Ramos, B., Howard, C.J., Watson, M.and Coffey, T. J.(2006) Cyto-kine expression profiles of bovine lymph nodes: effects of *Mycobacterium bovis* infection and bacille calmetteguerin vaccination.Clinical and Experimental Immunology 144(2), 281-289.

Wilkinson, K. A. and Wilkinson, R. J. (2010) Polyfunctional T cells in human tuberculosis.European Journal of Immunogenetics 40(8), 2139-2142.

Wilkinson, K.A., Seldon, R.,Meintjes, G., Rangaka, M.X., Hanekom, W.A., et al.(2009) Dissection of regenerating T-Cell responses against tuberculosis in HIV-infected adults sensitized by *Mycobacterium tuberculosis*.American Journal of Respiratory and Critical Care Medicine 180(7), 674-683.

Winslow, G.M., Roberts, A.D., Blackman, M.A. and Woodland, D.L.(2003) Persistence and turnover of antigen-specific CD4 T cells during chronic tuberculosis infection in the mouse.Journal of Immunoassay 170 (4), 2046-2052.

Wolf, A. J., Linas, B., Trevejo-Nuñez, G. J., Kincaid, E., Tamura, T., et al.(2007) *Mycobacterium tuberculosis* infects dendritic cells with high frequency and impairs their function *in vivo*.Journal of Immunology 179(4), 2509-2519.

Wolf, A.J., Desvignes, L., Linas, B., Banaiee, N., Tamura T., et al.(2008) Initiation of the adaptive immune response to *Mycobacterium tuberculosis* depends on antigen production in the local lymphnode, not the lungs.The Journal of Experimental Medicine 205(1), 105-115.

Woodland, D.L.and Kohlmeier, J.E.(2009) Migration, maintenance and recall of memory T cells in peripheral tissues.Nature Reviews Immunology 9(3), 153-161.

免疫学诊断

Ray Waters[1], Martin Vordermeier[2]

1　美国农业部农业研究中心国家动物疫病中心，艾姆斯，艾奥瓦州，美国

2　英国动植物卫生署结核研究小组，阿德利斯通，英国

12.1　引言

通常认为牛结核病（TB）是一种病程较长（持续数年）的慢性渐进性疫病，大多数牛直到病程后期才表现出明显的临床感染症状（Waters，2015）。目前通过检测体内分泌物中细菌的方式为牛结核病病原学检测方法，通常不能用于活体检测，这可能是由于该病感染后牛只含菌量通常较少，排菌时间短且水平低（Good 和 Duignan，2011）。因此，传统临床和微生物学技术很少用于活体牛结核病诊断。但是，牛分枝杆菌在牛体内表现出高度免疫原性，病程早期能诱发显著的细胞介导免疫（CMI）反应，从而可实现对该病的有效诊断（难以进行活体病原菌检测）。

1890 年，科赫发现结核菌素，让人们首次了解结核病诊断的免疫机制。科赫在研究中指出，将结核菌素注射到结核分枝杆菌感染患者的体内，常常会导致包括体温升高在内的全身反应。利用该信息，兽医们发现皮下注射结核菌素也能引起结核病牛短暂的体温升高。繁琐的皮下试验，最终被更敏感、更实用的皮内结核菌素试验所取代。通过实施屠宰检疫，对检测到结核病病灶的牛酮体做流行病学溯源调查，确定阳性牛所在的牛群来源，继而对牛群实施皮内注射结核菌素试验，通过移除阳性牛的策略，澳大利亚彻底根除了牛结核病，加拿大、美国的大多数州、新西兰和几个欧盟国家也几乎根除了牛结核病（Cousins 和 Roberts，2001；Good 和 Duignan 等，2011；Farnham 等，2012；Rivière 等，2014；More 等，2015）。尽管取得了进展，但由于多个国家存在牛分枝杆菌的野生动物储存宿主，且犊牛和后备小母牛规模化饲养模式易导致由单一感染来源造成的聚集性扩散，加之经济全球化因素，牛结核病感染牛只通过贸易频繁从中度流行地区运往低流行地区（例如每年从墨西哥运往美国的牛约为 100 万头），严重阻碍牛结核病的控制和根除工作。因此，现代化的防控策略，需要更加完善的新型活体检测方法

及检测程序，以应对控制和根除牛结核病面临的挑战。

12.2 与免疫发病机制相关的诊断方法开发

牛感染牛分枝杆菌后外周血 CD4、CD8 和 $\gamma\delta$ T 细胞在牛分枝杆菌抗原刺激下增殖，并表现出明显的激活表型（即 CD25、CD26、CD44、CD45RO 和 CD69 表达增加）（Rhodes 等，2000；Waters 等，2003；Maue 等，2005；El-Naggar 等，2015）。抗原特异性激活，还伴随着多种细胞因子反应，从促炎反应（如 IFN-γ、IL-17 和 IL-1）到免疫抑制、调节和组织重塑反应（如 IL-10 和 TGF-β）（Rhodes 等，2000；Vordermeier 等，2002；Jones 等，2010a；Aranday-Cortes 等，2012；McGill 等，2014；Shu 等，2014；Palmer 等，2015；Waters 等，2015a）。更为复杂的是，牛分枝杆菌感染和卡介苗接种也激活了多功能 T 细胞表达多种 IFN-γ、IL-2 和 TNF-α 细胞因子复合物（Whelan 等，2011；Dean 等，2015；Maggioli 等，2015）。但是，多功能 T 细胞在应对感染和疫苗接种时，尚不清楚产生的反应是保护性的还是有害性的。按此说法，初步研究表明，CD4[+] 细胞反应增强的同时产生 IFN-γ^+ 和 TNF-α^+（尤其是 CD45RO[+]、CCR7[+]、CD62L[hi] 亚群）与病理损伤程度（疫病严重程度）相关，可能与抗原载量相关（Maggioli 和 Waters，未发表的观察结果）。对 HIV 阳性患者共感染结核分枝杆菌的研究表明，CD4[+] T 细胞单独分泌 IL-2 或分泌与其他有益反应相关的其他相关细胞因子（Day 等，2008；Wil-

kinson 和 Wilkinson，2010），活动性结核病患者存在高比例 IFN-γ^+、TNFa[+] 细胞，而潜伏期患者不存在此情况（Chiacchio 等，2014；Salgame 等，2015）。因此，结核病免疫反应的复杂性和多样性，也为发现新的标志物和开发诊断方法提供参考。

小鼠和人类感染结核分枝杆菌后产生反应的一个重要组分是辅助 T 淋巴细胞（Th1）CD4[+] T 细胞产生的 IFN-γ（Cooper 和 Torrado，2012）。免疫缺陷影响 CD4[+] T 细胞和 IL-12/IFN-γ/STAT1 信号通路功能，导致结核病感染者病情加重（Cooper 等，2007；Diedrich 和 Flynn，2011）。因而，IFN-γ 和迟发型超敏反应（DTH），与牛结核病感染进程相关，可基于此建立诊断方法（Schiller 等，2010：对牛进行了研究；Walzl 等，2011：对人进行了研究）。为诊断牛结核病，通常用全血培养物进行试验，抗原刺激后培养过夜（即 16~24h），测定 IFN-γ 含量（即 γ 干扰素释放试验，IGRA）。在外周血单核细胞（PBMCs）长期培养物（即约 14d）中测定 IFN-γ 含量，也可作为一种检测疫苗保护效果的方法（Whelan 等，2008b）；例如，卡介苗单独使用或与病毒载体亚单位疫苗联合使用，可长期诱发培养物的 IFN-γ 反应，该反应在牛分枝杆菌攻毒后，与病原菌载量减少和病变减轻相关（Vordermeier 等，2009；Waters 等，2009）。最近研究表明，这些长期培养物应答细胞，主要是 CD4[+] 中枢记忆 T 细胞（Blunt 等，2015；Maggioli 等，2015b）。因此，根据方法不同，将 IFN-γ 作为检测感染以及评价疫苗保护效果的标志物。IFN-γ 之外其他宿主标志物，也已成为人类（Walzl 等，2011；Salgame 等，2015）和牛基

于血液的结核病检测方法的潜在靶标（如 IL-
1β，IL-2，TNF-α，一氧化氮，IP-10，IL-
17 和 IL-22）（Waters 等，2003，2012；Vor-
dermeier 等，2009；Jones 等，2010a；Blanco
等，2011、2013；Bhuju 等，2012；Rhodes 等，
2014；Goosen 等，2015）。

12.3　当前活体检测方案

　　由于疫病本身的特性，牛结核病防控面
临的一个主要障碍是目前活体检测方法的准
确性相对较差，难以对所有感染动物的结核
性病变和病原菌进行可靠检测（主要是牛分
枝杆菌）。例如，结核菌素皮肤试验（TST）
准确性范围区间是敏感性 52%～100%、特异
性 55%～99%，具体与采用的 TST 类型、解释
标准、试验人员、流行率和其他因素有关
（de la Rua-Domenech 等，2006；Schiller 等，
2010；Bezos 等，2014）。特别是在牛结核病发
病率较低的国家，传统牛结核病屠宰检验的
敏感性较低［例如，20 世纪 80 年代澳大利
亚<20%（Corner 等，1990），西班牙加泰罗尼
亚 31.4%（Garcia-Saenz 等，2015），美国得
克萨斯州 28.5%（Chioino，2003；APHIS，
2009）］。即使加大检验力度，宰后可视结核
性病变检出率也很少超过 60%（Corner 等，
1990；Buddle 等，2015）。由于这些原因，很
难确定牛结核病检测的准确性，特别是在流
行率较低、阳性牛群较少的国家。

　　目前，牛结核病活体检测主要用于常规
监测、鉴别牛结核病感染的畜群、移动检疫、
宰后结核阳性牛的流行病学溯源调查，以确
定牛结核病感染畜群中可用于屠宰的牛（检

测结果阴性）和需销毁补偿的牛（检测结果
阳性）。虽然陆续出现新的检测方法（Bezos
等，2014），但 TST 和 IGRAs 仍然是牛结核病
控制计划中主要使用的检测方法。皮内 TST
方法主要将牛分枝杆菌纯化蛋白衍生物
（PPD）单独注射于尾褶或尾根（即尾褶试
验，CFT）或颈中部区域（即单皮内试验，
SIT）。单独使用牛分枝杆菌进行皮肤试验的一
个主要的问题是，试验特异性常常因为动物之
前接触过广泛存在的非结核分枝杆菌而降低。
因此，可以采用比较试验，将禽型 PPD 和牛
型 PPD 分别注射于颈部的相邻位置［也称为
比较颈部试验（CCT）或单皮内比较颈部试验
（SICCT）］。南半球和北美主要应用 CFT 检测
牛，英国和爱尔兰主要使用 SICCT 检测。欧洲
的许多国家都使用 SIT。为了提高特异性，可
以使用 CCT 和/或 IGRAs 进行二次检测（即作
为 CFT 或 SIT 的后续试验），从而降低单次检
测错误而判定为 TB 阳性动物的数量。在结核
病感染畜群，IGRAs 还可与皮肤试验平行使
用，优化阳性动物的剔除方案，确定阴性动物
进行后续屠宰，从而减少养殖户损失，降低监
管机构的赔偿成本。虽然 IGRAs 已通过 OIE
认证成为牛结核病主要的检测试验方法，但目
前还没有成为常规应用的主要的检测方法
（Bezos 等，2014）。关于 TST 和 IGRAs 及其在
牛结核病控制计划中的具体应用，可参见该方
面的最新综述（de la Rua-Domenech 等，2006；
Schiller 等，2010；Bezos 等，2014；Buddle 等，
2015）。

　　结核菌素（包括 PPDs 在内）是一种包含
蛋白质、脂类和碳水化合物的复杂混合物，其
定义模糊，特异性很差，因为 PPD 内许多化

合物与各种分枝杆菌存在抗原交叉反应。鉴于 PPD 的复杂性，在 TST 和 IGRAs 中，难以用不同批次 PPD 进行标准化和效价评价（Bakker 等，2005；Good 等，2011）。PPD 效价，通常根据多重皮肤对比试验国际标准用豚鼠试验比较评价得出，但是这些结果可能与牛体内验证得出的类似效价不相关（Dobbelaer 等，1983；Good 等，2011）。结核菌素活性也可以通过血液样本进行测定，分枝杆菌感染或致敏后，提取牛的血液样本，通过对连续稀释的 PPD 活性进行比较，用 IGRAs 试验确定其相对效力 30（RP30），RP30 的定义是"某 PPD 蛋白浓度（μg/mL）或活性（IU/mL）达到参考 PPD（OD_{max}）峰值 30% 的效力（RP30）（Schiller 等，2010）。PPD 效价也可以应用牛 DTH 试验（体内试验）进行评估，但需要昂贵的实验感染或自然感染牛只，且方法繁琐。最佳方案是联合应用豚鼠和牛进行 PPD 效力测试，并与国际标准进行比较（OIE，2009），考虑到成本和保障，实际工作中很少用牛只进行 PPD 效力测试（Bezos 等，2014）。

12.4 在 TSTs 和 IGRAs 中应用特异性抗原进行 DIVA 诊断

在过去 20 年，人们进行大量研究，发现和开发用于 TSTs 和 IGRAs 的特异性刺激抗原，并将其作为一种区分自然感染和疫苗免疫动物的方法（DIVA）（Schiller 等，2010；Vordermeier 等，2011；Bezos 等，2014）。特异性刺激抗原可替代 PPD 或作为 PPD 的补充（即平行试验），特别是将其用于 IGRAs（Andersen

等，2000）。虽然已经评估了许多抗原，但 ESAT-6 和 CFP10 目前被认为是最具免疫优势的抗原，既可用于基于细胞介导的免疫检测方法，也可用于基于 BCG 疫苗的 DIVA 诊断方法（Anderson 等，2000；Pollock 等，2001；Vordermeier 等，2001）。Pollock 和 Andersen 率先证明了重组 ESAT-6 在牛 IGRAs 中的诊断潜力（Pollock 和 Andersen，1997a），并将重组 ESAT-6 和 CFP10 结合使用，提高了诊断的准确性（van Pinxteren 等，2000）。随后，研究确认了 ESAT-6 蛋白具有用于牛皮肤试验的潜力，但存在局限性（Pollock 等，2003）。之后的研究表明，ESAT-6、MPB64 和 MPB83 作为刺激抗原用于牛体后，仅在感染牛分枝杆菌后诱发 IFN-γ 应答，但在接种卡介苗后没有相应诱发应答（Vordermeier 等，1999、2000），重要的是 ESAT-6 和 CFP10 肽段可用作 IGRAs 的刺激抗原（Vordermeier 等，2001），联合其他牛分枝杆菌蛋白肽段［如 Rv3873、Rv3879c、Rv0288 和 Rv3019c（Cockle 等，2006）或 Rv3615c（Sidders 等，2008；Casal 等，2012）］，可提高基于 ESAT-6/CFP10 的 IGRAs 试验敏感性。然而，应注意 ESAT-6/CFP10 方案的一个缺陷，即 ESAT-6 和 CFP10 多肽与堪萨斯分枝杆菌同系物可能存在交叉反应（尽管不常见），从而在判定试验结果时容易与堪萨斯分枝杆菌（*Mycobacterium kansasii*）感染或致敏的动物混淆（Vordermeier 等，2007）。因此在堪萨斯分枝杆菌感染或致敏时，进行基于 PPD 的试验，也存在同样的问题。

过去二十年对结核分枝杆菌、牛分枝杆菌、卡介苗和禽分枝杆菌副结核亚种基因组的研究，使得人们可以应用更合理的方案来发掘抗原即牛 T 细胞识别抗原（详见 12.5）。但是经过检验，发现很多已采取的方案仍存在偏颇。例如，抗原优先策略根据表达水平列出潜在抗原名录，不管它们经预测是分泌蛋白还是因缺氧环境诱导产生的蛋白，最近一篇文章对这些方法进行了详细的综述（Vordermeier 等，2016）。目前，从这些抗原中筛选出可用于诊断和 DIVA 鉴别诊断的抗原，能同时满足 TST 和 IGRAs 要求的主要候选蛋白是 ESAT-6/CFP10/Rv3615c +/- Rv3020c（Sidders 等，2008；Whelan 等，2010a；Vordermeier 等，2011；Jones 等，2012）。抗原剂型可包括重组蛋白或重叠肽段，这种方法的一个潜在问题是抗原生产成本相对较高，特别是作为皮肤试验抗原需要约 30mg/剂；但是，采用规模化生产方式会大大降低成本，可与当前结核菌素相媲美。Chen 等（2014）和 Parlane 等（2015）最近开发了一种低成本、高产量的方法来生产表面包裹 ESAT-6/CFP10/Rv3615c +/- Rv3020c 蛋白的聚酯珠，这种球形设计，在理论上将增强抗原递呈细胞对抗原的摄取和递呈，这些抗原可用于 TST、IGRA 或其他基于细胞免疫方法的检测。这种高产量的抗原包裹珠生产方法，对大批量投入的市场特别有利。使用 ESAT-6/CFP10 Rv3615c+/-Rv3020c 重组蛋白、多肽鸡尾酒或抗原包裹聚酯珠的初步试验结果喜人，正在一些国家（如新西兰、英国和美国）持续开展研究，以更好地确定该方法在 IGRA 和 TST 试验中的准确性和实用性。

12.5 发现更多新型特异性诊断抗原的抗原发掘策略

12.5.1 锁定诊断抗原

结核病诊断试剂研发的一项主要任务是鉴定（发掘）结核阳性动物（主要但不限于牛分枝杆菌感染）强烈而特异的 T 细胞识别抗原，而不是环境分枝杆菌、禽分枝杆菌副结核亚种或卡介苗（如果考虑接种疫苗）所致敏动物的 T 细胞识别抗原。已经应用一些方法发现了 12.4 中介绍的抗原（如 ESAT-6、CFP-10、Rv3615c、Rv3020c 等），本节将讨论这些方法。

12.5.2 以抗原挖掘为导向的假设方法

对相关分枝杆菌种类，包括牛分枝杆菌（Garnier 等，2003）、结核分枝杆菌（Cole 等，1998）、牛分枝杆菌 BCG（Brosch 等，2007）、禽分枝杆菌及禽分枝杆菌副结核亚种（Li 等，2005）基因组的阐明和基因芯片技术的出现导致抗原发掘策略发生变革。以下各段总结了其中应用最广泛的方法。

12.5.2.1 比较基因组分析

比较基因组分析已用于鉴别 BCG 中缺失而牛分枝杆菌基因组中存在的基因（既包括缺失的单独基因，也包括缺失的基因区域，即 *RD* 区域），或包含导致在移框后截断或氨基酸序列发生变化的基因突变（Pollock 和 Andersen，1997a、1997b；Ravn 等，1999；van Pinxteren 等，2000；Vordermeier 等，2001）。

因此像 ESAT-6 和 CFP-10 这样的抗原可以帮助人们区分牛分枝杆菌感染牛和卡介苗免疫牛（Buddle 等，1999；Vordermeier 等，1999、2001）。人们对 BCG 基因组中缺失的 *RD1* 区域和其他区域（*RD2* 和 *RD14*）编码的其他基因产物进行了 DIVA 潜力评估（Garnier 等，2003；Brosch 等 2007；Cockle 等，2002、2006），但没有一种基因可以作为 ESAT-6 和 CFP-10 的补充，以提高检测的总体敏感性。因此，需要其他比较基因组分析方法来识别潜在的 DIVA 抗原，作为 ESAT-6/CFP-10 的补充，提高检测的整体敏感性。

12.5.2.2 比较转录组学分析

比较转录组学分析已经用来探索基因表达水平和抗原性之间的关系。在多种不同培养条件下（称为丰富不变量），结核分枝杆菌和牛分枝杆菌基因产物始终保持高表达（Sidders 等，2007）。通过这些研究确定了一种抗原——Rv3615c，在感染动物中可检测到，但在卡介苗免疫动物中未检测到（Sidders 等，2008）。此外，在未检测到 ESAT-6/CFP-10 的部分牛中，也可检测到 Rv3615c 应答（即 Rv3615c 可作为 ESAT-6/CFP-10 的补充抗原，以提高检测的总体敏感性；Sidders 等，2008）。

12.5.2.3 细菌细胞生物学

在结核病研究中，长期以来人们一直认为分枝杆菌分泌抗原蛋白能诱导宿主体内产生强烈的细胞免疫反应。为了识别潜在的 DIVA 抗原，在感染和卡介苗免疫接种牛中，对 119 种假定分泌蛋白（Jones 等，2010b、2010c）进行了筛选，这些研究证实了 ESAT-6 蛋白家族成员的免疫优势（Jones 等，2010b）。ESAT-6 家族成员 Rv3020c，其与 Esx-3 分泌

位点相关，在牛结核病检测试验中表现出 DIVA 潜力（Jones 等，2010c）。然而，随后在更大规模的感染动物试验中，经评估该蛋白未能作为 ESAT-6/CFP-10 和 Rv3615c 的补充抗原（Jones 和 Vordermeier，未发表数据）。

12.5.3 非偏倚全基因组方法

在过去 15 年里，我们评估了 626 种牛分枝杆菌和结核分枝杆菌衍生蛋白的免疫原性，有重组蛋白，但更多是重叠的合成肽段组合。得到这些数据结果的高通量检测方法是本章前面几节所介绍的基于血液的 IGRA。这种分析使我们能够基于特定抗原识别频率（应答者频率）来确定其在感染牛中的抗原性。如图 12.1 所示，可通过这种方式建立一个从无识别（0）到约 90% 识别的应答层次结构。当根据蛋白功能或特定蛋白家族成员对结果进行分层时，我们可以确认 ESAT-6 家族成员、假定分泌蛋白和 PE/PPE 家族成员为优势抗原（Vordermeier 和 Jones，未发表数据）。

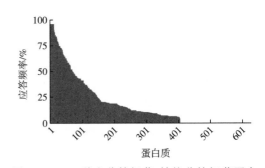

图 12.1 626 种牛分枝杆菌/结核分枝杆菌蛋白质对 T 细胞反应的层次结构［结果显示为应答频率（试验动物对目标蛋白的应答比例）。利用感染牛分枝杆菌的牛全血培养建立应答以测量抗原特异性 IFN-γ 应答］

这些方法虽然有助于理解宿主对结核病原的应答层次（图 12.1），然而这种早期的经验性方法并不是无偏倚的，因为它们依赖于一种潜在性假设，即一些因素导致了蛋白质的免疫原性，如分泌性、高表达或成为一种 PE 或 PPE 蛋白。因此，到目前为止还不能完全断定蛋白质的特殊功能与其免疫原性有关。因此，无偏倚、蛋白质组广泛的免疫原性定位，确定牛分枝杆菌感染诱导宿主 T 细胞的免疫原性组，将非常有利于提供一个合理探索特异性免疫原性蛋白的平台。

一种无偏倚的方法，是根据结核分枝杆菌文库方法（Gateway library）制备蛋白质，用感染或健康牛的血液，进行 IGRA 试验，筛选这些蛋白质（Jones 等，2013）。然而，在这种方法中，蛋白质的质量（如纯度）的优先级要低于蛋白质的数量。尽管这项研究发现了潜在的新型亚单位疫苗候选蛋白（Jones 等，2013），但也暴露了这种方法的一些局限性，即，由于蛋白质纯度低，必须提高临界点，以减少试验的假阳性，导致试验的敏感性降低，从而极有可能错过潜在的抗原。该系统也无法在合理的时间周期内制备一个覆盖整个蛋白质组的蛋白质文库，蛋白量不能满足 T 细胞筛选的需要。

最近，在人结核病上采用了另一种替代方法，即利用强大计算方法预测与人类人白细胞抗原（Human leukocyte antigen，HLA）分子结合的广泛蛋白质多肽，结合高通量多肽合成和基于 ELISPOT 的 T 细胞分析（Lindestam Arlehamn 等，2013），建立了一种结核分枝杆菌的 CD4 T 细胞识别免疫印迹，从而证明 CXCR3[+]/CCR6[+]记忆 T 细胞高度集中于 3 个主要免疫优势抗原岛的识别上，绘制了可定位于与 ESAT-6 家族成员相关联的 ESX 分泌系统（Lindestam 等，2013）。

对牛实施类似的策略，取决于是否有类似的、强大的预测牛 MHC Ⅱ类（BoLA）结合算法，到目前为止，与人类或小鼠系统相比，这些算法还不能覆盖牛 MHC 的差异区域。已经有研究人员使用了一种方法预测人 HLA 结合蛋白（ProPred）（Vordermeier 等，2003）或基于 BoLA DRB3 的结构方法（Jones 等，2011）以预测牛已知杂乱多肽（如在多重 BoLA class Ⅱ等位基因背景下的已知多肽）获得初步成功。然而，这两种方法的准确性，特别是在检测识别未知肽的特异性方面存在缺陷，需要比实际需求量更大的肽段集合，以覆盖整个蛋白质组（Jones 等，2011）。然而，人们正在开发改进预测方法，有望在不久的将来利用全基因组谱研究来确定牛的牛分枝杆菌 T 细胞抗原。

12.5.4 预测特异性

预测蛋白抗原性或免疫原性是一项有难度的工作，预测牛分枝杆菌特异性抗原同样如此。基因组内缺失的一种特定蛋白质（如与牛分枝杆菌相比，BCG 基因组缺失的基因区域编码抗原）并不能完全说明其特异性，因为交叉反应区域可能隐藏于一个和其他病原体共享的抗原短肽中（小于 10~20 个氨基酸残基，小于的残基个数在此范围中，余同）（Cockle 等，2002）。"特异性"和"交叉反应性"之间的实际氨基酸差异可能是微小且不可预测的，如高度同源的 PE 或 PPE 蛋白

（Vordermeier 等，2012）。然而，通常位于肽段抗原决定簇内的相同或同源氨基酸越少，其具有特异性的几率就越高（Vordermeier 等，2012）。这不仅凸显了从其他交叉反应性蛋白中识别个体特异性多肽的可能性（Jones 等，2010），也强调了继续进行交叉反应性和特异性的"传统"免疫学实验研究的必要性。

12.6 生物标记：有前景的候选和替代方法

12.6.1 IFN-γ 之外基于 CMI 检测的生物标志物

除 IFN-γ 以外，还有许多正在被评估用于人结核分枝杆菌感染的免疫诊断生物标志物（Chegou 等，2014）。如免疫发病机制章节（12.3）所述，一些细胞因子和趋化因子经鉴定可作为牛分枝杆菌感染的生物标志物和牛接种疫苗后的保护性标志物。其中，与 Th-17 相关的细胞因子成为关注焦点，因为多项研究表明，来自该 T 细胞亚群的细胞因子在疫苗保护反应中，与牛分枝杆菌感染后病变的反应严重程度相关（Vordermeier 等，2009；Blanco 等，2011、2013；Aranday-Cortes 等，2012；Bhuju 等，2012；Rizzi 等，2012；Shu 等，2014；Waters 等，2015a）。实际上，通过 RNA 测序后进行实时荧光定量 PCR（RT-qPCR）后证实，Th17 相关细胞因子基因（如 IL-17A，IL-17F，IL-22，IL-19 和 IL-27），在 BCG 疫苗接种和致病牛分枝杆菌感染后，表现出与 IFN-γ 类似的动力学和表达变化（Waters 等，2015a）。应用 ELISA 方法测定蛋白，IL-17A 和 IFN-γ 反应高度相关，表现了相似的诊断潜力。同样，牛分枝杆菌攻毒 2.5 周后实施 BCG 免疫，IL-17A 应答的降低（基于剖检，显示有显著的保护作用），与病菌载量降低相关。因此，测量 Th17 相关的细胞因子，也可以作为评价感染程度的生物标志物和牛结核病免疫应答保护水平的标志物。

尽管还在原理性研究中，其他一些测量 CMI 反应的生物标志物（如 IL-2、IP-10、IL-1β、TNF-α 和一氧化氮）也被评估应用于牛结核病诊断中（Waters 等，2003、2012；Jones 等，2010a；Rhodes 等，2014）。Rhodes 等（2014）已经证明，牛感染了牛分枝杆菌强毒株后，全血中可以检测到针对 ESAT-6/CFP10 或 PPD 的 IL-2 反应，但接种卡介苗的牛全血中未检测到上述反应；从而起到区分诊断感染动物与未感染或卡介苗免疫动物的作用（Rhodes 等，2014）。在一项诊断人类结核分枝杆菌潜伏感染的系统综合分析中，确定可通过检测 IL-2，尤其是与 IGRAs 联合应用，实现更精准诊断的目的（Mamishi 等，2014）。分枝杆菌感染牛后，应用分枝杆菌抗原刺激，可溶性 IL-2 受体 α 从 PBMC 培养上清液中释放，表明其具有成为感染性生物标志物的潜能（Nuallain 等，1997）。

还有人用 IP-10（IFN-γ 诱导的蛋白 10 或 CXCL10）作为人类结核分枝杆菌感染的诊断生物标志物（通过血清、尿液或抗原刺激培养进行检测），显示出良好的应用前景（Chegou 等，2014；Tonby 等，2015）。同样，在牛（Waters 等，2012）和非洲水牛中，IP-10 也显示出作为牛分枝杆菌感染诊断生物标志物的潜质（Goosen 等，2015）。但是，IP-

10 作为诊断结核感染的特异性标志物的潜在问题在于，这种趋化因子常常因炎症或各种感染而大量表达，导致血清中 IP-10 水平升高。因此，尽管 IP-10 已显示出结核病诊断和结核分枝杆菌感染抗菌治疗效果监测的良好前景（Tonby 等，2015），但其水平可能在应对其他感染或炎症条件（Waters 等，2012）下升高，从而影响了 IP-10 作为特异性检测试剂的准确性。目前，针对多种牛细胞因子和趋化因子的抗体陆续开发，且多已实现商品化。因此，有必要进一步研究，以评估牛结核病相关新型免疫标志物的临床效果和诊断潜能。

检测 CMI 反应的多种参数，在牛结核病和人结核病诊断领域都已显示出应用潜质（Jones 等，2010a；Tebruegge 等，2015）。Tebruegge 等（2015）利用多种标志物检测证明，联合使用 TNF-α/IL-1Ra 和 TNF-α/IL-10 可以正确区分 95.5% 潜伏感染和 100% 活动性儿童结核病病例。虽然评估了许多细胞因子，并且大多数细胞因子处理组之间，存在相当程度的重叠，但在该研究中，IP-10、TNF-α 和 IL-2 在区分结核病感染和健康人员方面表现出较高的准确性（Tebruegge 等，2015）。对于牛结核病，Jones 等（2010a）证明，与单独检测 IFN-γ 相比，联合检测 IL-1β、TNF-α 和 IFN-γ，试验对 ESAT-6/CFP10 刺激物的敏感性提高 11%；然而，特异性相应下降了 14%（Jones 等，2010a）。因此，在检测中评价多种参数时，必须综合考虑敏感性与特异性。有趣的是，在 Jones 等（2010a）的研究中，仅同时检测 IFN-γ 和 IL-1β 时，试验的敏感性提高 5%，而没有降低其特异性。诊断中，检测多种标志物可能更有利于"检测-扑杀"策略

的实施，该策略中，识别发现所有受感染动物比试验特异性更重要，因为检测了多个参数，相比单个参数的检测，可提高检出率。但是，在控制计划中，必须综合考虑平衡检测多参数的总体成本与收益。多参数检测存在的潜在不利因素包括，其他病原体，如寄生虫（Flynn 等，2009）、动物年龄，即幼龄动物体内 NK 细胞产生的非特异性细胞因子（Olsen 等，2005）和疫病阶段，相对于单参数检测，使用多参数检测可能会放大这些变数。

12.6.2 全血化验和"管内"策略

全血 IFN-γ 体外释放试验在牛结核病诊断中已超过 25 年，如 Bovigam 产品（Rothel 等，1990），在人结核病诊断领域也使用了近 20 年，如 Quantiferon（Streeton 等，1998）。初期人的 Quantiferon 试验存在制约，需要将血液样本运送到实验室，以便将血液转移到容器中（即试管、微量滴定板等）进行抗原刺激。因此，需要在基层满足相关实验条件，确保及时处理样品。第三代 Quantiferon 试验，通过"管内"抗原直接刺激的方法，部分程度上解决了这一限制（Mahomed 等，2006）。类似对于牛样本的处理方法正在开发中，但目前尚未成功。基于 CMI 的检测，需要白细胞存活且功能完整，因此，在复杂环境条件和地域广阔的国家或地区，需要改进方法以确保样本质量。在许多国家，样品运输相关条件差别较大（例如飞机货舱内过热或过冷、集装箱颠簸和抗原刺激时间过长）影响 Bovigam 试验的可靠性。"管内"方法，包括使用便携式现场培养箱，可弥补这一缺陷。例如，刺激阶段可以在

现场进行，然后将样品送到附近实验室，在经过必要的培养时间后收集血浆（刺激上清）。这些刺激上清样本可以送至地区实验室或在附近实验室进行伽马干扰素或其他生物标志物检测。一旦克服了物流和技术上的障碍，"管内"即时抗原刺激方法更适用于那些不如IGRAs 敏感和/或利用多种参数检测的反应。

尽管全血检测极大地提高了诊断实验室基于 CMI 检测的便利性和技术兼容性，但检测样本中的生物标志物仍然需要在实验室条件下进行，如 ELISA 或 ELISPOT。临床上现场检测技术的发展，推动其在动物/病人床旁和偏远地区应用。实际上，人们正在开发抗原刺激后全血样本中 IP-10 和 CCL4 等用户友好型检测方法（包括试剂运输/存储和便携、易用的检测仪器），适用于偏远和资源条件有限的环境（Corstjens 等，2016）。此外，从滤纸上干燥血斑中检测生物标志物是另一种适用于现场的检测技术（Chegou 等，2014 年综述），Skogstrand 等（2012 年）的研究基于多功能液相芯片分析系统证实了这一想法。一旦确认了结核感染宿主的生物标志物特征，就可以在人和牛中使用类似的方法。

12.6.3 流式细胞分析和基因表达分析等其他方法

一些基于检测 CMI 应答的新型诊断方法也在开发中。例如基于流式细胞分析的检测方法，用于人结核病诊断（Rovina 等，2013）。具体来说，流式细胞分析可以用来确定细胞因子的产生、反应细胞的表型/活化标志状态、多功能性和免疫抑制标志，所有这些

均可用于临床和诊断。El-Naggar 等（2015），最近在牛身上证明了流式细胞分析检测自然感染牛受到牛分枝杆菌 PPD 和 ESAT-6/CFP-10 刺激后特异性细胞产生的 IFN-γ 水平。在该试验中，全血刺激还包括使用牛 CD28 和 CD49d 特异性单克隆抗体作为共刺激分子，以提高淋巴细胞对特异性抗原的反应能力。应用共刺激分子检测细胞内 IFN-γ，将刺激时间从18h 缩短至 6h。这种方法的缺点是需要掌握流式细胞分析试验及相关专业知识，且必须立即将样本送到实验室以确保细胞活力。

采用"管内"方法，收集管中应同时含有抗原和共刺激分子，可提高检测的便利性；然而，样本仍需要在 2h 内送到实验室，以便开始细胞内细胞因子的染色试验。在医院，流式细胞分析越来越广泛地应用在感染、肿瘤、血液学和免疫缺陷疾病的临床上；因此，这种方法有待进一步改进。

在诊断中，评价 CMI 应答的另一个策略是检测细胞因子和趋化因子的表达（即通常使用 RT-qPCR 检测 mRNA 水平）。Kasprowicz 等（2011）评估人类对艾滋病毒、巨细胞病毒和结核病感染的应答，检测了全血样本中 IFN-γ（MIG）和 IP-10 对 ESAT-6/CFP10 刺激后的反应水平，证明了这种方法的诊断潜力。结核病诊断方面，mRNA 反应与体内 ELISPOT 蛋白反应相关，更重要的是，该检测仅需少量全血样本即可进行。通过对牛全基因表达的研究，已经确定了许多候选生物标志物，特别是指示卡介苗免疫后的保护性和非保护性反应方面的标志物（Bhuju 等，2012）。其中，相对于免疫但未产生保护力的组，免疫且产生保护力的组中编码 IL-22、IFN-γ、金

属硫锌蛋白 MT-3、IL-13 和 CCL3 的基因，在 PPD 刺激后显著上调表达。对 RNA-seq 数据的功能分析表明，表达水平变化最显著的网络是细胞因子-细胞因子受体相互作用通路。这些研究以及实验室其他未发表结果，提出了大量的候选标志物，可通过后续 RT-qPCR 和蛋白质分析，如 Th17 相关基因（Waters 等，2015a）进行进一步验证。

对未刺激血细胞基因表达的评估，也可用于鉴定候选生物标志物，以评价活动性和潜伏性结核病及其复发的风险（Jacobsen 等，2007；Maertzdorf 等，2011；Mihret 等，2014）。通过这种方法，利用人类血液白细胞的转录特征，也可将结核病与其他肺部疾病（如结节病、肺炎和肺癌）区分开来（Bloom 等，2013）。最近，Jenum 等（2016）发现了一个由 BPI、CD3E、CD14、FPR1、IL4、TGFBR2、TIMP2 和 TNFRSF1B 组成的宿主生物标志物标识，该标识可将活动性结核病儿童与无症状的兄弟姐妹区分开来。由 FCGR1A、FPR1、MMP9、RAB24、TNFRSF1A 和 TIMP2 组成的标识倾向于指示活动性结核病，而 BLR1、CD8A、IL7R 和 TGFBR2 标识与该人群中 TB 相关疫病的可能性降低有关，从而为儿童结核病的临床管理提供有用信息。这种方法的独特之处在于它不需要抗原刺激阶段，可以直接从血液白细胞中检测免疫标识。利用全基因表达研究，Zak 等（2016）最近发现了一个预测活动性结核病病程发展的基因标识，该标识预测疫病发展的敏感性和特异性分别为 66.1% 和 80.6%。除了 mRNA，在感染患者血液中表达的小 RNA（miRNA）也可用于改进诊断方法，以区分活动性和潜伏性结核病，

以及把艾滋病病毒合并感染与其他肺病区分开来（Miotto 等，2013）。Golby 等（2014）利用牛 microRNA 基因芯片证明，miR-155 是一种牛分枝杆菌感染的潜在生物标志物，也是一种预后标志物（关于保护性卡介苗接种），可用于鉴别具有晚期病理特征的动物。

在应用传统转录组学研究发现生物标志物的同时，也正在开发其他方法，如蛋白质组和表观基因组评估方法，以确定人结核病临床分期的相关标志物（Esterhuyse 等，2015）。在一项大型研究中，Achkar 等（2015）评估了 HIV⁺ 和 HIV⁻ 结核病患者（活动性和潜伏性）和其他呼吸系统疾病患者的血清蛋白标志物，确定可溶性 CD14 和 SEPP1 同时存在于 HIV⁺ 和 HIV⁻ 结核病患者血清中。该研究发现另一些有前景的结核病感染候选生物标志物，包括：GP1BA（肺部炎症）、SELL 和 LUM（白细胞归巢），TNXB、COMP、PEPD 和 QSOX1（形态发生和细胞外基质重建），以及 APOC1（脂质转运和调节）。Seth 等（2009）和 Lamont 等（2014）在牛血清中发现了多种与牛分枝杆菌感染相关的宿主蛋白；其中，维生素 D 结合蛋白具有最大的诊断潜力。Lau 等（2015）利用代谢组学分析发现，与社区获得性肺炎患者和未感染对照组人群相比，人结核病患者血浆中增加了 4 种代谢物。因此，新兴技术将有利于发现与牛结核病诊断相关的新型生物标志物。

12.7　基于抗体的检测

由于样品采集、储存和分析简单方便，基于抗体的检测方法很受欢迎。目前为止，基于

抗体的检测方法，因敏感性较差，在牛结核病诊断上的发展和广泛应用受到限制（Pollock等，2001）。最近出现了几种检测血清中针对牛分枝杆菌抗原（如MPB83、MPB70、ESAT-6和CFP10）的抗体检测方法，用于牛的现场验证研究（Lyashchenko等，2000；Whelan等，2008a、2010b；Green等，2009；Waters等，2011）。事实上，世界动物卫生组织和美国农业部批准了MPB83/MPB70的商品化ELISA试剂盒（*M. bovis* Ab试验，IDEXX实验室，韦斯特布鲁克，缅因州；Waters等，2011）用于牛结核病控制项目。然而，目前这项试验的应用范围仅限于辅助诊断，例如确认牛分枝杆菌感染和对TST无应答的牛进行检测。商业免疫层析试验（双通道平台VetTB分析，Chembio诊断系统，梅德福，纽约；Lyashchenko等，2013）也在少数国家批准用于鹿和大象的结核病诊断，并可用于其他多种动物和家畜物种的结核病备选诊断。牛结核病的血清学检测中，皮肤试验注射PPDs可显著提高牛分枝杆菌感染的牛针对特异性抗原的抗体反应，包括在皮肤试验前抗体检测呈阴性的牛（Lightbody等，1997、2000；Waters等，2006b、2011；Casal等，2014）。PPD增强的抗体反应针对的是特定抗原（如MPB83和MPB70），并伴随MPB83/70抗体活性增加（Waters等，2015b）。因此，一般建议在皮肤试验后进行牛结核病血清学试验。Casal等（2014）最近的研究表明，与单纯皮肤试验相比，皮肤试验后应用血清学试验，并与TST联合，可增加TB感染牛群中结核病阳性动物的检出数量。目前，基于抗体的试剂开发，其理想状态是能够发现感染后早期表达的抗原，最好是不需要注射PPD进行皮肤试验，即可达到检测水平的抗原。

还应该注意的是牛分枝杆菌感染后，牛B细胞抗原组全蛋白组定义仍有待阐明，未来研究目标，应达到类似于人类或非人类灵长类动物感染结核分枝杆菌后，应用蛋白芯片分析的程度（Kunnath-Velayudhan等，2010、2012）。此外，抗原如MPB70和MPB83等在血清学检测中的明显优势，可能是由于使用皮肤试验阳性反应的血清进行抗原筛选时产生的一种偏倚，其抗体反应可通过先前的结核菌素试验得到了增强（如前一段所述）。由于MPB83是可以通过SDS-PAGE和免疫印迹法（Whelan和Vordermeier，未发表的数据）在牛PPD反应中检测到的主要完整蛋白，所以，可想而知，这种蛋白质以及其同源物MPB70反应在牛结核病中占主导地位。最近使用皮肤试验检测结果阴性、结核病确诊为阳性的牛血清（但IGRA阳性）也证实情况确实如此。虽然与MPB83发生反应的频率仍然非常高，但与皮肤试验阳性牛的血清相比，它们的反应频率要小一些。相反，在皮肤试验阳性牛身上，更常观察到检测识别出另外一些显性抗原（Waters等，2017）。因此，我们假设，利用皮肤试验结核阴性病动物的血清，通过蛋白组抗原筛选血清中的显性抗原，可以得到额外的血清诊断相关靶点，从而提高血清学检测结核病牛的敏感性。

12.8 宿主血清、尿液、唾液和其他体液中的标志物

过去对血清中出现的生物标志物的评价

大多局限于对传统炎症标志物的评价，如 C
反应蛋白、甘露糖结合凝集素、α-1-酸性糖
蛋白、血清腺苷脱氨酶、补体成分、纤连蛋
白、红细胞沉降率、多聚赖氨酸酶活性、多种
细胞因子和其他常见的血液学参数（Walzl
等，2011 综述；Thakur 等，2012；Wallis 等，
2013）。Phalane 等（2013）对南非开普敦结
核病患者唾液和血清中 33 种宿主免疫标志物
进行了评估。与未感染者相比，结核病患者唾
液中趋化因子、IL-17、IL-6、IL-9、MIP-
1β、CRP、VEGF 和 IL-5 水平以及血清中 IL-
6、IL-2、SAP 和 SAA 水平显著升高。值得注
意的是，唾液和血清中出现的生物标志物存
在很大差异。

12.9 结论

过去 20 年，在发现和开发牛结核病潜在
诊断抗原和免疫生物标志物方面取得了许多
进展。尽管如此，在商品化试剂中，除了少数
抗原（如 ESAT-6、CFP10、Rv3615c、MPB83
和 MPB70），甚至没有其他生物标志物得到哪
怕是有限的应用。因此，未来 10 年的一个关
键需求是，从自然感染的牛身上提取大量样
本，在此实践性平台上，通过对新型免疫生物
标志物/抗原进行评价评估，直接与现有官方
检测方法（特别是传统的 TST 和 IGRAs）进
行比较，从而进一步研发免疫检测试剂。下一
步可能需要支持研究机构、生物制品公司、家
畜利益相关者、决策者和国家/区域兽医现场
工作人员等共同进行合作和投资。

参考文献

Achkar, J. M., Cortes, L., Croteau, P., Yanof-
sky, C., Mentinova, M., et al.(2015) Host protein bi-
omarkers identify active tuberculosis in HIV uninfected
and co-infected individuals. EBioMedicine 2（9），
1160-1168.

Andersen, P., Munk, M. E., Pollock, J. M. and
Doherty, T. M.(2000) Specific immune-based diagno-
sis of tuberculosis.Lancet 356(9235), 1099-1104.

APHIS(2009) Analysis of Bovine Tuberculosis
Surveillance in Accredited Free States.Available at: ht-
tps:// www. aphis. usda. gov/vs/nahss/cattle/tb_2009_
evaluation_of_tb_in_accredited_free_states_jan_09. pdf
（accessed 1 February 2016）.

Aranday-Cortes, E., Hogarth, P.J., Kaveh, D.
A., Whelan, A. O., Villarreal-Ramos, B., et al.
（2012）Transcriptional profiling of disease-induced
host responses in bovine tuberculosis and the identifica-
tion of potential diagnostic biomarkers.PLoS One 7(2),
e30626.

Bakker, D., Eger, A., McNair, J.,Riepema, K.,
Willemsen, P.T., et al.(2005) Comparison of commer-
cially available PPDs: practical considerations for diag-
nosis and control of bovine tuberculosis.Proceedings of
the 4th International Conference on Mycobacterium bo-
vis.Dublin, August 22 to 26, 2005.

Bezos, J., Casal, C., Romero, B., Schroeder,
B., Hardegger, R., et al.(2014) Current ante-mortem
techniques for diagnosis of bovine tuberculosis.Research
in Veterinary Science 97(Suppl), S44-52.

Bhuju, S., Aranday-Cortes, E., Villarreal-
Ramos, B., Xing, Z., Singh, M., et al.(2012) Global
gene Transcriptome analysis in vaccinated cattle re-
vealed a dominant role of IL-22 for protection against
bovine tuberculosis.PLoS Pathogens 8(12), e1003077.

Blanco, F.C., Bianco, M.V., Meikle, V., Gar-
baccio, S., Vagnoni, L., et al.(2011) Increased IL-

17 expression is associated with pathology in a bovine model of tuberculosis.Tuberculosis(Edinburgh) 91(1), 57–63.

Blanco, F. C., Bianco, M. V., Garbaccio, S., Meikle, V., Gravisaco, M.J., et al.(2013) *Mycobacterium bovis* mce2 double deletion mutant protects cattle against challenge with virulent *M. bovis*. Tuberculosis (Edinburgh) 93(3), 363–372.

Bloom, C.I., Graham, C.M., Berry, M.P., Rozakeas, F., Redford, P.S., et al.(2013) Transcriptional blood signatures distinguish pulmonary tuberculosis, pulmonary sarcoidosis, pneumonias and lung cancers. PLoS One 8(8), e70630.

Blunt, L., Hogarth, P.J., Kaveh, D.A., Webb, P., Villarreal–Ramos, B., et al. (2015) Phenotypic characterization of bovine memory cells responding to mycobacteria in IFNg enzyme linked immunospot assays.Vaccine 33(51), 7276–7282.

Brosch, R., Gordon, S. V., Garnier, T., Eiglmeier, K., Frigui, W., et al.(2007) Genome plasticity of BCG and impact on vaccine efficacy.Proceedings of the National Academy of Sciences USA 104 (13), 5596–5601.

Buddle, B.M.,Parlane, N.A., Keen, D.L., Aldwell, F.E., Pollock, J.M., et al.(1999) Differentiation between *Mycobacterium bovis* BCG–vaccinated and *M. bovis*–infected cattle by using recombinant mycobacterial antigens.Clinical and Diagnostic Laboratory Immunology 6(1), 1–5.

Buddle, B.M., de Lisle, G.W., Waters, W.R. and Vordermeier, H.M.(2015) Diagnosis of *Mycobacterium bovis* infection in cattle. In: Mukundan, H., Chambers, M.A., Waters, W.R. and Larsen, M.H. (eds) Tuberculosis, Leprosy, and Mycobacterial Diseases of Man and Animals: The Many Hosts of Myco-bacteria.CAB International, Wallingford, UK, pp.168–184.

Casal, C., Bezos, J., Díez–Guerrier, A., Álvarez, J., Romero, B., et al.(2012) Evaluation of two cocktails containing ESAT–6, CFP–10 and Rv–3615c in the intradermal test and the interferon–g assay for diagnosis of bovine tuberculosis.Preventive Veterinary Medicine 105, 149–154.

Casal, C., Díez–Guerrier, A., Álvarez, J., Rodriguez–Campos, S., Mateos, A., et al.(2014) Strategic use of serology for the diagnosis of bovine tuberculosis after intradermal skin testing.Veterinary Microbiology 170, 342–351.

Chegou, N. N., Heyckendorf, J., Walzl, G., Lange, C.and Ruhwald, M.(2014) Beyond the IFN–γ horizon: biomarkers for immunodiagnosis of infection with *Mycobacterium tuberculosis*. European Respiratory Journal 43(5), 1472–1486.

Chen, S.,Parlane, N.A., Lee, J., Wedlock, D. N., Buddle, B.M., et al.(2014) New skin test for detection of bovine tuberculosis based on antigen–displaying polymer inclusions produced by recombinant Escherichia coli. Applied and Environmental Microbiology 80, 2526–2535.

Chiacchio, T., Petruccioli, E., Vanini, V., Cuzzi, G., Pinnetti, C., et al. (2014) Polyfunctional T–cells and effector memory phenotype are associated with active TB in HIV–infected patients.Journal of Infection 69(6), 533–545.

Chioino, C.(2003) Evaluation of U.S.System for Control and Eradication of Tuberculosis in Cattle.USDA APHIS VS Policy and Planning Division, Riverdale, Maryland.

Clifford, V.,Tebruegge, M., Zufferey, C., Germano, S., Denholm, J., et al.(2015) Serum IP–10 in the diagnosis of latent and active tuberculosis.Journal of Infection 71(6), 696-698.

Cockle, P.J., Gordon, S.V., Lalvani, A., Buddle, B.M., Hewinson, R.G., et al.(2002) Identification of novel *Mycobacterium tuberculosis* antigens with potential as diagnostic reagents or subunit vaccine candidates by comparative genomics.Infection and Immunity 70(12), 6996-7003.

Cockle, P.J., Gordon, S.V., Hewinson, R.G.and Vordermeier, H.M.(2006) Field evaluation of a novel differential diagnostic reagent for detection of *Mycobacterium bovis* in cattle.Clinical and Vaccine Immunology (10), 1119-1124.

Cole, S.T., Brosch, R., Parkhill, J., Garnier, T., Churcher, C., et al.(1998) Deciphering the biology of *Mycobacterium tuberculosis* from the complete genome sequence.Nature 393(6685), 537-544.

Cooper, A.M. and Torrado, E.(2012) Protection versus pathology in tuberculosis: recent insights.Current Opinions in Immunology 24(4), 431-437.

Cooper, A. M., Solache, A. and Khader, S. A.(2007) Interleukin-12 and tuberculosis: an old story revisited.Current Opinions in Immunology 19(4), 441-447.

Corner, L. A., Melville, L., McCubbin, K., Small,K.J., McCormick, B.S., et al.(1990) Efficiency of inspection procedures for the detection of tuberculous lesions in cattle.Australian Veterinary Journal 67(11), 389-392.

Corstjens, P.L., Tjon Kon Fat, E.M., de Dood, C.J., van der Ploeg-van Schip, J.J., Franken, K.L., et al.(2016) Multi-center evaluation of a user-friendly lateral flow assay to determine IP-10 and CCL4 levels in blood of TB and non-TB cases in Africa.Clinical Biochemistry 49(1), 22-31.

Cousins, D.V.and Roberts J.L.(2001) Australia's campaign to eradicate bovine tuberculosis: the battle for freedom and beyond.Tuberculosis(Edinburgh) 81(1-2), 5-15.

Day, C.L., Mkhwanazi, N., Reddy, S., Mncube, Z., van der Stok, M., et al.(2008) Detection of polyfunctional *Mycobacterium tuberculosis*-specific T cells and association with viral load in HIV-1-infected persons.Journal of Infectious Diseases 197(7), 990-999.

Dean, G.S., Clifford, D., Whelan, A.O., Tchilian, E.Z., Beverley, P.C., et al.(2015) Protection induced by simultaneous subcutaneous and Endobronchial vaccination with BCG/BCG and BCG/Adenovirus expressing Antigen 85A against *Mycobacterium bovis* in Cattle.PLoS One 10(11), e0142270.

de la Rua-Domenech, R., Goodchild, A.T., Vordermeier, H.M., Hewinson, R.G., Christiansen, K.H., et al.(2006) Ante mortem diagnosis of tuberculosis in cattle: a review of the tuberculin tests,g-amma-interferon assay and other ancillary diagnostic techniques.Research in Veterinary Science 81(2), 190-210.

Diedrich, C.R.and Flynn, J.L.(2011) HIV-1/ *Mycobacterium tuberculosis* coinfection immunology: how does HIV-1 exacerbate tuberculosis? Infection and Immunity 79(4), 1407-1417.

Dobbelaer, R., O'Reilly, L.M., Génicot, A.and Haagsma, J.(1983) The potency of bovine PPD tuberculins in guinea pigs and in tuberculous cattle.Journal of Biological Standardization 11(3), 213-220.

El-Naggar, M.M., Abdellrazeq, G.S., Sester, M., Khaliel, S.A., Singh, M., et al.(2015) Development of an improved ESAT-6 and CFP-10 peptide-based cytokine flow cytometric assay for bovine tuberculosis.Comparative Immunology, Microbiology and Infectious Diseases 42, 1-7.

Esterhuyse, M. M., Weiner, J. 3rd, Caron, E., Loxton, A.G., Iannaccone, M., et al. (2015) Epigenetics and proteomics join Transcriptomics in the quest for tuberculosis biomarkers.MBio 6(5), e01187-15.

Farnham, M.W., Norby, B., Goldsmith, T.J. and Wells, S.J. (2012) Meta-analysis of field studies on bovine tuberculosis skin tests in United States cattle herds.Preventive Veterinary Medicine 103(2-3), 234-242.

Flynn, R.J., Mulcahy, G., Welsh, M., Cassidy, J.P., Corbett, D., et al.(2009) Co-Infection of cattle with -Fasciola hepatica and Mycobacterium bovis-immunological consequences.Transboundary and Emerging Diseases 56(6-7), 269-274.

Garcia-Saenz, A., Napp, S., Lopez, S., Casal, J.and Allepuz, A. (2015) Estimation of the individual slaughterhouse surveillance sensitivity for bovine tuberculosis in Catalonia (North-Eastern Spain).Preventive Veterinary Medicine 121(3-4), 332-337.

Garnier, T.,Eiglmeier, K., Camus, J.C., Medina, N., Mansoor, H., et al.(2003) The complete genome sequence of Mycobacterium bovis.Proceedings of the National Academy of Sciences USA 100 (13), 7877-7882.

Golby, P., Villarreal-Ramos, B., Dean, G., Jones, G.J.and Vordermeier, M.(2014) MicroRNA expression profiling of PPD-B stimulated PBMC from M. bovis-challenged unvaccinated and BCG vaccinated cattle.Vaccine 32(44), 5839-5844.

Good, M.and Duignan, A.(2011) Perspectives on the history of bovine TB and the role of Tuberculin in bovine TB eradication.Veterinary Medicine International 2011, 410470.

Good, M., Clegg, T.A., Murphy, F.and More, S. J.(2011) The comparative performance of the single in-tradermal comparative tuberculin test in Irish cattle, using tuberculin PPD combinations from different manufacturers.Veterinary Microbiology 151(1-2), 77-84.

Goosen, W.J., Cooper, D., Miller, M.A., van Helden, P.D.and Parsons, S.D.(2015) IP-10 Is a sensitive biomarker of antigen recognition in whole-blood stimulation assays used for the diagnosis of Mycobacterium bovis infection in African Buffaloes(Syncerus caffer).Clinical and Vaccine Immunology 22(8), 974-978.

Green, L.R., Jones, C.C., Sherwood, A.L., Garkavi, I.V., Cangelosi, G.A., et al.(2009) Single-antigen serological testing for bovine tuberculosis.Clinical and Vaccine Immunology 16, 1309-1313.

Jacobsen, M., Repsilber, D., Gutschmidt, A., Neher, A., Feldmann, K., et al.(2007) Candidate biomarkers for discrimination between infection and disease caused by Mycobacterium tuberculosis. Journal of Molecular Medicine(Berlin) 85, 613-621.

Jenum, S., Dhanasekaran, S., Lodha, R., Mukherjee, A., Kumar Saini, D., et al. (2016) Approaching a diagnostic point-of-care test for pediatric tuberculosis through evaluation of immune biomarkers across the clinical disease spectrum.Scientific Reports 6, 18520.

Jones, G.J.,Pirson, C., Hewinson, R.G.and Vordermeier, H.M.(2010a) Simultaneous measurement of antigen-stimulated interleukin-1 beta and gamma interferon production enhances test sensitivity for the detection of Mycobacterium bovis infection in cattle. Clinical and Vaccine Immunology 17(12), 1946-1951.

Jones, G.J., Gordon, S.V., Hewinson, R.G.and Vordermeier, H.M.(2010b) Screening of predicted secreted antigens from Mycobacterium bovis reveals the immunodominance of the ESAT-6 protein family.Infection and Immunity 78(3), 1326-1332.

Jones, G.J., Hewinson, R.G. and Vordermeier, H. M. (2010c) Screening of predicted secreted antigens from *Mycobacterium bovis* identifies potential novel differential diagnostic reagents. Clinical and Vaccine Immunology 17(9), 1344-1348.

Jones, G.J., Bagaini, F., Hewinson, R.G. and Vordermeier, H.M.(2011) The use of binding-prediction models to identify *M.bovis*-specific antigenic peptides for screening assays in bovine tuberculosis. Veterinary Immunology and Immunopathology 141 (3-4), 239-245.

Jones, G.J., Whelan, A., Clifford, D., Coad, M. and Vordermeier, H.M.(2012) Improved skin test for differential diagnosis of bovine tuberculosis by the addition of Rv3020c-derived peptides.Clinical and Vaccine Immunology 19(4), 620-622.

Jones, G.J., Khatri, B.L., Garcia-Pelayo, M.C., Kaveh, D.A., Bachy, V.S., et al.(2013) Development of an unbiased antigen-mining approach to identify novel vaccine antigens and diagnostic reagents for bovine tuberculosis.Clinical and Vaccine Immunology 20(11), 1675-1682.

Kasprowicz, V.O., Mitchell, J.E., Chetty, S., Govender, P., Huang, K.H., et al.(2011) A molecular assay for sensitive detection of pathogen-specific T-cells.PLoS One 6(8), e20606.

Kunnath-Velayudhan, S., Salamon, H., Wang, H.Y., Davidow, A.L., Molina, D.M., et al.(2010) Dynamic anti-body responses to the *Mycobacterium tuberculosis* proteome.Proceedings of the National Academy of Sciences USA 107(33), 14703-14708.

Kunnath - Velayudhan, S., Davidow, A.L., Wang, H.Y., Molina, D.M., Huynh, V.T., et al. (2012) Proteome-scale antibody responses and outcome of *Mycobacterium tuberculosis* infection in nonhuman primates and in tuberculosis patients.Journal of Infectious Diseases 206(5), 697-705.

Lamont, E.A., Janagama, H.K., Ribeiro-Lima, J., Vulchanova, L., Seth, M., et al.(2014) Circulating *Mycobacterium bovis* peptides and host response proteins as biomarkers for unambiguous detection of subclinical infection. Journal of Clinical Microbiology 52 (2), 536-543.

Lau, S.K., Lee, K.C., Curreem, S.O., Chow, W. N., To, K.K., et al. (2015) Metabolomic profiling of plasma from patients with tuberculosis by use of untargeted mass spectrometry reveals novel biomarkers for diagnosis. Journal of Clinical Microbiology 53 (12), 3750-3759.

Li, L., Bannantine, J.P., Zhang, Q., Amonsin, A., May, B.J., et al.(2005) The complete genome sequence of *Mycobacterium avium* subspecies paratuberculosis.Proceedings of the National Academy of Sciences USA 102(35), 12344-12349.

Lightbody, K.A., Skuce, R.A., Neill, S.D. and Pollock, J.M. (1998) Mycobacterial antigen-specific antibody responses in bovine tuberculosis: an ELISA with potential to confirm disease status. Veterinary Record 142, 295-300.

Lightbody, K.A., McNair, J., Neill, S.D. and Pollock, J.M.(2000) IgG isotype antibody responses to epitopes of the *Mycobacterium bovis* protein MPB70 in immunised and in tuberculin skin test-reactor cattle. Veterinary Microbiology 75, 177-188.

Lindestam Arlehamn, C.S., Gerasimova, A., Mele, F., Henderson, R., Swann, J., et al. (2013) Memory T cells in latent *Mycobacterium tuberculosis* infection are directed against three antigenic islands and largely contained in a CXCR3[+]CCR6[+] Th1 subset.PLoS

Pathogens 9(1), e1003130.

Lyashchenko, K.P., Singh, M., Colangeli, R.and Gennaro, M.L.(2000) A multi-antigen print immunoassay for the development of serological diagnosis of infectious diseases. Journal of Immunological Methods 242, 91-100.

Lyashchenko, K.P., Greenwald, R., Esfandiari, J., O'Brien, D.J., Schmitt, S.M., et al.(2013) Rapid detection of serum antibody by dual-path platform VetTB assay in white-tailed deer infected with *Mycobacterium bovis*. Clinical and Vaccine Immunology 20, 907-911.

Maertzdorf, J., Repsilber, D., Parida, S. K., Stanley, K., Roberts, T., et al.(2011) Human gene expression profiles of susceptibility and resistance in tuberculosis.Genes and Immunity 12, 15-22.

Maggioli, M., Palmer, M., Whelan, A., Vordermeier, H.M.and Waters, W.R.(2015a) Polyfunctional cytokine responses by central memory CD4$^+$ T cells in response to bovine tuberculosis.Host Response to Tuberculosis and Granulomas in Infectious and Non-Infectious Disease, Proceedings of Keystone Symposia, Santa Fe, January 22-27, 2015.

Maggioli, M.F., Palmer, M.V., Thacker, T.C., Vordermeier, H.M.and Waters, W.R.(2015b) Characterization of effector and memory T cell subsets in the immune response to bovine tuberculosis in cattle.PLoS One 10(4), e0122571.

Mahomed, H., Hughes, E. J., Hawkridge, T., Minnies, D., Simon, E., et al.(2006) Comparison of mantoux skin test with three generations of a whole blood IFN-γamma assay for tuberculosis infection.International Journal of Tuberculosis and Lung Disease 10 (3), 310-316.

Mamishi, S., Pourakbari, B., Teymuri, M.,

Rubbo, P.A., Tuaillon, E., et al.(2014) Diagnostic accuracy of IL-2 for the diagnosis of latent tuberculosis: a systematic review and meta-analysis. European Journal of Clinical Microbiology and Infectious Diseases 33(12), 2111-2119.

Maue, A.C., Waters, W.R., Davis, W.C., Palmer, M.V., Minion, F.C., et al.(2005) Analysis of immune responses directed toward a recombinant early secretory antigenic target six-kilodalton protein-culture filtrate protein 10 fusion protein in *Mycobacterium bovis*-infected cattle. Infection and Immunity 73 (10), 6659-6667.

McGill, J. L., Sacco, R. E., Baldwin, C. L., Telfer, J.C., Palmer, M.V.and Waters, W.R.(2014) Specific recognition of mycobacterial protein and peptide antigens by gδ T cell subsets following infection with virulent *Mycobacterium bovis*.Journal of Immunology 192 (6), 2756-2769.

Mihret, A., Loxton, A. G., Bekele, Y., Kaufmann, S.H., Kidd, M., et al.(2014) Combination of gene expression patterns in whole blood discriminate between tuberculosis infection states.BMC Infectious Diseases 14, 257.

Miotto, P., Mwangoka, G., Valente, I.C., Norbis, L., Sotgiu, G., et al.(2013) miRNA signatures in sera of patients with active pulmonary tuberculosis.PLoS One 8(11), e80149.

More, S.J.,Radunz, B.and Glanville, R.J.(2015) Lessons learned during the successful eradication of bovine tuberculosis from Australia.Veterinary Record 177 (9), 224-232.

Nualláin, E.M., Davis, W.C., Costello, E., Pollock, J.M.and Monaghan, M.L.(1997) Detection of *Mycobacterium bovis* infection in cattle using an immunoassay for bovine soluble interleukin-2 receptor-alpha (sIL-2R-alpha) produced by peripheral blood T-lymphocytes following incubation with tuberculin PPD. Veterinary Immunology and Immunopathology 56(1-2), 65-76.

OIE Bovine tuberculosis (2009) The Tuberculin Test. Manual of Diagnostic Tests and Vaccines for Terrestrial Animals(6th ed.). OIE, Paris, France, pp.6-7.

Olsen, I., Boysen, P., Kulberg, S., Hope, J.C., Jungersen, G., et al.(2005) Bovine NK cells can produce gamma interferon in response to the secreted mycobacterial proteins ESAT-6 and MPP14 but not in response to MPB70. Infection and Immunity 73 (9), 5628-5635.

Palmer, M.V., Thacker, T.C. and Waters, W.R. (2015) Analysis of cytokine gene expression using a novel chromogenic In-situ hybridization method in pulmonary granulomas of cattle infected experimentally by aerosolized *Mycobacterium bovis*. Journal of Comparative Pathology 153, 150-159.

Parlane, N.A., Chen, S., Jones, G.J., Vordermeier, H.M., Wedlock, D.N., et al.(2015) Display of antigens on polyester inclusions lowers the antigen concentration required for a bovine tuberculosis skin test. Clinical and Vaccine Immunology 23(1), 19-26.

Phalane, K.G., Kriel, M., Loxton, A.G., Menezes, A., Stanley, K., et al. (2013) Differential expression of host biomarkers in saliva and serum samples from individuals with suspected pulmonary tuberculosis. Mediators of Inflammation 2013, 981984.

Pollock, J.M. and Andersen, P. (1997a) The potential of the ESAT-6 antigen secreted by virulent mycobacteria for specific diagnosis of tuberculosis. Journal of Infectious Diseases 175(5), 1251-1254.

Pollock, J.M. and Andersen, P. (1997b) Predominant recognition of the ESAT-6 protein in the first phase of interferon with *Mycobacterium bovis* in cattle. Infection and Immunity 65(7), 2587-2592.

Pollock, J.M., Buddle, B.M. and Andersen, P. (2001) Towards more accurate diagnosis of bovine tuberculosis using defined antigens. Tuberculosis (Edinburgh) 81(1-2), 65-69.

Pollock, J.M., McNair, J., Bassett, H., Cassidy, J.P., Costello, E., et al.(2003) Specific delayed-type hypersensitivity responses to ESAT-6 identify tuberculosis-infected cattle. Journal of Clinical Microbiology 41(5), 1856-1860.

Ravn, P., Demissie, A., Eguale, T., Wondwosson, H., Lein, D., et al.(1999) Human T cell responses to the ESAT-6 antigen from *Mycobacterium tuberculosis*. Journal of Infectious Diseases 179(3), 637-645.

Rhodes, S.G., Buddle, B.M., Hewinson, R.G. and Vordermeier, H.M. (2000) Bovine tuberculosis: immune responses in the peripheral blood and at the site of active disease. Immunology 99(2), 195-202.

Rhodes, S.G., McKinna, L.C., Steinbach, S., Dean, G.S., Villarreal-Ramos, B., et al.(2014) Use of antigen-specific interleukin-2 to differentiate between cattle vaccinated with *Mycobacterium bovis* BCG and cattle infected with *M. bovis*. Clinical and Vaccine Immunology 21(1), 39-45.

Rivière, J., Carabin, K., Le Strat, Y., Hendrikx, P. and Dufour, B. (2014) Bovine tuberculosis surveillance in cattle and free-ranging wildlife in EU Member States in 2013: a survey-based review. Veterinary Microbiology 173(3-4), 323-331.

Rizzi, C., Bianco, M.V., Blanco, F.C., Soria, M., Gravisaco, M.J., et al.(2012) Vaccination with a BCG strain overexpressing Ag85B protects cattle against *Mycobacterium bovis* challenge. PLoS One 7 (12), e51396.

Rothel, J.S., Jones, S.L., Corner, L.A., Cox, J. C.and Wood, P.R.(1990) A sandwich enzyme immunoassay for bovine interferon-gamma and its use for the detection of tuberculosis in cattle.Australian Veterinary Journal 67(4), 134-137.

Rovina, N., Panagiotou, M., Pontikis, K., Kyriakopoulou, M., Koulouris, N.G., et al.(2013) Immune response to mycobacterial infection: lessons from flow cytometry.Clinical and Developmental Immunology 2013, 464039.

Salgame, P., Geadas, C., Collins, L., Jones-López, E.and Ellner, J.J.(2015) Latent tuberculosis infection-Revisiting and revising concepts.Tuberculosis (Edinb) 95(4), 373-384.

Schiller, I., Oesch, B., Vordermeier, H. M., Palmer, M.V., Harris, B.N., et al.(2010) Bovine tuberculosis: a review of current and emerging diagnostic techniques in view of their relevance for disease control and eradication. Transboundary Emerging Diseases 57 (4), 205-220.

Seth, M., Lamont, E.A.,Janagama, H.K., Widdel, A., Vulchanova, L., et al.(2009) Biomarker discovery in subclinical mycobacterial infections of cattle. PLoS One 4(5), e5478.

Shu, D.,Heiser, A., Wedlock, D.N., Luo, D., de Lisle, G.W., et al.(2014) Comparison of gene expression of immune mediators in lung and pulmonary lymph node granulomas from cattle experimentally infected with Mycobacterium bovis. Veterinary Immunology and Immunopathology 160(1-2), 81-89.

Sidders, B., Withers, M., Kendall, S.L., Bacon, J., Waddell, S.J., et al.(2007) Quantification of global transcription patterns in prokaryotes using spotted microarrays.Genome Biology 8(12), R265.

Sidders, B., Pirson, C., Hogarth, P.J., Hewinson, R.G., Stoker, N.G., et al.(2008) Screening of highly expressed mycobacterial genes identifies Rv3615c as a useful differential diagnostic antigen for the Mycobacterium tuberculosis complex. Infection and Immunity 76(9), 3932-3939.

Skogstrand, K., Thysen, A.H., Jørgensen, C.S., Rasmussen, E.M., Andersen, A.B., et al.(2012) Antigen-induced cytokine and chemokine release test for tuberculosis infection using adsorption of stimulated whole blood on filter paper and multiplex analysis.Scandinavian Journal of Clinical and Laboratory Investigation 72(3), 204-211.

Streeton, J.A.,Desem N.and Jones, S.L.(1998) Sensitivity and specificity of a gamma interferon blood test for tuberculosis infection. International Journal of Tuberculosis and Lung Disease 2(6), 443-450.

Tebruegge, M., Dutta, B., Donath, S., Ritz, N., Forbes, B., et al.(2015) Mycobacteria-specific cytokine responses detect tuberculosis infection and distinguish latent from active tuberculosis.American Journal of Respiratory and Critical Care Medicine 192(4), 485-499.

Thakur, A., Pedersen, L.E.and Jungersen, G. (2012) Immune markers and correlates of protection for vaccine induced immune responses.Vaccine 30, 4907-4920.

Tonby, K., Ruhwald, M., Kvale, D.and Dyrhol-Riise, A.M.(2015) IP-10 measured by dry plasma spots as biomarker for therapy responses in Mycobacterium tuberculosis infection.Scientific Reports 5, 9223.

van Pinxteren, L.A., Ravn, P., Agger, E.M., Pollock, J.and Andersen, P.(2000) Diagnosis of tuberculosis based on the two specific antigens ESAT-6 and CFP10. Clinical and Diagnostic Laboratory Immunology 7(2), 155-160.

Vordermeier, H.M., Cockle, P.C., Whelan, A., Rhodes, S., Palmer, N., et al.(1999) Development of diagnostic reagents to differentiate between *Mycobacterium bovis* BCG vaccination and *M.bovis* infection in cattle. Clinical and Diagnostic Laboratory Immunology 6 (5), 675-682.

Vordermeier, H.M., Cockle, P.J., Whelan, A.O., Rhodes, S.and Hewinson, R.G.(2000) Toward the development of diagnostic assays to discriminate between *Mycobacterium bovis* infection and bacille Calmette-Guérin vaccination in cattle. Clinical Infectious Diseases 30(Suppl 3), S291-S298.

Vordermeier, H.M., Whelan, A., Cockle, P.J., Farrant, L., Palmer, N., et al.(2001) Use of synthetic peptides derived from the antigens ESAT-6 and CFP-10 for differential diagnosis of bovine tuberculosis in cattle.Clinical and Diagnostic Laboratory Immunology 8 (3), 571-578.

Vordermeier, H.M., Chambers, M.A., Cockle, P.J., Whelan, A.O., Simmons, J., et al.(2002) Correlation of ESAT-6-specific gamma interferon production with pathology in cattle following *Mycobacterium bovis* BCG vaccination against experimental bovine tuberculosis.Infection and Immunity 70(6), 3026-3032.

Vordermeier, M., Whelan, A.O.and Hewinson, R.G.(2003) Recognition of mycobacterial epitopes by T cells across mammalian species and use of a program that predicts human HLA-DR binding peptides to predict bovine epitopes. Infection and Immunity 71(4), 1980-1987.

Vordermeier, H.M., Brown, J., Cockle, P.J., Franken, W.P., Drijfhout, J.W., et al.(2007) Assessment of cross-reactivity between *Mycobacterium bovis* and *M.kansasii* ESAT-6 and CFP-10 at the T-cell epitope level.Clinical and Vaccine Immunology 14(9),

1203-1209.

Vordermeier, H.M., Villarreal-Ramos, B., Cockle, P.J., McAulay, M., Rhodes, S.G., et al.(2009) Viral booster vaccines improve *Mycobacterium bovis* BCG-induced protection against bovine tuberculosis.Infection and Immunity 77(8), 3364-3373.

Vordermeier, M., Jones, G.J.and Whelan, A.O. (2011) DIVA reagents for bovine tuberculosis vaccines in cattle. Expert Reviews of Vaccines 10(7), 1083-1091.

Vordermeier, H.M., Hewinson, R.G., Wilkinson, R.J., Wilkinson, K.A., Gideon, H.P., et al. (2012) Conserved immune recognition hierarchy of mycobacterial PE/PPE proteins during infection in natural hosts.PLoS One 7(8), e40890.

Vordermeier, H.M., Jones, G.J., Buddle, B.M., Hewinson, R.G.and Villarreal-Ramos, B.(2016) Bovine tuberculosis in cattle: vaccines, DIVA tests, and host biomarker discovery.Annual Reviews in Animal Biosciences 4, 87-109.

Wallis, R.S., Kim, P., Cole, S., Hanna, D., Andrade, B.B., et al.(2013) Tuberculosis biomarkers discovery: developments, needs, and challenges. The Lancet Infectious Diseases 13, 362-372.

Walzl, G., Ronacher, K., Hanekom, W., Scriba, T.J.and Zumla, A.(2011) Immunological biomarkers of tuberculosis.Nature Reviews Immunology 11(5), 343-354.

Waters, W.R.(2015) Bovine Tuberculosis. In: Smith, B.P.(ed.) Large Animal Internal Medicine-Fifth Edition, Elsevier, St.Louis, Missouri, USA, pp. 633-636.

Waters, W.R., Palmer, M.V., Whipple, D.L., Carlson, M.P.and Nonnecke, B.J.(2003) Diagnostic implications of antigen-induced gamma interferon, nitric oxide, and tumor necrosis factor alpha production by peripheral blood mononuclear cells from *Mycobacterium bovis*-infected cattle.Clinical and Diagnostic Laboratory Immunology 10(5), 960-966.

Waters, W.R., Palmer, M.V., Thacker, T.C., Payeur, J.B., Harris, N.B., et al. (2006a) Immune responses to defined antigens of *Mycobacterium bovis* in cattle experimentally infected with *Mycobacterium kansasii*.Clinical and Vaccine Immunology 6, 611-619.

Waters, W.R., Palmer, M.V., Thacker, T.C., Bannantine, J.P., Vordermeier, H.M., et al. (2006b) Early antibody responses to experimental *Mycobacterium bovis* infection of cattle.Clinical and Vaccine Immunology 13, 648-654.

Waters, W.R., Palmer, M.V., Nonnecke, B.J., Thacker, T.C., Scherer, C.F., et al. (2009) Efficacy and immunogenicity of *Mycobacterium bovis* DeltaRD1 against aerosol *M.bovis* infection in neonatal calves.Vaccine 27(8), 1201-1209.

Waters, W.R., Buddle, B.M., Vordermeier, H.M., Gormley, E., Palmer, M.V., et al. (2011) Development and evaluation of an enzyme-linked immunosorbent assay for use in the detection of bovine tuberculosis in cattle.Clinical and Vaccine Immunology 18, 1882-1888.

Waters, W.R., Thacker, T.C., Nonnecke, B.J., Palmer, M.V., Schiller, I., et al. (2012) Evaluation of gamma interferon(IFN-γ)-induced protein 10 responses for detection of cattle infected with *Mycobacterium bovis*: comparisons to IFN-γ responses. Clinical and Vaccine Immunology 19(3), 346-351.

Waters, W.R., Maggioli, M.F., Palmer, M.V., Thacker, T.C., McGill, J.L., Vordermeier, H.M., Berney-Meyer, L., Jacobs, W.R.Jr.and Larsen, M.H. (2015a) Interleukin-17A as a biomarker for bovine tu-

berculosis.Clinical and Vaccine Immunology 23(2), 168-180.

Waters, W.R., Palmer, M.V., Stafne, M.R., Bass, K.E., Maggioli, M.F., et al. (2015b) Effects of serial skin testing with purified protein derivative on the level and quality of antibodies to complex and defined antigens in *Mycobacterium bovis*-infected cattle.Clinical and Vaccine Immunology 22(6), 641-649.

Waters, W.R., Vordermeier, H.M., Rhodes, S. Khatri, B., Palmer, M.V., et al. (2017) Potential for rapid antibody detection to identify tuberculous cattle with non-reactive tuberculin skin test results.BMC Veterinary Research 13(1), 164-170.

Whelan, C., Shuralev, E., O'Keeffe, G., Hyland, P., Kwok, H.F., et al. (2008a) Multiplex immunoassay for serological diagnosis of *Mycobacterium bovis* infection in cattle.Clinical and Vaccine Immunology 15, 1834-1838.

Whelan, A.O., Wright, D.C., Chambers, M.A., Singh, M., Hewinson, R.G., et al. (2008b) Evidence for enhanced central memory priming by live *Mycobacterium bovis* BCG vaccine in comparison with killed BCG formulations.Vaccine 26(2), 166-173.

Whelan, A.O., Clifford, D., Upadhyay, B., Breadon, E.L., McNair, J., et al. (2010a) Development of a skin test for bovine tuberculosis for differentiating infected from vaccinated animals.Journal of Clinical Microbiology 48(9), 3176-3181.

Whelan, C., Whelan, A.O., Shuralev, E., Kwok, H.F., Hewinson, R.G., et al. (2010b) Performance of the Enferplex TB assay with cattle in Great Britain and assessment of its suitability as a test to distinguish infected and vaccinated animals.Clinical and Vaccine Immunology 17, 813-817.

Whelan, A.O., Villarreal-Ramos, B., Vordermeier, H.M. and Hogarth, P.J.(2011) Development of an antibody to bovine IL-2 reveals multifunctional CD4 T(EM) cells in cattle naturally infected with bovine tuberculosis.PLoS One 6(12), e29194.

Wilkinson, K. A. and Wilkinson, R. J. (2010) Polyfunctional T cells in human tuberculosis. European Journal of Immunology 40(8), 2139-2142.

Zak, D.E., Penn-Nicholson, A., Scriba, T.J., Thompson, E., Suliman, S., et al.(2016) A blood RNA signature for tuberculosis disease risk: a prospective cohort study.Lancet 387(10035), 2312-2322.

结核分枝杆菌复合群感染的诊断生物标志物

Sylvia I. Wanzala[1], Srinand Sreevatsan[2]

1 密歇根州立大学病理学与诊断调查系，密歇根州，美国

2 明尼苏达大学兽医学院，明尼苏达州，美国

13.1 概述

牛结核病是由牛分枝杆菌（胞内寄生菌）引起的一种人兽共患传染病。牛分枝杆菌属于结核分枝杆菌复合群，结核分枝杆菌复合群是一组引发哺乳动物结核病的分枝杆菌。世界范围内，牛结核病是在乳牛中流行范围最广的一种传染病（Cosivi 等，1998），每年至少造成约 30 亿美元的损失（Palmer 等，2007）。美国牛结核病根除计划采用了检测和扑杀策略，1917—1992 年花费大约 3800 万美元（汇率请自行查询，余同）；当前的计划每年仍需花费 350 万~400 万美元（Charles 和 Theon，2006）。

所有年龄段的牛对牛分枝杆菌都易感，但老年牛易感性似乎更高（Mackay 和 Hein，1989；Thoen 和 Bloom，1995；Munroe 等，2000）。大多数情况下，牛分枝杆菌感染主要导致亚临床症状（95%），只有 5% 的暴露动物明显发病。因此，对体内存在进行性肉芽肿临床感染症状的动物进行检测，是控制和根除牛结核病的关键。

当前美国农业部对牛结核病的监测是一个耗时耗力的多步骤检测程序，涉及尾褶试验（CFT）和颈部比较皮试（CCT）或 γ-干扰素释放试验。当前的诊断方法存在很多不足，CFT 缺乏牛分枝杆菌检测特异性而且并不能检出所有病牛；γ-干扰素试验价格昂贵且采集的血液样本必须在 24h 内进行处理。此外，由于牛结核病的体液免疫反应发生在疫病进程晚期，因此很难通过血清学试验实现对亚临床感染的早期诊断。牛结核病的早期诊断对于防止宝贵资源、资金和动物生产性能方面的重大损失，降低人类感染风险至关重要。因此有必要研发一种低成本、有效的牛结核病早期诊断方法。

宿主巨噬细胞是牛分枝杆菌感染牛的主要部位。病菌主要通过牛呼吸道吸入气溶胶实现传播，肉眼病变主要包括肺部和胸部淋巴结形成的肉芽肿（Thoen 和 Bloem，1995）。肉芽肿的生物学机制涉及感染部位强烈的细胞和

生物学活性反应，导致 RNA、DNA 和蛋白质"渗漏"到循环系统中，上述物质从而可作为牛结核病早期诊断的生物标志物。基因组学和蛋白质组学的最新进展，为生物标志物的发现提供了强有力的手段。发现新的生物标志物对于开发新的诊断测试至关重要，有利于在牛结核病监测中识别感染动物。

13.1.1　动物结核病的生物标志物

在结核病诊断中，牛结核病诊断是难点，而野生动物储存宿主的存在进一步增加了这一难度。牛结核病主要储存宿主包括美国白尾鹿、英国和爱尔兰欧洲獾、新西兰帚尾袋貂、南非水牛和大条纹羚、加拿大麋鹿和美洲野牛以及西班牙野猪（Palmer 等，2000、2001；Miller 和 Sweeney，2013；Talip 等，2013）。牛分枝杆菌是结核分枝杆菌复合群中感染宿主范围最广的一种，也可引起人体的人兽共患结核病。在美国，野生动物结核病检测，是通过体内结核菌素皮肤试验和体外 γ-干扰素试验来实现的（Palmer 等，2000、2001、2004；O'Brien 等，2009）。这些方法可检测病变部位细菌，或检测宿主免疫反应，但其敏感性较低、劳动强度大、成本高，而且在某些地方并不适用。

对牛来说，牛结核病是对于动物福利和经济的挑战。牛结核病降低了感染动物生产力，而对感染动物的识别，则导致了活动控制、全群检测、扑杀感染牛和贸易限制（Humblet 等，2009；Rodriguez - Campos 等，2014）。在实施牛结核病主动监测的国家，使用的主要检测方法有 3 种，分别是 CFT、CCT

和 γ-干扰素释放试验（IGRA）。牛结核病的主要筛查试验是具有百年历史的结核菌素皮肤试验（CFT），即利用从牛分枝杆菌培养物中制备的牛纯化蛋白衍生物（PPD），对牛进行皮下注射时，会引起迟发型超敏反应，导致 72h 后的皮肤肿胀，进而诊断疫病。这些试验需要耗费大量精力，且交通运输困难，敏感性和特异性不理想（Lamont 等，2014a）。CFT 对牛分枝杆菌感染的特异性不强，不能检测所有病牛；禽分枝杆菌副结核亚种的共感染对结果造成了进一步干扰。IGRA 试验的基础是，当致敏淋巴细胞在体外再次暴露于牛分枝杆菌抗原时，会释放细胞因子 IFN-γ（Vordermeier 等，2014、2016b）。IGRA 需要在采样后尽快处理样品，并不适用于偏远地区的大型牛群检测。

虽然结核菌素试验是牛结核病诊断最常用的方法，但该方法存在局限性。试验中使用的 PPD 包含 200 多种抗原，这些抗原中，很多同时存在于致病性分枝杆菌和其他非结核分枝杆菌中（Chaparas 等，1970）。在美国，CFT 和 CCT 的估计敏感性分别为 80.4% ~ 88.4% 和 75%，特异性分别为 96% 和 98%（Whipple 等，1995）。这些试验需要官方兽医进行检测，而且每次检测至少要对动物进行 2 次保定。因为牛分枝杆菌感染时，抗体滴度上升很晚，所以血清学检测并不适用于牛结核病监测。

因此，很明显，牛结核病诊断困难重重。如果不能采取正确的诊断方法，可能导致灾难性后果，损失大量宝贵资源，消耗时间（牛结核病爆发地区需要冗长的检疫期来诊断疫病），造成经济损失，并给牛场主情感和心理造成创伤（在疫病监测地区，确诊一头感染动物，会扑杀 100~1000 头动物），甚至造成人感染风险。因此，研发更为敏感、特异的新型血清学诊断方法，对于开展屠宰场监测大有益处。

目前发现了几种与牛结核病病理学和疫苗效力相关的生物标志物。例如，体外 ESAT-6 诱导血液产生的 IFN-γ 含量与牛分枝杆菌试验感染后所致病理程度相关。接种卡介苗的犊牛反应较轻或下降，眼观病理变化也会减少（Vordermeier 等，2016a）。另一种作为评价疫苗诱导保护和免疫记忆的潜在标志物是 IL-2。IL-2 也是评价牛结核病潜伏感染和不同疫病阶段的潜在生物标志物（Palmer 等，2000、2001、2004；O'Brien 等，2009；Vordermeier 等，2016b）。

分枝杆菌已经进化出一系列的复杂机制逃避宿主免疫防御系统杀伤，并利用巨噬细胞严酷的胞内环境保护自身，其中一些机制已经被阐明，但另一些机制尚不清楚。面对牛分枝杆菌的"逃逸变招"，宿主也进化出几种限制感染机制，下面将结合病原机制一起讨论。

13.2 生物标志物的定义

生物标志物可以定义为具备一种特征的物质，其特征是可以作为检测指标测量和评估正常的生理过程、致病过程或治疗干预的药理学反应过程的差异变化（Biomarkers Definitions Working Group，2001）。生物标志物可以用于诊断，识别个体患病状态（如葡萄糖浓度升高，可以诊断糖尿病）、疫病分期（如

血液中前列腺特异性抗原浓度），评价预后（如解剖学测量某些癌症肿瘤的缩小），或作为指标预测和监测人为干预的临床反应（如抗结核药物治疗、疫苗功效、心脏病相关血液胆固醇浓度等）。目前，用于发现生物标志物的技术包括体外分析 DNA 变异（疫病易感性）、循环 DNA 或 RNA（疫病进展-细胞凋亡/增殖通路）、转录组（疫病引起的转录改变）和蛋白质组（疫病进展）分析等。

新生物标志物的发现对于诊断试剂研发至关重要，可以在牛结核病疫病监测中提高对感染动物的识别能力，不需要因为一头阳性动物而扑杀整群动物。早期诊断是牛结核病的防控重点，因为临床症状出现晚，且此时病程已经过一段时间的发展，造成较高的传播风险。

13.2.1 理想诊断生物标志物的特征

理想诊断生物标志物，必须满足最低限度诊断标准或目标产品需求（Gardiner 和 Karp，2015）。最理想的结核分枝杆菌复合群感染诊断试验，应该具备高度敏感性和特异性，不基于痰液（样品限制），不依赖于宿主反应，且可作为评价治疗效果的工具（Gardiner 和 Karp，2015）。理想的基于生物标志物的诊断试验也应具有高敏感性和特异性（>98%），可通过非侵入或微创方式获取样本，快速报告结果，不需要冷链，且价格低廉。Haas 等（2016）认为生物标志物的联合应用，在不同场景下，均能提高诊断试验效果。例如，利用一组生物标志物区分活动性和潜伏性结核病（人类）/亚临床结核病（动物），而另一组生

物标志物则区分结核病和其他疫病。通过人类和牛结核病研究人员之间的合作，可有望达成目标。未来的生物标志物进入商业化还需要复杂的过程，潜在的生物标志物必须通过一系列试验确定其在独立群体中的有效性，然后在未来研究中进一步验证。生物标志物还需要在符合其建议用途的平台上进行测试，这些平台包括结核病流行国家的结核病实验室（Gardiner 和 Karp，2015）。

现有的结核病诊断方法仍存在不足，因为结核分枝杆菌复合群感染是一个复杂的过程，影响因素众多。下面将探索可能的新型诊断方法，以其弥补当前诊断方法的缺陷。

13.3 循环生物标志物

通过分析循环系统中蛋白质、DNA 或 RNA 的变化（包括血浆中 microRNA 和小 RNA）开发相应的方法，检测只需要有限的血液样本，有望成为新的诊断方法。最近完成了人类和动物基因组测序，一些技术包括核苷酸和蛋白质测序、质谱和芯片（核酸和蛋白质芯片）等得到改进，使研究人员能够用上述手段阐明慢性疾病，如癌症、神经系统疾病、心血管疾病和一些传染病的基本生物过程（Maruvada 等，2005；Scaros 和 Fisler，2005；Jacobsen 等，2008）。

13.3.1 循环核酸法

循环核酸（CNAs）是可在生物宿主体液中检测到的不含细胞物质的游离 DNA 和 RNA 片段。CNAs 在健康人血浆中含量很少，其水

平升高与疫病发生有关。Mandel 和 Metais 在 1948 年首次报道了 CNA 在人血浆中的作用（Mandel，1947；Anker，2000），而后对 CNA 的研究主要集中在自身免疫性疫病如红斑狼疮（Tan 等，1966）和类风湿关节炎（Ayala 等，1951）方面。30 年后，Leon 等在 1977 年发现了 CNA 的诊断价值，当时他报道了胰腺癌患者中 CNAs 水平升高，并证明了化疗后血浆 CNA 水平下降（Leon 等，1977）。此后，在慢性疾病（Lui 等，2002；Schutz 等，2005）、创伤（Lo 等，2000）、急性脑卒中（Rainer 等，2003）、心肌梗死（Chang 等，2003）、产前诊断（Lo 等，1997；Chim 等，2005）和各种癌症（Sorenson 等，1994；Vasioukhin 等，1994；Hibi 等，1998；Capone 等，2000；Shao 等，2002）方面，都有 CNA 水平升高的报道。

近十年，CNA 作为一种潜在的无创、快速、灵敏的急性病理诊断和监测工具，越来越受到重视。大多数基于 CNA 的实验室诊断，均针对单拷贝编码区域设计引物，扩增目标 RNA 或 DNA。这些 CNA 试验主要检测与外源性核酸相关的功能基因（Lui 等，2002），如西尼罗病毒、细小病毒 B-19、人类免疫缺陷病毒、乙型肝炎病毒、甲型肝炎病毒等。除了检测单拷贝外源性核酸外，CNA 诊断试验还可以检测内源性的重复序列（Stroun 等，2001）。通常，慢性疾病导致细胞应激，核酸释放到血液中，并在血清中呈现出一致的内源性 CNAs 模式。

虽然大多数诊断性 CNA 标志物与人类疾病相关，但也有少数研究人员在牛类疫病中发现了 CNA（Brenig 等，2002；Schutz 等，2005；Shaughnessy 等，2015）。研究人员分析了牛海

绵状脑病（BSE）中的重复序列，包括短 Alu 重复序列（灵长类的类 SINE 序列），他们从 BSE 确诊病例或 BSE 暴露群体血清 PCR 扩增产物中识别出了 Bov-tA 片段的 3′ 区域（Schutz 等，2005）。这些在疯牛病和其他感染性疫病中发现的重复片段使我们相信，在牛结核病等慢性感染中，也可能存在类似的模式。

13.3.1.1 CNA 释放进入循环系统的机制

关于 CNA 在生物宿主体液中的释放机制，人们提出了各种各样的假说。然而，这些假说存在争议，CNA 的实际起源仍不明确。一方面，细胞坏死和凋亡被认为是 CNA 释放的主要途径（Lo 等，2000；Lichtenstein 等，2001）；相反，据报道，细胞坏死可能不是 CNA 释放的重要途径，因为放疗后血浆 DNA 水平是下降而不是上升（Tan 等，1966）。事实上，研究发现，血浆 CNA 电泳图谱与从凋亡细胞中提取的 DNA 图谱相似，基于此，研究人员认为细胞凋亡是血浆 CNA 的来源之一（Kamm 和 Smith，1975）。在肺癌患者血浆中，已证实细胞凋亡可导致 CNA 水平升高（Fournie 等，1995）。多项小鼠试验显示，通过凋亡或坏死途径，血液中 CNA 水平升高（Fournie 等，1995；Jiang 等，2003；Jiang 和 Pisetsky，2005）。已证实，胎盘组织细胞发生凋亡诱导氧化应激会导致血浆中 CNA 水平升高（Tjoa 等，2006）。还有报道指出，活化的淋巴细胞或其他有核细胞（Anker 等，1975；Stroun 等，2001）和裂解的肿瘤细胞中（Sorenson，2000）存在 CNA 释放的现象。细胞凋亡和坏死也与结核病发病机制有关，这些过程对结核分枝杆菌杀伤、肉芽肿形

成和病原体引起的慢性炎症状态至关重要（Cosivi 等，1997）。因此，随着疫病发展，预计牛分枝杆菌感染动物产生的 CNA 量会增加。

13.3.1.2 用于发现 CNA 的方法

虽然，通过血清还是血浆去发现 CNA 尚存争议，但大多数报道倾向使用血清（Leon 等，1977；Sorenson 等，1994；Nawroz 等，1996；Kopreski 等，1997；Lo 等，1997）。据报道，从血清中提取 CNA 含量比血浆中高出数倍。CNA 水平差异据认为是由于凝血过程中白细胞体外裂解造成的（Chen 等，1999；Lui 等，2002）。但 Lui 等的研究认为，血清 CNA 水平可能不能真实反映患者的生物学状况。

为了寻找诊断或预后标志物，研究人员测量了不同疫病患者 CNA 水平（Ziegler 等，2002）。在不同研究中，应用多种技术对总循环核酸测序，通过定量分析发现的 CNA。这些方法包括放射免疫分析法（Leon 等，1977；Shapiro 等，1983）、竞争 PCR（Jahr 等，2001）、实时定量 PCR（Thijssen 等，2002）、荧光定量（Thijssen 等，2002）、分光光度法（Shao 等，2001），以及与已知标准方法的比较（Sozzi 等，2001）。迄今为止，所有关于 CNA 的研究均表明，无论使用血清或血浆，病变状态下 CNA 水平均显著升高。

13.3.2 蛋白质组学方法

"蛋白质组"这个术语来源于"蛋白质和基因组"，最早由 Marc Wilkin 在 1995 年提出。蛋白质组是指一个基因组在特定时间、特定环境中表达的所有蛋白质集合（Solassol 等，

2006）。随着许多原核生物和真核生物基因组测序的完成，研究人员必须将细胞和分子功能与成千上万个新预测的基因产物相联系，并解释这些产物在复杂生理过程中如何协同发挥作用，这导致出现了一个被称为"蛋白质组学"的新型研究领域，其目的是通过鉴别不同的相关蛋白质来表征生物学机制。在过去的十年里，蛋白质组学为我们提供了一种快速识别各种癌症和非癌症疾病的新型蛋白质标志物的能力。一些研究人员报道，在检测或监测大多数癌症时，不是单一的生物标志物，而是需要一组生物标志物，才能够表现出良好的特异性和敏感性（Petricoin 等，2002a、2002b；Tirumalai 等，2003；Zhang 等，2004；Stone 等，2005）。虽然在肿瘤学等领域有大量关于发现生物标志物的研究，但很少有研究探讨利用蛋白质组学了解感染性疫病发病机制的效果（Gravett 等，2004；Poon 等，2004；Yip 等，2005；Agranoff 等，2006；Pang 等，2006）。

尽管如此，一些研究已经着眼于蛋白质组指纹识别的诊断潜力，以确定不同的疫病状态，并监测结核病的治疗反应效果（Haas 等，2016）。早期蛋白质组学的研究表明，4 种生物标志物（血清淀粉样蛋白 A、转甲状腺素蛋白、新蝶呤和 C-反应蛋白）的联合应用，可以区分活动性肺结核和非结核疫病以及健康对照组（Agranoff 等，2006；Seth 等，2009）。据推测，靶向检测特异性蛋白变体而非总蛋白，可提高诊断的准确性。将蛋白质组生物标志物应用于诊断方法开发过程中一直面临着挑战：独立研究报道的候选蛋白质生物标志物差异很大，而且目前尚未普遍就结核病蛋白质组学特征达成一致。此外，不同结果可能是由于蛋白质组技术及其解决方案、研究设计、病例定义和统计分析差异造成的（Haas 等，2016）。活动性结核病血清中差异表达的蛋白会存在重叠情况，如 CD14、S100A 蛋白质、载脂蛋白、纤维蛋白原、α-酸性糖蛋白和血清淀粉样蛋白 A。蛋白质组学研究的挑战在于，不同研究人员在评估相同的蛋白质特征时，使用了不同的评估标准，而且并不总是针对该蛋白的诊断潜力进行评估（即使用接受者操作曲线分析或决策树）；蛋白特征可能无法通过独立研究数据集中交叉验证或通过外部数据集进行验证（Scaros 和 Fisler，2005）。

目前开发了一种新的方法，涉及检测感染动物血清或血浆中的循环分枝杆菌肽和/或脂质等代谢物。Sreevatsan 实验室最近在牛分枝杆菌阳性以及暴露的牛和鹿体内鉴定了 16 种牛分枝杆菌蛋白，包括 MB2515c（转录调节因子，LuxR 家族）、MB1895c（细胞壁生物合成）和 MB1554c 或 Pks5（聚酮合成酶 5）（Lamont 等，2014a；Wanzala 等，2016）。首先通过无胶且多维的相对和绝对定量等压标签（iTRAQ）对这些蛋白质进行蛋白组学的鉴定，随后使用具备良好表征的牛血清库进行验证（Seth 等，2009；Lamont 等，2014a）。目前已经针对这些肽制备了单克隆抗体，开发了间接 ELISA 方法，用于检测血清中这些生物标志物，并已在牛和灵长类结核病中得到了验证（Sreevatsan、Kaushal 和 Lamont，未发表的数据）。

鉴于当前牛结核病诊断具有一种"一刀切"的检测方法，即不考虑特定区域疫病流行状况，这些病原体特异性生物标志物（Pks5、MB2515c 和 MB1895c）独特之处在于，通过检测这些标志物一方面可提前考虑疫病流行状况，另一方可实现结核病诊断。

蛋白质生物标志物释放进入循环系统的机制

肽生物标志物是一种低分子质量、含量较少的循环蛋白组，被称为"肽组"（Lai 和 Agnese，2015）。这个肽组可能包含许多类型的诊断信息，这些信息可能构成亲本蛋白、肽片段、肽的数量或与之结合的载体蛋白（Petricoin 等，2006）。根据肽组假说，许多蛋白质和肽从疫病微环境中进入局部循环系统。细胞凋亡和坏死被认为是引起疫病微环境中蛋白质和多肽释放进入循环系统的主要原因。分枝杆菌裂解或菌体释放进入循环系统（分枝杆菌血症），正如最近提出的基于噬菌体的诊断试验（Swift 等，2016），也可以导致细菌产物释放进入循环系统，这个基于噬菌体的试验，最近已经商业化。因此，血液肽组可能持续记录组织微环境中发生的分子级联反应（Petricoin 等，2006）。

从细胞培养（裂解液、上清液）到临床样本（血清、血浆、脑脊液、支气管-肺泡灌洗液和尿液），研究人员尝试从各种不同生物样品中发现蛋白质生物标志物，其中血清具有许多特性，在发现生物标志物方面优于其他样品介质。血清容易获得，并有一个动态的蛋白质范围。通过组织持续灌注，血清中包含了疫病微环境中细胞和组织分泌/释放的蛋白质和多肽。然而，利用血清发现生物标志物仍存在许多挑战。通常认为候选生物标志物的浓度非常低，且伴有大量的血液蛋白，如清蛋白以 10 亿倍过量存在。此外，血清中含有 65%~97% 的高丰度蛋白，如清蛋白和免疫球蛋白，它们掩盖了低丰度蛋白在生物学上含量的显著差异，使得在蛋白质组学研究中，低丰度蛋白的检测和鉴定受到影响（Govorukhina 等，2003）。因此，在蛋白质组分析中，需要去掉这些高丰度蛋白质的干扰，提高低丰度生物标志物识别和分析效率。如果储存不当，血清蛋白标志物可能由于反复冻融而降解。

13.4 循环 microRNA

生物标志物研究揭示，循环 microRNA（miRNA）是一种潜在的预后和诊断生物标志物（Farrell 等，2015）。miRNA 是短的（小于 22nt）单链非编码 RNA，调节 mRNA 的表达。miRNA 是基因表达的重要调控因子，在调节先天性免疫反应和适应性免疫反应中均发挥关键作用。最近研究表明，在自然感染且出现可见病理学变化的牛体内，miR-155 的表达量是无可见病理学变化感染牛的 40 倍以上（Golby 等，2014）。这表明可通过检测 miR-155 含量区分结核活动性感染和潜伏性感染，并作为诊断和预后评价的生物标志物，识别感染动物，以及用于区分自然感染和疫苗免疫（DIVA）试验，当然，该领域仍需进一步研究（Abd-el-Fattah 等，2013；Golby 等，2014）。miRNAs 作为潜在生物标志物，最具特色的是，它们可用于组织特异性表达图谱，可以作为疫病指纹图谱，也可以采取 RT-PCR 和芯片技术对其进行检测（Williams 等，2013）。此外，还有人推测不同阶段的分枝杆菌感染，

miRNA 特征存在差异（Farrell 等，2015）。另一个有意义的事实是，血清 miRNA 在反复冻融以及加热、酸性、碱性条件下都是稳定的。

13.5 血清细胞因子

肺泡巨噬细胞和肺树突状细胞是抵御病原菌入侵的第一道防线（Kaufmann，2004）。宿主在抵御病原菌入侵过程中释放趋化因子，吸引单核细胞和其他炎症细胞进入肺部（Kleinnijenhuis 等，2011）。趋化因子是一种细胞因子，是一组主要调节免疫系统的可溶性蛋白和糖蛋白，如白细胞介素（ILs）、干扰素（IFNs）、生长因子、集落刺激因子、肿瘤坏死因子（TNF）家族和趋化因子（Choi 等，2016）。

吞噬细胞通过向 T 细胞呈递分枝杆菌抗原激活适应性免疫反应。分枝杆菌一旦感染巨噬细胞，细胞就会释放白细胞介素 12 和 18（IL-12 和 IL-18）。释放的细胞因子刺激 CD4、CD8 和自然杀伤细胞产生干扰素（IFN-γ）和 TNF-α（Villarreal-Ramos 等，2003）。T 细胞对产生的 IFN-γ 表现为正反馈反应，即产生更多的 IFN-γ。IFN-γ 激活巨噬细胞，通过激活一氧化氮合酶来杀死入侵的分枝杆菌，一氧化氮合酶产生一氧化氮，而 TNF-α 对于启动针对分枝杆菌感染的免疫防御反应至关重要（Kaufmann，2004；Das 等，2016）。Thacker 等（2007）发表的一项研究显示，感染后外周血单核细胞（PBMC）IFN-γ、TNF-α、iNOS 和 IL-4 的表达增加，而 IL-10 的表达减少。Th1 应答与疫病严重程度之间也存在正相关，但随着感染的发展，在不同病理变化

的动物里的基因表达差异难以区分，提示早期 Th1 应答可能对病理产生影响（Thacker 等，2007）。

几个研究小组已经对牛的免疫反应进行了研究报道。例如，应用实时 PCR 和牛免疫芯片来评价牛细胞因子/趋化因子/转录因子等对牛结核病的反应（Schiller 等，2010）。其他基于细胞免疫的试验包括开发检测单个样本中包括牛细胞因子和趋化因子多个参数的复合系统，以及识别牛细胞因子的单克隆抗体（Coad 等，2010；Schiller 等，2010）。

肉芽肿是致密、有组织的成熟巨噬细胞集合，是在持续的刺激下形成的组织增生结构（Ramakrishnan，2012）。在肉芽肿中称为"铯发生（caesium occur）"的坏死区域，是死亡细胞聚集的结果。构成肉芽肿的细胞包括中性粒细胞、树突状细胞、B 细胞、T 细胞、自然杀伤细胞、成纤维细胞和分泌细胞外基质成分的细胞（Harding 和 Boom，2010）。

肉芽肿形成后，可能发生以下几种情况：感染停止或休眠，感染发展扩散至其他器官，以及由于免疫系统受损而在最初感染后数月或数年后重新激活（van Crevel 等，2002；Kaufmann，2004；Kleinnijenhuis 等，2011；Ramakrishnan，2012）。分枝杆菌感染的各种表现反映了细菌与宿主防御机制之间的微妙平衡（van Crevel 等，2002）。近期研究（Palmer 等，2016）检测了实验感染后犊牛 TNF-α、IFN-γ、TGF-β、IL-17A 和 IL-10 的细胞因子表达，发现细胞因子表达水平与肉芽肿巨细胞的细胞大小或细胞核数目呈中度正相关。他们的工作表明，这些巨细胞有助于"形成和维持肉芽肿所需的细胞因子环境"（Palmer 等，2016）。

另一种细胞因子是 IL-17（由 Th17 细胞产生的），已证明其在结核免疫病理和其他慢性疾病中发挥了作用。在牛通过实验感染牛分枝杆菌后，体外表达的 IL-17A 抗原特异性，与疫病严重程度和疫苗诱导的保护效果有关（Palmer 等，2016）。结核病中，IL-17 细胞因子在启动保护性和有害炎症反应中发挥关键作用，Th17 相关细胞因子，已被认为是牛结核病免疫反应中感染和保护作用潜在的生物标志物（Waters 等，2015）。

13.6 应用潜在生物标志物的细胞免疫反应

分枝杆菌是胞内感染病原体，宿主通过适应性免疫系统强烈的细胞介导反应发挥防御作用，在牛结核病中，可利用这一现象对感染情况进行免疫学诊断（Vordermeier 等，2000；Goosen 等，2014）。生物标志物已在一些细胞免疫反应中应用，例如卡介苗免疫方面，尽管人和牛身上都产生了不同程度的免疫保护反应，但研究仍在持续进行，以设法改善卡介苗的保护效果（Vordermeier 等，2016b），方法之一是异种初免-加强策略，包括使用补充疫苗或增强疫苗，其中首先使用卡介苗进行预处理启动免疫，然后用含有卡介苗保护性抗原的亚单位疫苗加强免疫（Vordermeier 等，2016a）。其他方法包括用减毒牛分枝杆菌菌株完全替代卡介苗，促使抗原的过度表达，或使用增强免疫原性的转基因卡介苗菌株（Waters 等，2009；Vordermeier 等，2016a）。

通过比较基因组学方法，将卡介苗与牛分枝杆菌相比较，鉴定卡介苗中缺失的基因，发现牛分枝杆菌和结核分枝杆菌的一些关键差异靶点，例如位于牛分枝杆菌 RD1 区域的牛分枝杆菌早期分泌抗原靶点（ESAT-6）和位于结核分枝杆菌强毒株中的培养滤液蛋白（CFP-10）（Mahairas 等，1996；Vordermeier 等，2000、2016a）。在诊断方面，ESAT-6 和 CFP-10 可以用于区分人感染结核分枝杆菌和接种卡介苗情况，ESAT-6 可以区分牛感染牛分枝杆菌和接种卡介苗情况；尽管牛结核病诊断的敏感性一直没有达到最理想的水平，但这些多肽仍可通过 Bovigam PC-EC（BEC）和 Bovigam PC-IHC（BHP）试验提高 IGRAs 的特异性（Goosen 等，2014）。Goosen 等（2014）对非洲水牛进行的一项研究表明，感染牛分枝杆菌后，应用 ELISA 检测单核细胞来源的趋化因子 IFN-γ 衍生蛋白 10（IP-10），发现 IP-10 是一个有用的标志物，他们建议利用物种特异性试剂重新评估 IP-10 对牛结核病的诊断潜力。

13.7 人类肺结核病

在结核病患者痰液中检测到结核分枝杆菌复合物，意味着呼吸道周边或呼吸道本身就有坏死的感染灶（Gardiner 和 Karp，2015）。因此，可以用痰液进行结核病诊断，而诊断阳性则意味着病人的活动性结核很有可能已经持续相当长的一段时间，并且肺部常常已经受到严重损害（Gardiner 和 Karp，2015）。最常用的方法是通过显微镜、细菌培养或 PCR 扩增 DNA 直接检测病原体。T 细胞对结核分枝杆菌复合群抗原（结核菌素皮肤试验）的持续反应性，或外周血的干扰素释放试验，均被用于确定感染（Wallis 等，2010）。结核病检测的金标准是细菌培养，由于耐多药结核病复合群病原菌难以培养且生长缓慢（结核分枝杆菌复制一代的时间为 20～22h）。因此，确认结核分枝杆菌需要数周时间，造成病人的治疗延迟，并可能导致病菌在人群中传播扩散。IGRAs 也可用于检测感染，但其预测值不高，仅略高于中低收入国家结核菌素皮肤试验的预测值（Leung 等，2013）。IGRAs 的工作原理是，特定结核分枝杆菌（MTBC）抗原再刺激血液样本中的 T 细胞，细胞会释放 IFN-γ，通过检测 IFN-γ 达到诊断疾病的目的。

IGRA 阳性结果提示感染，但不能区分活动性和潜伏性结核病。尽管有新的自动化结核病分子和耐药检测方法，但仍然没有一种简单、价廉的结核病现场检测方法（Wallis 等，2010）。低灵敏度是显微镜检查面临的最大挑战之一，检测样品的漏诊率可能超过 30%。研究表明，使用基质辅助激光解吸电离飞行时间质谱法（MALDI-TOF）和核酸扩增试验可能会加快阳性培养物的鉴定（Wallis 等，2010）。目前世界卫生组织推荐的分子检测（Xpert MTB/RIF）对涂片阳性样本的敏感性为99.7%，特异性为98.5%；对涂片阴性样本的敏感性为76.1%，特异性为98.8%（Boehme 等，2010）。Xpert MTB/RIF 试剂盒价格昂贵，事实上不能广泛使用在欠发达地区，而这些地区是最需要结核病现场检测的地方。此外，该方法不能用于人和牛的肺外结核检测（Wallis 等，2010；Gardiner 和 Karp，2015）。

生物标志物的独特之处在于，它们能提供个体未来健康状况的预后信息，指征个体正常或病理状态，以及抗结核药物治疗的效果。在结核病诊断中，需要应用生物标志物来检测活动性和潜伏期结核病，以及预测评估人结核病的治疗效果，确保不再复发。此外，这些生物标志物将有助于确定新型结核病疫苗的保护效果，但是以痰液为基础的生物标志物在潜伏性结核病诊断中发挥的作用有限。

目前人们开发了一种使用尿液、唾液或血清进行简单、非侵入性的结核病检测方法，可以同时满足诊断和预后评价目的，有望极大提高当前结核病的诊断水平，如使用阿拉伯甘露聚糖（一种 17.3ku 的分枝杆菌细胞壁免疫原性糖脂成分，或称其为 LAM）这样的尿液标志物，开发出相应的诊断方法已经获得一些结果。此外，研究发现，在肺结核患者中检测到的某些挥发性有机化合物，尽管在治疗或临床结果中已证实这些标志物发生变化，但还需要更进一步的研究证实（Boehme 等，2010）。目前市面上有一种尿液 LAM 检测方法，但由于敏感性问题，它的使用范围受到限制，但如果与其他现有检测方法联合应用，该方法还是有一定价值的（Leung 等，2013；Lamont 等，2014b；Gardiner 和 Karp，2015）。

利用质谱技术在血液和尿液中检测 Ag85 的抗体，其结果比较理想（Young 等，2014）。但总的来说，抗体检测的效果并不理想，这主要是由于对结核分枝杆菌抗体反应的异质性，不能满足诊断试验的要求（Gardiner 和 Karp，2015）。一些研究数据得出结论显示，抗体反应不太可能作为有效的结核病诊断手段（Gardiner 和 Karp，2015）。有些生物标志物，在基线检查时会随着疫病程度的加剧而成比例提高，随治疗干预措施的推进而水平相应降低，包括可溶性细胞间黏附分子（sICAM）、C-反应蛋白、可溶性尿激酶纤溶酶原激活因子受体和降钙素原（Eckersall 和 Bell，2010；Wallis 等，2010）。这些生物标志物的检测方法简单、经济，可使用冷冻血浆样本，因此可以纳入治疗方案。研究表明，在治疗完成时或接近完成时，它们具有最大的预后评价价值（Wallis 等，2010）。使用一组生物标志物要比只使用一个的诊断效果更好。此外，通过蛋白质组学、转录组学和代谢组学来测量多个参数，将极大地提高生物标志物的检测效果。

13.8 生物标志物的挑战

结核病诊断面临的主要挑战，包括缺乏适当和准确的有效诊断手段，以及缺乏定义明确的工具来监测治疗效果，以缩短患者的治疗疗程，促进患疑似牛结核病的农场主恢复健康。尽管目前正对人类结核生物标志物进行研究，但仍鲜有用于动物结核病诊断的新方法（ordermeier 等，2016a）。在生物标志物研究中，主要问题是重复性较差，这可以归因于试验设计和研究方法论的缺陷，而这些问题已被反复提及，是生物标志物研究中公认出现假阳性结果的主要原因（Pesch 等，2014）。生物标志物研究的另一个重大挑战是缺乏合作和系统方法，这同时适用于人类和动物生物标志物的开发（Kondo，2014）。技术挑战，如敏感性、重复性和通量较低，生物标志物效果不理想，但已经通过 DNA 芯片技术的应用，逐步克服了这些缺陷。DNA 芯片技术可以测定成千上万基因的 mRNA 水平，并且可以实现定量，重复性良好且经济成本

较低（Kondo，2014）。市场失灵是开发诸如生物标志物等新的结核病诊断技术所面临的另一个重要挑战。

牛结核病疫苗研发项目和国际人结核病疫苗项目的合作大有裨益，推动了 DIVA 平台的建设和发展。在计划联合应用疫苗免疫和检疫-扑杀防控策略的国家，这些平台将会得到有效应用（Vordermeier 等，2016b）。在生物标志物被批准用于动物或人类使用之前，其作为诊断产品的审批程序步骤非常严格（Pesch 等，2014）。

13.9 结论

要想有效控制全球的牛结核病，就需要一种更准确、廉价的现场诊断方法。生物标志物是实现这一目标的关键，但对研究人员来说，应尽可能地综合利用多种生物标志物的优势。近年来，牛结核病诊断系统不断发展，出现了许多有前景的候选产品。这些候选产品中涉及生物标志物，但需要改进其标准化和验证程序，以提高其重复性和准确性，并促进这些生物标志物的利用。不断提高对这些物质功能作用的认识，是增进对结核病生物标志物了解的最佳途径。关于结核分枝杆菌复合群生物学特性及其与宿主之间相互作用的认知仍有待提高，因此应加大这方面研究，将有助于开发准确且安全的牛结核病生物标志物。

参考文献

Abd-el-Fattah, A. A., Sadik, N. A., Shaker, O. G. and Aboulftouh, M. L. (2013) Differential microR-NAs expression in serum of patients with lung cancer, pulmonary tuberculosis, and pneumonia. Cell Biochemistry and Biophysics 67, 875-884.

Agranoff, D., Fernandez-Reyes, D., Papadopoulos, M.C., Rojas, S.A., Herbster, M., et al. (2006) Identification of diagnostic markers for tuberculosis by proteomic fingerprinting of serum. Lancet 368, 1012-1021.

Anker, P. (2000) Quantitative aspects of plasma/ serum DNA in cancer patients. Annals of the New York Academy of Sciences 906, 5-7.

Anker, P., Stroun, M. and Maurice, P.A. (1975) Spontaneous release of DNA by human blood lymphocytes as shown in an *in vitro* system. Cancer Research 35, 2375-2382.

Ayala, W., Moore, L.V. and Hess, E.L. (1951) The purple color reaction given by diphenylamine reagent. I. with normal and rheumatic fever sera. The Journal of Clinical Investigation 30, 781-785.

Biomarkers Definitions Working Group (2001) Biomarkers and surrogate endpoints: preferred definitions and conceptual framework. Clinical Pharmacology and Therapeutics 69, 89-95.

Boehme, C.C., Nabeta, P., Hillemann, D., Nicol, M.P., Shenai, S., et al. (2010) Rapid molecular detection of tuberculosis and rifampin resistance. The New England Journal of Medicine 363, 1005-1015.

Brenig, B., Schutz, E. and Urnovitz, H. (2002) Cellular nucleic acids in serum and plasma as new diagnostic tools. Berliner und Münchener Tierärztliche Wochenschrift 115, 122-124.

Capone, R.B., Pai, S.I., Koch, W.M., Gillison, M.L., Danish, H.N., et al. (2000) Detection and quantitation of human papillomavirus (HPV) DNA in the sera of patients with HPV-associated head and neck squamous cell carcinoma. Clinical Cancer Research 6, 4171-4175.

Chang, C.P., Chia, R.H., Wu, T.L., Tsao, K.C., Sun, C.F. and Wu, J.T. (2003) Elevated cell-free serum DNA detected in patients with myocardial infarction. Clinica Chimica Acta 327, 95-101.

Chaparas, S.D., Maloney, C.J. and Hedrick, S.R. (1970) Specificity of tuberculins and antigens from various species of mycobacteria. The American Review of Respiratory Disease 101, 74-83.

Charles, O., Theon, J.H.S. and Michael, F.G. (2006) Economics of bovine tuberculosis. In *Mycobacterium bovis* Infection in Animals and Humans. Blackwell Publishing, Hoboken, USA.

Chen, X., Bonnefoi, H., Diebold-Berger, S., Lyautey, J., Lederrey, C., et al. (1999) Detecting tumor-related alterations in plasma or serum DNA of patients diagnosed with breast cancer. Clinical Cancer Research 5, 2297-2303.

Chim, S.S., Tong, Y.K., Chiu, R.W., Lau, T.K., Leung, T.N., et al. (2005) Detection of the placental epigenetic signature of the maspin gene in maternal plasma. Proceedings of the National Academy of Sciences of the United States of America 102, 14753-14758.

Choi, R., Kim, K., Kim, M.-J., Kim, S.-Y., Kwon, O.J., et al. (2016) Serum inflammatory profiles in pulmonary tuberculosis and their association with treatment response. Journal of Proteomics 149, 23-30.

Coad, M., Clifford, D., Rhodes, S.G., Hewinson, R.G., Vordermeier, H.M. and Whelan, A.O. (2010) Repeat tuberculin skin testing leads to desensitisation in naturally infected tuberculous cattle which is associated with elevated interleukin-10 and decreased interleukin-1 beta responses. Veterinary Research 41 (2), 14.

Cosivi, O., Grange, J.M., Daborn, C.J., Raviglione, M.C., Fujikura, T., et al.(1998) Zoonotic tuberculosis due to *Mycobacterium bovis* in developing countries.Emerging Infectious Diseases 4, 59–70.

Das, K., Thomas, T., Garnica, O. and Dhandayuthapani, S. (2016) Recombinant Bacillus subtilis spores for the delivery of *Mycobacterium tuberculosis* Ag85B–CFP10 secretory antigens. Tuberculosis 101, S18–S27.

Eckersall, P.D.and Bell, R.(2010) Acute phase proteins: biomarkers of infection and inflammation in veterinary medicine.Veterinary Journal 185, 23–27.

Farrell, D., Shaughnessy, R.G., Britton, L.,Machugh, D.E., Markey, B. and Gordon, S.V.(2015) The identification of circulating miRNA in bovine serum and their potential as novel biomarkers of early *Mycobacterium avium* subsp paratuberculosis infection.PLoS One 10, e0134310.

Fournie, G.J., Courtin, J.P., Laval, F., Chale, J.J., Pourrat, J.P., et al.(1995) Plasma DNA as a marker of cancerous cell death.investigations in patients suffering from lung cancer and in nude mice bearing human tumours.Cancer Letters 91, 221–227.

Gardiner, J.L.and Karp, C.L.(2015) Transformative tools for tackling tuberculosis.The Journal of Experimental Medicine 212, 1759–1769.

Golby, P., Villarreal–Ramos, B., Dean, G., Jones, G.J.and Vordermeier, M.(2014) MicroRNA expression profiling of PPD–B stimulated PBMC from *M. bovis*–challenged unvaccinated and BCG vaccinated cattle.Vaccine 32, 5839–5844.

Goosen, W.J., Cooper, D., Warren, R.M., Miller, M.A., Van Helden, P.D.and Parsons, S.D.(2014) The evaluation of candidate biomarkers of cell–mediated immunity for the diagnosis of *Mycobacterium bovis* infection in african buffaloes (Syncerus caffer). Veterinary

Immunology and Immunopathology 162, 198–202.

Govorukhina, N.I., Keizer–Gunnink, A., Van der Zee, A.G., De Jong, S., De Bruijn, H.W. and Bischoff, R.(2003) Sample preparation of human serum for the analysis of tumor markers.comparison of different approaches for albumin and gamma–globulin depletion.Journal of Chromatography A 1009, 171–178.

Gravett, M.G., Novy, M.J., Rosenfeld, R.G., Reddy, A.P., Jacob, T., et al.(2004) Diagnosis of intra–amniotic infection by proteomic profiling and identification of novel biomarkers.Jama 292, 462–469.

Haas, C.T., Roe, J.K., Pollara, G., Mehta, M. and Noursadeghi, M.(2016) Diagnostic 'omics' for active tuberculosis.BMC Medicine 14, 37–016–0583–9.

Harding, C.and Boom, W.H.(2010) Regulation of antigen presentation by *Mycobacterium tuberculosis*: a role for Toll–like receptors.Nature Reviews Microbiology 8, 296–307.

Hibi, K., Robinson, C.R., Booker, S., Wu, L., Hamilton, S.R., et al.(1998) Molecular detection of genetic alterations in the serum of colorectal cancer patients.Cancer Research 58, 1405–1407.

Humblet, M.F., Boschiroli, M.L.and Saegerman, C.(2009) Classification of worldwide bovine tuberculosis risk factors in cattle: a stratified approach.Veterinary Research 40, 50.

Jacobsen, M., Mattow, J., Repsilber, D. and Kaufmann, S.H.(2008) Novel strategies to identify biomarkers in tuberculosis.Biological Chemistry 389, 487–495.

Jahr, S., Hentze, H., Englisch, S., Hardt, D., Fackelmayer, F.O., et al.(2001) DNA fragments in the blood plasma of cancer patients: quantitations and evidence for their origin from apoptotic and necrotic cells.Cancer Research 61, 1659–1665.

Jiang, N. and Pisetsky, D. S. (2005) The effect of inflammation on the generation of plasma DNA from dead and dying cells in the peritoneum. Journal of Leukocyte Biology 77, 296-302.

Jiang, N., Reich, C. F., 3rd, Monestier, M. and Pisetsky, D. S. (2003) The expression of plasma nucleosomes in mice undergoing *in vivo* apoptosis. Clinical Immunology 106, 139-147.

Kamm, R.C. and Smith, A.G. (1975) Plasma deoxyribonucleic acid concentrations of women in labor and umbilical cords. American Journal of Obstetrics and Gynecology 121, 29-31.

Kaufmann, S.H. (2004) New issues in tuberculosis. Annals of the Rheumatic Diseases 63 (2), ii50-ii56.

Kleinnijenhuis, J., Oosting, M., Joosten, L. A. B., Netea, M.G. and Van Crevel, R. (2011) Innate immune recognition of *Mycobacterium tuberculosis*. Clinical & Developmental Immunology 2011, Article ID 405310.

Kondo, T. (2014) Inconvenient truth: cancer biomarker development by using proteomics. Biomedica Biochimica Acta 1844, 861-865.

Kopreski, M.S., Benko, F.A., Kwee, C., Leitzel, K.E., Eskander, E., et al. (1997) Detection of mutant K-ras DNA in plasma or serum of patients with colorectal cancer. British Journal of Cancer 76, 1293-1299.

Lai, Z.W.P. and Agnese, S.O. (2015) The emerging role of the peptidome in biomarker discovery and degradome profiling. Biological Chemistry 396, 185-192.

Lamont, E.A., Janagama, H.K., Ribeiro-Lima, J., Vulchanova, L., Seth, M., et al. (2014a) Circulating *Mycobacterium bovis* peptides and host response proteins as biomarkers for unambiguous detection of subclinical infection. Journal of Clinical Microbiology 52, 536-543.

Lamont, E.A., Ribeiro-Lima, J., Waters, W.R., Thacker, T. and Sreevatsan, S. (2014b) Mannosylated lipoarabinomannan in serum as a biomarker candidate for subclinical bovine tuberculosis. BMC Research Notes 7, 559.

Leon, S. A., Shapiro, B., Sklaroff, D. M. and Yaros, M.J. (1977) Free DNA in the serum of cancer patients and the effect of therapy. Cancer Research 37, 646-650.

Leung, C.C., Lange, C. and Zhang, Y. (2013) Tuberculosis: current state of knowledge: an epilogue. Respirology 18, 1047-1055.

Lichtenstein, A.V., Melkonyan, H.S., Tomei, L. D. and Umansky, S.R. (2001) Circulating nucleic acids and apoptosis. Annals of the New York Academy of Sciences 945, 239-249.

Lo, Y. M., Corbetta, N., Chamberlain, P. F., Rai, V., Sargent, I.L., et al. (1997) Presence of fetal DNA in maternal plasma and serum. Lancet 350, 485-487.

Lo, Y.M., Rainer, T.H., Chan, L.Y., Hjelm, N. M. and Cocks, R.A. (2000) Plasma DNA as a prognostic marker in trauma patients. Clinical Chemistry 46, 319-323.

Lui, Y.Y., Chik, K.W., Chiu, R.W., Ho, C.Y., Lam, C.W. and Lo, Y.M. (2002) Predominant hematopoietic origin of cell-free DNA in plasma and serum after sex-mismatched bone marrow transplantation. Clinical Chemistry 48, 421-427.

Mackay, C.R. and Hein, W.R. (1989) A large proportion of bovine T cells express the gamma delta T cell receptor and show a distinct tissue distribution and surface phenotype. International Immunology 1, 540-

545.

Mahairas, G. G., Sabo, P. J., Hickey, M. J., Singh, D.C.and Stover, C.K.(1996) Molecular analysis of genetic differences between *Mycobacterium bovis* BCG and virulent *M.bovis*.Journal of Bacteriology 178, 1274-1282.

Mandel, P.M.P.(1947) Lesacides nucleiques du plasma sanguin chez l'homme.Comptes Rendus.Académie des Sciences Paris 142, 241-243.

Maruvada, P., Wang, W., Wagner, P. D. and Srivastava, S.(2005) Biomarkers in molecular medicine: cancer detection and diagnosis. Biotechniques Suppl, 9-15.

Miller, R.S.and Sweeney, S.J.(2013) *Mycobacterium bovis*(bovine tuberculosis) infection in north american wildlife: current status and opportunities for mitigation of risks of further infection in wildlife populations.Epidemiology and Infection 141, 1357-1370.

Munroe, F. A., Dohoo, I. R. and Mcnab, W. B.(2000) Estimates of within-herd incidence rates of *Mycobacterium bovis* in Canadian cattle and cervids between 1985 and 1994. Preventive Veterinary Medicine 45, 247-256.

Nawroz, H., Koch, W., Anker, P., Stroun, M. and Sidransky, D.(1996) Microsatellite alterations in serum DNA of head and neck cancer patients. Nature Medicine 2, 1035-1037.

O'Brien, D.J., Schmitt, S.M., Lyashchenko, K. P., Waters, W.R., Berry, D.E., et al.(2009) Evaluation of blood assays for detection of *Mycobacterium bovis* in white-tailed deer(Odocoileus virginianus) in Michigan.Journal of Wildlife Diseases 45, 153-164.

Palmer, M. V., Whipple, D. L., Payeur, J. B., Alt, D.P., Esch, K.J., et al.(2000) Naturally occurring tuberculosis in white-tailed deer. Journal of the American Veterinary Medical Association 216, 1921-1924.

Palmer, M.V., Whipple, D.L.and Waters, W.R.(2001) Experimental deer-to-deer transmission of *Mycobacterium bovis*. American Journal of Veterinary Research 62, 692-696.

Palmer, M.V., Waters, W.R., Whipple, D.L., Slaughter, R.E.and Jones, S.L.(2004) Evaluation of an *in vitro* blood-based assay to detect production of interferon-gamma by *Mycobacterium bovis*-infected white-tailed deer(Odocoileus virginianus).Journal of Veterinary Diagnostic Investigation 16, 17-21.

Palmer, M.V., Waters, W.R.and Thacker, T.C.(2007) Lesion development and immunohistochemical changes in granulomas from cattle experimentally infected with *Mycobacterium bovis*.Veterinary Pathology 44, 863-874.

Palmer, M.V., Thacker, T.C.and Waters, W.R.(2016) Multinucleated giant cell cytokine expression in pulmonary granulomas of cattle experimentally infected with *Mycobacterium bovis*. Veterinary Immunology and Immunopathology 180, 34-39.

Pang, R.T., Poon, T.C., Chan, K.C., Lee, N.L., Chiu, R.W., et al.(2006) Serum proteomic fingerprints of adult patients with severe acute respiratory syndrome.Clinical Chemistry 52, 421-429.

Pesch, B., Bruning, T., Johnen, G., Casjens, S., Bonberg, N., et al. (2014) Biomarker research with prospective study designs for the early detection of cancer.Biomedica Biochimica Acta 1844, 874-883.

Petricoin, E.F., 3rd, Ornstein, D.K., Paweletz, C.P., Ardekani, A., Hackett, P.S., et al.(2002a) Serum proteomic patterns for detection of prostate cancer. Journal of the National Cancer Institute 94, 1576-1578.

Petricoin, E. F., Ardekani, A. M., Hitt, B. A.,

Levine, P.J., Fusaro, V.A., et al.(2002b) Use of proteomic patterns in serum to identify ovarian cancer.Lancet 359, 572-577.

Petricoin, E.F., Belluco, C., Araujo, R.P. and Liotta, L.A.(2006) The blood peptidome: a higher dimension of information content for cancer biomarker discovery.Nature Reviews Cancer 6, 961-967.

Poon, T.C., Chan, K.C., Ng, P.C., Chiu, R.W., Ang, I.L., et al.(2004) Serial analysis of plasma proteomic signatures in pediatric patients with severe acute respiratory syndrome and correlation with viral load.Clinical Chemistry 50, 1452-1455.

Rainer, T.H., Wong, L.K., Lam, W., Yuen, E., Lam, N.Y., et al.(2003) Prognostic use of circulating plasma nucleic acid concentrations in patients with acute stroke.Clinical Chemistry 49, 562-569.

Ramakrishnan, L. (2012) Revisiting the role of the granuloma in tuberculosis.Nature Reviews Immunology 12, 352-366.

Rodriguez-Campos, S., Smith, N.H., Boniotti, M.B.and Aranaz, A.(2014) Overview and phylogeny of *Mycobacterium tuberculosis* complex organisms: implications for diagnostics and legislation of bovine tuberculosis.Research in Veterinary Science 97 (Suppl), S5-S19.

Scaros, O.and Fisler, R.(2005) Biomarker technology roundup: from discovery to clinical applications, a broad set of tools is required to translate from the lab to the clinic.Biotechniques Suppl, 30-32.

Schiller, I., Oesch, B., Vordermeier, H.M., Palmer, M.V., Harris, B.N., et al.(2010) Bovine tuberculosis: a review of current and emerging diagnostic techniques in view of their relevance for disease control and eradication. Transboundary & Emerging Diseases 57, 205-220.

Schutz, E., Urnovitz, H.B., Iakoubov, L., Schulz-Schaeffer, W., Wemheuer, W.and Brenig, B.(2005) Bov-tA short interspersed nucleotide element sequences in circulating nucleic acids from sera of cattle with bovine spongiform encephalopathy(BSE) and sera of cattle exposed to BSE.Clinical and Diagnostic Laboratory Immunology 12, 814-820.

Seth, M., Lamont, E.A.,Janagama, H.K., Widdel, A., Vulchanova, L., et al.(2009) Biomarker discovery in subclinical mycobacterial infections of cattle. PloS One 4, e5478.

Shao, Z.M., Wu, J., Shen, Z.Z.and Nguyen, M.(2001) p53 mutation in plasma DNA and its prognostic value in breast cancer patients.Clinical Cancer Research 7, 2222-2227.

Shao, Z.M., Wu, J., Shen, Z.Z.and Nguyen, M.(2002) Retraction.Clinical Cancer Research 8, 3027.

Shapiro, B., Chakrabarty, M., Cohn, E.M. and Leon, S.A. (1983) Determination of circulating DNA levels in patients with benign or malignant gastrointestinal disease.Cancer 51, 2116-2120.

Shaughnessy, R.G., Farrell, D., Riepema, K., Bakker, D. and Gordon, S.V. (2015) Analysis of biobanked serum from a *Mycobacterium avium* subsp paratuberculosis bovine infection model confirms the remarkable stability of circulating miRNA profiles and defines a bovine serum miRNA repertoire.PLoS One 10, e0145089.

Solassol, J., Jacot, W., Lhermitte, L., Boulle, N., Maudelonde, T. and Mange, A. (2006) Clinical proteomics and mass spectrometry profiling for cancer detection.Expert Review of Proteomics 3, 311-320.

Sorenson, G. D. (2000) Detection of mutated KRAS2 sequences as tumor markers in plasma/serum of patients with gastrointestinal cancer.Clinical Cancer Research 6, 2129-2137.

Sorenson, G. D., Pribish, D. M., Valone, F. H., Memoli, V.A., Bzik, D.J.and Yao, S.L.(1994) Soluble normal and mutated DNA sequences from single-copy genes in human blood.Cancer Epidemiology, Biomarkers and Prevention 3, 67-71.

Sozzi, G., Conte, D., Mariani, L., Lo Vullo, S., Roz, L., et al. (2001) Analysis of circulating tumor DNA in plasma at diagnosis and during follow-up of lung cancer patients.Cancer Research 61, 4675-4678.

Stone, J. H., Rajapakse, V. N., Hoffman, G. S., Specks, U., Merkel, P.A., et al.(2005) A serum proteomic approach to gauging the state of remission in Wegener's granulomatosis.Arthritis Rheum 52, 902-910.

Stroun, M., Lyautey, J., Lederrey, C., Olson-Sand, A.and Anker, P.(2001) About the possible origin and mechanism of circulating DNA apoptosis and active DNA release. Clinica Chimica Acta 313, 139-142.

Swift, B. M., Convery, T. W. and Rees, C. E. (2016) Evidence of Mycobacterium tuberculosis complex bacteraemia in intradermal skin test positive cattle detected using phage-RPA.Virulence 7(7), 779-788.

Talip, B. A., Sleator, R. D., Lowery, C. J., Dooley, J.S.and Snelling, W.J.(2013) An update on global tuberculosis(TB).Infectious Diseases(Auckl) 6, 39-50.

Tan, E.M., Schur, P.H., Carr, R.I.and Kunkel, H.G.(1966) Deoxybonucleic acid(DNA) and antibodies to DNA in the serum of patients with systemic lupus erythematosus. Journal of Clinical Investigation 45, 1732-1740.

Thacker, T.C., Palmer, M.V.and Waters, W.R. (2007) Associations between cytokine gene expression and pathology in Mycobacterium bovis infected cattle. Veterinary Immunology and Immunopathology 119, 204-213.

Thijssen, M.A., Swinkels, D.W., Ruers, T.J.and De Kok, J.B.(2002) Difference between free circulating plasma and serum DNA in patients with colorectal liver metastases.Anticancer Research 22, 421-425.

Thoentest, C.O. and Bloom, B.R.(1995) Pathogenesis of Mycobacterium bovis.In Thoen, C.O., Steele, J.H.and Gilsdorf, M.J.(eds) Mycobacterium bovis Infection in Animals and Humans.Blackwell Publishing, Hoboken, USA.

Tirumalai, R.S., Chan, K.C., Prieto, D.A., Issaq, H.J., Conrads, T.P.and Veenstra, T.D.(2003) Characterization of the low molecular weight human serum proteome. Molecular and Cellular Proteomics 2, 1096-1103.

Tjoa, M.L., Cindrova-Davies, T., Spasic-Boskovic, O., Bianchi, D.W.and Burton, G.J.(2006) Trophoblastic oxidative stress and the release of cell-free feto-placental DNA.The American Journal of Pathology 169, 400-404.

VanCrevel, R., Ottenhoff, T.H.M.and Van der Meer, J.W.M.(2002) Innate immunity to Mycobacterium tuberculosis.Clinical Microbiology Reviews 15, 294-309.

Vasioukhin, V., Anker, P., Maurice, P., Lyautey, J., Lederrey, C.and Stroun, M.(1994) Point mutations of the N-ras gene in the blood plasma DNA of patients with myelodysplastic syndrome or acute myelogenous leukaemia. British Journal of Haematology 86, 774-779.

Villarreal-Ramos, B.,Mcaulay, M., Chance, V., Martin, M., Morgan, J.and Howard, C.J.(2003) Investigation of the role of CD8[+] T cells in bovine tuberculosis in vivo. American Society for Microbiology 71,

4297-4303.

Vordermeier, H. M., Cockle, P. J., Whelan, A. O., Rhodes, S. and Hewinson, R.G.(2000) Toward the development of diagnostic assays to discriminate between Mycobacterium bovis infection and bacille Calmette-Guérin vaccination in cattle. Clinical Infectious Diseases Suppl(3), S291-S298.

Vordermeier, H. M., De Val, B. P., Buddle, B. M., Villarreal-Ramos, B., Jones, G.J., et al.(2014) Vaccination of domestic animals against tuberculosis: review of progress and contributions to the field of the TBSTEP project. Research in Veterinary Science 97, S53-S60.

Vordermeier, H. M., Jones, G.J., Buddle, B.M. and Hewinson, R.G.(2016a) Development of immunediagnostic reagents to diagnose bovine tuberculosis in cattle. Veterinary Immunology and Immunopathology 181, 10-14.

Vordermeier, H.M., Jones, G.J., Buddle, B.M., Hewinson, R.G.and Villarreal-Ramos, B.(2016b) Bovine tuberculosis in cattle: vaccines, DIVA tests, and host biomarker discovery.Annual Review of Animal Biosciences 4, 87-109.

Wallis, R.S., Pai, M., Menzies, D., Doherty, T. M., Walzl, G., et al.(2010) Biomarkers and diagnostics for tuberculosis: progress, needs, and translation into practice.Lancet 375, 1920-1937.

Wanzala, S. I., Waters, W. R., Thacker, T., Carstensen, M., Travis, D. and Sreevatsan, S.(2016) Pathogen specific biomarkers for the diagnosis of tuberculosis in deer.American Journal of Veterinary Research 78(6), 729-734.

Waters, W.R., Palmer, M.V., Nonnecke, B.J., Thacker, T.C., Scherer, C.F., et al.(2009) Efficacy and immunogenicity of Mycobacterium bovis DeltaRD1 against aerosol M.bovis infection in neonatal calves.Vaccine 27, 1201-1209.

Waters, W.R., Maggioli, M.F., Palmer, M.V., Thacker, T.C., Mcgill, J.L., et al.(2015) Interleukin-17A as a biomarker for bovine tuberculosis.Clinical and Vaccine Immunology 23, 168-180.

Whipple, D.L., Bolin, C.A., Davis, A.J., Jarnagin, J.L., Johnson, D.C., et al.(1995) Comparison of the sensitivity of the caudal fold skin test and a commercial gamma-interferon assay for diagnosis of bovine tuberculosis.American Journal of Veterinary Research 56, 415-419.

Williams, Z., Ben-Dov, I.Z., Elias, R., Mihailovic, A., Brown, M., et al.(2013) Comprehensive profiling of circulating microRNA via small RNA sequencing of cDNA libraries reveals biomarker potential and limitations.Proceedings of the National Academy of Sciences of the United States of America 110, 4255-4260.

Yip, T.T., Chan, J.W., Cho, W.C., Yip, T.T., Wang, Z., et al.(2005) Protein chip array profiling analysis in patients with severe acute respiratory syndromeidentified serum amyloid a protein as a biomarker potentially useful in monitoring the extent of pneumonia. Clinical Chemistry 51, 47-55.

Young, B.L., Mlamla, Z., Gqamana, P.P., Smit, S., Roberts, T., et al.(2014) The identification of tuberculosis biomarkers in human urine samples.The European Respiratory Journal 43, 1719-1729.

Zhang, Z., Bast, R.C.J.R., Yu, Y., Li, J., Sokoll, L.J., et al.(2004) Three biomarkers identified from serum proteomic analysis for the detection of early stage ovarian cancer.Cancer Research 64, 5882-5890.

Ziegler, A., Zangemeister-Wittke, U.and Stahel, R.A.(2002) Circulating DNA: a new diagnostic gold mine Cancer Treatment Reviews 28, 255-271.

家畜和野生动物结核病的预防接种疫苗

Bryce M. Buddle[1], Natalie A. Parlane[1], Mark A. Chambers[2,3], Christian Gortázar[4]

1 北帕默斯顿 霍普柯克研究所，新西兰

2 阿德尔斯通，维桥，动物和植物卫生局，萨里郡，英国

3 健康与医学科学学院，兽医学院，萨里大学，英国

4 萨比奥–Recursos Cinegticos IREC 研究所，西班牙皇家城市卡斯蒂利亚拉曼查大学，西班牙

14.1 引言

牛分枝杆菌的宿主范围非常广泛，虽然动物中的结核病也可以由结核分枝杆菌复合群的其他成员引起，但牛分枝杆菌是家畜和野生动物感染结核病的主要原因。牛感染牛分枝杆菌的这种疫病被定义为牛结核病，在世界范围内仍然是一个主要的经济动物健康问题（Waters 等，2012）。20 世纪中期，通过实施检疫–扑杀（阳性牛）控制策略，成效显著，许多国家得以根除该病。然而，许多发展中国家无法负担和承受这些控制措施的成本，全世界 94% 以上的人口生活在对于牛或水牛结核病控制措施仍然有限或根本不存在控制措施的国家中（Cousins，2001）。此外，牛结核病防控的另一个难点在于野生动物感染牛分枝杆菌后成为储存宿主。可作为储存宿主的野生动物包括新西兰的澳大利亚短尾袋貂，英国和爱尔兰的欧洲獾，美国密歇根州的白

尾鹿（de Lisle 等，2001），伊比利亚半岛的欧亚野猪（Naranjo 等，2008）。此外，在欧洲部分地区的马鹿（Santos 等，2015），南非的非洲水牛（de Klerk 等，2010）和加拿大的森林野牛和麋鹿（Nishi 等，2006）在狩猎庄园和国家公园感染后，成为持续的感染源。这些感染源能够导致家畜感染，在国家公园通过传播蔓延导致其他特定种类的野生物种感染，包括伊比利亚山猫、狮子、猎豹和豹子。通过减少动物的密度或禁止造成当地动物高密度的人工饲养，已经部分控制了一些持续感染源（Griffin 等，2005；O' Brien 等，2006；Livingstone 等，2015）。但对于某些受保护的物种或不希望被干扰的自然调节生态系统几乎没有这类控制措施。

因此在家畜和野生动物中开发和使用疫苗防控结核病意义重大。虽然目前牛用结核病疫苗尚未注册，但由于认识到牛结核病对动物卫生和贸易的经济影响，以及控制该病的难

度，人们再次对这些疫苗的使用产生了兴趣。牛使用结核疫苗的局限性是：免疫保护不完全，接种疫苗后，会干扰传统诊断方法的结果（Parlane 和 Buddle，2015）。现在，可通过疫苗免疫与其他控制措施相结合的疫苗，使用同源或异源疫苗接种，实现自然感染和免疫动物的鉴别诊断，解决传统疫苗的局限性问题。此外，人们正在用牛感染牛分枝杆菌、山羊感染山羊分枝杆菌的实验动物模型评估人结核病疫苗的有效性（Vordermeier 等，2009；Pérez de Val 等，2013），这有助于推动兽用和人用疫苗的应用研究。对野生动物来说，这种通过疫苗减少发病乃至根除结核病的策略可能更高效且节约成本，而在欧洲，疫苗免疫已被证明是一种控制野生狐狸狂犬病的成功方法（Pastoret 和 Brochier，1996）。本章主要介绍在家畜和野生动物中结核病疫苗研究的最新进展。在 Skinner 等（2001）、Waters 等（2012）和 Chambers 等（2014）的研究中，了解到了关于动物接种结核病疫苗研究的报道。

14.2　为牛接种疫苗

14.2.1　牛分枝杆菌卡介苗

牛分枝杆菌减毒卡介苗（BCG）是唯一获批的人用疫苗。在家畜和野生动物中卡介苗有许多优势，疫苗价格相对便宜，对多个物种安全性好，商业化的卡介苗可用于人类预防结核病且现在可以通过鉴别诊断，区分疫苗免疫动物和自然感染动物。1911 年 Calmette和 Guerin 首次用卡介苗免疫牛，他们的研究表明接种相对大剂量（20mg）卡介苗可保护

牛免受牛分枝杆菌感染（Waters 等，2012）。20 世纪上半叶，多个研究团队开展了卡介苗疫苗试验，尽管攻毒保护取得可喜的结果，但临床试验结果仍差异较大。结果不理想的原因可能是由于接种卡介苗的剂量较高（$10^8 \sim 10^{10}$ CFU）、牛分枝杆菌感染量大、牛犊在接种疫苗前曾食用感染乳牛的牛乳进而接触过牛分枝杆菌、事先接触过环境中的分枝杆菌或蠕虫造成致敏或缺乏长期保护。由于不同研究使用了不同种类的卡介苗菌株，剂量、接种途径、评价方法和攻毒方式也不同，因此很难对这些试验结果进行信息汇总分析。

过去 20 年中，人们使用协调模型、单独检测卡介苗或与其他疫苗进行比较，在牛身上开展了大量的疫苗接种和攻毒保护试验。攻毒试验使用的牛分枝杆菌量（$10^3 \sim 10^4$ CFU）相对较低，通过支气管内、气管内接种或气雾方式攻毒（Buddle 等，1995；Palmer 等，2002a）。这种方式可导致动物模型出现结核性病变，与下呼吸道自然感染类似。通过使用卡介苗菌株免疫（最初是巴斯德株，后来是卡介苗丹麦1331 株），进行粗略定量、组织病理学和微生物学观察评估其保护效果。大量研究结果表明，肠外接种卡介苗剂量为 $10^4 \sim 10^6$ CFU 可产生同等的保护力（Buddle 等，1995），而口服则需更高剂量（10^8 CFU）才能达到保护效果（Wedlock 等，2011）。经肠外和黏膜途径联合使用卡介苗效果好坏参半，在同一天进行皮下和支气管内免疫时可观察到保护效果的小幅度提高（Dean 等，2015），但皮下和口服途径联合使用卡介苗时保护效果却没有明显增强（Buddle 等，2008）。卡介苗巴斯德株和丹麦株免疫后，虽然产生细胞免疫的反应动力学存在

差异，但都可诱导产生类似的保护效果（Wedlock 等，2007；Hope 等，2011）。免疫后对新生或刚出生不久的牛犊的保护效果至少可达到对大龄牛犊的保护效果（Buddle 等 2003；Hope 等，2005）。牛接种卡介苗 3 周后，采用牛分枝杆菌人工攻毒，未出现结核病临床症状，也未加重结核病病理反应（Buddle 等，2016）。疫苗免疫后的攻毒保护效果可持续 12 个月，免疫后 24 个月保护效果减弱（Thom 等，2012）。

两项研究曾报道确定了卡介苗的复种效果。第一项研究中，在牛犊出生 8h 内接种或在 6 周龄接种疫苗可产生高水平的抗牛分枝杆菌感染保护水平，而在出生 8h 内接种疫苗，并在 6 周龄复种，产生的保护力有所下降（Buddle 等，2003）。牛犊接受复种后，免疫保护水平最低，而抗原特异性 IFN-γ 反应最强，说明复种引起了不适当的免疫应答。在新生牛犊中，抗原特异性 IFN-γ 反应维持在较高水平的时间长度比年龄较大的牛犊中持续的时间长，这可能是由于卡介苗感染更活跃，而当免疫反应处于高水平时，可能要考虑禁止复种卡介苗。相反，2~4 周龄牛犊接种卡介苗后，在 2 岁免疫力减弱时再次接种，6 个月后攻毒发现，牛犊保护力得到显著提高，而仅接受初免的牛犊未得到保护（Parlane 等，2014）。

在埃塞俄比亚和墨西哥，通过自然条件下的试验，免疫和非免疫牛犊与感染母牛接触，暴露在含牛分枝杆菌的环境下，结果显示，疫苗免疫后可诱导产生显著的保护水平（Ameni 等 2010；Lopez-Valencia 等，2010）。在新西兰开展的一项大规模现场试验中，牛犊口服接种卡介苗后，暴露在结核阳性牛和阳性野生动物（储存宿主）存在的环境下，

与未接种疫苗的牛相比，疫苗免疫预防感染有效性约为 67%（Nugent 等，2017）。

14.2.2 新一代结核病疫苗

在过去 20 年中，全球已经为人结核病疫苗的开发投入了大量资金，极大地推动了牛结核病疫苗的研发和评价工作。最近在牛体试验了不同类型的结核病疫苗，包括可以替代卡介苗的牛分枝杆菌减毒活疫苗，可用于提高卡介苗诱导的免疫保护力的结核亚单位疫苗，如 DNA、蛋白质和病毒载体疫苗（Parlane 和 Buddle，2015，总结见表 14.1）已发表的研究评价了牛分枝杆菌减毒活疫苗，包括改良的卡介苗株、牛分枝杆菌营养缺陷型、结核分枝杆菌和牛分枝杆菌的缺失突变株。与单独使用卡介苗接种相比，表达 Ag85B 的卡介苗对牛分枝杆菌强毒株的攻击具有显著的保护作用，肺组织学评分较低（Rizzi 等，2012）。通过对疫苗进行修饰改造，包括 zmp1 缺失，开发了相应疫苗，其基本原理是分枝杆菌中的 zmp1 蛋白阻止炎症小体的激活，从而抑制吞噬小体的成熟以及 MHC-Ⅰ、MHC-Ⅱ 依赖性分枝杆菌抗原呈递。

与卡介苗相比，zmp1 缺失的卡介苗改善了宿主 T 细胞记忆反应（Khatri 等，2014）。最近研究显示，基因修饰疫苗保护效果良好，控制了胸部淋巴结病变损伤（B. Khatri，结果未发表）。用 4 种卡介苗丹麦株突变体（BCGΔleuCD、BCGΔfdr8、BCGΔmmA4、BCGΔpks16）混合接种牛，可诱导产生显著的抗牛分枝杆菌感染保护力，达到与野生型卡介苗丹麦株相当的水平（Waters 等，2015）。

表 14.1 在牛体测试的新型结核病疫苗

疫苗类型	疫苗	与卡介苗相比，抗结核病保护力	参考文献
修饰的卡介苗	卡介苗过表达 Ag85B	+	Rizzi 等，2012
	卡介苗缺失 zmp1	+	Khatri 等，2014 和 B. Khatri，结果未发表
	卡介苗突变株（BCGD$\Delta leuCD$，BCGD$\Delta fdr8$，BCGD$\Delta mmA4$，BCGD$\Delta pks16$）	=	Waters 等，2015
结核分枝杆菌减毒株	结核分枝杆菌 $\Delta RD1\Delta panCD$	–	Waters 等，2007
牛分枝杆菌减毒株	紫外线照射牛分枝杆菌	+	Buddle 等，2002
	牛分枝杆菌 $\Delta leuD$	NT	Khare 等，2007
	牛分枝杆菌 $\Delta RD1$	=	Waters 等，2009
	牛分枝杆菌 $\Delta mce2$	+	Blanco 等，2013
DNA 疫苗	分枝杆菌 DNA	=	Maue 等，2004；Cai 等，2005
	异源增强：分枝杆菌 DNA 初免+卡介苗加强免疫	+	Skinner 等，2003、2005；Maue 等，2007
佐剂蛋白疫苗	蛋白+卡介苗同时免疫	+	Wedlock 等，2005a，2008
病毒载体疫苗	卡介苗首免+Ad85A 病毒载体疫苗加强免疫	+	Vordermeier 等，2009；Dean 等，2014a

在一项研究中对于环境分枝杆菌自然致敏的犊牛，免疫接种了两种紫外线照射产生的牛分枝杆菌弱毒菌株，尽管不清楚致弱毒株的基因缺失情况，但上述弱毒株均可产生显著的抗牛分枝杆菌感染保护力，相比之下，卡介苗无此保护效果（Buddle 等，2002；Parlane 和 Buddle，2015）。

与未接种疫苗的对照组相比，接种亮氨酸缺陷型牛分枝杆菌后可显著减少牛分枝杆菌攻击后犊牛的细菌负荷和组织病理学变化

（Khare 等，2007），本研究未与卡介苗进行比较。通过敲除差异区域 1（RD1）和致泛酸营养缺陷型，构建结核分枝杆菌双缺失突变株，无法保护犊牛免受牛分枝杆菌气溶胶的攻击（Waters 等，2007），而用牛分枝杆菌 RD1 缺失突变株免疫后产生的保护力与卡介苗相当（Waters，2009）。因为牛不是结核分枝杆菌的天然宿主，因此对牛来说，与牛分枝杆菌或卡介苗背景的菌株相比，减毒结核分枝杆菌突变株的免疫原性可能较弱。与卡介苗相比，*mce2*

基因双缺失的牛分枝杆菌减毒株免疫牛后可产生显著的保护效果，并且显著降低肺和肺淋巴结的组织病理学损伤（Blanco 等，2013）。

亚单位疫苗与卡介苗联合使用时，产生的协同保护效果优于单独使用卡介苗，但单独使用亚单位疫苗免疫牛时，产生的保护效果不如卡介苗。分枝杆菌 DNA 与编码共刺激分子 CD80 和 CD86 的 DNA 联合（Maue 等，2004）或与佐剂联合使用时（Cai 等，2005），可观察到一定的保护作用，但单独使用 DNA 疫苗时对结核病的保护作用很小。采用 DNA 疫苗初免、卡介苗加强免疫，产生了良好的保护效果，而卡介苗初免、DNA 疫苗加强免疫产生的保护效果优于单独使用卡介苗（Skinner 等，2003、2005；Maue 等，2007）。同样，结核病蛋白疫苗单独使用时对牛的保护作用很弱，而在相邻部位与卡介苗联合使用时，其诱导的保护效果优于单独使用卡介苗（Wedlock，2005a、2008）。在牛体使用结核蛋白疫苗所遇到的主要问题是，尽管与一系列佐剂和免疫调节剂联合使用，仍然很难诱导强烈的细胞免疫反应。将病毒载体结核病疫苗应用于异源初免-加强免疫方法，即采用卡介苗首免，然后用原本开发用于人类结核病疫苗的病毒载体结核病疫苗加强免疫，使人结核病疫苗的前景光明。用卡介苗丹麦株首免，表达 Ag85A 蛋白的复制缺陷型人腺病毒 5（Ad85A）加强免疫，其保护效果优于单独使用卡介苗（Vordermeier 等，2009）。在最近的一项研究中，接种卡介苗后的犊牛无论是用表达 Ag85A（Ad5-85A）、Ag85A、Rv0287、Rv0288 还是 Rv0251（Ad5-TBF）来加强免疫，只有采用 Ad5-85A 加强免疫所致的组织

病理学损伤评分明显低于单独接种卡介苗的犊牛（Dean 等，2014a）。根据免疫原性研究，卡介苗初免后，Ad5-85A 加强免疫的最佳免疫剂量为 $2×10^9$ CFU，免疫途径为皮内接种（Dean 等，2014b）。

研究还表明 Ad85A 通过黏膜（支气管内）或全身（皮内）途径增强卡介苗的首免效果，可诱导类似的外周血反应，支气管肺泡灌洗细胞产生抗原特异性 IFN-γ（Whelan 等，2012）。此外，当犊牛同时通过全身途径接种了卡介苗并通过黏膜（支气管内膜）接种了 Ad85A 时，保护效果的趋势好于单独接种卡介苗（Dean 等，2015）。

14.2.3 保护的相关因素

动物用结核病疫苗改进研究中存在的一个问题是，尽管有一些进展，但没有发现结核病相关的单一保护因素。目前，仍然有必要通过动物的攻毒保护实验评价疫苗的保护效果。宿主对牛分枝杆菌等细胞内病原体的抵抗在很大程度上依赖于 T 细胞介导的免疫反应，与保护力相关的因素主要包括细胞因子反应特点和记忆反应诱导免疫反应的质量。

接种疫苗后出现早期 IFN-γ 反应，因此检测的时机很重要，但 IFN-γ 反应程度并不总是与保护水平相关（Buddle 等，2003；Wedlock 等，2007）。人们已经开始寻找替代 IFN-γ 或其他的细胞因子作为评价保护水平的相关因子。在这方面，牛体内针对分枝杆菌抗原的 IL-17 和 IL-22 反应有望成为这种相关因子（Rizzi 等，2012；Bhuju 等，2012；Waters 等，2015）。IL-17 可由一系列 T 细胞

（*TH*17、γδ 和 NK 细胞）产生，在肺部对于保护性记忆细胞的积累和 T 细胞亚群的交叉调节至关重要（Waters 等，2015）。虽然 IL-22 的作用尚未明确，但其潜在的效应机制之一是可能产生 β-防御素。在小动物模型中，多功能 T 细胞的数量与保护水平有关（Aagaard 等，2009；McShane，2009）。但在牛体内如果在攻毒前检测，IFN-γ、IL-2 和 TNF-α 或至少两种标志物的组合无法预测疫苗的效力，但是牛分枝杆菌攻毒后，上述细胞因子水平的提高与病理学反应加剧密切相关（Vordermeier 等，2009；Whelan 等，2011a）。针对结核菌素的迟发型超敏反应检测是牛结核病的主要筛查手段；然而，超敏反应的强度与疫苗接种后的保护水平，尤其是与保护水平的持续程度缺乏相关性（Whelan 等，2011b）。令人困惑的是，在这些用于评价保护水平的标志物中，许多也可以作为攻毒后判断疫病程度的指标。

最近证明，ELISPOT 培养方法测量牛的记忆 T 细胞反应将有望预测疫苗的有效性，因为与免疫/未获得保护的动物相比，免疫/获得保护动物的记忆 T 细胞反应显著提高（Vordermeier 等，2009；Dean 等，2014a）。此外，在疫苗接种后，ELISPOT 反应强度持续时间与免疫持续时间有关（Thom 等，2012）。参与这种反应的 T 细胞亚群几乎完全是 CD4⁺，尤其是 CD45RO⁺CD62L^high "中央记忆" 样表型。相比之下，效应 T 细胞/效应记忆 T 细胞表型（CD45RO⁺CD62L^low）主要参与了体外 ELISPOT 反应，不一定是疫苗保护的预测指标（Blunt 等，2015）。

许多免疫参数与攻毒后的病理学变化相关，这些参数与疫苗的效力间接相关，这包括体外 ESAT-6 诱导的 IFN-γ 的产生（Vordermeier 等，2002）以及 IL-17A 和 IL-22 的产生（Aranday Cortes 等，2012）。此外，通过比较感染与健康动物，发现一种趋化因子 IP-10（CXCL10），在感染后上调表达（Aranday-Cortes 等，2012）。Micro-RNAs（miRNA）是基因表达的重要调节因子，在先天性免疫和获得性免疫中都发挥着重要作用，已被研究作为病理学的标志物。PPD 刺激外周血单核细胞后，miR-155 的表达与牛感染牛分枝杆菌疫病的严重程度相关（Golby 等，2014）。

14.2.4　疫苗免疫与自然感染鉴别诊断

接种结核病疫苗可能会影响对结核菌素皮试结果的判断，结核菌素皮试是牛结核病控制策略 "检测-扑杀" 的初筛方法。在接种卡介苗后 6 个月，80% 牛犊的结核菌素皮试出现反应，接种后 9 个月，这个比例下降到 10%~20%（Whelan 等，2011b）。对于计划将疫苗接种与常规 "检测-扑杀" 控制策略一起使用的国家，需要选择鉴别诊断方法 DIVA（区分感染动物和接种疫苗的动物）替代原有方法。使用卡介苗缺失，而在结核分枝杆菌复合群其他成员中表达的抗原，开发了 DIVA 方法，这些抗原可以在全血 IFN-γ 或皮试中代替牛 PPD。DIVA IFN-γ 试验中，最开始使用的两种抗原是早期分泌抗原 6ku 靶蛋白（ESAT-6）和培养滤液蛋白 10（CFP10），它们由结核分枝杆菌和牛分枝杆菌的 *RD1* 区编码，但在卡介苗中缺失。这项试验还有一个额外的好处，即可以区分感染牛分枝杆菌和感染环境分枝杆菌或禽分枝杆菌副结核亚种的牛（Buddle 等，1999；Vordermeier 等，2001）。本试验的敏感性仍低于用禽和牛 PPD 作为刺激抗原的 IFN-γ 试验的敏感性，还需要进一步挖掘和验证其他抗原。在对分枝杆菌属进行比较转录组分析后，将 Rv3615c 加入抗原特异性 IFN-γ 试验中以提高敏感性（Sidders 等，2008）。尽管该蛋白不位于 *RD1* 区，但其分泌依赖于位于 *RD1* 区的 esx-1 分泌系统。最近对 75 头接种卡介苗、感染牛分枝杆菌的牛和 179 头接种卡介苗、未感染牛分枝杆菌的牛进行全血 IFN-γ 试验，刺激抗原包括 ESAT-6、CFP10 和 Rv3615c，结果显示，敏感性和特异性分别为 96% 和 95.5%（Chambers 等，2014）。

DIVA 全血 IFN-γ 试验最有效的使用方式是对结核菌素阳性牛的复检；然而，一种更具成本效益的方法是在初筛的皮试中使用 DIVA 抗原。在牛 DIVA 皮试中使用 ESAT-6、CFP10 和 Rv3615c 检测感染牛分枝杆菌的牛，敏感性较高，同时检测结果不会因牛接种卡介苗或副结核疫苗而被干扰（Whelan 等，2010；Jones 等，2012）。试验中，通过融合蛋白的形式表达，并通过在纳米颗粒（如细菌产生的聚酯珠）上显示来降低抗原的浓度，可以降低试验中使用的试剂成本（Parlane 等，2016）。

14.3　为山羊接种疫苗

山羊结核病是由牛分枝杆菌或山羊分枝杆菌引起的，病变主要见于肺部和相关淋巴结，表明存在气溶胶感染途径（Pesciaroli 等，2014）。这种疫病造成了流行地区的经济损失，受感染的山羊可能是牛或人结核病的一

个传染源。某些欧洲国家也存在山羊结核病，但目前欧盟没有开展山羊结核病控制运动。最近，有研究表明，通过支气管内途径，用低剂量山羊分枝杆菌（10^3 CFU）感染山羊，在感染后 14 周，所有感染动物都会出现特征病变，病理学表现为肺部干酪性坏死和空洞性病变，与自然发病相同（Pérez de Val 等，2011）。相比之下，使用相同剂量牛分枝杆菌通过气溶胶途径感染山羊，只会产生微弱的肺部病变（Gonzalez-Juarero 等，2013），这种病理学上的差异可能是由于感染途径不同而造成的。在随后的研究中，用牛分枝杆菌或山羊分枝杆菌对山羊进行肺部攻毒试验，牛分枝杆菌所致山羊的总病变评分更高，培养为阳性的结果更高（Bezos 等，2015）。为了确定疫苗的保护效果，我们通过定性和定量分析以及肺相关淋巴结分枝杆菌培养来评价总体和微观损伤。通过使用多探测器计算机断层成像（Pérez de Val 等，2011），可以精确测定与肺总容积相关的肺总损伤负荷。

山羊经皮下注射剂量为 $5×10^5$ CFU 的卡介苗丹麦株已被证明是安全的，免疫后，羔羊的粪便或哺乳期山羊的乳汁中未检测到排出的卡介苗活菌（Pérez de Val 等，2016）。接种卡介苗 8 周后可从羔羊淋巴结中分离出卡介苗活菌，但在接种后 24 周，未在任何山羊体内分离出卡介苗。皮下注射单剂量卡介苗可显著提高山羊对山羊分枝杆菌攻毒的保护力，降低肺病理学损伤和细菌负荷。通过采取进行异源菌株首免/再免增强的策略，采用卡介苗（BCG）进行首免，随后使用病毒载体疫苗 Ad5-Ag85A 或 Ad5-TBF 加强免疫，经支气管内途径用山羊分枝杆菌攻毒，与单独接种卡介

苗或未接种卡介苗的山羊相比，保护效果显著，结果令人鼓舞（Pérez de Val 等，2012、2013）。卡介苗或卡介苗联合 Ad5-Ag85A 的疫苗免疫，似乎可以防止分枝杆菌血行播散，而胸外结核病变仅在未接种疫苗的山羊中发现（Pérez de Val 等，2012）。此外，在 IFN-γ 试验中使用分枝杆菌 DIVA 特征性蛋白 ESAT-6 和 CFP10，可以区分自然感染与卡介苗免疫的山羊。在接种疫苗的山羊中，抗 Ag85A 特异性 IFN-γ ELISPOT 反应与保护效果显著相关（Pérez de Val 等，2013），该发现与疫苗免疫牛结果类似，即通过检测产生特异性 IFN-γ 的记忆性 T 细胞，可预测结核病疫苗的免疫效果。

疫苗免疫被视为一种长期的、有价值的控制办法，在开始检疫-扑杀计划之前，可降低结核病流行率，控制养殖户和公共部门的成本，提高经济效益。此外，山羊动物模型在检验人结核病候选疫苗效果方面具有相当大的潜力，并且该动物模型具有许多优点，包括感染后可表现与人结核病相似的病变，如肺部空洞病变，而且与牛模型相比山羊模型成本更低。

14.4 为鹿接种疫苗

目前已经对鹿进行了结核病疫苗的接种研究，以评估疫苗接种是否是保护人工饲养鹿的方式，并开发了一种为野鹿接种疫苗的系统，以防止再次感染牛群。野生或养殖鹿的结核病主要由牛分枝杆菌引起，结核性病变通常包括液化或脓性肿胀，与牛和山羊干酪样病变性质不同（Beatson，1985；Fitzgerald 和 Kaneene，2013）。鹿感染产生的结核性病

变部位也与牛不同，鹿最常见的病变部位是咽后淋巴结，其次是肺部、肺相关淋巴结以及肠系膜淋巴结（Martín-Hernando 等，2010）。鹿最初的发病部位是扁桃体和咽后淋巴结，表明是经气溶胶或经口感染。为了重现鹿自然感染后的典型病理学特征，应采用低剂量牛分枝杆菌（10^2 CFU）接种扁桃体隐窝，鹿只会在扁桃体和咽后淋巴结中出现病变（Griffin 等，1995；Palmer 等，2002b）。

对鹿接种卡介苗的研究表明，3 个月龄的鹿接受卡介苗单剂量皮下注射可减轻疾病的严重程度，每隔 8~16 周给鹿再次接种疫苗可预防结核病感染，但间隔 43 周无预防效果（Griffin 等，2006）。给鹿的卡介苗注射剂量为 10^6 CFU，口服剂量为 10^8 CFU，两者诱导产生的保护效果相当（Nol 等，2008）。有证据表明，卡介苗可通过接触从免疫的鹿传播到未免疫的鹿（Palmer 等，2009、2010；Nol 等，2013）。目前尚不清楚这种卡介苗的传播方式能否保护未接种疫苗的鹿，发挥结核病预防作用。通过注射或口服卡介苗疫苗，活菌可在鹿淋巴组织中存活 3~9 个月（Palmer 等，2010）。对于野鹿群体而言，口服诱饵结核病疫苗将是最可行的方法。然而，一些并发症可能与疫苗诱饵的投放有关，在一些结核病流行地区（如美国密歇根州）禁止补充喂养野鹿作为结核病的控制措施，以便减少鹿的大量聚集。另一方面，人们担心除了鹿以外的其他动物，特别是牛，也服用了诱饵疫苗。通过模拟模型，人们研究了疫苗在根除美国密歇根州野鹿结核病中发挥的潜在作用，评价其对于牛结核病控制计划可能产生的影响（Ramsey 等，2014 年）。使用一种效力为 90% 的疫苗，必须

每年接种 90% 的易感鹿，以期在 30 年内 95% 的概率实现根除结核病，而在牛场方圆 5000 米范围内接种 50%~90% 的易感鹿，则可在 15~18 年内使得 95% 的牛群结核病阴性。

14.5 为野生动物接种疫苗

野生动物结核病疫苗的要求是，动物只接受一次疫苗接种，而实际上，疫苗将通过口服诱饵途径自行接种。为了让口服诱饵疫苗存留在环境中，疫苗必须是安全的。可通过使用减毒分枝杆菌疫苗（如卡介苗）满足野生动物免疫要求，表 14.2 总结了卡介苗在野生动物中的应用研究。将来有望在野猪中使用灭活牛分枝杆菌疫苗。

表 14.2　结核病疫苗在野生动物中的有效性研究综述

物种/国家	疫苗/途径[a]	攻毒方式	疫苗效果[b]	注释/特殊问题	关键参考文献
帚尾袋貂/新西兰	BCG/O、M、P	气溶胶 自然暴露	+ +	相比之下，疫苗的成本很高	Aldwell 等，2003；Tompkins 等，2009
欧洲獾/英国、爱尔兰	BCG/O、M、P	支气管内 自然感染	+ +	获得许可的肠外疫苗（獾 BCG）口服疫苗：证明持续保护并定义最小有效剂量	Chambers 等，2014；Murphy 等，2014；Carter 等，2012
白尾鹿/美国	BCG/O、P	扁桃体内	+	卡介苗在组织中的持久存在，禁止补充诱饵，更新确定非目标动物	Nol 等，2008；Palmer 等，2009
欧亚野猪/西班牙	BCG/O、P 灭活牛分枝杆菌/O、P	经口 经口 自然暴露	+ + +	非目标动物摄取诱饵的监管问题	Gortázar 等，2014。Beltrán-Beck 等，2014a、2014b；Diez-Delgado 等，2016
雪貂/新西兰	BCG/O、P	经口	±	牛分枝杆菌的储存宿主很少	Qureshi 等，1999；Cross 等，2000
非洲水牛/南非	BCG/P	扁桃体内	−	疫苗接种在现场的实用性	De Klerk 等，2010

注：a 表示接种路线：O 为口服；M 为其他黏膜；P 为肠外。b 表示疫苗效果：+为保护；±为部分保护；−为没有保护。

14.5.1 为袋貂接种疫苗

帚尾袋貂是新西兰牛分枝杆菌的主要野生动物储存宿主。袋貂对牛分枝杆菌非常易感，病变主要出现在肺部和浅表淋巴结。在过去 20 年里，诱捕和毒杀袋貂是结核病牛数量显著降低的主要原因（Livingstone 等，2015）。在不适合扑杀袋貂的情况下，例如在城市附近，给袋貂接种抗结核病疫苗有可能成为一种控制结核病的有效措施。野生动物结核病疫苗成功的关键是防止牛分枝杆菌传播感染其他野生动物或家畜，预防野生动物感染的重要性比家畜低。然而，野生动物疫苗面临的主要挑战是疫苗的递送（接种）问题和单一剂量疫苗要满足全部免疫需求的问题。为了保证口服诱饵卡介苗的有效递送，卡介苗分枝杆菌被包裹在脂质基质中，以保护细菌在酸性胃环境中不被降解和破坏，并延长疫苗在野外环境中的保存时间。气溶胶攻毒实验已证明，这种疫苗可以保护袋貂免受牛分枝杆菌感染（Aldwell 等，2003）。口服疫苗接种后 6~12 个月，疫苗诱导的免疫保护功能减弱，卡介苗剂量为 10^7 ~ 10^8 CFU，丹麦株与巴斯德菌株之间没有差异（Buddle 等，2006）。最近的一项实验研究表明，疫苗诱导抗牛分枝杆菌感染的保护效果可达 28 个月（Tompkins 等，2013）。疫苗保存在防风雨的诱饵袋中，在室温条件下卡介苗在脂质基质中可稳定保存 7 周，在森林/牧场野外条件下稳定保存 3~5 周（Cross 等，2009）。口服诱饵安慰剂疫苗的摄取量很高，85%~100% 的野生袋貂食用诱饵的密度为 40~

80 袋/hm^2（Cross 等，2009）。袋貂食用口服诱饵卡介苗后，排出浓度相对较低的卡介苗（10^2 ~ 10^4 CFU/g 粪便）长达 1 周（Wedlock 等，2005b）。

最近一项为期两年的袋貂口服疫苗现场试验得到的结果令人鼓舞，采用卡介苗预防结核病的有效率达 95%（Tompkins 等，2009）。这一结果与人工攻毒实验中观察到的结果不同，在人工攻毒实验中，接种卡介苗可显著降低病理损伤，但不能预防感染（Aldwell 等，2003；Buddle 等，2006）。这些结果表明，牛分枝杆菌人工攻毒对宿主造成的影响比自然暴露更为严重。提示可能需要开发效果比卡介苗更好的野生动物结核病疫苗。Collins 等（2011）研制了一种新的牛分枝杆菌减毒疫苗，相比卡介苗，该疫苗可提高袋貂抗牛分枝杆菌气溶胶的攻毒保护效果。

14.5.2 为獾接种疫苗

与其他森林物种相比，从相对丰度、生态分布、感染率和结核病病理学表现来看，欧洲獾是不列颠群岛牛分枝杆菌主要的野生动物储存宿主（Delahay 等，2007；Godfray 等，2013）。獾感染牛分枝杆菌后，对后续的结核分枝杆菌感染具有相对抵抗力，常见为潜伏感染，不表现临床症状或尸检可见的特征病灶（Corner 等，2011）。对于獾而言，结核病是一种慢性、缓慢发展的疫病。因此，从潜伏感染到全身活动性结核，其表现形式存在差异（Corner 等，2011）。由于病变主要发生在肺部，因此认为经空气传播是结核病主要的传播方式，而播散性感染多为动物被咬伤后由唾液中的牛分枝杆菌传播所致。

为了防止牛分枝杆菌从感染獾传染给牛，为数不多的方法包括尽量减少獾与牛之间接触的可能性（生物安全）、选择性和非选择性扑杀以及接种疫苗来减少感染獾的数量和密度，从而降低物种内部和物种间的结核感染力（Gormley 和 Corner，2013 综述）。在英国和爱尔兰，獾受法律保护，大众对通过扑杀来控制獾的可接受性和扑杀的实用性受到限制。在英格兰和爱尔兰，人们研究了獾种群减少对牛结核病的影响，但是实验结果差异较大，甚至相互矛盾，可能反映了地方疫病流行病学的细微差异（O'Connor，2012）。选择有效的生物安全措施可能实际受到可行性的制约，牛分枝杆菌污染的环境，或许导致动物间接感染（King 等，2015）。为獾接种结核病疫苗，特别是与其他控制措施相结合，有望成为一种有效的结核病控制措施（Abdou 等，2016）。与新西兰袋貂的情况一样，獾结核病疫苗成功的关键是防止牛分枝杆菌传播感染其他野生动物或家畜。与家养物种相比，预防野生动物感染的重要性较低。目前，针对獾结核病的疫苗是卡介苗。

2010 年，英国主管当局（兽药管理局）批准了獾用卡介苗预防结核病，名为獾 BCGTM，根据兽医的处方，兽医和培训的疫苗接种员可使用该疫苗。经过实验室和临床试验后，当局评价了疫苗的安全性和有效性后，獾 BCGTM 方法获得批准。实验室研究表明，獾接种了卡介苗后，结果既安全又显著减轻了牛分枝杆菌攻毒引起的损伤（Lesellier 等，2006、2011）。但牛分枝杆菌感染免疫的獾仍然产生可见的病理变化，尸检时可从器官中分离到牛分枝杆菌，说明疫苗的保护力不完全。实验研究的问题在于，攻毒剂量过高可导致重复感染，因此，卡介苗疫苗产生的保护效果可能无法反映出在自然感染中对不同感染剂量的保护水平。对野生獾进行了为期 4 年的野外试验，结果表明，卡介苗的保护水平与实验研究中疫苗直接诱导的保护水平一致。与未接种疫苗的对照獾相比，在一系列诊断试验中，确定的阴性未感染动物在接种疫苗后，出现免疫/血清学阳性的可能性更小（Chambers 等，2011；Carter 等，2012）。此外，如果种群中多数獾之前接种过疫苗，那么该种群中未免疫的獾幼仔感染结核病的概率小很多。群体免疫可能产生的一种显著效果是，群体中接种疫苗的动物比例高，可有效降低结核病的传播率。

实际上广泛使用獾 BCGTM 的制约因素是需要在疫苗注射之前诱捕獾。为了解决这种疫苗注射的难题，可以通过将疫苗浸润并布满食物制成诱饵，通过口服的方式实现疫苗免疫，提高了疫苗广泛应用的可行性。目前，人们已经开发出各式各样的口服诱饵，并评估了其适口性及对圈养和野生獾的吸引力（M. Chambers，结果未发表）。卡介苗封装在脂质基质中，通过口服的方式免疫袋貂。卡介苗在冷冻诱饵中可长时间保持活力，在模拟和实际环境条件（即温度和湿度）下也能长期有效，进而证实了通过诱饵接种疫苗的可行性。采用口服方式给捕获的獾接种卡介苗，不管是通过直接方式将饵料送达喉咙后部，还是通过间接方式让动物采食诱饵，验证其对牛分枝杆菌的攻毒保护效果（Murphy 等，2014；M. Chambers，结果未发表），9 只獾口服 7.9×

$10^9 \sim 8.1 \times 10^9$ CFU 的卡介苗，耐受性良好。大约 48h 后，在两只接种疫苗的獾排出的粪便中检测到卡介苗（372CFU/g 和 996CFU/g）（M. Chambers，结果未发表）。獾口服接种卡介苗的剂量尚待确定。

假设每年都进行广泛接种，獾疫苗接种的益处应该随着接种比例的增加、感染动物的自然死亡而逐渐累积。目前尚无獾疫苗接种计划的经验数据，以确定最佳群体免疫比例或持续时间。接种的益处从免疫开始就开始累积，大多数獾（无论是否感染结核病）预计将在 5 年内死亡（Wilkinson 等，2000）。最近在爱尔兰完成了一项临床试验，首次评估了卡介苗在野外条件下的效果。将脂质包裹的卡介苗送到麻醉獾的喉咙后部，并采用单纯脂质作为安慰剂接种其他獾。研究区域被划分为三个具有相同代表性的子区域，每个子区域獾种群接种卡介苗或安慰剂的比例不同（0%、50% 和 100%）（Gormley 和 Corner，2013）。该试验的第二个目标是评价卡介苗对已感染牛分枝杆菌獾的效果。如果可以，这些数据将补充到在英格兰进行的小规模卡介苗注射临床试验的结果中，在这项试验中，尚无任何证据表明卡介苗注射对结核病獾是有益还是有害的。除了提供保护效果和疫苗效力评估外，爱尔兰开展的临床试验将评估疫苗的物流需求，为每年不同地区向野生獾种群大规模接种疫苗提供依据。

14.5.3　为野猪接种疫苗

在伊比利亚半岛地中海地区，野猪是结核分枝杆菌复合群（MTBC）的主要野生动物宿主，野猪结核病流行率与养牛场结核病发病率相关（LaHue 等，2016）。野猪在许多其他地区也参与结核分枝杆菌复合群的流行，充当储存宿主（Gortázar 等，2015a）。这种土生土长的野猪在欧亚大陆广泛分布，尽管对其捕猎合法，但野猪数量仍在稳步增长（Massei 等，2015）。野猪对结核分枝杆菌复合群非常易感，超过 50% 的病例是全身性的，影响肺部和胸部淋巴结，但病变最常见于下颌淋巴结（Martín-Hernando 等，2007）。最近的证据表明，在地中海栖息地，涉及野猪的物种间接触极为罕见（Cowie 等，2016），传播很可能是间接发生的，例如在相同的水坑中饮水（Santos 等，2015b；Barasona 等，2016）。虽然通过扑杀和提高农场生物安全措施取得了一些进展，控制了结核病在野猪中的流行或结核病从野猪传播给牛，但疫苗能将控制结核病变得更具成本效益和可持续性（Gortázar 等，2015b）。

在实验室攻毒试验中，卡介苗和热灭活牛分枝杆菌疫苗都产生了显著的保护作用（病变评分降低 70% ~ 80%）（Garrido 等，2011；Beltrán-Beck 等，2014a；Gortázar 等，2014）。如上所述，对于其他野生动物宿主，结核病疫苗成功的关键是防止结核分枝杆菌感染扩散到其他野生动物或家畜，而预防感染则不那么重要。野猪接种疫苗面临的主要挑战是：①疫苗投放，包括选择性靶向（主要是未感染的）仔猪，同时避免牛意外摄入活疫苗导致随后的结核病试验出现阳性；②目标物种和非目标物种的疫苗安全性；③在野外条件下的疫苗效力。关于上述中的①，选择野生仔猪饲料、获得专利的诱饵，在适当的时机以安全的方式投放含有结核病疫苗的口服诱饵（Beltrán-Beck 等，2014b）。关于②，最近的研究集中在热灭活牛分枝杆菌，而不是卡介苗。这意味着该疫苗完全安全，因为经过适当的灭活，细菌不能在宿主组织中存活和传播（Beltrán-Beck 等，2014b）。关于③，两个现场试验分别测试了肠外接种和口服接种的效果。在第一次接种中，668 头养殖野生仔猪接种热灭活牛分枝杆菌，182 头未接种疫苗作为对照。在这种低流行率环境下，肠外接种疫苗可保护动物（病变率降低 66%）抵抗自然感染（Díez Delgado 等，2016）。第二项研究（2012—2016 年）在西班牙蒙特斯德托莱多（Montes de Toledo）进行，测试了口服卡介苗和口服热灭活牛分枝杆菌在结核病高流行地区的摄取率和疗效（40%~80% 的野猪感染率）。结果仍在分析中，但初步分析表明，热灭活牛分枝杆菌的效果优于卡介苗，热灭活牛分枝杆菌在野外条件下可显著提高对野猪结核病的控制（Díez Delgado 等，数据未发表）。目前正在进行针对牛、鹿和山羊等其他宿主，使用热灭活牛分枝杆菌免疫效果的研究（Roy 等，2017；Thomas 等，2017；van der Heijden 等，2017）。结核分枝杆菌的宿主广泛，在环境中的生存能力强，防控形势复杂，在这种情况下，需要整合所有可用的方式，包括生物安全和预防、尽可能控制动物数量和疫苗接种，来实现疫病的成功控制。

14.5.4 为雪貂接种疫苗

在新西兰，雪貂可通过食用感染结核病的动物尸体（尤其是袋貂）感染牛分枝杆菌，并可能成为其他野生动物或牛的感染源（Byrom 等，2015）。在大多数情况下，雪貂只是溢出宿主，但在少数情况下，尤其是当它们的种群密度较高时，可能充当储存宿主。疫苗接种被认为是一种雪貂结核病可能的控制措施。在两项疫苗试验中，第一项疫苗试验是给雪貂饲喂含卡介苗的肉，牛分枝杆菌经口攻毒，疫苗可提供部分保护（Qureshi 等，1999）。第二项试验通过皮下途径给雪貂接种卡介苗，雪貂实验感染牛分枝杆菌后疫病损伤程度降低（Cross 等，2000）。雪貂和獾同属鼬科，由于雪貂便于饲养，可作为评价獾结核病疫苗的模型。基于雾化牛分枝杆菌的方法，利用雪貂建立了一个新的实验感染模型（McCallan 等，2011），但使用该模型评估疫苗效力的研究尚未发表。

14.5.5 非洲水牛免疫

非洲水牛是南非一些野生动物园里牛分枝杆菌的主要野生动物宿主，疫苗接种被认为是少数伦理上可以接受的控制措施之一。为了评估卡介苗对水牛的效力，进行了免疫试验。皮下注射两倍剂量的卡介苗，并通过扁桃体途径向水牛接种牛分枝杆菌毒力菌株。结果显示，接种疫苗组和对照组之间感染动物的数量不存在显著差异（de Klerk 等，2010）。向大量不断迁徙的水牛群提供结核病疫苗将是一个相当大的挑战。

14.6 结论

在那些无法负担或无法接受检疫-淘汰策

略的国家中，卡介苗免疫牛的应用价值最大，在这种情况下，减少牛结核病的传播将是非常有意义的。然而，疫苗接种需要与其他控制措施相结合，因为仅仅接种疫苗不太可能发挥完全的保护作用。众所周知，卡介苗对其他病原体具有一些非特异性的保护作用（Garly等，2003）。虽然这一点尚未在牛身上进行评估，但可能对发展中国家有益。重要的是，卡介苗要在不同的环境和饲养系统中进行实地临床测试，因为这可能有助于解释疫苗效力出现的任何差异。通过与人结核病研究团队合作，在牛身上测试了一些新的人结核病疫苗。尽管不同亚单位结核疫苗和卡介苗的组合产生了振奋人心的结果，但还是没有一种疫苗比卡介苗更好。在开发 DIVA 检测方面已经取得了可喜的进展，但这些检测方法需要进行临床评价，并证明它们的使用是具有成本效益的。临床试验结果表明，口服或肠外途径进行卡介苗免疫可在袋貂和獾身上诱导产生显著的保护作用，目前在英国一种肠外卡介苗已获准用于獾。已证明卡介苗和灭活牛分枝杆菌疫苗都能保护野猪免受结核病的侵袭，而灭活牛分枝杆菌疫苗也正用于其他野生动物的免疫保护试验。已证明口服诱饵结核疫苗对一些野生动物物种是有效的，但还需要更进一步的研究，比如改进引诱剂配方、优化诱饵分布、避免非目标物种摄取诱饵。总之，在过去五到十年里，家畜和野生动物结核病疫苗的研制和试验取得了重大进展，现在可以越来越肯定的是在不久的将来，结核病疫苗将在控制牛结核病方面发挥重要作用。

致谢

感谢 AgResearch（新西兰）和环境、食品和农村事务部（英国）资金支持。热灭活牛分枝杆菌的研究得到了来自 MINECO、西班牙和欧盟 FEDER 的国家 I+D+i 项目（AGL2014-56305）支持。

参考文献

Aagaard, C., Hoang, T.T., Izzo, A., Billeskov, R., Troudt, J., et al.（2009）Protection and polyfunctional T cells induced by Ag85B-TB10.4/IC31 against *Mycobacterium tuberculosis* is highly dependent on the antigen dose.PLoS ONE 4, e5930.

Abdou, M., Frankena, K., O'Keeffe, J. and Byrne, A.W.（2016）Effect of culling and vaccination on bovine tuberculosis infection in a European badger（*Meles meles*）population by spatial simulation modelling.Preventive Veterinary Medicine 125, 19-30.

Aldwell, F.E., Keen, D., Parlane, N., Skinner, M.A., de Lisle, G.W., et al.（2003）Oral vaccination with *Mycobacterium bovis* BCG in a lipid formulation induces resistance to pulmonary tuberculosis in possums. Vaccine 22, 70-76.

Ameni, G., Vordermeier, M., Aseffa, A., Young, D.B.and Hewinson, R.G.（2010）Field evaluation of the efficacy of *Mycobacterium bovis* bacillus Calmette-Guérin against bovine tuberculosis in neonatal calves in Ethiopia.Clinical and Vaccine Immunology 17, 1533-1538.

Aranday-Cortes, E., Hogarth, P.J., Kaveh, D.A., Whelan, A.O., Villarreal-Ramos, B., et al.（2012）Tran-scriptional profiling of disease-induced host responses in bovine tuberculosis and the identification of potential diagnostic biomarkers. PLoS One 7, e30626.

Barasona, J.A., Torres, M.J., Aznar, J., Gortazar, C.and Vicente, J.（2016）DNA detection reveals

Mycobacterium tuberculosis complex shedding routes in its wildlife reservoir the Eurasian wild boar. Trans - boundary and Emerging Diseases 64(3), 906-915.

Beatson, N.S.(1985) Tuberculosis in red deer.In: Brown, R.D.(ed.) Biology of Deer Production.Springer, New York, pp.147-150.

Beltrán-Beck, B., De La Fuente, J., Garrido, J. M., Aranaz, A., Sevilla, I., et al.(2014a) Oral vaccination with heat inactivated *Mycobacterium bovis* activates the complement system to protect against tuberculosis.PLoS ONE 9(5), e98048.

Beltrán - Beck, B., Romero, B., Sevilla, I., Barasona, J.A., Garrido, J.M., et al.(2014b) Assessment of an oral *Mycobacterium bovis* BCG vaccine and an inactivated *M.bovis* preparation for wild boar in terms of adverse reactions, vaccine strain survival, and uptake by nontarget species.Clinical and Vaccine Immunology 21, 12-20.

Bezos, J.,Casal, C., Diez-Delgado, I., Romero, B., Liandris, E., et al.(2015) Goats challenged with different members of the *Mycobacterium tuberculosis* complex display different clinical pictures. Veterinary Immunology and Immunopathology 167, 185-189.

Bhuju, S., Aranday - Cortes, E., Villarreal - Ramos, B., Xing, Z., Singh, M., et al.(2012) Global gene transcriptome analysis in vaccinated cattle revealed a dominant role of IL-22 for protection against bovine tuberculosis.PLoS Pathogens 8, e1003077.

Blanco, F.C., Blanco, M.V., Garbaccio, S., Meikle, V., Gravisaco, M.J., et al.(2013) *Mycobacterium bovis Δmce2* double deletion mutant protects cattle against challenge with virulent *M.bovis*.Tuberculosis 93, 363-372.

Blunt, L., Hogarth, P.J., Kaveh, D.A., Webb, P., Villarreal-Ramos, B., et al. (2015) Phenotypic characterization of bovine memory cells responding to mycobacteria in IFNgamma enzyme linked immunospot assays.Vaccine 16, 7276-7282.

Buddle, B.M., de Lisle, G.W., Pfeffer, A.and Aldwell, F. E. (1995) Immunological responses and protection against *Mycobacterium bovis* in calves vaccinated with a low dose of BCG.Vaccine 13, 1123-1130.

Buddle, B.M.,Parlane, N.A., Keen, D.L., Aldwell, F.E., Pollock, J.M., et al.(1999) Differentiation between *Mycobacterium bovis* BCG-vaccinated and *M. bovis*-infected cattle by using recombinant mycobacterial antigens.Clinical and Diagnostic Laboratory Immunology 6, 1-5.

Buddle, B.M., Wards, B.J.,Aldwell, F.E., Collins, D.M.and de Lisle, G.W.(2002) Influence of sensitisation to environmental mycobacteria on subsequent vaccination against bovine tuberculosis. Vaccine 20, 1126-1133.

Buddle, B.M., Wedlock, D.N.,Parlane, N.A., Corner, L.A., de Lisle, G.W., et al.(2003) Revaccination of neonatal calves with *Mycobacterium bovis* BCG reduces the level of protection against bovine tuberculosis induced by a single vaccination.Infection and Immunity 71, 6411-6419.

Buddle, B.M.,Aldwell, F.E., Keen, D.L., Parlane, N.A., Hamel, K.L., et al.(2006) Oral vaccination of brush-tail possums with BCG: investigation into factors that influence vaccine efficacy and determination of duration of immunity.New Zealand Veterinary Journal 54, 224-230.

Buddle, B.M., Denis, M.,Aldwell, F.E., Vordermeier, H.M., Hewinson, R.G., et al.(2008) Vaccination of cattle with *Mycobacterium bovis* BCG by a combination of systemic and oral routes. Tuberculosis 88, 595-600.

Buddle, B.M., Shu, D., Parlane, N.A., Subharat, S., Heiser, A., et al.(2016) Vaccination of cattle with a high dose of BCG vaccine 3 weeks after experimental infection with *Mycobacterium bovis* increased the inflammatory response, but not tuberculosis pathology. Tuberculosis 99, 120-127.

Byrom, A.E., Caley, P., Paterson, B.M.and Nugent, G.(2015) Feral ferrets (*Mustela furo*) as hosts and sentinels of tuberculosis in New Zealand.New Zealand Veterinary Journal 63(1), 42-53.

Cai, H., Tian, X., Hu, X.D., Li, S.X., Yu, D. H., et al.(2005) Combined DNA vaccines formulated either in DDA or in saline protect cattle from *Mycobacterium bovis* infection.Vaccine 23, 3887-3895.

Carter, S.P., Chambers, M.A., Rushton, S.P., Shirley, M.D.F., Schuchert, P., et al. (2012) BCG vaccination reduces risk of tuberculosis infection in vaccinated badgers and unvaccinated badger cubs. PLoS One 7, e49833.

Chambers, M., Rogers, F., Delahay, R., Lesellier, S., Ashford, R., et al.(2011) Bacillus Calmette-Guérin vaccination reduces the severity and progression of tuberculosis in badgers.Proceedings of the Royal Society B Biological Sciences 278, 1913-1920.

Chambers, M.A., Carter, S.P., Wilson, G.J., Jones, G., Brown, E., et al. (2014) Vaccination against tuberculosis in badgers and cattle: an overview of the challenges, development and current research priorities in Great Britain.Veterinary Record 175, 90-96.

Collins, D.M., Buddle, B.M., Kawakami, P., Hotter, G., Mildenhall, N., et al.(2011) Newly attenuated *Mycobacterium bovis* mutants as vaccines for possums.Veterinary Microbiology 151, 99-103.

Corner, L.A., Murphy, D. and Gormley, E.

(2011) *Mycobacterium bovis* infection in the Eurasian badger(*Meles meles*): the disease, pathogenesis, epidemiology and control.Journal of Comparative Pathology 144, 1-24.

Cousins, D.V.(2001) *Mycobacterium bovis* infection and control in domestic livestock. Revue Scientifique et Technique(International Office of Epizootics) 20, 71-85.

Cowie, C.E., Hutchings, M.R., Barasona, J.A., Gortázar, C., Vicente, J., et al. (2016) Interactions between four species in a complex wildlife: livestock disease community: implications for *Mycobacterium bovis* maintenance and transmission. European Journal of Wildlife Research 62, 51-64.

Cross, M.L., Labes, R.E., Young, G.and Mackintosh C.G.(2000) Systemic but not intraintestinal vaccination with BCG reduces the severity of tuberculosis infection in ferrets(*Mustela furo*).International Journal of Tuberculosis and Lung Disease 4, 473-480.

Cross, M.L., Henderson, R.J., Lambeth, M.R., Buddle, B.M. and Aldwell, F.E.(2009) Lipid-formulated BCG as an oral-bait vaccine for tuberculosis: vaccine stability, efficacy and palatability to New Zealand possums(*Trichosurus vulpecula*).Journal of Wildlife Diseases 45, 754-765.

Dean, G., Whelan, A., Clifford, D., Salguero, F.J., Xing, Z., et al.(2014a) Comparison of the immunogenicity and protection against bovine tuberculosis following immunization by BCG-priming and boosting with adenovirus or protein based vaccines.Vaccine 32, 1304-1310.

Dean, G., Clifford, D., Gilbert, S., McShane, H., Hewinson, R.G., et al.(2014b) Effect of dose and route of immunisation on the immune response induced in cattle by heterologous bacille Calmette-Guérin priming and recombinant adenoviral vector boosting. Veterinary Immunology and Immunopathology 158, 208–213.

Dean, G.S., Clifford, D., Whelan, A.O., Tchilian, E.Z., Beverley, P.C.L., et al.(2015) Protection induced by simultaneous subcutaneous and endobronchial vaccination with BCG/BCG and BCG/adenovirus expressing antigen 85A against *Mycobacterium bovis*. PloS ONE 10, e0142270.

de Klerk, L.M., Micel, A.L., Bengis, R.G., Kreik, N.P. and Godfroid, J.(2010) BCG vaccination failed to protect yearling African buffaloes (Syncerus caffer) against experimental intratonsilar challenge with *Mycobacterium bovis*. Veterinary Immunology Immunopathology 137, 84–92.

Delahay, R.J., Smith, G.C., Barlow, A.M., Walker, N., Harris, A., et al.(2007) Bovine tuberculosis infection in wild mammals in the South–West region of England: a survey of prevalence and a semi-quantitative assessment of the relative risks to cattle. Veterinary Journal 173, 287–301.

de Lisle, G.W., Bengis, R.G., Schmitt, S.M. and O'Brien, D.J.(2001) Tuberculosis in free–ranging wildlife: detection, diagnosis and management. Revue Scientifique et Technique (International Office of Epizootics) 21, 317–334.

Díez–Delgado, I., Rodríguiez, O., Boadella, M., Garrido, J.M., Sevilla, I., et al.(2016) Parenteral vaccination with heat–inactivated *Mycobacterium bovis* reduces the prevalence of tuberculosis–compatible lesions in farmed wild boar. Transboundary and Emerging Diseases 64, e18–e21.

Fitzgerald, S.D. and Kaneene, J.B.(2013) Wildlife reservoirs of bovine tuberculosis worldwide: hosts, pathology, surveillance, and control. Veterinary Pathology 50, 488–499.

Garly, M.–L., Martins, C.L., Balé, C., Baldé, M.A., Hedegaard, K.L., et al.(2003) BCG scar and positive tuberculin reaction associated with reduced child mortality in West Africa. Vaccine 21, 2782–2790.

Garrido, J.M., Sevilla, I.A., Beltrán–Beck, B., Minguijón, E., Ballesteros, C., et al.(2011) Protection against tuberculosis in Eurasian wild boar vaccinated with heat–inactivated *Mycobacterium bovis*. PLoS ONE 6(9), e24905.

Godfray, H.C., Donnelly, C.A., Kao, R.R., Macdonald, D.W., McDonald, R.A., et al.(2013) A restatement of the natural science evidence base relevant to the control of bovine tuberculosis in Great Britain. Proceedings of the Royal Society B Biological Sciences 280, DOI: 10.1098/rspb.2013.1634.

Golby, P., Villarreal–Ramos, B., Dean, G., Jones, G.J. and Vordermeier, M.(2014) MicroRNA expression profiling of PPD–B stimulated PBMCs from *M. bovis*–challenged unvaccinated and BCG vaccinated cattle. Vaccine 32, 5839–5844.

Gonzalez–Juarrero, M., Bosco–Lauth, A., Podell, B., Soffler, C., Brooks, E., et al.(2013) Experimental aerosol *Mycobacterium bovis* model of infection in goats. Tuberculosis 93, 558–564.

Gormley, E. and Corner, L.A.(2013) Control strategies for wildlife tuberculosis in Ireland. Transboundary and Emerging Diseases 60(1), 128–135.

Gortázar, C., Beltrán–Beck, B., Garrido, J.M., Aranaz, A., Sevilla, I., et al.(2014) Oral re–vaccination of Eurasian wild boar with *Mycobacterium bovis* BCG yields a strong protective response against challenge with a field strain. BMC Veterinary Research 10, 96.

Gortazar, C., Che–Amat, A. and O'Brien, D. (2015a) Open questions and recent advances in the control of a multi-host infectious disease: animal tuberculosis.Mammal Review 45,160–175.

Gortazar, C., Diez-Delgado, I., Barasona, J.A., Vicente, J., De la Fuente, J., et al.(2015b) The wild side of disease control at the wildlife-livestock-human interface: a review.Frontiers in Veterinary Science 1, 27.

Griffin, J.F.T., Mackintosh, C.G.and Buchan, G.S.(1995) Animal models of protective immunity in tuberculosis to evaluate candidate vaccines.Trends in Microbiology 3, 418–424.

Griffin, J. M., Williams, D. H., Kelly, G. E., Clegg, T.A., O'Boyle, I., et al.(2005) The impact of badger removal on the control of tuberculosis in cattle herds in Ireland. Preventive Veterinary Medicine 67, 237–266.

Griffin, J.F., Mackintosh, C.G.and Rodgers, C.R.(2006) Factors influencing the protective efficacy of a BCG homologous prime – boost vaccination regime against tuberculosis.Vaccine 24, 835–845.

Hope, J.C., Thom, M.L., Villarreal-Ramos, B., Vordermeier, H.M., Hewinson, R.G., et al. (2005) Vaccination of neonatal calves with *Mycobacterium bovis* BCG induces protection against intranasal challenge with virulent *M.bovis*.Clinical and Experimental Immunology 139, 48–56.

Hope, J.C., Thom, M.L.,McAulay, M., Mead, E., Vordermeier, H.M., et al.(2011) Identification of surrogates and correlates of protection in protective immunity against *Mycobacterium bovis* infection induced in neonatal calves by vaccination with *M.bovis* BCG Pasteur and *M.bovis* BCG Danish.Clinical and Vaccine Immunology 18, 373–379.

Jones, G.J., Whelan, A., Clifford, D., Coad, M. and Vordermeier, H.M.(2012) Improved skin test for differential diagnosis of bovine tuberculosis by the addi-

tion of Rv3020c-derived peptides.Clinical and Vaccine Immunology 19, 620–622.

Khare, S., Hondalus, M.K., Nunes, J., Bloom, B.R.and Adams, G.L.(2007) *Mycobacterium bovis* Δ*leuD* auxotroph – induced protective immunity against tissue colonization, burden and distribution in cattle intranasally challenged with *Mycobacterium bovis* Ravenel S.Vaccine 25, 1743–1755.

Khatri, B., Whelan, A., Clifford, D., Petrera, A., Sander, P., et al.(2014) BCG Δ*zmp1* vaccine induces enhanced antigen specific immune responses in cattle.Vaccine 32, 779–784.

King, H.C., Murphy, A., James, P., Travis, E., Porter, D., et al.(2015) The variability and seasonality of the environmental reservoir of *Mycobacterium bovis* shed by wild European badgers.Scientific Reports 5, 12318.

LaHue, N. P., Baños, J. V., Acevedo, P., Gortázar, C.and Martínez-López, B.(2016) Spatially explicit modeling of animal tuberculosis at the wildlife-livestock interface in ciudad real province, Spain.Preventive Veterinary Medicine 128, 101–111.

Lesellier, S., Palmer, S., Dalley, D.J., Davé, D., Johnson, L., et al.(2006) The safety and immunogenicity of bacillus Calmette-Guérin(BCG) vaccine in European badgers(*Meles meles*).Veterinary Immunology and Immunopathology 112, 24–37.

Lesellier, S., Palmer, S., Gowtage-Sequiera, S., Ashford, R., Dalley, D., et al.(2011) Protection of Eurasian badgers(*Meles meles*) from tuberculosis after intra-muscular vaccination with different doses of BCG. Vaccine 29, 3782–3790.

Livingstone, P.G., Hutchings, S.A.,Hancox, N.G.and de Lisle, G.W.(2015) Toward eradication: the effect of *Mycobacterium bovis* infection in wildlife on the evolution and future direction of bovine tuberculosis management in New Zealand. New Zealand Veterinary Journal 63(1), 4-18.

Lopez-Valencia, G., Renteria-Evangelista, T., Williams, J.D.J., Licea-Navarro, A., Mora-Valle, A. D., et al.(2010) Field evaluation of the protective efficacy of *Mycobacterium bovis* BCG vaccine against bovine tuberculosis. Research in Veterinary Science 88, 44-49.

Martín-Hernando, M.P., Höfle, U., Vicente, J., Ruiz-Fons, F., Vidal, D., et al.(2007). Lesions associated with *Mycobacterium tuberculosis* complex infection in the European wild boar. Tuberculosis 87, 360-367.

Martín-Hernando, M.P., Torres, M.J., Aznar, J., Negro, J.J., Gandía, A., et al.(2010) Sampling strategy, lesion pattern and lesion distribution in naturally *Mycobacterium bovis* infected red deer and fallow deer. Journal of Comparative Pathology 142, 43-50.

Massei, G., Kindberg, J., Licoppe, A., Gacic, D., Šprem, N., et al.(2015) Wild boar populations up, numbers of hunters down? A review of trends and implications for Europe. Pest Management Science 71, 492-500.

Maue, A. C., Waters, W. R., Palmer, M. V., Whipple, D.L., Minion, F.C., et al.(2004) CD80 and CD86, but not CD154, augment DNA vaccine-induced protection in experimental bovine tuberculosis. Vaccine 23,769-779.

Maue, A. C., Waters, W. R., Palmer, M. V., Nonnecke, B.J., Minion, F.C., et al.(2007) An ESAT-6: CFP10 DNA vaccine administered in conjunction with *Mycobacterium bovis* BCG confers protection to cattle challenged with virulent *M. bovis*. Vaccine 25, 4735-4746.

McCallan, L., Corbett, D., Andersen, P.L., Aagaard, C., McMurray, D., et al.(2011) A new experimental infection model in ferrets based on aerosolised *Mycobacterium bovis*. Veterinary Medicine International 2011, 981410.

McShane, H. (2009) Vaccine strategies against tuberculosis. Swiss Medical Weekly 139, 156-160.

Murphy, D., Costello, E., Aldwell, F.E., Lesellier, S., Chambers, M.A., et al.(2014) Oral vaccination of badgers(*Meles meles*) against tuberculosis: comparison of the protection generated by BCG vaccine strains Pasteur and Danish. Veterinary Journal 200, 362-367.

Naranjo, V., Gortázar, C., Vicente, J. and de la Fuente, J.(2008) Evidence of the role of European wild boar as a reservoir of tuberculosis due to *Mycobacterium tuberculosis* complex. Veterinary Microbiology 127, 1-9.

Nishi, J.S., Shury, T. and Elkin, B.T.(2006) Wildlife reservoirs for bovine tuberculosis(*Mycobacterium bovis*) in Canada: strategies for management and research. Veterinary Microbiology 112, 325-338.

Nol, P., Palmer, M.V., Waters, W.R., Aldwell, F.E., Buddle, B.M., et al.(2008) Efficacy of oral and parenteral routes of *Mycobacterium bovis* bacille Calmette-Guérin vaccination against experimental bovine tuberculosis in white-tailed deer(*Odocoileus virginianus*): a feasibility study. Journal of Wildlife Disease 44, 247-259.

Nol, P., Rhyan, J.C., Robbe-Austerman, S., McCollum, M.P., Rigg, T.D., et al.(2013) The potential for transmission of BCG from orally vaccinated white-tailed deer(*Odocoileus virginianus*) to cattle(*Bos taurus*) through a contaminated environment: experimental findings. PLoS ONE 8, e60257.

Nugent, G., Yockney, I.J., Whitford, J., Aldwell, F.E. and Buddle, B.M.(2017) Efficacy of oral

BCG vaccination in protecting free-ranging cattle from natural infection by *Mycobacterium bovis*. Veterinary Microbiology 208, 181-189.

O'Brien, D.J., Schmitt, S.M., Fitzgerald, S.D., Berry, D.E. and Hickling, G.J. (2006) Managing the wild-life reservoir of *Mycobacterium bovis*: the Michigan, USA, experience. Veterinary Microbiology 112, 313-323.

O'Connor, C.M., Haydon, D.T. and Kao, R.R. (2012) An ecological and comparative perspective on the control of bovine tuberculosis in Great Britain and the Republic of Ireland. Preventive Veterinary Medicine 104, 185-197.

Palmer, M.V., Waters, W.R. and Whipple, D.L. (2002a) Aerosol delivery of virulent *Mycobacterium bovis* to cattle. Tuberculosis 82, 275-282.

Palmer, M.V., Waters, W.R. and Whipple, D.L. (2002b) Lesion development in white-tailed deer (*Odocoileus virginianus*) experimentally infected with *Mycobacterium bovis*. Veterinary Pathology 39, 334-340.

Palmer, M.V., Thacker, T.C. and Waters, W.R. (2009) Vaccination with *Mycobacterium bovis* BCG strains Danish and Pasteur in white-tailed deer (*Odocoileus virginianus*) experimentally challenged with *Mycobacterium bovis*. Zoonoses Public Health 56, 243-251.

Palmer, M.V., Thacker, T.C., Waters, W.R., Robbe-Austerman, S., Lebepe-Mazur, S.M., et al. (2010) Persistence of *Mycobacterium bovis* bacillus Calmette-Guérin in white-tailed deer (*Odocoileus virginianus*) after oral or parenteral vaccination. Zoonoses Public Health 57, 206-212.

Parlane, N.A., Shu, D., Subharat, S., Wedlock, D.N., Rehm, B.H., et al. (2014) Revaccination of cattle with bacille Calmette-Guérin two years after first vaccination when immunity has waned, boosted protection against challenge with *Mycobacterium bovis*. PLoS ONE 9, e106519.

Parlane, N.A. and Buddle, B.M. (2015) Immunity and vaccination against tuberculosis in cattle. Current Clinical Microbiology Reports 2(1), 44-53.

Parlane, N.A., Chen, S., Jones, G.J., Vordermeier, H.M., Wedlock, D.N., et al. (2016) Display of antigens on polyester inclusions lowers the antigen concentration required for a bovine tuberculosis skin test. Clinical and Vaccine Immunology 23, 19-26.

Pastoret, P.P. and Brochier, B. (1996) The development and use of a vaccinia-rabies recombinant oral vaccine for control of wildlife rabies: a link between Jenner and Pasteur. Epidemiology and Infection 116, 235-240.

Pérez de Val, B., López-Soria, S., Nofrarias, M., Martin, M., Vordermeier, H.M., et al. (2011) Experimental model of tuberculosis in the domestic goat after endobronchial infection with *Mycobacterium caprae*. Clinical and Vaccine Immunology 18, 1872-1881.

Pérez de Val, B., Villarreal-Ramos, B., Nofrarias, M., López-Soria, S., Romera, N., et al. (2012) Goats primed with *Mycobacterium bovis* BCG and boosted with a recombinant adenovirus expressing Ag85A show enhanced protection against tuberculosis. Clinical and Vaccine Immunology 19, 1339-1347.

Pérez de Val, B., Vidal, E., Villarreal-Ramos, B., Gilbert, S.C., Andaluz, A., et al. (2013) A multi-antigenic adenoviral-vectored vaccine improves BCG-induced protection of goats against pulmonary tuberculosis infection and prevents disease progression. PLoS ONE 11, e81317.

Pérez de Val, B., Vidal, E., López-Soria, S.,

Marco, A., Cervera, Z., et al. (2016) Assessment of safety and interferon-gamma responses of *Mycobacterium bovis* BCG vaccine in goat kids and milking goats. Vaccine 34, 881-886.

Pesciaroli, M., Alvarez, J., Boniotti, M.B., Cagiola, M., Di Marco, V., et al. (2014) Tuberculosis in domestic animal species.Research in Veterinary Science 97, S78-S85.

Qureshi, T., Labes, R.E., Cross, M.L., Griffin, J.F.T. and Mackintosh, C.G. (1999) Partial protection against oral challenge with *Mycobacterium bovis* in ferrets (*Mustela furo*) following oral vaccination with BCG. International Journal of Tuberculosis and Lung Disease 3(11), 1025-1033.

Ramsey, D.S.L., O'Brien, D.J., Cosgrove, M.K., Rudolph, B.A., Locher, A.B., et al. (2014) Forecasting eradication of bovine tuberculosis in Michigan white-tailed deer.Journal of Wildlife Management 78, 240-254.

Rizzi, C., Bianco, M.V., Blanco, F.C., Soria, M., Gravisaco, M.J., et al. (2012) Vaccination with a BCG strain overexpressing Ag85B protects cattle against *Mycobacterium bovis* challenge.PLoS ONE 7, e51396.

Roy, A., Risalde, M.A., Casal, C., Romero, B., de Juan, L., et al. (2017) Oral vaccination with heat-inactivated *Mycobacterium bovis* does not interfere with the antemortem diagnostic techniques for tuberculosis in goats.Frontiers in Veterinary Science 4, 124.

Santos, N., Almeida, V., Gortázar, C. and Correia-Neves, M. (2015a) Patterns of *Mycobacterium tuberculosis* complex excretion and characterization of super-shedders in naturally-infected wild boar and red deer. Veterinary Research 46, article 129, DOI: 10.1186/s13567-015-0270-4.

Santos, N., Santos, C., Valente, T., Gortázar, C., Almeida, V., et al. (2015b) Widespread environmental contamination with *Mycobacterium tuberculosis* complex revealed by a molecular detection protocol. PLoS ONE 10, e0142079.

Sidders, B., Pirson, C., Hogarth, P.J., Hewinson, R.G., Stoker, N.G., et al. (2008) Screening of highly expressed mycobacterial genes identifies Rv3615c as a useful differential diagnostic antigen for *Mycobacterium tuberculosis* complex. Infection and Immunity 76, 3932-3939.

Skinner, M.A., Wedlock, D.N. and Buddle, B.M. (2001) Vaccination of animals against *Mycobacterium bovis*.Revue Scientifique et Technique (International Office of Epizootics) 20, 112-132.

Skinner, M.A., Buddle, B.M., Wedlock, D.N., Keen, D., de Lisle, G.W., et al. (2003) A DNA prime-*Mycobacterium bovis* BCG boost vaccination strategy for cattle induces protection against bovine tuberculosis.Infection and Immunity 71, 4901-4907.

Skinner, M.A., Wedlock, D.N., de Lisle, G.W., Cooke, M.M., Tascon, R.E., et al. (2005) The order of prime-boost vaccination of neonatal calves with *Mycobacterium bovis* BCG and a DNA vaccine encoding mycobacterial proteins Hsp65, Hsp70, and Apa is not critical for enhancing protection against bovine tuberculosis.Infection and Immunity 73, 4441-4444.

Thom, M.L., McAulay, M., Vordermeier, H.M., Clifford, D., Hewinson, R.G., et al. (2012) Duration of immunity against *Mycobacterium bovis* following neonatal vaccination with bacillus Calmette-Guérin Danish: significant protection against infection at 12, but not 24 months. Clinical and Vaccine Immunology 19, 1254-1260.

Thomas, J., Risalde, M.Á., Serrano, M., Sevilla, I., Geijo, M., et al. (2017) The response of red deer to oral administration of heat-inactivated *Mycobacterium bovis* and challenge with a field strain. Veterinary Microbiology 208, 195-202.

Tompkins, D.M., Ramsey, D.S.L., Cross, M.L., Aldwell, F.E., de Lisle, G.W., et al. (2009) Oral vaccination reduces the incidence of bovine tuberculosis in a free-living wildlife species. Proceedings of the Royal Society B: Biological Sciences 276, 2987-2995.

Tompkins, D.M., Buddle, B.M., Whitford, J., Cross, M.L., Yates, G.F., et al. (2013) Sustained protection against tuberculosis conferred to a wildlife host by a single dose vaccination. Vaccine 31, 893-899.

van der Heijden, E.M.D.L., Chileshe, J., Vernooij, J.C.M., Gortazar, C., Juste, R.A., et al. (2017) Immune response profiles of calves following vaccination with live BCG and inactivated *Mycobacterium bovis* vaccine candidates. PLoS One 12(11), e0188448.

Vordermeier, H.M., Whelan, A., Cockle, P.J., Farrant, L., Palmer, N., et al. (2001) Use of synthetic peptides derived from the antigens ESAT-6 and CFP-10 for differential diagnosis of bovine tuberculosis in cattle. Clinical and Diagnostic Laboratory Immunology 8, 571-578.

Vordermeier, H.M., Chambers, M.A., Cockle, P.J., Whelan, A.O., Simmons, J., et al. (2002) Correlation of ESAT-6-specific gamma interferon production with pathology in cattle following *Mycobacterium bovis* BCG vaccination against experimental bovine tuberculosis. Infection and Immunity 70, 3026-3032.

Vordermeier, H.M., Villarreal-Ramos, B., Cockle, P.J., McAulay, M., Rhodes, S.G., et al. (2009) Viral booster vaccines improve *Mycobacterium bovis* BCG-induced protection against bovine tuberculosis. Infection and Immunity 77, 3364-3373.

Waters, W.R., Palmer, M.V., Nonnecke, B.J.,

Thacker, T.C., Scherer, C.F.C., et al. (2007) Failure of a *Mycobacterium tuberculosis* ΔRD1 ΔpanCD double deletion mutant in a neonatal calf aerosol *M. bovis* challenge model: comparisons to responses elicited by *M. bovis* bacille Calmette-Guérin. Vaccine 25, 7832-7840.

Waters, W.R., Palmer, M.V., Nonnecke, B.J., Thacker, T.C., Scherer, C.F.C., et al. (2009) Efficacy and immunogenicity of *Mycobacterium bovis* ΔRD1 against aerosol *M. bovis* infection in neonatal calves. Vaccine 27, 1201-1209.

Waters, W.R., Palmer, M.V., Buddle, B.M. and Vordermeier, H.M. (2012) Bovine tuberculosis vaccine research: historical perspectives and recent advances. Vaccine 30, 2611-2622.

Waters, W.R., Maggioli, M.F., Palmer, M.V., Thacker, T.C., McGill, J.L., et al. (2015) Interleukin-17A as a biomarker for bovine tuberculosis. Clinical and Vaccine Immunology 23, 168-180.

Wedlock, D.N., Vordermeier, H.M., Denis, M., Skinner, M.A., de Lisle, G.W., et al. (2005a) Vaccination of cattle with a CpG oligodeoxynucleotide-formulated mycobacterial protein vaccine and *Mycobacterium bovis* BCG induces levels of protection against bovine tuberculosis superior to those induced by vaccination with BCG alone. Infection and Immunity 73, 3540-3546.

Wedlock, D.N., Aldwell, F.E., Keen, D.L., Skinner, M.A. and Buddle, B.M. (2005b) Oral vaccination of brushtail possums (*Trichosurus vulpecula*) with BCG: immune responses, persistence of BCG in lymphoid organs and excretion in faeces. New Zealand Veterinary Journal 53, 301-306.

Wedlock, D.N., Denis, M., Vordermeier, H.M., Hewinson, R.G. and Buddle, B.M. (2007) Vaccination of cattle with Danish and Pasteur strains of *Mycobacterium bovis* BCG induce different levels of IFN-γ postvaccination, but induce similar levels of protection against bovine tuberculosis. Veterinary Immunology and Immunopathology 118, 50-58.

Wedlock, D. N., Denis, M., Painter, G. F., Ainge, G. D., Vordermeier, H. M., et al. (2008) Enhanced protection against bovine tuberculosis after coadministration of *Mycobacterium bovis* BCG with a mycobacterial protein vaccine-adjuvant combination but not after coadministration of adjuvant alone. Clinical and Vaccine Immunology 15, 765-772.

Wedlock, D.N., Aldwell, F.E., de Lisle, G.W., Vordermeier, H.M., Hewinson, R.G., et al. (2011) Protection against bovine tuberculosis induced by oral vaccination of cattle with *Mycobacterium bovis* BCG is not enhanced by co-administration of mycobacterial protein vaccines. Veterinary Immunology and Immunopathology 144, 220-227.

Whelan, A.O., Clifford, D., Upadhyay, B., Breadon, E.L., McNair, J., et al. (2010) Development of a skin test for bovine tuberculosis for differentiating infected from vaccinated animals. Journal of Clinical Microbi-

ology 48, 3176-3181.

Whelan, A. O., Villarreal-Ramos, B., Vordermeier, H.M.and Hogarth, P.J.(2011a) Development of an antibody to bovine IL-2 reveals multifunctional CD4 T(EM) cells in cattle naturally infected with bovine tuberculosis. PLoS ONE 6, e29194.

Whelan, A.O., Coad, M., Upadhyay, B.L., Clifford, D.J., Hewinson, R.G., et al. (2011b) Lack of correlation between BCG-induced tuberculin skin test sensitisation and protective immunity in cattle. Vaccine 29, 5453-5458.

Whelan, A., Court, P., Xing, Z., Clifford, D., Hogarth, P.J., et al. (2012) Immunogenicity comparison of the intradermal or endobronchial boosting of BCG vaccinates with Ad5-85A. Vaccine 30, 6294-6300.

Wilkinson, D., Smith, G.C., Delahay, R.J., Rogers, L.M., Cheeseman, C.L., et al. (2000) The effects of bovine tuberculosis(*Mycobacterium bovis*) on mortality in a badger (*Meles meles*) population in England. Journal of Zoology 250, 389-395.

15

牛结核病的管理：成功与挑战

Paul Livingstone[1], Nick Hancox[2]

1 家畜和野生动物结核病咨询委员会，新西兰
2 非营利性组织 OSPRI New Zealand，新西兰

15.1 定位

牛分枝杆菌感染对包括人在内的多种动物都有影响。在现实中牛分枝杆菌的管理，无论在什么地方，都需要足够的资源。对于世界上大部分地区来说，要么资源缺乏，要么优先考虑其他需求。世界银行根据人均国民总收入（GNI）以美元将国家分为四个与收入相关的类别（The World Bank，2016a），它们是：低、中等偏下、中等偏上、高 GNI 经济体，这些类别为利用现有资源来管理牛结核病提供了一种方法。在本章中，GNI 低、中等偏下、中等偏上的国家将被视为一个类别（从低到中等偏上），而 GNI 高的国家视为第二个类别。

对 2015 年报告牛结核病状况的 168 个世界动物卫生组织成员的数据进行分析（OIE，2016a；参见第 1 章），发现有 66 个成员（39%）报告为"从未发生过牛结核病"，或者它们最近报告的病例发生在 2011 年之前。

2010 年以来，102 个成员（60%）报告了牛结核病病例，2015 年 90 个成员（53%）报告了牛结核病感染。在这 90 个成员中，23 个成员（26%）报告野生动物中存在结核病（OIE，2016a）。按 GNI 经济体对这些报告进行分类，在 54 个高 GNI 经济体中有 56% 发现了牛结核病，而在 100 个低至中等偏上的 GNI 经济体中，这一比例为 70%。由此可以看出，与 GNI 水平较低至中等偏上的经济体相比，GNI 水平较高的经济体的牲畜牛分枝杆菌感染较少。因此，有一节专门讨论了成功管理牛结核病很重要的特性，这些特性主要存在于国民总收入高的经济体中。在这些高 GNI 经济体中，成功控制感染的能力正受到野生结核病储存宿主的威胁。因此，有一节提供了一种鉴别和控制这种风险的方法。最后，可能也是最重要的一节中，描述了在低至中等偏上的 GNI 经济体中，人和牲畜在牛分枝杆菌感染时，面临诊断不足的问题，并提供了一些可降低接触风险的措施。

15.2 在高 GNI 经济体中，牛结核病管理计划成功的特点

15.2.1 引言

牛结核病的有效管理首先取决于能否就结核病的总体防控目标达成一致，为此，必须制订明确且可实现的战略目标。只有在这种情况下，才能有意义地评价管理的成功与否。

本节旨在确定需要解决的关键技术和管理问题，以有效地管理牲畜中的牛结核病。虽然重点是只涉及牛的结核病防治计划上，但它解决的管理问题将同样适用于控制或根除来自其他家畜的分枝杆菌，或影响家畜的结核分枝杆菌复合群其他成员的根除计划。它的主要目标是全国范围内的结核病净化或根除计划，但也适用于各区域或各州使用，同样，该概念纲要将指导社区制定一项牲畜结核病管理计划。

15.2.2 明确计划目的

有效的结核病防治计划的基础是明确目标。从历史上看，引入结核病的防治计划是为了减少牛分枝杆菌感染造成的经济生产损失（Good 和 Duignan，2011）。例如，Palmer 和 Waters（2011）引用 Olmstead 和 Rhode 的美国农业部（USDA）根除结核病计划的年度收益指出，"在 1917—1962 年的收益相当于当年成本的 12 倍"。后来也实施了一些项目，以促进活牛或活牛产品的国际贸易（Max 等，2011），或满足国际要求，如符合欧盟政策

（Reviriego Gordejo 和 Vermeersch，2006）。虽然没有实施专门的结核病计划，来减少人感染牛分枝杆菌的人兽共患病风险，这主要依赖于牛奶的热处理，但牛结核病的有效控制有助于减少牛结核病在人类中的发病率。Palmers 和 Waters（2011）引用 Olmstead 和 Rhodes 的观点，美国农业部结核病的根除计划与牛奶的巴氏杀菌法"每年避免了 25 万人以上的死亡"。

15.2.3 战略目标

一旦确定了结核病管理的总体目标，就可以确定明确的战略管理目标。

在 GNI 高的国家中，用于制定牛结核病防治计划的国家目标在术语上存在差异。本质上，这些可以分为控制、净化或根除。结核病控制目标是基于在区域或国家范围内为降低结核病流行或发病率而采取的措施（Schwabe 等，1977）。结核病净化是指一个地区或国家设计并实施了一项计划，以实现一些国际公认的无结核病的流行目标，如 OIE 制定的目标（OIE，2016b）。根除结核病表明牛分枝杆菌不存在于确定的区域或国家，这可能是由于从未发生过结核病而导致的一个偶然的事件，或者是成功实施了结核病的根除计划，导致牛分枝杆菌在地区或国家层面上的灭绝（Schwabe 等，1977），正如澳大利亚所取得的成果（Cousins 和 Roberts，2001）。即使有足够的资金和共同的目标，如澳大利亚（Cousins 和 Roberts，2001）和美国正在实施的计划（Palmer 和 Waters，2011），对区域内消灭牛分枝杆菌的目标也需要现实地认识到这是具有挑战性的、昂贵的和耗时的过程。尽管如此，根除可

能是最佳目标，因为一旦实现，与计划和疫病相关的成本将降至零，而控制的成本仍在持续（TBfree NZ，2009）。今后，除非需要更详细的说明，本章将使用"计划"一词，而不使用控制、净化和根除。

无论选择什么目标，它们都应符合 SMART 的标准（特异性、测量性、一致性/可实现性、现实性和时限性）（Blanchard 等，1985），其设计应"延伸"管理人员，使其能够提供创新和具有成本效益的方案。长期目标应辅以年度目标，以便能定期评估进度和绩效。在必要的情况下，目标或次级目标应适用于所有家养和野生动物。这些物种包括已确定牛分枝杆菌在种内或种间传播的、可造成人兽共患感染的、具有贸易或生产风险的动物。为了使利益相关者选择最佳策略，他们需要对一系列方案选择进行效益–成本分析，使他们能够客观地选择最经济有效的且满足 SMART 目标所需的方案，这可能需要在迭代过程中开发一系列详细的成本计划。

无论结核病计划的目标是什么，其有效实施都需要：①充分了解疫病本身和任何控制计划措施带来的影响和成本；②有足够的技术、管理和系统能力来执行方案；③充足和有保障的资金；④认识到农民、土地使用者和利益相关者的需求（Thrushfield，2007；Osterholm 和 Hedberg，2015）。

15.2.4 项目开发

历史表明，在国家、区域或地方各级制订和实施有效的牛结核病计划不是一个简单的过程。可能需要几年的时间来评估和解决多

种技术难题，考虑经济和政策问题，并获得必要的利益相关者和政治共识（Palmer 和 Waters，2011；Livingstone 等，2015b）。从历史上看，这通常是由政府机构承担的，但越来越多的农民和农民组织批准参与战略和计划，并获得越来越多的资金（Cousins 和 Rober，2001；Max 等，2011；Enticott，2014；Livingstone 等，2015a）。

成功的牛结核病计划通常会经历多个阶段。大多数计划都从文献和地方结核病管理历史经验中获得政策和知识遗产。随着时间的推移，经验、知识和研究成果使这些方案变得更加完善，从而有可能确定一系列在取得成功时显得很重要的因素。在确定了计划目标和确定实现了战略目标之后，成功的牛结核病计划需要足够的资金、有效的法律地位、利益相关者基于收益–成本分析对目标的支持、科学合理的技术规划，考虑结核病的病原学、流行病学、成本，农业、工业和社会背景的政策。一旦达成共识，结核病计划就需要由一个有能力的行政组织或管理机构实施，其职责是确保一个可审计的、具有成本效益和协调的计划，并在预算范围内达到年度目标。

15.2.5 法律地位

一些国家结核病防治计划以区域或国家自愿计划开始，在屠宰场对牛进行结核病监测的协助下，将不同比例的牛纳入结核病检测制度（Livingstone 等，2015a）。但是，人们普遍发现，自愿计划是不充分的，这导致了强制性计划的引入（Cousins 和 Roberts，2001；Palmer 和 Waters，2011；Livingstone 等，

2015a），并得到立法支持，以确保农民遵守计划的政策和规则。还可能需要立法来确保计划资金，例如税收或征税。在理想情况下，此类立法应该是授权的，而不是规定性的，并以实现战略目标为基础，同时制定由利益相关者同意的疫病控制政策、法律权力和资金责任（Enticott，2014；Livingstone 等，2015b）。

15.2.6 涉众的支持

结核病计划的利益相关者可以定义为"如果那些没有项目资金支持，将不再存在的群体"（Freeman 等，2010）。在这个定义下，利益相关者控制着结核病计划的战略方向及其所需的收益。因此，制定有效的结核病计划的一个关键步骤是确定并让利益相关方的领导人参与进来，以确保他们了解其成员和整个社区的利益。

15.2.7 规划

为有效实现战略目标而进行的计划需要以科学为基础的工具，对结核病用流行病学的知识和理解（包括诊断、牛群历史分析、牛群管理因素和建模能力）进行分析，并辅以强有力的政策和经济分析的支持。很可能需要若干年的时间来获得所需的当地流行病学和政策知识、数据和财政资料，以制定全面的成本计划。在国家流行病学家和管理人员制定完善的计划的指导下，可以支持其他地方开展新的结核病防治规划。制定和批准疫病管理计划的过程本身可能受到管制（如新西兰 1993 年生物安全法）（New Zealand Gov-ernment，2016），这可以为公众或利益相关者提供有用的、透明的、流程纪律规范的影响评估。

15.2.8 效益-成本分析

效益-成本分析有助于规划人员和利益相关者对已确定的结核病规划的战略选择进行评估，这通常需要开发流行病学模型，以反映战略选择所带来的未来结果（通常在 20~50 年），该模型基于选定的时间的当前值来计算未来的年度收益和成本。对于每个选项，将从年度收益中减去年度计算成本。然后，每年的结果值将被折现为当前值并对所有年份求和，这提供了净现值（NPV）作为一个选项。理想情况下，还应该对没有结核病计划的情况，即"不做任何事情"或类似情况，以及其预计的年度成本、效益和产生的净现值进行建模。NPV 提供了一种方法来比较每个选项与"不做任何事情"选项之间的变量差异，并可以对它们进行排序和评估（Livingstone 等，2015b）。结核病效益成本分析的一个主要困难是获取或得出效益的货币价值。虽然计划成本通常可以得到一些准确的估计，但诸如疫病丧失的生产力、产品价值或贸易损失等成本却很难量化。解决这一问题的方法可能涉及流行病学、畜牧生产和经济模型的组合，以便预测一段时间内各种疫病控制方案和可能情况下的牲畜感染水平，以及由此产生的生产价值和贸易损失，并比较这些计划项目和交付成本（包括农场内部成本，例如召集和放养等测试的成本）。然而，如果能够评估这些成本或额外的结核病成本，那么这就为评估结核病计划提供了良好的基础（Zinsstag 等，2006），这种比较的可靠性数据，可能受到各种疫病发病率对产值的限制影响，需要行业分析师进行估计（TBfree NZ，2007）。

另一个问题是实现结核病控制或根除目标所需的时间很长，可能需要跨越几十年。这些方案的大部分收益只能在今后很长时间内才能享受到，而成本则从一开始就产生。传统的收益–成本分析中使用的折现率往往对短期成本产生重大影响，同时使长期收益贬值，这可能导致负净现值（Livingstone 等，2015b）。在这种情况下，利益相关者需要判断一个方案是否能提供长期的价值，同时考虑到实现目标的时间和最终实现目标时的收益程度，这可能会导致选择具有最小负净现值的建模选项。利益相关者在审查选项和模型化的收益成本分析结果时，可能会寻求对计划进行一些迭代式更改，这可能会对最终的战略目标和成本产生持续的影响。

15.2.9 资金协议

对于谁负责结核病战略资助，要达成一致，这是长期规划的一项重大挑战。理想情况下，应根据资助者所获得的收益，将成本按比例分配给他们。实际上，这是很难确定的，收益比例可能随着时间的推移而改变，从某些受益人收取资金的机制可能很麻烦，不可行，或无法使用。

不论分配资金的依据如何，所使用的方法必须是透明的，并得到所有出资者的同意，它应该是公平合理的，且实施起来简单并具有成本效益。在牛产品出口可能受到结核病

感染影响的情况下，出口收入可提供一种在乳制品和牛肉等出口部门之间分配资金份额的手段。如果结核病计划带来的收益是增加了动物或畜群的产量，那么农民个人或代表他们的集体应该直接为该计划提供至少一部分资金，例如为某些结核病检测支付费用或接受减少的扑杀补偿。

在行业或利益相关者很难筹集资金的情况下，国家或地方政府可能需要更有针对性的资金来替代或补充。政府资金也可能更安全，特别是在计划的后期阶段，低发病率可能会使农民或企业很大程度上减少结核病项目的支出。这就确保在计划进展顺利和对行业利益相关者和农民的直接疫病风险降到最低的情况下，政府资助可使计划维持在预期的状态。这可防止在漫长的根除计划的最后阶段，撤出资源时可能重新发生广泛的感染。理想情况下，应根据出资者之间达成的协议，在立法中规定出资比例和机制。目前已经采用了多种供资方式，从政府资金总额（Enticott，2014）到农民/工业/政府出资的混合（Cousins 和 Roberts，2001；Max 等，2011；Livingstone 等，2015a）。

15.2.10 计划政策

由于资金紧张，计划政策应结合最佳知识技术和受影响畜群/地区可使用的疫病控制干预措施，以便达到目标。政策必须明确阐明，并符合立法，还需要满足贸易伙伴的要求，并尽可能满足农民和利益相关者的需求。

重要的是，疫病控制政策要考虑到农业、工业和社会环境。例如，当农民对这种疫病及其控制缺乏了解时，他们可能不信任他们所看

到的控制计划。特别是，农民可能会担心结核病检测的准确性、屠宰的影响、补偿的充足性以及可能的动物活动限制的影响，所有这些都会减少农民的收入。这些问题需要通过沟通和协商加以确定和处理（见15.2.11），否则可能导致不合规。

资金分配和疫病控制政策可能会给农民带来成本或限制，在效益和成本方面必须是公平的。需要认识到政策对不同农业类型的影响，并可能加以改善，例如，限制牲畜活动的政策可能对屠宰肉牛的农场影响不大，但对依赖活畜销售的家畜饲养者影响可能巨大。补偿金可以减轻疫病控制政策的影响，但必须注意避免不当的后果或过度补偿造成的浪费。

对不信任或不公平的感知会显著影响农民、农业组织、政治家和公众对计划的接受程度（Moda，2006；Palmer和Waters，2011；Livingstone等，2015b），如未能在制定政策时通过明确、诚实和持续的沟通处理这些问题，可能导致该计划的失败，正如在坦桑尼亚确定根除胸膜肺炎的事情，1990年该病又再次出现（Kusiluka和Sudi，2003年）。

在战略规划中，需要将拟议的政策传达给农民、资助者和利益相关者，使他们有机会在政策商定和实施之前达成一致。

15.2.11 沟通协商

除非与更广泛的利益集团就拟议的战略计划的重要方面进行明确和公开的沟通，否则一旦方案执行，就可能造成不必要的延误和成本。因此，一旦利益相关者就战略计划达成一致，就需要将战略计划的目标、计划的基本组成部分、主要政策以及如何为战略计划提供资金等问题明确而简单地传达给更广泛的利益集团，其中包括农民、利益相关者组织的成员、行业领袖、政府机构，以及可能受到影响的广泛公众（New Zealand Government，2016）。随后应与可能受到战略、政策或资金影响的主要团体进行协商。应向个人或团体提供口头或书面形式的回应，表明他们对拟议的战略计划和资金的支持，或说明他们的顾忌并提出备选方案。在咨询之后，规划人员和利益相关者需要审查书面或口头意见，以确定是否需要修改战略计划以解决提出的问题。如果决定对战略设计进行更改，则可能涉及另一轮迭代，可能导致目标、计划、成本和时间上的修改。

15.2.12 规划实施

实施结核病计划应该是管理机构的职责，应对利益相关者负责，这种机构有多种模式，它可能像英国一样存在于政府内部（Enticott，2014），也可能像新西兰一样是一个利益相关者拥有的独立业务的企业结构（Livingstone等，2015b）。利益相关者的所有权可能在确保农民和业界的接受和支持方面具有优势，但利益相关者拥有的机构将需要获得法律权力，并需要遵守规范的技术和管理标准。

无论选择何种模式，管理机构都必须负责在预算范围内实施计划，满足所有的立法要求（包括健康、安全和环境管理），并向利益相关者报告年度目标和战略目标的进展情况。管理机构必须具备或有能力提供：①由首席执行官领导的高级管理小组，负责在预算范围内监督计划的交付，与利益相关者保持联系，并最大限度地减少意外；②结核病监测能力，包括记录、整理和分析一系列综合活动和数据，例如畜群和动物结核病监测和结果，牛死后屠宰发现结核病，牛群感染或可疑病例的管理报告，以及追踪可疑或受感染牛群的运动；③与利益相关者、农民和农业组织、行业领袖和政府官员进行沟通，以支持日常计划的执行、管理业务问题并报告绩效和进展；④进行适当的财务管理，提供年度收支计划，按要求向农民和承包商支付工资，并及时向高级管理层通报预算情况；⑤有效地提供和监测现场服务。

提供业务服务有两种广泛的选择，如对牛进行结核病检测、管理并集中屠宰、监测控制牲畜活动和实验室诊断。某些机构可能有能力自己提供这些服务，或者可以与其他机构签订合同以提供服务。外部承包可通过鼓励承包商之间的商业竞争而带来优势，进而推动创新和节约成本。然而，这需要管理机构具有对规范合同、招标和审计的能力，以确保承包商满足绩效要求。管理机构本身提供的直接业务服务可能提供更大的管理控制，但可能导致不必要的机构扩张。实际上，合同和直接提供服务相结合可能更为合适。

15.2.13 研究

尽管现在已经有大量关于牛结核病的研究和文献（其中一些已在前几章中概述），但可能需要进一步的研究以解决当地的技术或生物问题，以提高计划的成本效益，或减轻不良的业务或社会影响。研究需求因项目而异（通常反映出项目的成熟程度），但很可能在现有结核病计划中，以经济有效的方式应用于新的诊断方法、动物记录或控制政策。

研究计划和执行过程将需要显示出现有的体制安排和结构。管理机构可以直接拥有研究能力，也可以利用研究所或大学的外部能力。无论哪种情况，管理机构都应该拥有或能够利用所需的专门知识来确定研究需求，开发和管理研究组合以满足这些需求，并监督特定研究项目的规划和交付。它可能还需要处理资助者和研究提供者之间可能存在的利益冲突，并确保对知识产权和商业利益进行适当管理。研究项目的设计必须确保在固定预算下交付，并提供明确规定的成果。

从数据分析、相关研究结果、农民反馈和审计结果中获得的信息应用于修改计划、政策和执行过程，以确保它们与当前的计划目标和成本效益保持最佳一致性（Tweddle 和 Livingstone，1994；Sherdan，2011；Livingstone 等，2015b）。

15.3 野生动物宿主对结核病防治策略的影响

在国民收入较高的国家中，发现野生动物储存宿主中存在结核分枝杆菌（Morris 和 Pfeiffer，1995；Palmer，2013），一开始可能会被认为是科学上有趣或令人讨厌的新发现。一旦确定了结核分枝杆菌储存宿主的完整地理分布及其作为牛感染源的影响，那么就可以发现从轻微到严重的广泛的风险范围。当储存宿主分布有限时，它可能对结核病规划产生相对较小的影响，如美国密歇根州的白尾鹿感染（Palmer，2013）和加拿大的麋鹿和白尾鹿感染（O'Brien 等，2011）。然而，当储存宿主分布广泛并且牛是有效感染媒介时，如英国和爱尔兰的獾（Abernethy 等，2006；More 和 Good，2006；Wilson 等，2011），西班牙的野猪（Naranjo 等，2008）和新西兰的袋貂（Nugent 等，2015a），这大大增加了实现结核病净化或根除目标所需的成本和时间。

一个重要的野生动物储存宿主的存在，引入了生态、环境和可能的社会因素，超出了当前的农业环境。这些因素可能因情况而异，需要当地设计应对措施。总而言之，这些工作将比标准的检测、屠宰和检疫程序更具挑战性和复杂性，而这些标准程序本来足以有效控制家养牛的疫病情况。在野生动物中控制结核病需要不同的知识和对更复杂情况的分析。要求对野生动物和牛进行疫病管理的计划可能会影响对牛结核病控制不感兴趣的人，而养牛户和结核病控制利益相关方可能对野生动物管理不感兴趣，这可能导致在控制牲畜疫病和首选治疗野生动物之间的冲突（Bengis 等，2002；Cassidy，2012）。

如 Miller 等（2006）所主张的那样，大规模根除牛结核病是一个非凡的目标，那么从野生动物宿主根除结核病更是如此。然而，正确的研究知识和详细的规划，应该能够制定成本估价的方案，给利益相关者和广大公众提供选择。这种方案需要涉及技术和操作的可行性、受影响各方和广大公众的关注，以及对成本和效益的现实评估，这可能比单独涉及牛结核病控制的方案要广泛得多并且需要时间。

15.3.1 在野生动物宿主中确定结核病的存在

正如 O'Brien 等（2011）所述，在野生动物中发现结核病的首要工作是证明哪些物种是储存宿主，以及该物种（或任何其他物种）是结核病的传播媒介还是牛的感染源。在某些情况下，可能会出现复杂的多宿主流行病学情况，这需要通过详细的流行病学研究和建模进行评估，这既耗时又昂贵。图 15.1 显示了新西兰牛结核病传播相互关系的水平。

至少有两个可供选择的方法用于确定结核病野生动物储存宿主的存在。首先，结核病储存宿主可通过积累间接证据、传闻和意外发现感染物种而获知，而这些知识空白则通过后来在新西兰进行的系统研究得以填补（Livingstone 等，2015a）。其次，以下根据新西兰的经验描述了一种更有效的过程，可用于确定结核病储存宿主的存在。

如果怀疑有牛群的野生动物感染源，但未被证实，则应对最近所有感染的牛群进行流行病学调查。这旨在确定最近发生感染的牛群的地理位置，这些牛群是否与家畜感染途径或来源有明显关系（如牛的购买或运输、与受感染的家畜混合饲养或未诊断的残留感染）。感染的畜群不能用明显的家畜感染途径来解释，暗示最初可能有野生动物的参与。对这方面的进一步评估需要调查在受感染畜群附近，可疑野生物种的分布和密度。

不管可疑物种是什么，对所受关注地区最常见的野生食腐动物进行尸检，将有助于确定野生动物中结核病的存在程度（Byrom 等，

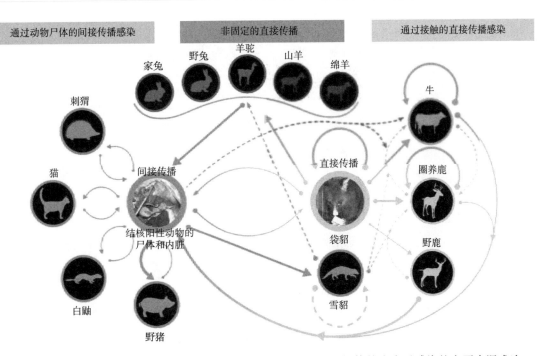

图 15.1 牛结核病在新西兰种间和种内传播的直接和间接途径［粗体箭头表示感染的主要来源或途
径；左侧区域为通过清除或调查结核性尸体和内脏的间接传播，右侧区域为直接传播，上方
中间物种的感染源未知但可能通过直接途径感染。该图的复制经《新西兰兽医杂志》编辑许
可，第一次发表在 P. G. Livingstone，N. Hancox，G. Nugent，G. W. de Lisle（2015）. Toward
eradication：the effect of *Mycobacterium bovis* infection in wildlife on the evolution and future direction
of bovine tuberculosis management in New Zealand. New Zealand Veterinary Journa 63（S1），p7.］

2015；Nugent 等，2015b）。根据 Byrom（2015）
和 Nugent（2015b）的观点，食腐动物的栖息
地范围相对较大，它们会以野生动物的腐肉
为食。如果腐肉来自结核菌感染的畜群，那么
随着时间的推移，食腐动物也会被感染。对食
腐动物和可疑的储存宿主来说，这可以提供
一个相对快速的方法来确定感染畜群附近是
否存在野生动物感染，尽管调查设计和物种
目标需要考虑诸如物种的寿命、种群密度、活
动范围和可能的结核病流行等因素（Byrom
等，2015；Nugent 等，2015b）。

Palmer（2013）指出，如果在野生食腐动
物中发现了结核病，那么就需要进一步的研

究来确定它在流行病学中的作用。它可能是储
存宿主，如西班牙的野猪（Boadella 等，
2012），或者是偶然宿主，如新西兰的野猪
（Nugent 等，2015b）。如果受感染的食腐动物
被认为是一个偶然宿主，那么需要确定食腐动
物的确切感染源（即哪个腐肉来源的物种受
到了感染）。关于食腐动物的分布和活动范围
的资料，将有助于确定对其他野生动物进行深
入调查的地理区域。这样的调查将集中采样所
有可能是腐肉来源的野生动物，并在可能的范
围内出现偶然的结核病动物。如果没有确定可
能的储存宿主和牲畜感染媒介，可能需要进行
额外的调查，因为在储存宿主中感染的流行可

能随时间而变化。

鉴于有足够的生态和流行病学信息表明，在特定野生动物和牛的感染之间存在联系，这表明存在储存宿主，因此需要进一步调查这一发现。这可能需要开展更广泛的流行病学和生态调查，重点关注那些有其他不明原因的牛群结核病发病的地区。

此外，还应调查存在野生动物但牛群中没有结核病的地区。这些调查将有助于确定受感染野生动物的分布、结核病患病率、与牛群中结核病的关系，以及 O'Brien 等（2011）确定的野生动物向牛群传播疫病的确切模式（反之亦然）。随着时间的推移，这些调查还将提供数据，以确定野生动物中的结核病感染是否在地理上扩散。有可能进行一项纵向研究，以帮助证明受感染的野生动物是结核病的储存宿主（Morris 和 Pfeiffer，1995）。

大量研究证据表明结核病在野生动物中持续存在，即当基本繁殖率 $R_0 \geq 1$（Palmer，2013），那么当地的野生动物宿主的密度反映了某种形式的生态系统干扰或改变提高了环境承载能力。因此，在爱尔兰，随着牧场的改良和放弃传统狩猎，獾的密度似乎随着时间的推移而增加（Smal，1995）。据报道，英格兰的獾密度也有所增加，这可能是由于气候变化造成的（Macdonald 和 Newman，2002）。Wilson 等（2011）对獾的研究还发现，除密度效应外，人类活动可能在不经意间改变了野生动物的社会结构，从而使种间和种内的相互作用更大。在新西兰，袋貂被有意从澳大利亚引进，并被释放到哺乳动物觅食的空旷环境中。随着袋貂因毛皮价值的波动而被重新引入，袋貂凭借对各种条件的耐受性、普

遍的杂食性和免受捕食或竞争的影响，使其以较高的种群密度变得无处不在（Clout 和 Ericksen，2000；Efford，2000）。在密歇根州和明尼苏达州，白尾鹿的补充喂养增加了鹿在饲料堆中的聚集和相互作用，从而促进了结核病的传播（O'Brien 等，2006；Palmer，2013）。在西班牙中南部，在人工浇水或喂食地点聚集的野猪增加了患结核病的风险（Vicente 等，2007）。

因此，管理或降低野生动物种群感染水平的措施，需要考虑诸如密度增加和社会相互作用等因素，这些因素似乎促使一些物种成为 $R_0 \geq 1$ 的结核病储存宿主。管理的选项可能包括通过扑杀新西兰的袋貂（Warburton 和 Livingstone，2015）和爱尔兰的獾（Sheridan，2011）来降低密度。为保护多种野生动物，已经进行了疫苗接种来控制结核病的研究，其中包括袋貂和獾（Buddle 等，2011）、白尾鹿（Waters 和 Palmer，2015）和野猪（Garrido 等，2011）。北爱尔兰正在考虑对獾进行联合检测、扑杀和接种疫苗（Department of Agriculture，Environment and Rural Affairs，2016）。考虑到野生动物管理方案需要与农民、野生动物组织、利益集团和广大公众进行接触，他们可能都与被评估的物种有关系或有顾虑。野生动物管理还需要与牛结核病控制措施有效结合，若不这样做可能会导致牛结核病计划的受挫或失败（Wilson 等，2011；O'Brien 等，2011；Livingstone 等，2015a）。

包括控制野生动物感染来源在内的方案与牛是唯一功能性疫病宿主的方案一样，也受到多种因素影响。

为了应对野生动物生态学、结核病流行病

学和公众对研究结果感兴趣所带来的复杂性，需要在管理方法和重点上做出一些改变。野生动物的参与也带来了一些全新的管理因素，必须在一个成功的计划中加以解决。

15.3.2 目的和战略方针

根据其影响，结核病野生动物储存宿主的参与可能迫使人们对牛结核病计划的可实现目标、方针和政策进行重大的重新评估。战略方针可转向强调对野生动物储存宿主感染的控制，以促进对牛结核病的有效控制。如果控制野生动物储存宿主的感染不可行，那么该策略可能会改为将使野生动物避免与牛或牛饲料的接触，如英国的獾（Tolhurst 等，2009）和密歇根州的白尾鹿（Walter 等，2012）。研究发现结核病野生动物储存宿主也可能增加传染给人的风险。不幸的是，在野生动物和牛之间的关系得到审查、拟议方案及其费用得到承担之前，结核病方案的最终目的不太可能变得明确。

重要的野生动物储存宿主和结核病传播媒介的存在，可能迫使持续和加强对牲畜检测、屠宰和转运控制的规划，强行采用对牛实施疫病控制的手段。与此同时，应开展研究和调查，以充分阐明野生动物流行病学，并确定可能的措施，以防止结核病从野生动物储存宿主或其他宿主向牛传播。

这是可能涉及多因素的长期研究项目，需要相当长的时间（对新西兰来说大约需要22 年；Livingstone 等，2015a）为结核病净化或根除制订更宏伟的长期目标提出了现实基础。

这并不意味着在确定并证明最佳解决方案有效之前不应采取任何行动。在野生动物种群新感染尚未建立和广泛传播之前，对其新发现的感染进行干预和控制，要容易得多，成本也低得多。因此，确定一个较为温和的目标和在野生动物储存宿主中发现结核病感染后 3~5 年采取措施，比在开始之前等待所有的研究和分析工作完成才开始要好得多。

这种适度的方案将提供急需的信息和数据，可用于提高其有效性，并确定未来研究的重要领域。

对于像新西兰、英国和爱尔兰这样的国家来说，只有当牛分枝杆菌从受感染的野生动物储存宿主向牛的传播永久停止后，牛分枝杆菌净化或根除的国家目标才能实现（Livingstone 等，2015a、2015b）。

15.3.3 法律地位

与仅限于牛的感染相比，在野生动物中控制感染可能涉及或影响到更大范围的公众。可能需要更多的法律权力来有效监测和控制野生动物中的结核病。这可能包括对牛、野生动物或两者都接种疫苗，或者要求将野生动物从农场或设施中驱逐出去。

可能还需要养牛业实施进一步的法律控制，例如限制牲畜进出野生动物结核病高发地区，甚至将它们排除在存在或怀疑存在结核病野生动物的地区之外。在与投资者、政府机构、受影响的利益集团、公众和立法者就控制野生动物和牛结核病进行更广泛的战略计划的评估、预算、沟通并达成一致之后，这种法律权力的必要性才会变得明确。

15.3.4 涉众的支持

作为牛结核病计划的一部分，对野生动物控制或管理很可能会对广泛的人群和组织产生影响。

并非所有国家都愿意或有能力提供资金，有些国家可能反而强烈反对拟议的方案。在这种情况下，将需要一个过程来管理范围更广的人员和利益，以达成协议（或至少接受）该方案及其资金。

在新西兰，政府资金的很大一部分用于有效执行一项方案，该计划要求对大规模的野生动物进行控制和管理，涉及多个利益，并远远超出了养牛场范围（Livingstone 等，2015b）。

15.3.5 规划

为了确定在牛和野生动物储存宿主中控制结核病最具成本效益的战略，至关重要的是要考虑、建模和评估一系列备选方案。比较各种选择的能力将取决于各种资料的可用性和准确性，包括：①关于野生动物感染的地理和时间分布的研究结果；②了解野生动物宿主的种群密度与结核病流行水平之间的关系，以及这种关系对牛结核病发病率的影响；③控制、遏制或区域根除野生动物感染或防止受感染的野生动物与牛之间传播的方法的可行性和公众接受程度；④模拟野生动物和牛之间的相互作用，以及控制野生动物种群感染的办法和影响；⑤每个控制或管理办法详细计算成本；⑥对每种选择所能获得的收益进行经济评估。如果能够提供合理的信息来对这些选项进行建模和成本计算，这将有助于识别那些不可接受的选项，并为开发潜在可接受的战略选择阐明进一步的研究或数据需求。

在初始计划阶段，确定跨越控制范围的四种可能方案，以及相关的政策、可能的成本和可能的影响是很重要的。应该向利益相关者、农业和野生动物组织、政府机构、政界人士和广大公众提供每个选项的信息摘要，供他们考虑。然而，在某个时候，即使没有受影响各方的一致同意，也需要就战略前进方向做出决定。一个极端的选择可能是在特定地区放弃牛的养殖，直到从野生动物储存宿主那里根除结核病为止。另一个极端是在特定范围内消灭野生动物，进而消灭了野生动物感染。在牛群中根除结核病之后，可以从已知的无结核病种群中重新引入野生动物。在野生动物宿主是外来入侵有害动物的地方，如新西兰的袋貂，致命的种群控制更可能是一个有利的方案，具有重大的保护效益。如果宿主是一个有价值的物种，比如英国的獾，那么规划和选择将更加复杂，但尽管如此，仍需要对一系列的方案进行全面的分析和评估。如前所述，提供这些信息将使所有利益相关者能够看到成本选择方案对建模的影响、可能出现的问题以及如何为其提供资金，这些与减轻对野生动物或养牛户的任何短期影响的建议可以一起考虑。

15.3.6 收益-成本分析

与只涉及牛的计划相比，涉及野生动物管理的收益-成本分析模型将更加复杂且基于假设，可能需要更长的时间和更高的成本。它需要比较各种建模选项的成本和收益，包括"无控制权的"选项。野生动物管理本身可能带来的利弊与疫病相关的结果完全不同，但也可能难以衡量。新西兰对袋貂数量的控制，减少了商业捕猎毛皮的机会，但改善了森林生态系统和本土生物多样性（Warburton 和 Livingstone，2015）。后者带来的好处通过公众调查来评估，即个人愿意因为袋貂密度的降低为特定的本地植物和动物物种的恢复支付费用（Tait 等，2017）。由于需要在野生动物和牛中控制感染，实现结核病控制目标的时间可能更长，因此效益-成本分析很可能提供强烈的负净现值。

15.3.7　资金协议

野生动物感染的地理范围和牛感染的可归因比例（Rockhill 等，1998；Livingstone 等（2015a）将帮助确定野生动物是影响牛结核病防治计划的主要或次要因素。如果野生动物是主要的致病因素，那么对相关流行病学的研究和采取措施防止野生动物传染给牛将增加计划成本。要获得资金来支付这些费用，可能需要政府机构、研究机构、农业、野生动物保护组织或管理者的投入。关于如何分配资金，没有一个简单的公式，只有各方做出承诺，为获得更多的知识做出贡献，确定、评价和商定现在就执行的解决办法，而不是把它留给后代来解决。如果需要管理昂贵的野生动物，那么政府可以选择为广大公众提供资金。另外，野生动物组织和团体以及农民组织和政府可以确定一种共享资金的方法，特别是在结核病管理将为野生动物健康、福利和

生物多样性带来全面效益的地方。在做出供资承诺之前，潜在的供资者必须确信，该方案将在商定的供资期限内达到明确和可衡量的目标。可能需要征税或费率等法律机制，以从目标明确但不愿提供资金的人那里获得资金，或防止通过搭便车来规避成本（Anonymous，2016）。

15.3.8　计划政策

鉴于扩大的结核病防治计划包括针对野生动物和牛的措施，政策应以现有的最佳技术、研究和业务知识为基础，并在商定的计划和预算范围内交付。政策需要明确表述，毫不含糊，随时可用，并符合法律。

政策还应符合贸易伙伴、利益相关者、农民、动物福利和野生动物利益团体的要求。为了实现这一目标，政策的制定需要成为广泛协商过程的一部分。

15.3.9　沟通与咨询

一旦资助方、野生动物组织代表和其他关键参与者就战略选择、目标、政策、成本和资金达成共识，就需要将这些信息广泛地传达给那些可能受计划影响的各方（New Zealand Government，2016）。这些组织包括利益相关者组织成员、农民和农业组织、野生动物组织、政府机构和感兴趣的公众。如前所述，随后应与可能受到战略、政策或资金影响的主要团体进行协商。应提供咨询机会，就拟议的战略设计、政策、费用和筹资方法提出书面或口头意见。利益相关者需要对提交的方案进行审

查，以确定是否需要修改计划，以解决提出的问题，并向提交者提供对他们的问题所做出的回应。重大变化可能涉及另一个计划迭代，可能导致目标、计划、成本和时间发生变化。如果这些措施会对团体或个人产生重大影响，则需要就此进行沟通，并可能需要进行另一轮磋商。

15.3.10 实施

实施一项旨在实现牛结核病净化战略目标和在野生动物储存宿主中实现区域结核病净化的计划，是一项重大的长期任务。逐步采取野生动物管理措施后，对牛结核病发病率的影响可能是动态的、地理上可变的和多因素的。方案管理和行政将需要有理解和解释这些动态变化情况的能力，并能够修改措施或政策，以确保在预算内完成战略目标。除了向直接投资人和主要利益相关者负责外，管理人员还需要对与野生动物疫病控制措施有关的广大公众的关切做出反应。管理人员在获得兽医和流行病学知识的同时，还需要获得生态和野生动物管理方面的专业知识，而且还需要通过持续有效的沟通来支持计划的实施。

15.4 在低至中等偏上 GNI 经济体中管理牛分枝杆菌及其传播的方案

15.4.1 背景

2016 年，全球 74 亿人口中，低收入至中等偏上收入的经济体人口占 84%（Worldometers，2016）。低收入至中等偏上收入的经济体人群往往是年轻、受教育程度低、居住在农村并从事农业工作的人（The World Bank，2016b）。Randolph 等（2007）认为，在低收入至中等偏上收入经济体的农村和城市周边地区，牲畜是一项重要的家庭资产。牲畜提供营养、牵引力、肥料、燃料和社会地位，甚至可以充当"银行"。然而，由于诸如密切接触（通常是与他人合住）、恶劣的卫生条件和食用生奶、肉和血（Mfinanga 等，2003）等因素，造成生活在这些经济体中的人所患人兽共患病的比例过高（Randolph 等，2007），包括结核病（Cosivi 等，1998；Mfinanga 等，2003），这可能会损害牲畜作为减贫手段的价值。

防治结核病等人兽共患疫病的需求和能力直接受到卫生优先事项以及当地和国际资金和资源可得性的影响。在过去几十年里，国民总收入从低到中等偏上经济体面临资源限制和资金减少的问题。在这种情况下，除非在高 GNI 经济体，否则用于管理牲畜人兽共患病的兽医和公共卫生服务是不可持续的（Randolph 等，2007）。此外，由于迁移的生活方式、文盲、脆弱的社会环境，偏远的农村人口往往得不到关键的卫生保健、兽医服务和信息（Randolph 等，2007；The World Bank，2016b）。

尽管存在这些障碍，畜牧业仍然可以作为低收入和中等偏上收入经济体的经济脱贫途径。Perry 等（2002）提供了一个方案，描述了牲畜是如何通过减少家庭资产基础的脆弱性，以及如何通过提高生产率和农产品市场准入来帮助减贫。根据这一方案，Perry 和 Grace（2009）预测家畜疫病将减少，食品和销售牲畜产品的供应将增加。他们还指出，小规模生产者的增加和销售产品的增值提供了就业机会，特别是在垂直一体化的系统中，所有这些都有助于脱贫。

Perry 和 Grace（2009）强烈支持减少人兽共患病，他们指出，在较贫穷的国家，人兽共患病的作用及其对贫困的影响尚未得到调查或评估。鉴于疫病影响是可以衡量的，这就提供了一种确定某种疫病控制的可行性和成本控制的方法。Perry 和 Grace（2009）警告说，疫病控制的形式必须为畜牧业社区所接受，而不能妨碍农业系统，并且最好能够在社区内实施。

他们进一步指出生态健康是一个跨学科的系统，以解决疫病问题，"旨在整合、探索人类、牲畜、野生动物和生态系统的良性互动"。生态健康与当前的"同一健康"概念非常相似，即认识到人类和动物的健康以及它们所生活的生态系统是相互依存的（OIE，2016c）。生态学家、社会学家、医师、兽医、流行病学家和微生物学家在 One Health 计划下开展积极和有意义的合作，为了解和控制低收入至中等收入的国家中的结核病等人兽共患病提供了最佳机会。

2016 年，世界卫生组织（WHO）报告称，1040 万人患结核病，180 万人死于结核病（WHO，2016）。60% 的结核病新发病例发生在 6 个国家：中国、印度、印度尼西亚、尼日利亚、巴基斯坦和南非。2014 年，WHO 制定并通过了"终结结核病战略"，以支持联合国脱贫政策（WHO，2014）。WHO 的战略目标是：①2015—2025 年结核病死亡人数减少75%，结核病发病率减少50%；②到2035 年，结核病死亡人数减少95%，结核病发病率减少90%。

WHO 终止结核病战略的目标是减少结核分枝杆菌引起的结核病，并在 2016 年首次确认牛分枝杆菌是引起人类疫病的原因之一。然而，在全球范围内，绝大多数人结核病病例的病原体仍未被区分到种级水平。从实践的角度来看，有必要进一步调查牛分枝杆菌感染误诊的后果及其对任何结核病治疗方案结果的影响。

Cosivi 等（1998）报告，1954—1970 年间，牛分枝杆菌感染占全世界人结核病例总数的 3.1%。自那时以来，在高国民总收入的国家中因牛分枝杆菌感染的人结核病例的百分比可能已显著下降。目前还不清楚低收入至中等偏上收入的国家的趋势，但广泛的艾滋病感染可能加剧了结核分枝杆菌和牛分枝杆菌的感染水平。

来自这些国家非代表性研究的数据表明，在尼日利亚，人结核病例分离牛分枝杆菌的比例在 3.9%～10%，埃及为 0.4%～45%，坦桑尼亚高达 36%（Cosivi 等，1998），埃塞俄比亚为 16.3%～29.2%（Shitaye 等，参见第 3章）。Cook 等（1996）发现，在赞比亚拥有结核菌素阳性牛的家庭中，人类患结核病的风险要高出 7 倍（优势比为 7.6）。Cosivi 等（1998）还发现，在非洲和亚洲的低收入至中等收入的国家中，82%～94% 的人口居住在农村地区，很少或根本没有对牛结核病控制或管理。鉴于这些国家对当地牛奶需求的增加，作者确定牛是人结核病的潜在来源。Shitaye 等

（2007）对此表示支持，他们指出由于艾滋病在埃塞俄比亚和其他非洲国家广泛传播，受HIV感染的人通过食用可能受感染的动物的生乳、生肉和血液增加了感染牛分枝杆菌的机会（Mfinanga 等，2003）。此外，Chen 等（2009）报告在中国的牛中发现与人类结核病有着流行病学联系的结核分枝杆菌。在尼日利亚（Cadmus 等，2009）和埃塞俄比亚（Deresa 等，2013）的山羊结核病病灶中也分离出了结核分枝杆菌和牛分枝杆菌。因此，在低至中等偏上国民总收入经济体的牛和山羊中发现牛分枝杆菌和结核分枝杆菌，对 WHO 消灭结核病战略构成了潜在挑战，除非牲畜中的结核病也得到控制。未来人结核病水平的降低可能取决于确定和控制感染源，尽管这对于治疗目的来说重要性很低。

为了实现 WHO 消除结核病战略的目标，可能需要在低收入至中等偏上收入的国家中减少人–牛分枝杆菌感染的病例。尽管与低收入至中等偏上收入的国家相比，在大多数高国民收入的国家中，牛结核病不再构成人兽共患疫病的风险，因为大多数牛乳经过巴氏杀菌，肉类在屠宰后进行检验，而且国家对牛的试验和屠宰规划已经实施。值得注意的是，在美国，牛分枝杆菌仍然是人结核病的一个来源，尽管这些病例中的相当一部分可能是在国外感染的（Scott 等，2016）。

在低收入至中等偏上收入的国家中，在考虑降低牛分枝杆菌在家畜和人类之间传播的风险的战略时，必须考虑到现有的疫病管理资源和牛主人接受疫病控制干预措施的意愿。从简单的信息收集和传播，到全面的检测和扑杀方案，没有一种策略能够适应所有的

情况。首要目标应该是减少牛分枝杆菌从家畜（牛、水牛、山羊或骆驼）传播给人类的风险。如果有可能，结核病管理还应减少牲畜结核病发病率，为动物健康、生产和经济收益提供保障。

15.4.2　措施

15.4.2.1　通过知识赋予人们力量

在一些低收入至中等收入的社区，人们对牛结核病及其对人类健康的风险认识不足。坦桑尼亚阿鲁沙的一项研究发现，在结核病群感染率高达 50% 的地区，75% 的受访者对结核病知之甚少；50% 的受访者不煮牛奶；18% 的受访者吃生肉（Mfinanga 等，2003）。在喀麦隆的一项类似研究中，Ndukum 等（2010）发现"在养牛者中，81.9% 的人知道 BTB，67.9% 的人知道 BTB 是人兽共患的，53.8% 的人知道一种传播方式，但超过 27% 的人食用生肉和/或饮用未经巴氏杀菌的牛奶"。据估计，在东非，超过 80% 的牛奶未经处理就被出售（Kurwijila，2006），这表明更需要对牛奶生产者和消费者进行教育，并推广简单的疫病预防措施，如煮牛奶或煮肉，这也将带来更广泛的健康效益，因为蒸煮杀死了其他潜在的病原体，如单核细胞增生李斯特菌、金黄色葡萄球菌、肺炎克雷伯菌和其他肠杆菌，以及布氏杆菌和耶尔森菌（Rea 等，1992；Gran 等，2003）。人们一致认为，如果信息是由在当地社区有地位的人提供的，那么低收入至中等收入的社区的村民能够更好地吸收信息并采取行动（O'toole 和 McConkey，1998）。移动电话和其他通信技术为向农村人口提供关键的疫病控

制和卫生保护信息提供了越来越便宜和可用的途径（Masuki 等，2010）。如果将这些信息与其他广泛使用的信息（如天气预报）联系起来，可能会提高对这些信息的理解。

除了向农村提供基层信息外，还需要确保作为政府官员的健康工作人员、社区领导人明白，饮用生牛奶或食用未煮熟的食物或生肉可能导致一系列疫病，包括结核病。

通过煮沸牛奶和确保肉类在食用前煮熟，可以大大降低感染这些疫病的风险。

15.4.2.2　巴氏杀菌牛乳

小规模牛羊养殖户可能会通过使用木材、煤气炉或太阳能驱动的小型巴氏杀菌器（Kurwijila，2006；Wayua 等，2013）处理牛奶来限制牛分枝杆菌对人类的传播。在原料奶出售或制成产品（如酸奶或奶酪）之前对其进行巴氏杀菌，将以较低的成本降低更广泛的社会阶层面临的健康风险，并可能增加参与项目的农民或集体所出售的牛奶或乳制品的价值。

犊牛饮用含有牛分枝杆菌的生牛奶会感染（Doran 等，2009）。在给犊牛和小孩喂食之前，对初乳和牛奶进行巴氏杀菌，可以降低幼年感染牛分枝杆菌的风险。一些智利养牛主使用这种卫生程序来帮助清除结核病感染（C. Cabrera，个人交流）。成功开展结核病疫苗接种规划的先决条件是确保没有感染结核病的犊牛。

15.4.2.3　屠宰场结核病监测

在包括尼日利亚（Cadmus 等，2009）和喀麦隆（Ndukum 等，2010）在内的许多低收入至中等收入的非洲国家中，屠宰场检查已发现了受结核病感染的牲畜尸体。

然而，在埃塞俄比亚五个屠宰场屠宰的3322 头牛样本中，仅正确检测出 32% 的受感染牛（Biffa 等，2010）。尽管作为疫病检测的工具可能不可靠，但在屠宰场发现结核病可能导致减少对动物供应商的付款，这反过来可以为受影响的牧民提供适当的有针对性的交流机会，鼓励他们采取改进的疫病控制措施。

15.4.2.4　疫苗接种牛

用牛分枝杆菌卡介苗活疫苗（BCG）接种新生犊牛，对随后的自然牛分枝杆菌感染提供 56%~68% 的保护（Ameni 等，2010；Lopez-Valencia 等，2010）。对此 Ameni 等（2010）进一步确认，更多接种疫苗的牛可以通过标准的肉类检验程序。Lopez-Valencia 等（2010）发现，较少接种疫苗的犊牛的鼻拭子呈 PCR 阳性，提示它们可能具有较低的结核病传播风险。Buddle 等（2005）发现，与未接种疫苗的犊牛相比，用脂质制剂卡介苗口服接种的犊牛对结核病具有显著的保护作用。Nugent 等（2017）发现，对于 9 个月大且接触自然（主要是野生动物）结核病感染的犊牛，口服卡介苗可提供 64% 的保护。

即使接种卡介苗后，得到有效保护的牛只不超过接种牛只的一半，在能够促进疫苗接种规划的低收入至中等收入的国家中，这仍将在降低牛结核病发病率方面提供显著优势。虽然接种卡介苗会使牛对结核菌素测试敏感，但这对低收入至中等收入国家使用这种疫苗无关紧要，因为它们不太可能大规模对牛进行结核病测试。为母牛接种疫苗将降低它们日后在牛奶中传播牛分枝杆菌的风险，从而有可能减少受感染的人数。因此，在资源有限的地方，仅为母牛犊接种疫苗可能是减少人类健康风险的一项目标明确的战略。

为了最大限度地发挥卡介苗疫苗的功效，犊牛一开始就必须未患结核病。这意味着在犊牛接种疫苗之前和之后的一段时间内，它们不应该接触到可能含有牛分枝杆菌的初乳或牛奶。实际上，这可能很难实现，除非初乳和生乳在喂给打算接种疫苗的犊牛之前经过巴氏杀菌，或者确保犊牛不是用检测呈结核病阳性的乳牛喂养的。

15.4.2.5 结核病检测

牛分枝杆菌感染可通过体内（皮内结核菌素）和体外（全血和血清学）试验来诊断，如第 12 章所概述。如果在 10~14d 前用结核菌素刺激过动物的免疫系统，血清学测试的效果最好。牛奶还可以通过血清学试验来检测结核病，血清学测试的结果与全血测试的结果相似，但涉及的动物较少（Buddle 等，2013）。群体检测比个体检测的效果更好。大多数试验是在牛身上进行的，因此关于诊断用途的现有数据可能并不同样适用于其他物种，如山羊、鹿和骆驼。

正如第 12 章和第 13 章中所指出的，诊断试验主要评估敏感性和特异性，但没有一种诊断试验具有 100% 的敏感性和 100% 的特异性。试验可以调整以增加灵敏度或特异性，但一个参数的增加通常会导致另一个参数的减少。出于疫病控制的目的，当结核病患病率较高时，最好使检测灵敏度最大化。然而，随之而来的较低的检测特异性，将导致更多的非感染动物给出假阳性的检测结果。牲畜饲养者可能很难看到其中的价值，特别是当牛是他们的主要资产，或价值减少或需要宰杀检测呈阳性的动物时。

另一个需要考虑的因素是试验成本。皮内结核菌素皮肤试验目前是最便宜的，但需要技巧，而且需要对动物进行两次操作：首先注射结核菌素，然后 3d 后通过检查注射部位来观察试验结果，这可能不适合所有的放牧情况。全血和血清学检测只需要提供一次动物血液样本。检测牛奶样本可能更简单，但并不是所有的动物都能分泌乳汁。但目前需要将血液、血清和牛奶样本送到拥有先进设备和经过培训的工作人员的实验室进行检测。全血检测要求血液样本必须在 24h 内送到实验室。决定在特定情况下使用哪种测试之前，需要对这些因素进行实际和逻辑上的考虑。

在引入测试方案之前，对拟议的测试及其影响必须向牲畜主人解释清楚，并就如何管理检测呈阳性的动物和整个畜群达成协议。检测计划下的管理选择或要求将取决于其最终目的，但可包括以下一项或多项：①将所有检测呈阳性的动物从兽群中剔除；②将试验阴性的动物与试验阳性的动物分开管理；和/或③将兽群作为一个群体管理，但用卡介苗接种幼兽。理想情况下，在接种疫苗之前，年轻的种群应该是没有结核病的。

任何检测方案还需要在适当的更广泛的畜群和农场管理的背景下进行，以切断来自牲畜贸易、移动或与未管理的牲畜感染源接触的任何感染途径。因此养牛人需要了解和接受该方案的目的及其全部影响。

15.5 更大的图景：减少人类的人兽共患结核病

要实现 WHO 消灭结核病的战略目标，那么至少在一些低收入至中等收入的国家，需要防止牛分枝杆菌或结核分枝杆菌从受感染的牲畜传染给人类。这支持 Olea-Popelka 等（2016 年）提出的参与"同一健康"（One Health）系统的观点，这将需要一个协调的进程，由卫生组织、联合国和其他国际援助组织共同资助，并在可能的情况下由个别方案国家提供经费。进程应该以"同一健康"的概念为基础，整合有识之士，以确保实现减少结核病的目标，建议的程序概述如下所示。

（1）确定 2016 年每个低收入至中等偏上收入的国家的新结核病例数和因结核病死亡的人数。

（2）根据以前的结核病年发病率和每个国家建议的治疗方法进行建模工作，以预测结核病的发病率，预测 2035 年每年的新发结核病病例数和死亡人数。

（3）通过建立 2025 年和 2035 年结核病死亡预测模型，计算新病例和结核病死亡总数与 WHO 2025 年和 2035 年的目标确定的数字之间的差额。

（4）如果模拟的 2025 年和 2035 年新病例和死亡预测超过 WHO 确定的目标，那么根据个别国家的新病例和死亡率，确定哪些国家应优先采取额外行动，以确保实现目标。

（5）为选定的国家确定新结核病例和结核死亡病例的流行病学特征。

（6）对于农村或城市周边地区被确定为人间新发病例或结核病死亡的重要因素的国家，则：①根据新病例和死亡的流行病学结构横截面，在物种水平上确定导致感染的分枝杆菌。②如果超过上一条建议的 10% 的样本培养表明感染牛分枝杆菌，则进行以下程序。

（1）沟通交流

①与政治家、政府机构和村长进行讨论，确定如何以最佳方式向村民和牲畜所有者通报，关于食用受分枝杆菌污染的食品（原乳和原乳产品、血液和未煮熟的肉类）的风险。

②开展一项利用多媒体和地方领导人的宣传方案，以确保所有农村和城市周边居民不断意识到食用受分枝杆菌污染的食品的危险。建议所有的牛奶在食用前都要煮沸或巴氏杀菌，肉类要煮透。

③向村庄提供小型巴氏杀菌器，因为那里有相对大量的牲畜被挤奶，牛奶广泛出售供人食用。提供巴氏杀菌仪器使用指南，确保它们被正确使用。并确保所有来自巴氏杀菌器的牛奶是无致病菌的，且蛋白质质量不受影响。

（2）牲畜结核病监测

①开展调查，在畜群和动物水平上确定用于生产牛奶或肉类的每种家畜的结核病流行率。

②从培养的样品横截面上分离出分枝杆菌的种类。

③理想情况下，选择的样本应基于试验和屠宰方案，其中对具有地理代表性的牲畜所有权和牲畜类型进行了试验，所有检测呈阳性的动物都应该被宰杀。在屠宰时从尸体中发现的所有结核样病变的样本将提交进行分枝杆菌培养和细菌分离，并区分到种。如果试验和屠宰计划不可行，那么调查可以基于送到屠宰场的动物。然而，除非检查的质量很高，否则这可能会提供一个有偏差的结果。

④针对每个选定的国家的每种牲畜，根据全国结核病流行情况的提示，确定牛分枝杆菌和结核分枝杆菌病例的相对抽样比例，它还可

以识别某一特定的牲畜种类或地区是否对人类构成了威胁。监测结果应有助于确定最有可能减少牛分枝杆菌向人类和接触动物传播的途径，这将更好地确定传播的目标，并可能引入其他结核控制方法。

（3）牲畜的疫苗接种 如果确定了特定的家畜物种或家畜中感染的空间分布，对幼畜进行有针对性的免疫接种可以提供一种减少该物种或区域未来感染的方法。

（4）检测和屠宰

①如果确定在牛群和羊群中结核病感染水平特别高，以及在牛群或羊群中需要迅速降低与牲畜相关的人类感染的风险，且风险不能通过巴氏杀菌降低，这就需要检测并扑杀高风险的牲畜。这需要制定一个结核病规划，并得到牲畜所有者、政府官员和知识渊博的兽医代表的同意。

②实施这一方案可能需要有能力将检测结果呈阳性的被扑杀牲畜替换为与之相当的无结核病牲畜，而所有者无须承担任何费用。

参考文献

Abernethy, D.A., Denny, G.O., Menzies, F.D., McGuckian, P., Honhold, N. and Roberts, A.R. (2006) The Northern Ireland programme for the control and eradication of *Mycobacterium bovis*.Journal of Veterinary Microbiology 112, 231-237.

Ameni, G., Vordermeier, M., Aseffa, A., Young, D.B.and Hewinson, R.G.(2010) Field evaluation of the efficacy of *Mycobacterium bovis* Bacillus Calmette-Guérin against bovine tuberculosis in neonatal calves in Ethiopia.Clinical and Vaccine Immunology 17 (10), 1533-1538.

Anonymous(2016) Free Rider Problem.Available at: https://en.wikipedia.org/wiki/Free_rider_problem (accessed 17 December 2016).

Bengis, R.G., Kock, R.A.and Fischer, J.(2002) Infectious animal diseases: the wildlife/livestock interface.Scientific and Technical Review of the Office International des Epizooties 21(1), 53-65.

Biffa, D., Bogale, A.and Skjerve, E.(2010) Diagnostic Efficiency of Abattoir Meat Inspection Service in Ethiopia to Detect Carcasses Infected with *Mycobacterium bovis*: Implications for Public Health.BMC Public Health 10, 462.

Blanchard, K.H., Zigarmi, D.and Zigarmi, P. (1985) Leadership and the One Minute Manger.William Morrow & Company, New York, USA, 89.

Boadella, M., Vicente, J., Ruiz-Fons, F., de la Fuente, J.and Gortázar, C.(2012) Effects of culling Eurasian wild boar on the prevalence of *Mycobacterium bovis* and aujeszky's disease virus.Preventive Veterinary Medicine 107, 214-221.

Buddle, B.M., Aldwell, F.E., Skinner, M.A., de Lisle, G.W., Denis, M., et al.(2005) Effect of oral vaccination of cattle with lipid-formulated BCG on immune responses and protection against bovine tuberculosis.Vaccine 23, 3581-3589.

Buddle, B.M., Wedlock, D.N., Denis, M., Vordermeier, H.M.and Hewinson, R.G.(2011) Update on vaccination of cattle and wildlife populations against tuberculosis.Journal of Veterinary Microbiology 151, 14-22.

Buddle, B.M., Wilson, T., Luo, D., Voges, H., Linscott, R., et al.(2013) Evaluation of a commercial enzyme-linked immunosorbent assay for the diagnosis of bovine tuberculosis from milk samples from dairy cows.Clinical and Vaccine Immunology 20(12), 1812-1816.

Byrom, A.E., Caley, P., Paterson, B.M.and Nugent, G. (2015) Feral ferrets (*Mustela furo*) as hosts and sentinels of tuberculosis in New Zealand.New Zealand Veterinary Journal 63(S1), 42–53.

Cadmus, S.I., Adesokan, H.K., Jenkins, A.O. and van Soolingen, D.(2009) *Mycobacterium bovis* and *M. tuberculosis* in goats, Nigeria. Emerging Infectious Diseases 15(12), 2066–2071.

Cassidy, A.(2012) Vermin, victims and disease: UK framings of badgers in and beyond the bovine TB controversy.Journal of the European Society for Rural Sociology 52(2), 192–214.

Chen, Y., Chao, Y., Deng, Q., Liu, T., Xiang, J., et al. (2009) Potential challenges to the stop TB plan for humans in China: cattle maintain *M. bovis* and *M.tuberculosis*.Tuberculosis 89(1), 95–100.

Clout, M.and Ericksen, K. (2000) Anatomy of a disastrous success: the brushtail possum as an invasive species.In: Montague, T.L. (ed.) The Brushtail Possum: Biology, Impact and Management of an Introduced Marsupial.Manaaki Whenua Press, Lincoln, New Zealand, 1–9.

Cook, A.J.C.,Tuchilli, L.M., Buve, A., Foster, S.D., Godfrey-Faussett, P., et al.(1996) Human and bovine tuberculosis in the monze district of Zambia–a cross–sectional study. British Veterinary Journal 152, 37–46.

Cosivi, O., Grange, J.M., Daborn, C.J., Raviglione, M.C., Fujikura, T., et al. (1998) Zoonotic tuberculosis due to *Mycobacterium bovis* in developing countries.Emerging Infectious Diseases 4(1), 59–70.

Cousins, D.V. and Roberts, J.L. (2001) Australia's campaign to eradicate bovine tuberculosis: the battle for freedom and beyond.Tuberculosis 81(1–2), 5–15.

Department of Agriculture, Environment and Rural Affairs (2016) Bovine Tuberculosis Eradication Strategy for Northern Ireland: An Integrated Eradication Programme.Available at: https://www.daera–ni.gov.uk/sites/default/files/publications/daera/bovine–tuberculosis–eradication–strategy.pdf(accessed 20 December 2016).

Deresa, B., Conraths, F.J.and Ameni, G.(2013) Abattoir–based study on the epidemiology of caprine tuberculosis in Ethiopia using conventional and molecular tools.Acta Veterinaria Scandinavica 2013(55), 15.

Doran, P., Carson, J., Costello, E.and More, S. J.(2009) An outbreak of tuberculosis affecting cattle and people on an Irish dairy farm, following the consumption of raw milk.Irish Veterinary Journal 62(6), 390–397.

Efford, M. (2000) Possum density, population structure and dynamics.In: Montague, T.L. (ed.) The Brush–tail Possum: Biology, Impact and Management of an Introduced Marsupial. Manaaki Whenua Press, Lincoln, New Zealand, 47–61.

Enticott, G.(2014) Biosecurity and the bioeconomy.The case of disease regulation in UK and New Zealand.In: Morley, A.and Marsden, T.(eds) Researching Sustainable Food: Building the New Sustainability Paradigm.Earthscan, London, 122–142.

Freeman, R.E., Harrison, J.S., Wicks, A.C., Parmar, B.L.and de Colle, S.(2010) Stakeholder Theory: The State of the Art.Cambridge University Press, Cambridge, UK, 26.

Garrido, J.M., Sevilla, I.A.,Beltrán–Beck, B., Minguijón, E., Ballesteros, C., et al. (2011) Protection against tuberculosis in Eurasian wild boar vaccinated with heat–inactivated *Mycobacterium bovis*.PLOS One 6(9), e24905.

Good, M.and Duignan, A.(2011) Perspectives on the history of bovine TB and the role of tuberculin in bovine TB eradication. Veterinary Medicine International 2011, 410470.

Gran, H. M. , Wetlesen, A. , Mutukumira, A. N. , Rukure, G. and Narvhus, J. A. (2003) Occurrence of pathogenic bacteria in raw milk, cultured pasteurised milk and naturally soured milk produced at small-scale diaries in Zimbabwe. Food Control 14(8), 539-544.

Kurwijila, L. R. (2006) Hygienic Milk Handling, Processing and Marketing: Reference Guide for Training and Certification of Small-scale Milk Traders in East Africa. Sokoine University of Agriculture, Morogoro, Tanzania, 102.

Kusiluka, L.J.M. and Sudi, F.F. (2003) Review of successes and failures of contagious bovine pleuropneumonia control strategies in Tanzania. Preventive Veterinary Medicine 59(3), 113-123.

Livingstone, P. G. , Hancox, N. , Nugent, G. and de Lisle, G.W. (2015a) Toward eradication: the effect of *Mycobacterium bovis* infection in wildlife on the evolution and future direction of bovine tuberculosis management in New Zealand. New Zealand Veterinary Journal 63(1), 4-18.

Livingstone, P. G. , Hancox, N. , Nugent, G. , Mackereth, G. and Hutchings, S.A. (2015b) Development of the New Zealand strategy for local eradication of tuberculosis from wildlife and livestock. New Zealand Veterinary Journal 63(1), 98-107.

Lopez-Valencia, G. , Renteria-Evangelista, T. , de Jesús Williams, J. , Licea-Navarro, A. , De la Mora-Valle, A. and Medina-Basulto, G. (2010) Field evaluation of the protective efficacy of *Mycobacterium bovis* BCG vaccine against bovine tuberculosis. Research in Veterinary Science 88(1), 44-49.

Macdonald, D.W. and Newman, C. (2002) Population dynamics of badgers (*Meles meles*) in Oxford-shire, UK: number, density and cohort life histories, a possible role of climate change in population growth. Journal of Zoology 256(1), 121-138.

Masuki, K.F.G. , Kamugisha, R. , Mowo, J.G. , Tanui, J. , Tukahirwa, J. , Mogoi, J. and Adera, E.O. (2010) Role of Mobile Phones in Improving Communication and Information Delivery for Agricultural Development: Lessons from South Western Uganda. Paper presented at ICT and Development-Research Voices, 22-23 March 2010. Available at: https://www.mak.ac.ug/documents/IFIP/Roleof Mobile Phones Agriculture.pdf(accessed 14 December 2016).

Max, V. , Paredes, L. , Rivera, A. and Ternicier, C.(2011) National control and eradication programme of bovine tuberculosis in Chile. Journal of Veterinary Microbiology 151, 188-191.

Mfinanga, S. G. , Mørkve, O. , Kazwala, R. R. , Cleaveland, S. , Sharp, J.M. , Shirima, G. and Nilsen, R.(2003) Tribal differences in perception of tuberculosis: a possible role in tuberculosis control in Arusha, Tan-zania. International Journal of Tuberculosis and Lung Disease 7(10), 933-941.

Miller, M. , Barrett, S. and Henderson, D. A. (2006) Control and eradication. In: Jamison, D. T. , Breman, J. G. , Measham, A. R. , Alleyne, G. , Claeson, M. , et al. (eds) Disease Control Priorities in Developing Countries. Copublication of The World Bank and Oxford University Press, New York, USA, 1163.

Moda, G. (2006) No-technical constraints to eradication: the Italian experience. Journal of Veterinary Microbiology 112(2-4), 253-258.

More, S.J. and Good, M.(2006) The tuberculosis eradication programme in Ireland: a review of scientific and policy advances since 1988. Journal of Veterinary Microbiology 112, 239-251.

Morris, R.S.and Pfeiffer, D.U.(1995) Directions and issues in bovine tuberculosis epidemiology and control in New Zealand. New Zealand Veterinary Journal 43, 256-265.

Naranjo, V., Gortázar, C., Vicente, J.and de la Fuente, J. (2008) Evidence of the role of European wild boar as a reservoir of *Mycobacterium tuberculosis* complex.Journal of Veterinary Microbiology 127(1-2), 1-9.

Ndukum, J.A., Kudi, A.C., Bradley, G., Ane-Anyangwe, I.N., Fon-Tebug, S.and Tchoumboue, J. (2010) Prevalence of bovine tuberculosis in abattoirs of the littoral and western highland regions of Cameroon: a cause for public concern.Veterinary Medicine International 2010, 495015.

New Zealand Government (2016) Biosecurity Act 1993, version as at 18 October 2016.Government Printer, New Zealand, Sections 61－65. Available at: http://www. legislation. govt. nz/act/public/1993/0095/latest/ versions.aspx(accessed 6 December 2016).

Nugent, G., Buddle, B.M. and Knowles, G. (2015a) Epidemiology and control of *Mycobacterium bovis* infection in brushtail possums(*Trichosurus vulpecula*), the primary wildlife host of bovine tuberculosis in New Zealand.New Zealand Veterinary Journal 63(1), 28-41.

Nugent, G., Gortázar, C. and Knowles, G. (2015b) The epidemiology of *Mycobacterium bovis* in wild deer and feral pigs and their role in the establishment and spread of bovine tuberculosis in New Zealand wildlife.New Zealand Veterinary Journal 63(S1), 54-67.

Nugent, G.,Yockney, I.J., Whitford, E.J., Aldwell, F.E. and Buddle, B.M. (2017) Efficacy of oral BCG vaccination in protecting free-ranging cattle from natural infection by *Mycobacterium bovis*.Journal of Veterinary Microbiology 208, 181-189.

O'Brien, D.J., Schmitt, S.M., Fitzgerald, S.D., Berry, D.E.and Hickling, G.J.(2006) Managing the wildlife reservoir of *Mycobacterium bovis*: the Michigan, USA, experience. Journal of Veterinary Microbiology 112, 313-323.

O'Brien, D.J., Schmitt, S.M., Rudolph, B.A. and Nugent, G. (2011) Recent advances in the management of bovine tuberculosis in free-ranging wildlife. Journal of Veterinary Microbiology 151, 23-33.

OIE(2016a) WAHIS Interface of the World Animal Health Information. Available at: http://www. oie. int/ wahis _ 2/public/wahid. php/Countryinformation/Animalsituation(accessed 18 August 2016).

OIE (2016b) Terrestrial Animal Health Code, Chapter 11.5: Bovine Tuberculosis.World Organisation for Animal Health.Available at: http://www.oie.int/index.php? id=169&L=0&htmfile=chapitre_bovine_ tuberculosis.htm(accessed 22 July 2016).

OIE(2016c) One Health at a Glance.Available at: http://www.oie.int/en/for-the-media/onehealth/(accessed 20 December 2016).

Olea-Popelka, F., Muwonge, A., Perera, A., Dean, A.S., Mumford, E., et al.(2016) Zoonotic tuberculosis in human beings caused by *Mycobacterium bovis*-a call for action.Lancet Infectious Diseases 17 (1), e21-e25.

Osterholm, M.T.and Hedberg, C.W.(2015) Epidemiologic principles.In: Bennett, J.E., Dolin, R.and Blaser, M.J.(eds) Mandell, Douglas and Bennett's Principles and Practice of Infectious Diseases, 8th edn, vol.1.Elsevier, Philadelphia, USA, 155-156.

O'Toole, B.and McConkey, R.(1998) A training strategy for personnel working in developing countries.

International Journal of Rehabilitation Research 21, 311-321.

Palmer, M.V. (2013) *Mycobacterium bovis*: characteristics of wildlife reservoir hosts.Transboundary and Emerging Diseases 60(S1), 1-13.

Palmer, M.V. and Waters, W.R. (2011) Bovine tuberculosis and establishment of an eradication program in the United States: role of veterinarians. Veterinary Medicine International 2011, 816345.

Perry, B.and Grace, D. (2009) The impacts of livestock diseases and their control on growth and development processes that are pro - poor. Philosophical Transactions of the Royal Society B 364, 2643-2655.

Perry, B.D., Randolph, T.F., McDermott, J.J., Sones, K.R.and Thornton, P.K. (2002) Investing in Animal.

Health Research to Alleviate Poverty.International Livestock Research Institute, Nairobi, Kenya. Randolph, T.F., Schelling, E., Grace, D., Nicholson, C. F., Leroy, J.L., et al.(2007) Role of livestock in human nutrition and health for poverty reduction in developing countries. Journal of Animal Science 85, 2788 - 2800.

Rea, M.C., Cogan, T.M.and Tobin, S. (1992) Incidence of pathogenic bacteria in raw milk in Ireland. Journal of Applied Microbiology 73(4), 331-336.

Reviriego Gordejo, F.J. and Vermeersch, J.P. (2006) Towards eradication of bovine tuberculosis in the European Union.Journal of Veterinary Microbiology 112(2-4), 101-109.

Rockhill, B., Newman, B. and Weinberg, C. (1998) Commentary: use and misuse of population attributable fractions. American Journal of Public Health 88, 15-19.

Schwabe, C.W., Reimann, H.P.and Franti, C.E. (1977) Epidemiology in Veterinary Practice.Lea & Febiger, Philadelphia, USA, 34-35.

Scott, C., Cavanaugh, J.S., Pratt, R., Silk, B. J.,LoBue, P.and Moonan, P.K. (2016) Human tuberculosis caused by *Mycobacterium bovis* in the United States, 2006-2013.Journal of Clinical Infectious Diseases 63(5), 594-601.

Sheridan, M. (2011) Progress in tuberculosis eradication in Ireland.Journal of Veterinary Microbiology 151, 160-169.

Shitaye, J.E., Tsegaye, W.and Pavlik, I. (2007) Bovine tuberculosis infection in animal and human populations in Ethiopia: a review.Veterinarni Medicina 52 (8), 317-332.

Smal, C. (1995) The badger and habitat survey of Ireland.Report Prepared for the Department of Agriculture, Food & Forestry. Government Publications, Dublin, 1-5.

Tait, P., Saunders, C., Nugent, G.and Rutherford, P.(2017) Valuing conservation benefits of disease control in wildlife: A choice experiment approach to bovine tuberculosis management in New Zealand's native forests. Journal of Environmental Management 189, 142-149.

TBfree NZ (2007) Economic Analysis of the 2009 NPMS Review Options.TB free New Zealand, New Zealand, p.20.Available at: http://www.tbfree.org.nz/Portals/0/2014AugResearchPapers/Economic%20 analysis %20of%20the%202009%20NPMS%20review. pdf(accessed 6 December 2016).

TBfree NZ (2009) Review of the National Bovine Tuberculosis Pest Management Strategy: Future Options for Sustained Control or Eradication of Bovine TB from New Zealand.TBfree New Zealand, New Zealand, 8 - 10.Available at: http://www. tbfree. org. nz/Portals/0/

2014AugResearchPapers/NPMS_Review_DDOC%20% 20March%2009.pdf(accessed 6 December 2016).

The World Bank (2016a) How Does the World Bank Classify Countries.Available at: https://datahelp- desk. worldbank. org/knowledgebase/articles/378834 − how−does−the−world−bank−classify−countries(access- ed 2 December 2016).

The World Bank (2016b) Working for a World Free of Poverty: Overview.The World Bank, 2 October 2016. Available at: http://worldbank. org/en/topic/ poverty/overview(accessed 13 December 2016).

Thrushfield, M. V. (2007) Veterinary Epidemiolo- gy, 3rd edn.Butterworth−Heinemann Ltd, Oxford, UK, p.223.Tolhurst, B. A., Delahay, R. J., Walker, N. J., Ward, A.I.and Roper, T.J.(2009) Behaviour of badgers (*Meles meles*) in farm buildings: opportunities for the transmission of *Mycobacterium bovis* to cattle? Journal of Applied Animal Behaviour Science 117(1−2), 103−113.

Tweddle, N.E.and Livingstone, P.(1994) Bovine tuberculosis control and eradication programs in Austral- ia and New Zealand.Journal of Veterinary Microbiology 40(1−2), 23−39.

Vicente, J., Höfle, U., Garrido, J. M., Fernández−de−mera, I.G., Acevedo, P., Juste, R., Barral, M.and Gortázar, C.(2007) Risk factors associ- ated with the prevalence of tuberculosis−like lesions in fenced wild boar and red deer in south central Spain. Journal of Veterinary Research 38(3), 451−464.

Walter, W. D., Anderson, C. W., Smith, R., Vanderklok, M., Averill, J.J.and Ver Cauteren, K.C. (2012) On−farm mitigation of transmission of tubercu- losis from white−tailed deer to cattle: Literature review and recommendations.Veterinary Medicine International 2012, 616318.

Warburton, B.and Livingstone, P.(2015) Manag-

ing and eradicating wildlife tuberculosis in New Zeal- and. New Zealand Veterinary Journal 63(1), 77−88.

Waters, W.R.and Palmer, M.V.(2015) *Mycobac- terium bovis* infection of cattle and white−tailed deer: translation research of relevance to human tuberculosis. ILAR Journals 56(1), 26−43.

Wayua, F. O., Okoth, M. W. and Wangoh, J. (2013) Design and performance assessment of a flat− plate solar milk pasteuriser for arid pastoral areas of Kenya.Journal of Food Processing and Preservation 37 (2), 120−125.

Wilson, G. J., Carter, S. P. and Delahay, R. J. (2011) Advances and prospects for management of TB transmission between badgers and cattle.Journal of Ve- terinary Microbiology 151, 43−50.

World Health Organization (2014) The End TB Strategy: Global Strategy and Targets for Tuberculosis Prevention, Care and Control after 2015.World Health Organization, Geneva, p. 30. Available at: http:// www.who.int/tb/strategy/End_TB_Strategy.pdf? ua = 1 (accessed 16 December 2016).

World Health Organization(2016) World TB Re- port 2016. Available at: http://www. who. int/tb/glob- al−tb−report−infographic.pdf? ua = 1(accessed 17 De- cember 2016).

Worldometers(2016b) Countries of the World by Population(2016).Available at: http://www.worldom- eters. info/world − population/population − by − country/ (accessed 8 December 2016).

Zinsstag, J., Schelling, E., Roth, M.A.and Ka- zwala, R.(2006) Economics of bovine tuberculosis.In: Thoen, C.O., Steele, J. H.and Gilsdorf, M. J. (eds) *Mycobacterium bovis* Infection in Animals and Humans, 2nd edn.Blackwell Publishing, USA, 68−83.

全球牛结核病控制展望

Francisco Olea-Popelka[1] , Mark A. Chambers[2,3] , Stephen Gordon[4]和 Paul Barrow[5]

1 科罗拉多州立大学兽医与生物医学学院临床科学系，科林斯堡，科罗拉多州，美国

2 动植物卫生署，阿德利斯通，萨里郡，英国

3 萨里大学健康与医学学院兽医学院，吉尔福德，英国

4 SaBio-狩猎资源研究所 IREC，卡斯蒂利亚拉曼查大学和 CSIC，雷阿尔城，西班牙

5 诺丁汉大学兽医与科学学院，萨顿-博宁顿，拉夫堡，英国

16.1 引言

在前面的章节中，作者总结了牛结核病（TB）的研究现状以及疫病控制道路上面临的挑战和机遇。在最后一章中，我们提出了自己对控制牛结核病的一些想法，重点介绍更深入处理特定问题的相关章节。虽然我们了解了牛分枝杆菌基本病原生物学知识及其与牛宿主的相互作用，并取得了很大进展，但在诊断、疫苗接种、疫病流行病学、公共卫生和最终根除方面仍然面临重大挑战。

16.2 流行病学和同一健康

正如 Caceres 等在第 1 章中所述，世界动物卫生组织报告提出，在过去 30 年里全球牛结核病的情况持续改善，在此期间受结核影响的国家减少了约 30%。然而，为了解决当

前和未来的牛结核病所带来的挑战，不同的国家和地区需要坚持高标准的家畜牛结核病的预防、诊断和控制，在每个国家/地区临床上使用合适的方法和有效的工具。人们还认识到兽医部门预防和控制牛结核病（如 Michel 在第 4 章中所述，包括除牛以外的其他动物）对于防止牛分枝杆菌向人类传播（人兽共患病结核病）至关重要。在第 2 章中，Olea-Popelka 等指出，人兽共患病结核病对全球结核病负担的影响是未知的和了解不够的，而且很可能被低估。

这是因为在低收入、高结核病负担的国家，牛结核病也是地方病，缺乏对牛分枝杆菌作为人结核病致病因子的系统监测，而且在世界许多地方，最常用于诊断人结核病的检测方法，例如痰涂片显微镜或 GeneXpert 不能区分牛分枝杆菌和结核分枝杆菌。但 2015 年全球牛分枝杆菌引起的人结核病新发病例约为

149000 例，新增死亡 13400 例。因此，要实现世界卫生组织消灭结核病战略的宏伟目标和遏制结核病伙伴关系全球结核病计划，每一个结核病病例，无论是人源性结核病还是人兽共患结核病，涉及综合性和多部门"同一健康"范畴，包括兽医和人类卫生部门，各部门需要联合起来更好地预防、诊断和治疗人间的人兽共患病结核病。

这方面世界卫生组织（第 1 章）正在推动国际和国家两个层面的"同一健康"合作，以控制包括牛结核病在内的人兽共患病。特别是 Olea Popelka 等在第 2 章提出了应对人兽共患结核病带来的挑战所需的三个关键行动点：①各国政府必须首先在国家政策中承认牛分枝杆菌是人结核病的一个来源，并应予以重视；②必须改善医务人员和高危地区居民对结核病的态度和做法，以便找出差距并制订适当的干预措施；③现有的区分牛分枝杆菌和结核分枝杆菌的实验室方法应得到更广泛的应用。

关于控制牛结核病的"同一健康"方法，Azami 和 Zinsstag 在第 3 章中建议，开展和促进不同利益相关者之间的对话，并在不同部门（农民、决策者、科学家、兽医和人类卫生部门）之间创造更大的信任环境。此外，还必须向农民和决策者通报牛结核病造成的经济损失（影响），以及控制这种疫病和尽量减少经济损失所需的不同方法。

第 4 章 Conlan 和 Wood 强调了建立牛分枝杆菌流行病学模型的重要性和必要性，他们还指出了我们在知识方面的差距，这些差距导致了预测模型还存在不足。畜群规模和年龄的影响以及屠宰场监测的价值是众所周知

的。虽然目前的局限性反映了纳入模型所需参数的巨大变化，但最近开发的模型提供了有关群内传播的模式，并对如何干预同地宿主物种感染做出指导。

虽然这些模型是为英国等国家开发的，但包括与遗传抗性有关的数据和因更好地了解宿主反应而产生的附加信息（第 10 章和第 11 章）可能会提高对传播模式存在差异的国家的应用价值。

正如 Skuce 和他的同事在第 5 章中所讨论的，细菌全基因组测序（WGS）降低了成本，加快了周转速度，提高了分辨率和精密度，似乎将彻底改变我们从事兽医细菌学研究的方式，就像它对人类医学微生物学所产生的影响一样。许多研究强调了 WGS 在解决野生动物和牛之间的牛分枝杆菌传播链方面的作用，并增进了对感染流行病学的了解。WGS 数据也为牛分枝杆菌种群最近共同祖先（MRCA）的进化分析和年代测定提供了一个途径，这种进化分析的一个例子是 Crispell 等（2007）使用 WGS 对从新西兰分离的牛分枝杆菌进行了 MRCA 测定，结果与事先估计的牛分枝杆菌自 19 世纪中叶以来一直在新西兰传播流行的判断一致。对全球牛分枝杆菌种群的 WGS 分析也将有助于深入了解牛支原体的进化，毫无疑问，WGS 将成为未来数年牛分枝杆菌分子分型的标准方法。

Michel 在第 6 章中总结了当前牛分枝杆菌感染和其他家养物种（如绵羊、山羊、猪、水牛、养殖鹿和骆驼）临床发病的知识及面临的挑战。

目前普遍缺乏有关牛分枝杆菌感染在家畜中的真实流行率和分布的信息，尤其是存在

散养家畜或半放牧饲养家畜的地区。

水牛和小型反刍动物可能是结核病的储存宿主，鉴于造成的经济损失和牛分枝杆菌传播的高风险性，有必要将这些物种纳入国家牛结核病控制方案。

鉴于这些家养物种可能传播人兽共患病，原则上应主要基于牛奶和肉类的利用情况确定风险状况，在较小程度上基于密切接触进行分析。如果当地条件和社会文化习俗增加了牛分枝杆菌从以上动物传播给人类的风险，应在今后人兽共患结核病预防和控制战略中明确考虑这些动物。

16.3 诊断与免疫学

目前在活体动物中，诊断结核病的方法依赖于免疫学检测。这种情况带来了一种可能性，即曾经感染但随后康复的动物因免疫学检测结果为阳性而被扑杀，事实上是不必要的。我们可能在不知不觉中淘汰了对结核病感染有一定免疫抵抗力的动物。如果有一种适当的、准确的、经济有效的方法来检测活体排泄物中的细菌，则可以避免错杀动物。同时可重点控制那些可能成为传染源的动物。然而，正如 Waters 在第 12 章中指出的那样，目前，基于病原体的结核病检测策略不适合用于宰前检测，可能是由于该病具有贫菌性特点，排菌期短，排菌量低。

尽管现有的免疫诊断方法，包括皮内结核菌素试验，仍然是诊断和控制牛结核病的基本方法，但仍需要开发和应用新型的和改进的宰前检测和分析。这些可能根据受感染动物的循环 T 细胞和/或单核细胞中所识别的

免疫和/或分子标记来实现。为改进人类结核分枝杆菌感染诊断而开发的新兴技术，如GeneXpert（Stevens 等，2017）、循环核酸（Miotto 等，2013）或呼吸分析（McNerney等，2010）很可能会证明及时发现和应用与牛结核病诊断相关的生物标志物是有用的。

研发新的或改进的免疫诊断方法的基础是对疫苗接种和感染的免疫反应的进一步了解。正如 Salguero 在第 9 章和 Hope 和 Werling在第 11 章中所强调的，宿主对分枝杆菌的免疫反应是复杂的，此外，还需要做更多的工作来区分保护性免疫和对宿主有害的免疫反应，以及刺激这些反应的主要细菌抗原或抗原组合。这些差异包括很强的时间成分，很可能是定量的也可能是定性的。虽然人们对牛的免疫反应有了更多的了解，并有越来越多的特异性试剂来研究，但对其他物种来说，情况并非如此。

混合感染时宿主的免疫反应也可能成为进一步研究的主要课题，这不仅对免疫诊断有意义，对疫苗接种也有意义。我们已经在第11 章和第 12 章中看到，肝片吸虫合并感染会干扰宿主对牛分枝杆菌的反应，禽分枝杆菌、副结核（MAP）是另一种引起慢性感染的病原体，感染过程中由最初的 Th1 反应调节为Th2 反应，这也会严重影响宿主对牛分枝杆菌的反应。某些国家的副结核流行率高，表明这可能是一个需要解决的实际问题。

结核菌素包括纯化的蛋白衍生物（PPDs），它是一种蛋白质、脂类和碳水化合物的复杂混合物，特异性较差，结核菌素中包含的许多化合物在各种分枝杆菌物种之间存在抗原交叉反应。正如 Waters 在第 12 章中所

回顾的那样，在免疫学诊断中，用特定的蛋白质或肽代替结核菌素是未来研发的方向。人们希望，通过计算机，预测并确定与牛组织相容性抗原分子结合的多肽，从而客观地确定牛分枝杆菌感染后牛的 T 细胞抗原组学变化，这方面的最新进展包括 Farrell 等（2016）的研究，他们使用 3 种 MHC Ⅱ 结合预测方法筛选牛分枝杆菌蛋白质组，寻找牛 BoLA-DRB3 的潜在结合物。使用这种方法，他们证明了混杂识别表位存在显著富集（>24%）。即便如此，预测牛分枝杆菌特异性抗原仍然是一个挑战。基因组中缺少某种特定的蛋白质，并不保证可能出现以下情况：基因组包含的部分抗原区域与编码的其他完整抗原存在共享。需要在自然环境中，通过特定物种来验证计算机预测结果。

目前用于结核病免疫学检测的全血试验需要将活的、功能齐全的白细胞送到实验室。特别是对于国土面积大或环境条件迥异、运输网络欠发达、资源贫乏的国家来讲是一种挑战。在这些条件下，需要改进方法以确保样品的活性，或开发不需要活细胞和新型固定细胞的方法。为了解决牛全血运输和检测技术的瓶颈，可采用"试管内"方法立即启动抗原刺激。最好是开发用于现场的精准检测方法，可以反映感染早期细胞发生的变化（第 10 章）。

以抗体为基础的检测方法因其样品采集、储存和分析的简洁方便而备受关注。然而，对于大多数方法来说，灵敏度通常不够，因而限制了这些检测方法在牛结核病诊断中的进一步发展和应用。目前，人们开发一种改进的基于抗体的检测方法，其最大的优势是能够识别感染早期出现的抗原，而且不需要注射 PPD 进行皮肤试验以达到检测目的。目前尚未在牛体内开展蛋白组抗原筛查以确定血清抗体相关优势抗原，并需要进一步研究，确定血清学诊断相关靶点，以提高血清学检测结核病牛的敏感性。

接下来十年的关键需求之一是在临床上评估新型免疫学诊断方法，从大量自然感染的结核病牛中采集样品，并直接与现有官方推荐的检测方法（特别是传统的皮试方法和 γ-干扰素释放实验）进行比较。这种验证实验意义重大，但关键是需要资金机构、生物制品公司、牲畜利益相关者、决策者和地区兽医实地工作人员相互合作并予以资金上的支持。

16.4 接种疫苗

由于致病性分枝杆菌的多宿主特性（第 6 章和第 7 章）和对环境的耐受能力（第 4 章），控制该病复杂且困难。需要整合所有可用的方式，其中包括生物安全和预防，尽可能地控制易感动物数量，接种疫苗可作为一种干预措施（第 15 章）。虽然结核病疫苗在开发、评价和审批方面取得了进展，但仍面临相当大的挑战（第 14 章），这些关系到疫苗的免疫原性、安全性和疫苗投放的可行性，其中，许多挑战是交织叠加的。

16.4.1 微生物

直到最近，疫苗的开发基本上都是依赖经验，以实验为依据，或是与肠杆菌科等其他种类的细菌一起使毒力弱化。目前正在对主要的免疫原进行鉴定，但尚未对细菌表面和其他蛋白质、碳水化合物和复合物进行更深入的分析，以期模拟与牛和其他物种的 MHC 的相互作用，需要确定可能引发强烈 Th1 反应的抗原。虽然牛分枝杆菌的毒力因子涉及不同基因（第 8 章），但需要采用全基因组方法，研究结核分枝杆菌基因（Dehusus 等，2017）在宿主-病原体相互作用中发挥的重要作用，筛选出更多的影响牛分枝杆菌的关键因子。

对牛分枝杆菌的参考菌株即牛分枝杆菌 AF2122/97 的基因组注释在 2017 年进行了更新（Malone 等，2017）；该注释需要定期修订，以确保有关抗原、毒力因子、生物合成途径等功能信息的及时更新，整合形成单一的数据源供世界参考。

16.4.2　免疫

动物结核病疫苗开发改进的一个重大制约因素是，尽管取得一些进展，但尚未发现与结核病相关的单一保护性抗原（第 11 章和第 14 章）。令人困惑的是，许多保护性抗原标志物也可以作为攻毒后疫病的评价指标。这意味着必须采用动物攻毒模型通过实验检验确定每种疫苗的类型、剂量和接种方法，然后才能最终评估其在自然感染环境下的效力。重要的是，已经在不同的环境和饲养条件下在临床中测试了卡介苗的特性，有助于解释疫苗效力出现的任何变化。动物结核病疫苗的研发既费时又费钱，而由于生物安全实验室设施中可容纳感染动物的数量有限，抑或自然环境中感染力相对较低，从统计学角度影响了对保护效果的评价。

另一个免疫学层面，需要针对每一个物种，评估疫苗的目标剂量和可能的接种途径。如果是生活在森林中的野生物种，可采用口服、诱饵方式实现疫苗免疫，但不能精确控制剂量，且始终存在非目标物种接触疫苗的风险。最好的情况是造成疫苗的浪费，最坏的情况是如果牲畜接触到足量疫苗，可能会导致结核病的误诊。

最后，通常很少甚至没有实验数据来说明动物疫苗接种的最佳规模或持续时间，加之难以确定实际免疫持续时间，实施动物疫苗免疫策略难上加难。利益相关者难以长期承诺或支持疫苗免疫。

16.4.3　实际问题

给野生动物接种疫苗的主要难题是如何确定成本效益、避免重复接种单剂量疫苗，因为在许多情况下，无法避免同一动物接种第二剂疫苗。

已证明口服诱饵结核病疫苗对一些野生动物物种是有效的，但还需要进行更多的研究，包括改进优化引诱剂的配方、诱饵分布以及避免非目标物种摄取诱饵。

16.4.4　安全性

尽管大多数用于动物结核病控制的疫苗可能是安全的，但我们不能去假设，至少要按规定正式证明疫苗对目标物种的安全性，以便获得国家主管当局的审批。如果非目标物种有可能接触疫苗，例如口服诱饵疫苗，则有必要评估疫苗对每种有暴露风险的物种的安全性。

16.5 疫病控制的挑战

在一些国家，如果没有针对结核病野生媒介的控制措施，就不可能消除家畜中的结核病，正如 Fox 和合著者在第 7 章中所强调的那样。这就提出了一个问题：谁"拥有"或最终对野生动物负责？在诸如扑杀等控制措施的选择受到国家立法限制的情况下，就不仅仅是一个哲学问题，而且会对国家疫病控制政策的制定和实施造成相当大的障碍。

正如第 6 章和第 7 章所述，由于致病性分枝杆菌的多宿主特性和对环境的耐受能力，导致控制该病复杂且困难。虽然很多研究把注意力放在不同物种感染甚至多宿主流行病学方面，但有时忽视或简化了环境因素所起的作用。更多的研究证实了分枝杆菌在动物宿主体外生存的能力及其生存条件。深入了解该领域将有助于流行病学调查、疫病数学模型的建立，以及最终确定开发和使用哪些控制方案。

正如 Livingstone 在第 15 章中所指出的，无论在何处发现牛分枝杆菌，最现实的问题是需要有足够的资源控制其造成的感染和传播。世界上大部分地区都缺乏相关的资源，需要优先考虑其需求。据我们所知，目前还没有对牛结核病国际项目资金状况进行系统回顾。这需要区分来自世界卫生组织等国际机构的投资和国民总收入（GNI）中用于结核病控制的比例，需要将支出细分为几大类，如监督、补偿或研究。这样才能进而了解该支出的影响程度，进行回顾性或前瞻性效益成本分析。结核病效益成本分析的主要难点在于获得效益的货币价值。项目长期持续的关键在于要就结核病战略达成一致意见。

在国民总收入较低的国家，人类感染牛分枝杆菌是一种"隐藏的人兽共患病"越来越得到认同。除了伦理责任之外，还需要进一步认识到人兽共患病是导致贫困的重要因素。在低收入国家，可行的结核病控制做法与较高收入国家大不相同，必须加强各方合作，达成共识，找到为各方接受、切实可行的方案。有效的沟通和知识的共享是成功的关键。在撰写本书时（2017 年 8 月），世界卫生组织、世界动物卫生组织、联合国粮农组织及国际防痨和肺部疾病联合会多方努力，正式推出了"路线图"，以应对人兽共患结核病带来的全球挑战。

16.6 结论

在这本书中，研究人员主要为我们更新了有关牛结核病的知识，使我们认识到根除这种威胁人类和动物健康的疫病仍然存在许多障碍。根除的目标只能通过综合的方式来实现，需要整合当前的理念，并将其转化为疫病控制新模式。虽然困难重重，但受到书中信息的启发，我们正努力实现这一目标。

参考文献

Crispell, J., Zadoks, R.N., Harris, S.R., Paterson, B., Collins, D.M., et al.(2017) Using genome sequencing to investigate transmission in a multi-host system: bovine tuberculosis in New Zealand. BMC Genomics 18(1), 180.

DeJesus, M.A., Gerrick, E.R., Xu, W., Park, S. W., Long, J.E., et al.(2017) Comprehensive essentiality analysis of the *Mycobacterium tuberculosis* genome via saturating transposon mutagenesis. MBio 8 (1), e02133-16.

Farrell, D., Jones, G., Pirson, C., Malone, K., Rue-Albrecht, K., et al. (2016) Integrated computational prediction and experimental validation identifies promiscuous T cell epitopes in the proteome of *Mycobacterium bovis*. Microbiology Genomics 2 (8), e000071. doi: 10.1099/mgen.0.000071.

Malone, K.M., Farrell, D., Stuber, T.P., Schubert, O.T., Aebersold, R., et al. (2017) Updated reference genome sequence and annotation of *Mycobacterium bovis* AF2122/97. Genome Announcements 5 (14), e00157-17.

McNerney, R., Wondafrash, B. A., Amena, K., Tesfaye, A., McCash, E. M. and Murray, N. J. (2010) Field test of a novel detection device for *Mycobacterium tuberculosis* antigen in cough. BMC Infectious Diseases 10, 161.

Miotto, P., Mwangoka, G., Valente, I. C., Norbis, L., Sotgiu, G., et al. (2013) miRNA signatures in sera of patients with active pulmonary tuberculosis. PLoS One 8(11), e80149.

Stevens, W.S, Scott, L., Noble, L., Gous, N. and Dheda, K. (2017) Impact of the genexpert MTB/RIF technology on tuberculosis control. Microbiology Spectrum 5(1). doi: 10.1128/microbiolspec.TBTB2-0040-2016.